土木建筑类新形态融媒体教材·建筑工程技术专业群系列教材

BIM 技术基础与应用

主　编　沈立森　李万渠　李少旭

主　审　徐越群

科学出版社

北　京

内 容 简 介

本书是国家级职业教育示范性虚拟仿真实训基地建设成果和国家级职业教育教师教学创新团队成果，由校企“双元”开发，采用“项目引领、任务驱动”和“基于工作过程”的编写理念，以真实工程项目、典型工作任务、案例为载体组织教学内容。主要内容包括 BIM 基本知识、Revit 软件基本认识与操作，标高和轴网、结构模型、建筑模型、给水排水模型、采暖与通风模型、电气模型的创建方法与技巧，碰撞检查、漫游动画制作、明细表创建、图纸布置、图纸导出、图纸打印等模型协同与管理的相关知识与技能。

本书可作为职业院校智能建造技术、智慧城市管理技术、建筑工程技术、建设工程管理、工程造价等专业及相关专业的教学用书，也可作为建设单位、勘察设计单位、施工单位和监理单位施工技术人员、设计人员的参考用书。

图书在版编目(CIP)数据

BIM 技术基础与应用/沈立森，李万渠，李少旭主编. —北京：科学出版社，2023.8

土木建筑类新形态融媒体教材　建筑工程技术专业群系列教材

ISBN 978-7-03-076888-9

Ⅰ. ①B…　Ⅱ. ①沈…　②李…　③李…　Ⅲ. ①建筑设计－计算机辅助设计－应用软件－教材　Ⅳ. ①TU201.4

中国国家版本馆 CIP 数据核字（2023）第 212970 号

责任编辑：张振华 / 责任校对：赵丽杰

责任印制：吕春珉 / 封面设计：东方人华平面设计部

科学出版社出版

北京东黄城根北街 16 号

邮政编码：100717

http://www.sciencep.com

三河市骏杰印刷有限公司印刷

科学出版社发行　各地新华书店经销

*

2023 年 8 月第　一　版　开本：787×1092　1/16

2025 年 2 月第二次印刷　印张：19 1/2

字数：450 000

定价：68.00 元

（如有印装质量问题，我社负责调换）

销售部电话 010-62136230　编辑部电话 010-62135120-2005

前　言

教育是国之大计、党之大计。教育、科技、人才是全面建设社会主义现代化国家的基础性、战略性支撑。随着国家对职业教育的重视和投入的不断增加，我国职业教育得到了快速发展，为社会输送了大批工作在一线的技术技能人才。但也应该看到，建筑工程领域BIM（building information model，建筑信息模型）技术从业人员的数量和质量都远远落后于产业发展的需求。随着产业转型升级，企业间的竞争日趋残酷和白热化，现代企业对具有良好的职业道德、必要的文化知识、熟练的职业技能等综合职业能力的高素质技术技能人才的需求越来越大。为此，职业院校急需创新教育理念、改革教学模式、优化专业教材，尽快培养出真正适合产业需求的高素质技术技能人才。

党的二十大报告指出："加快建设国家战略人才力量，努力培养造就更多大师、战略科学家、一流科技领军人才和创新团队、青年科技人才、卓越工程师、大国工匠、高技能人才。"为了适应产业发展和教学改革的需要，编者根据二十大报告和《职业院校教材管理办法》《高等学校课程思政建设指导纲要》《"十四五"职业教育规划教材建设实施方案》等相关文件精神，在行业、企业专家和课程开发专家的精心指导下编写了本书。

本书编写紧紧围绕"为谁培养人、培养什么人、怎样培养人"这一教育的根本问题，以落实立德树人为根本任务，以学生综合职业能力培养为中心，以培养卓越工程师、大国工匠、高技能人才为目标，以"科学、实用、新颖"为原则。相比以往同类教材，本书具有许多特点和亮点，主要体现在以下5个方面。

1. 校企"双元"联合开发，行业特色鲜明

本书由校企"双元"联合开发。编者均来自教学或企业一线，具有多年的教学、大赛或实践经验。在编写过程中，编者能紧扣建筑工程技术专业的培养目标，遵循教育教学规律和技术技能人才培养规律，将BIM发展的新理论、新标准、新规范融入教材，符合当前企业对人才综合素质的要求。

2. 项目引领、任务驱动，强调"工学结合"

本书以石家庄职业技术学院汽车实训室完整建模过程为蓝本，基于Revit 2021软件，采用"项目引领、任务驱动"的编写理念，以真实工程项目、典型工作任务、案例为载体组织教学内容，能够满足项目化、案例化等不同教学方式要求。

本书包括9个教学单元。课程导入，主要介绍BIM的概念、BIM的发展现状和应用价值等基础知识。项目1，主要介绍Revit软件的相关知识。项目2，主要介绍如何在Revit 2021软件中创建标高和轴网。项目3和项目4，主要介绍土建模型中结构构件和建筑构件的创建方法与技巧。项目5～项目7，主要介绍MEP模型中的给水排水模型、采暖与通风模型、电气模型的创建方法与技巧。项目8，通过整合结构、建筑、给水排水、采暖与通风、电

气 5 类专业模型，介绍如何进行碰撞检查、明细表创建、漫游动画制作、图纸布置、导出与打印等模型的协同与管理内容。

全书设计了 8 个项目、25 个任务。每个项目包含多个任务，每个任务按照实际工作过程，以“任务描述”“任务目标”“任务考评”“任务拓展”等模块贯穿任务开展全过程，层层递进，环环相扣，具有很强的针对性和可操作性。此外，每个项目末的“项目考评”“直击工考”模块便于对学生的知识掌握、技能和素养提升情况进行三位一体的综合评价。

3. 体现以人为本，注重“岗课赛证”融通

本书编写基于技术技能人才成长规律和学生认知特点，以BIM工程师岗位需求为导向，以“BIM 技术与应用”课程为中心，将全国职业院校技能大赛建筑信息模型（BIM）建模与应用赛项内容、要求融入课程教学内容、课程评价，注重对接 1+X 证书《建筑信息模型（BIM）职业技能等级标准》要求，将岗位、课程、竞赛、职业技能等级证书进行系统融合，有效实现学历教育与岗位资格认证的双证融通。

4. 融入思政元素，落实课程思政

为落实立德树人根本任务，充分发挥教材承载的思政教育功能，本书凝练项目任务中各思政教育映射点蕴含的思政元素，将精益化生产管理理念、规范意识、质量意识、效率意识、安全意识、团队意识、创新意识、职业素养、工匠精神的培养与教学内容相结合，可潜移默化提升学生的思想政治素养。

5. 配套立体化的教学资源，便于实施信息化教学

为了适应线上线下混合式教学和学生随时随地移动学习，本书配套开发了精品在线课程（网址：https://zyk.icve.com.cn/courseDetailed?id=ioflae2utoxftqwjxgvjvg&openCourse=gmmau6u26tdgtbwbcjh1g）、微课、视频、动画、多媒体课件、工程图纸等立体化的教学资源。此外，书中穿插有丰富的二维码资源链接，通过手机等终端扫描后便可获取对应的教学资源。

本书由沈立森（石家庄职业技术学院）、李万渠（四川水利职业技术学院）、李少旭（石家庄职业技术学院）任主编，程素娜（石家庄职业技术学院）、赵占军（石家庄职业技术学院）、张璞（石家庄职业技术学院）、齐兴敏（河北轨道运输职业技术学院）任副主编，陈朝（浙江建设职业技术学院）、刘雅帆（石家庄职业技术学院）、丁晓静（石家庄职业技术学院）、张百岁（河北科技工程职业技术大学）、王丽辉（石家庄职业技术学院）、王毅（河北丽建丽筑集成房屋有限公司）参与编写。徐越群（石家庄铁路职业技术学院）对全书内容进行审定。

在编写本书的过程中，编者参考了许多专家、学者的相关书籍和资料，同时借鉴了很多国内外成熟的工程建模经验，在此表示衷心的感谢。

由于编者水平有限，书中难免有疏漏和不妥之处，敬请广大读者批评指正。

目　录

课 程 导 入

BIM 基本认知

内容导读

BIM 的出现是一次工程建设行业的产业革命。近几年，BIM 技术迅速发展，已经逐渐渗透到了建筑、道桥、隧道、市政、水利等众多领域。现阶段，BIM 技术应用已贯穿于前期策划、设计、施工一直到运维全生命周期各阶段。本部分将从 BIM 的概念、基本特点、应用价值和发展现状等方面，讲解 BIM 技术的相关知识。

学习目标

知识目标

1）理解 BIM 的概念、内涵。
2）熟悉 BIM 的特点及应用价值。
3）了解 BIM 的发展状况。
4）了解 BIM 工程师应具备的职业素质。

能力目标

1）能阐述 BIM 的内涵及基本特点。
2）能阐述 BIM 技术在工程项目建设过程中的应用价值。

素养目标

1）树立正确的学习观，坚定技能报国的信念。
2）培养职业认同感、责任感，自觉践行行业道德规范。

0.1 BIM 的概念及特点

视频：BIM 的优化性

BIM 的概念自提出以来，不同国家、不同时期、不同的应用领域有着不同的解读，世界各国对 BIM 的概念仍在进行着不断的丰富和发展，因此，正确理解 BIM 的概念对学习 BIM 技术基础有着极为重要的作用。学习 BIM 技术不能只停留在概念层面，应全面掌握 BIM 的特点、BIM 的内涵和模型细度划分等内容。

0.1.1 BIM 的起源

1975 年，美国佐治亚理工学院 Charles Eastman 教授在其研究的课题中提出了“a computer-based description of a building”，这便是 BIM 一词的原型，但当时并不叫 BIM，而是叫 BDS（building description system，建筑描述系统），由此开启了 BIM 的源头。作为一名建筑师与行业先驱，他在 20 世纪 70 年代中期就开始着手将新兴的数字技术应用于建筑业的研究，提出了“建筑描述系统”与“建筑产品模型”的概念，并由此发展成“建筑信息模型”，如今 BIM 已经成为全球建筑界熟知的名词。近年来他还参与美国总务署的 BIM 实施计划，编制美国国家 BIM 标准，积极推动 IFC 等建筑信息交互格式的发展。

在 BDS 理论提出后，美国将这一理论称为 BPM（building product models，建筑产品模型）。20 世纪 80 年代，芬兰学者对计算机模型系统深入研究后，提出“Product Information Model”系统，因此，欧洲普遍称其为 PIM（product information models，产品信息模型）。1986 年，美国学者 Robert Aish 提出“Building Modeling”；1992 年，荷兰代尔夫特理工大学的 van Nederveen 和 Tolman 教授共同在论文中首次提到了建筑信息模型；最终在 2002 年，Jerry Laiserin 教授发表的《比较苹果与橙子》这篇文章促成了学术界对 BIM 概念的统一认识，即 Building Information Modeling。2002 年，Autodesk 公司提出 BIM 并推出了自己的 BIM 软件产品，此后全球另外两个大软件开发商 Bentley、Graphisoft 也相继推出了自己的 BIM 产品。从此 BIM 从一种理论思想变成了用来解决实际问题的数据化的工具和方法。

0.1.2 BIM 中各字母的含义

1. BIM 中的第一个字母“B”

“B”代表 Building，Building 不应该被简单地理解为“建筑物”。目前，BIM 的应用不仅仅局限于建筑领域，随着 BIM 技术的应用，逐渐扩展到“大土木”工程建设的各领域。这个领域包括房屋建筑工程、市政工程、城市规划、交通工程、水利工程、地下工程、风景园林工程、环境工程、历史建筑保护工程等。

2. BIM 中的第二个字母“I”

“I”代表 Information，其能够反映工程实体几何信息、工程实体非几何信息、建筑空间信息、气象信息、工程量及造价信息、进度管理信息、投资管理信息、质量管理信息和建筑全生命周期的所有信息，具体信息分类如图 0-1-1 所示。

图 0-1-1　信息分类

3. BIM 中的第三个字母“M”

“M”代表 Modeling，按照我国的翻译习惯，Modeling 应该翻译为模型。但是，众所周知，模型是一个名词，应该是 Model，然而 Modeling 是一个动名词，表示的是一个过程，准确的理解应该是建模或模拟。实际上 BIM 的发展可以划分为 3 个阶段，我们也称为 BIM 的 1.0 阶段、BIM 的 2.0 阶段、BIM 的 3.0 阶段，这 3 个阶段有着不同的概念和内涵。

（1）BIM 的 1.0 阶段

静态的“Model”，侧重于模型。在这个阶段中，我们只是单纯地把 BIM 技术与实际施工建设拆分开了，在国内有很多的工程项目恰恰就是这样做的。例如，有的企业会单独设立一个 BIM 小组，把所有关于 BIM 的工作安排给这个小组来做。这样的 BIM 小组的主要工作有两个。第一个工作是在建设开始的时候，根据二维平面图纸“翻”出来一个三维的模型，其实不过是换了一种更炫的表达方式罢了，俗称“翻模”。工程开工后，所有的建造工作还是会按照传统的方式来实施，并不与 BIM 产生关系。第二个工作是等到工程项目结束了，BIM 小组再根据现场的实际情况修改模型，交出一份竣工版的模型。在这种工作模式下，BIM 就是 Model，它仅仅是一个模型，把图纸或竣工的工程搬到计算机中，用三维的方式呈现。这样的 BIM，产生的价值很有限。

（2）BIM 的 2.0 阶段

动态的“Modeling”，侧重于项目全生命周期的应用。BIM 要参与工程的全生命周期。就是在开始动工前，业主就召集设计方、施工方、材料供应商、监理方等各方面一起做出一个 BIM，注意这里的参与者不仅仅是设计方，如使用 BIM 技术的各方，就经常忽略材料和设备供应商在前期流程中起到的作用。在这个阶段，实际上是在工程真正开始之前，在计算机中把整个项目模拟建设一次。这个模型其实是“拟完成作品的模型”，在计算机中，它已经完成了。在实际建造过程中，参与人员会尽量根据这个模型去进行建设，而要想大家根据模型去建设，最好的方法就是在一开始的模拟建设中，各方就都能够参与到数字模型的建设中来，共同发现问题，解决问题。如果在建模时有一方没有参与，如施工方，那么这个数字化模型在实施时就会遇到和传统方法中同样的问题。其中最常见的问题就是碰撞问题，如装配式高层住宅施工，往往施工空间狭小，电梯井、梁、柱、墙等结构复杂，在这类复杂场景中进行梁、柱、墙的安装极易发生碰撞问题，导致发生质量和安全事故。在虚拟场景中预先对安装工艺进行模拟，可以对碰撞问题进行检测，进而优化安装工艺，有效避免发生质量和安全事故。

（3）BIM 的 3.0 阶段

“Management”，侧重于项目全生命周期的管理应用。管理的内容恰恰就是刚才提到的第二个字母“I”，也就是 Information。BIM 技术的核心就是信息化。信息化就是利用计算机、人工智能、互联网、机器人等信息化技术及手段，在项目的全生命周期各阶段、各参与方、各流程间，通过将信息调用、传递、互用、集成等来实现建设领域的智能化。对于一个建设项目而言，项目全生命周期各阶段的所有信息都可以被存储或调用，如在方案前期及项目的设计阶段，可进行参数化设计、日照能耗分析、交通规划、管线优化、结构分析、风向分析、环境分析等，只有通过信息化，才能真正体现 BIM 的应用价值。

0.1.3 BIM 的概念

BIM 以三维数字技术为基础，集成了建设项目各种相关信息的工程数据模型，可以为设计、施工和运营提供相协调的、内部保持一致的并可进行运算的信息。2017 年 7 月 1 日，国家标准《建筑信息模型应用统一标准》（GB/T 51212—2016）正式实施，规范中对 BIM 进行了专门的定义，它是指在建设工程及设施全生命周期内，对其物理和功能特性进行数字化表达，并依此设计、施工、运营的过程和结果的总称。它提供了全新的工程设计过程概念，参数化变更技术可以帮助设计师更有效地缩短设计时间，提高设计质量，提高对客户和合作者的响应能力。协同化设计可以避免设计资料因物理传递导致的不完整及不确定性，以提高设计质量和设计效率。BIM 技术让设计人员可以在任何时刻、任何位置进行任何想要的修改，设计和图纸会始终保持协调、一致和完整。

其实，BIM 是指通过数字信息仿真模拟建筑物所具有的真实信息，并在计算机中建立一座虚拟建筑，一个建筑信息模型提供一个单一的、完整一致的建筑信息库。这些信息的内涵不仅仅是几何形状描述的视觉信息，还包含大量的非几何信息，如材料的耐火等级、材料的传热系数、造价和采购信息等。它通过建立虚拟的建筑工程三维模型，利用数字化技术，为这个模型提供完整的、与实际情况一致的建筑工程信息库。该信息库不仅包含描述建筑物构件的几何信息、专业属性及状态信息，还包含非构件对象（如空间、运动行为）的状态信息。借助这个包含建筑工程信息的三维模型，大大提高了建筑工程的信息集成化程度，从而为建筑工程项目的相关利益方提供一个工程信息交换和共享的平台。

在美国，国家 BIM 标准委员会（简称 NBIMS）将 BIM 的定义划分为 3 个部分：第一，BIM 是一个设施（建设项目）物理和功能特性的数字表达；第二，BIM 是一个共享的知识资源，它可以为该设施从建设到拆除的全生命周期中的所有决策提供可靠的依据；第三，在项目的不同阶段，不同利益相关方通过在 BIM 中插入、提取、更新和修改信息，实现协同作业。

0.1.4 BIM 的内涵

要理解 BIM 的内涵，需先了解如下几个关键理念。

其一，BIM 不等同于三维模型，也不仅仅是三维模型和建筑信息的简单叠加。虽然称 BIM 为建筑信息模型，但 BIM 实质上更关注的不是模型，而是蕴藏在模型中的建筑信息，以及如何在不同的项目阶段由不同的人来应用这些信息。三维模型只是 BIM 比较直观的一种表现形式。如前文所述，BIM 致力于分析和改善建筑在其全生命周期中的性能，并使原本离散的建筑信息得到更好的整合。

其二，BIM 不是一个具体的软件，而是一种流程和技术。BIM 的实现需要依赖于多种软件产品的相互协作，有些软件适合创建 BIM（如 Revit），而有些软件适合对模型进行性能分析（如 Ecotect）或施工模拟（如 Navisworks），还有一些软件可以在 BIM 模型的基础上进行造价概算或设施维护等。一种软件不可能完成所有的工作，关键是所有的软件都应该能够依据 BIM 的理念进行数据交流，以支持 BIM 流程的实现。

其三，BIM 不仅仅是一种设计工具，更明确地说，BIM 不是一种画图工具，而是一种先进的项目管理理念。BIM 的目标是整合整个建筑全生命周期内的各方信息，以优化方案、减少失误、降低成本，最终提高建筑物的可持续性。尽管 BIM 软件也能用于输出图纸，并且熟练的用户使用 BIM 可以达到比使用 CAD（computer aided design，计算机辅助设计）方式更高的出图效率，但“提高出图速度”并不是 BIM 的出发点。

其四，BIM 不仅仅是一个工具的升级，而是整个建筑行业流程的一种革命。BIM 的应用不仅会改变设计院内部的工作模式，而且会改变业主、设计方、施工方之间的工作模式。在 BIM 技术的支持下，设计方能够对建筑的性能有更高的掌控，业主和施工方可以更多、更早地参与到项目的设计流程中，以确保多方协作创建出更好的设计，满足业主的需求。

0.1.5 BIM 的基本特点

从 BIM 的应用方面来看，BIM 在建筑对象全生命周期具备可视化、协调性、模拟性、优化性和可出图性五大基本特点。

1. 可视化

可视化即“所见所得”的形式，对于建筑行业来说，可视化的真正运用在建筑业的作用是非常大的，如经常拿到的施工图纸，只是各构件的信息在图纸上采用线条绘制表达，但是其真正的构造形式就需要建筑业从业人员去自行想象了。BIM 提供了可视化的思路，让人们将以往的线条式的构件形成一种三维的立体实物图形展示在人们的面前；现在建筑业也有设计方面的效果图。但是这种效果图不含有除构件的大小、位置和颜色外的其他信息，缺少不同构件之间的互动性和反馈性。而 BIM 提到的可视化是一种能够同构件之间形成互动性和反馈性的可视化，由于整个过程都是可视化的，可视化的结果不仅可以用效果图展示及报表生成，更重要的是，项目设计、建造、运营过程中的沟通、讨论、决策都在可视化的状态下进行。

2. 协调性

协调是建筑业中的重点内容，不管是施工单位，还是业主及设计单位，都在做着协调及相配合的工作。一旦在项目的实施过程中遇到了问题，就要将各有关人士组织起来开协调会，找各施工问题发生的原因及解决办法，然后做出变更和相应补救措施等来解决问题。在设计时，往往由于各专业设计师之间的沟通不到位，会出现各种专业之间的碰撞问题。例如，在进行暖通等专业中的管道布置时，由于各专业设计师是各自绘制在各自的施工图纸上的，在真正的施工过程中，可能在布置管线时正好有结构设计的梁等构件在此阻碍管线的布置，像这样的碰撞问题就只能在问题出现之后再进行协调解决。BIM 的协调性服务就可以帮助人们处理这种问题，也就是说 BIM 可在建筑物建造前期对各专业的碰撞问题进行协调，生成协调数据，并提供出来。当然，BIM 的协调作用也并不是只能解决各专业间的碰撞问题，它还可以进行如电梯井布置与其他设计布置及净空要求的协调、防火分区与其他设计布置的协调、地下排水布置与其他设计布置的协调等。

3. 模拟性

模拟性并不是只能模拟设计出建筑物模型，还可以模拟不能够在真实世界中进行操作的事物。在设计阶段，BIM 可以对设计上需要进行模拟的一些东西进行模拟实验，如节能模拟、紧急疏散模拟、日照模拟、热能传导模拟等。在招投标和施工阶段可以进行 4D 模拟（三维模型加项目的发展时间），也就是根据施工的组织设计模拟实际施工，从而确定合理的施工方案来指导施工。同时还可以进行 5D 模拟（基于 4D 模型加造价控制），从而实现成本控制；后期运营阶段可以模拟日常紧急情况的处理方式，如地震人员逃生模拟及消防人员疏散模拟等。

4. 优化性

事实上，整个设计、施工、运营的过程就是一个不断优化的过程。当然优化和 BIM 也不存在实质性的必然联系，但在 BIM 的基础上可以做更好的优化。优化受 3 种因素的制约：信息、复杂程度和时间。没有准确的信息，做不出合理的优化结果，BIM 提供了建筑物的实际存在的信息，包括几何信息、物理信息、规则信息，还提供了建筑物变化以后的实际存在信息。复杂程度较高时，参与人员本身的能力无法掌握所有的信息，必须借助一定的科学技术和设备的帮助。现代建筑物的复杂程度大多超过参与人员本身的能力极限，BIM 及与其配套的各种优化工具提供了对复杂项目进行优化的可能。

5. 可出图性

BIM 不仅能绘制常规的建筑设计图纸及构件加工的图纸，还能通过对建筑物进行可视化展示、协调、模拟、优化，并出具各专业图纸及深化图纸，使工程表达更加详细。也就是说，BIM 并不是为了出大家日常多见的类似于建筑设计院所出的建筑设计图纸及一些构件加工的图纸，而是通过对建筑物进行可视化展示、协调、模拟和优化，帮助业主出如下图纸：综合管线图（经过碰撞检查和设计修改，且已消除相应错误）、综合结构留洞图（预埋套管图）、碰撞检查侦错报告和建议改进方案。

0.1.6　BIM 的模型细度

模型细度（level of development，LOD）指模型元素组织及几何信息、非几何信息的详细程序，常用来描述一个 BIM 构件单元从最低级的近似概念化的程度发展到最高级的演示级精度的步骤。国际上，模型细度被定义为 5 个等级，从概念设计到竣工设计，已经足够来定义整个模型过程。但是，为了给未来可能会插入的等级预留空间，可进行细致的划分，具体的等级如表 0-1-1 所示。

表 0-1-1　模型细度等级划分

等级	适用阶段	说明
LOD100	方案设计阶段	此阶段的模型通常为表现建筑整体类型分析的建筑体量，分析包括体积、建筑朝向、每平方米造价
LOD200	初步设计阶段	此阶段的模型包括大致的数量、大小、形状、位置及方向
LOD300	施工图设计阶段	此阶段的模型能够很好地用于成本估算及施工协调，包括碰撞检查、施工进度计划及可视化。模型应包括业主在 BIM 提交标准中规定的构件属性和参数等信息
LOD400	施工阶段	此阶段的模型可用于模型单元的加工和安装，多被专门的承包商和制造商用于加工和制造项目的构件，包括水、电、暖系统
LOD500	竣工验收阶段	此阶段的模型将作为中心数据库整合到建筑运营和维护系统中。模型应包含业主 BIM 提交说明中制定的完整的构件参数和属性

在 BIM 实际应用中，我们的首要任务是根据项目的不同阶段及项目的具体目的来确定 LOD 的等级，根据不同等级所概括的模型精度要求来确定建模精度。可以说，LOD 做到了让 BIM 应用有据可循。当然，在实际应用中，根据项目具体目的的不同，LOD 也不用生

搬硬套，适当的调整也是无可厚非的。

以建筑专业为例，BIM 的 LOD 标准如表 0-1-2 所示。

表 0-1-2 建筑专业 BIM 的 LOD 标准

构件	等级				
	LOD100	LOD200	LOD300	LOD400	LOD500
场地	具备基本形状，粗略的尺寸和形状，包括非几何数据，仅线、面积、位置	简单的场地布置。部分构件用体量表示	按图纸精确建模。景观、人物、植物、道路贴近真实		
墙	包含墙体物理属性（长度、厚度、高度及表面颜色）	加材质信息，含粗略面层划分	包含详细面层信息、材质要求、防火等级、附节点详图	墙材生产信息、运输进场信息、安装操作单位等	产品运营信息（技术参数、供应商、维护信息等）
建筑柱	物理属性，如尺寸、高度	带装饰面，材质	规格尺寸、砂浆等级、填充图案等	生产信息、运输进场信息、安装操作单位等	产品运营信息（技术参数、供应商、维护信息等）
门、窗	同类型的基本族	按实际需求插入门、窗	门窗大样图、门窗详图	进场日期、安装日期、安装单位	门窗五金件、厂商信息、物业管理信息
屋顶	悬挑、厚度、坡度	加材质、檐口、封檐带、排水沟信息	规格尺寸、砂浆等级、填充图案等	材料进场日期、安装日期、安装单位	材质供应商信息、产品技术参数
楼板	物理特征（坡度、厚度、材质）	楼板分层、降板、洞口、楼板边缘	楼板分层细部做法、洞口详图	材料进场日期、安装日期、安装单位	产品材料技术参数、供应商信息
天花板	用一块整板代替，只体现边界	加厚度，局部降板准确分割，有材质信息	龙骨、预留洞口、风口等，带节点详图	材料进场日期、安装日期、安装单位	全部参数信息
楼梯（含坡道、台阶）	几何形体	详细建模，有栏杆	楼梯详图	运输进场日期、安装单位、安装日期	运营信息、技术参数、供应商
电梯（直梯）	电梯门，带简单的二维符号表示	详细的二维符号表示	节点详图	进场日期、安装日期、安装单位	运营信息、技术参数、供应商
家具	无	简单布置	详细布置+二维符号表示	进场日期、安装日期、安装单位	运营信息、技术参数、供应商

我国的行业标准《建筑工程设计信息模型制图标准》（JGJ/T 448—2018）中提出，模型单元几何表达精度是一种评估几何描述近似度的手段，其主要作用在于能够建立工程参与方之间衡量体系的基本共识。几何表达精度主要是构件级模型单元的指标，构件级模型单元是 BIM 最主要的基本组成单元。构件级模型单元几何表达精度应划分为 G1、G2、G3 和 G4 这 4 个等级，如表 0-1-3 所示。

表 0-1-3 几何表达精度的 4 个等级

等级	模型要求
G1	满足二维化或符号化识别需求的几何表达精度
G2	满足空间占位、主要颜色等粗略识别需求的几何表达精度
G3	满足建造安装流程、采购等精细识别需求的几何表达精度
G4	满足高精度渲染展示、产品管理、制造加工准备等高精度识别需求的几何表达精度

BIM 工程师应具备的职业素质

目前，对于 BIM 工程师来说，不仅仅要在工作能力上突出，还需要在职业素质上体现，BIM 工程师通过参数模型整合各种项目的相关信息，在项目策划、运行和维护的全生命周期过程中进行共享和传递，使工程技术人员对各种建筑信息做出正确理解和高效应对，为设计团队及建筑运营单位在内的各方建设主体提供协同工作的基础，使 BIM 技术在提高生产效率、节约成本和缩短工期方面发挥重要作用。

1. 职业道德

职业道德是指人们在职业生活中应遵循的基本道德，即一般社会道德在职业生活中的具体体现。它是职业品德、职业纪律、专业胜任能力及职业责任等的总称，属于自律范围，通过公约、守则等对职业生活中的某些方面加以规范。职业道德素质对其执业行为产生重大的影响，是职业素质的基础。

2. 健康素质

健康素质主要体现在心理健康及身体健康两方面。BIM 工程师在心理健康方面应具有一定的情绪稳定性与协调性、有较好的社会适应性、有和谐的人际关系、有心理自控能力、有心理耐受力，以及具有健全的个性特征等。在身体健康方面，BIM 工程师应满足个人各主要系统、器官功能正常的要求，体质及体力水平良好等。

3. 团队协作

团队协作能力，是指建立在团队的基础之上，发挥团队精神、互补互助以达到团队最大工作效率的能力。对于团队的成员来说，不仅要有个人能力，更需要有在不同的位置上各尽所能、与其他成员协调合作的能力。

4. 沟通协调

沟通协调能力，是指管理者在日常工作中处理好上级、同级、下级等各种关系，使其减少摩擦，能够调动各方面的工作积极性的能力。

上述基本素质对 BIM 工程师的职业发展具有重要意义，有利于工程师更好地融入职业环境及团队工作中；有利于工程师更加高效、高标准地完成工作任务；有利于工程师在工作中学习、成长及进一步发展，同时为 BIM 工程师的更高层次的发展奠定基础。

0.2 BIM 的应用价值

在建筑全生命周期的各阶段应用中，BIM 技术可以充分发挥其价值，实现工程项目的信息化管理，从而达到降低项目管控成本、保障项目质量、提升社会经济效益的目的。

视频：虚拟施工

0.2.1 BIM 应用的具体体现

应用 BIM 技术可提升项目生产效率、提高建筑质量、缩短工期、降低建造成本。BIM 应用具体体现在以下几个方面。

1. 三维渲染，宣传展示

三维渲染动画，给人以真实感和直接的视觉冲击。建好的 BIM 可以作为二次渲染开发的模型基础，大大提高了三维渲染效果的精度与效率，给业主更为直观的宣传介绍，提高中标概率。

2. 快速算量，提升精度

BIM 模型创建后，通过 5D 数据进行关联，可以准确快速地计算工程量，提升施工预算的精度与效率。由于 BIM 数据库的数据粒度达到构件级，可以快速提供支撑项目各条线管理所需的数据信息，有效提升施工管理效率。BIM 技术能自动计算工程实物量，这个属于较传统的算量软件的功能。

3. 精确计划，减少浪费

施工企业精细化管理很难实现的根本原因在于，大量的工程数据无法快速准确获取以支持资源计划，致使经验主义盛行。BIM 的出现可以快速准确地获得工程基础数据，为施工企业制订精确的人才计划，大大减少了资源、物流和仓储环节的浪费，为实现限额领料、消耗控制提供技术支撑。

4. 多算对比，有效管控

管理的支撑是数据，项目管理的基础就是工程基础数据的管理，及时、准确地获取相关工程数据就是项目管理的核心竞争力。BIM 数据库可以实现任一时点上工程基础信息的快速获取，通过合同、计划与实际施工的消耗量、分项单价、分项合价等数据的多算对比，可以有效了解项目运营是盈是亏，消耗量有无超标，进货分包单价有无失控等问题，实现对项目成本风险的有效管控。

5. 虚拟施工，有效协同

利用 BIM 的三维可视化功能再加上时间维度，即可进行虚拟施工。在施工中应用虚拟建造，可随时随地直观快速地将施工计划与实际进度进行对比，同时进行有效协同，施工方、监理方，甚至非工程行业出身的业主领导都对工程项目的各种问题和情况了如指掌。结合施工方案、施工模拟和现场视频监测，可大大减少建筑质量问题、安全问题，减少返工和整改。

6. 碰撞检查，减少返工

BIM 最直观的特点在于三维可视化，利用 BIM 的三维技术在前期可以进行碰撞检查，优化工程设计，优化净空和管线排布方案，减少在建筑施工阶段可能存在的错误损失和返工的可能性。最后施工人员可以利用碰撞优化后的三维管线方案，进行施工交底、施工模拟，提高施工质量，同时也提高了与业主沟通的能力。

7. 冲突调用，决策支持

BIM 数据库中的数据具有可计量的特点，大量工程相关的信息可以为工程提供数据后台的巨大支撑。BIM 中的项目基础数据可以在各管理部门进行协同和共享，工程量信息可以根据时空维度、构件类型等进行汇总、拆分、对比分析等，保证工程基础数据及时、准确地提供，为决策者制订工程造价项目群管理、进度款管理等方面的决策提供依据。

0.2.2 BIM 价值的具体体现

BIM 技术是贯穿于工程项目全过程的数字模型应用技术。它的应用能够解决数据传递断层这个在项目管理中普遍存在的现象。BIM 技术应用的关键是利用计算机技术建立三维模型数据库，在建筑工程管理中实时变化调整，准确调用各类相关数据，以提高决策质量，加快决策进度，从而降低项目管控成本、保障项目质量，达到提高效益的目的。

1. 提高工程量计算的准确性与效率

工程量计算作为造价管理预算编制的基础，比起传统手工计算、二维软件计算，BIM 技术的自动算量功能可以提高计算的客观性与效率，还可以利用三维模型对规则或不规则构件等进行准确计算，也可以实时完成三维模型的实体减扣计算，无论是效率、准确率还是客观性上都有保障。

BIM 技术的应用改变了工程造价管理中工程量计算的烦琐复杂，节约了人力、物力与时间、资源等，让造价工程师可更好地投入高价值的工作中，做好风险评估与询价工程，编制精度更高的预算。例如，某地区海洋公园的度假景观项目，希望将园区内的工程房屋改造为度假景区，需要对原有房屋设备等进行添置删减、修补更换，利用 BIM 技术建立三维模型，可更好地完成管线冲突、日照、景观等工程量项目的分析检查与设计。

BIM 技术在造价管理方面的最大优势体现在工程量统计与核查上，三维模型建立后可自动生成具体的工程数据，对比二维设计工程量报表与统计情况，可发现数据偏差大量减少。造成如此差异的原因是，二维图纸计算中跨越多张图纸的工程项目存在多次重复计算的可能性、面积计算中立面面积有被忽略的可能性、线性长度计算中只顾及投影长度等，以上这些都会影响准确性，BIM 技术的介入应用可有效消除偏差。

2. 加强全过程成本控制

在建筑项目管控过程中，合理地实施计划可做到事半功倍，应用 BIM 技术建立三维模型可提供更好、更精确、更完善的数据基础。BIM 可赋予工程量时间信息，可显示不同时间段的工程量与工程造价，有利于各类计划的编制，达到合理安排资源的目的，从而有利于工程管控过程中成本控制计划的编制与实施，有利于合理安排各项工作。

3. 控制设计变更

建筑工程管理中经常会遇到设计变更的情况，设计变更是管控过程中难度较大的一项工作。应用 BIM 技术首先可以有效减少设计变更情况的发生，利用三维建模碰撞检查工具可降低变更的发生率；在设计变更发生时，可将变更内容输入相关模型中，通过模型的调整获得工程量自动变化的情况，避免了重复计算造成的误差等问题。将设计变更后工程量变化引起的造价变化情况直接反馈给设计师，有利于更好地了解工程设计方案的变化和工程造价的变化，全面控制设计变更引起的多方影响，提升建筑项目造价的管理水平与成本控制能力，有利于避免浪费与返工等现象的发生。

4. 方便历史数据积累和共享

建筑工程项目完成后，众多历史数据的存储与再应用是一大难点。利用 BIM 技术可做好这些历史数据的积累与共享，在碰到类似工程项目时，可及时调用这些参考数据，对工程造价指标、含量指标等此类借鉴价值较高的信息的应用有利于今后工程项目的审核与估算，有利于提升企业工程造价全过程的管控能力和企业核心竞争力。

5. 有利于项目全过程的造价管理

建筑工程全过程造价管理贯穿决策、设计、招投标、施工、结算五大阶段，每个阶段的管理都为最终项目投资效益服务，利用 BIM 技术可发挥其自身优越性，以在工程各阶段的造价管理中提供更好的服务。

1）决策阶段，可利用 BIM 技术调用以往工程项目数据估算、审查当前工程费用，估算项目总投资金额，利用历史工程模型服务当前项目的估算，有利于提升设计编制的准确性。

2）设计阶段，BIM 技术历史模型数据可服务限额设计，限额设计指标提出后可参考类似工程项目测算造价数据，一方面可以提升测算深度与准确度，另一方面也可以减少计算量，节约人力与物力成本等。项目设计阶段完成后，BIM 技术可快速完成模型概算，并核对其是否满足要求，从而达到控制投资总额、发挥限制设计价值的目标，对于全过程工程造价管理而言有积极意义。

3）招投标阶段，在工程量清单招投标模式下，BIM 技术的应用可在短时间内高效、快速、准确地提供招标工程量。尤其是施工单位，在招投标期限较紧的情况下，面对逐一核实难度较大的工程量清单可利用 BIM 迅速准确完成核实，减少计算误差，避免项目亏损，高质量地完成招投标工作。

4）施工阶段，造价管控时间长、工作量大、变量多，BIM 技术的碰撞检查可减少设计变更情况，在正式施工前进行图纸会审可有效减少设计问题与实际施工问题，减少变更与返工情况。BIM 技术下的三维模型有利于施工阶段资金、人力物力资源的统筹安排与进度款的审核支付，在施工中迅速按照变更情况及时调整造价，做到按时间、按工序、按区域出工程造价，实现全程成本管控的精细化管理。

5）结算阶段，BIM 可提供准确的结算数据，可提高结算进度与效率，减少经济纠纷。

0.2.3 BIM 在建筑全生命周期中的应用

运用 BIM 技术，不仅可以实现设计阶段的协同设计、施工阶段的建造全过程一体化和运营阶段对建筑物的智能化维护和设施管理，同时还能打破从业主到设计、施工运营之间的隔阂和界限，实现对建筑的全生命周期管理。

1. 项目前期策划阶段

项目前期策划阶段对整个建筑工程项目的影响很大，在项目前期的优化对于项目的成本和功能影响是最大的，而优化设计的费用是最低的；在项目后期的优化对于项目的成本和功能影响在逐渐变小，而优化设计的费用却逐步增高。出于上述原因，在项目的前期应当尽早应用 BIM 技术。

BIM 技术应用在项目前期的工作有很多，包括现状建模与模型维护、场地分析、成本估算、阶段规划、规划编制、建筑策划等。

1）投资估算：应用 BIM 系统强大的信息统计功能，在方案阶段可运用数据指标等方法获得较为准确的土建工程量及土建造价，同时可用于不同方案的对比，可以快速得出成本的变动情况，权衡出不同方案的造价优劣，为项目决策提供重要而准确的依据。BIM 技术可运用计算机强大的数据处理能力进行投资估算，这大大减轻了造价工程师的计算工作量，造价工程师可节省时间从事更有价值的工作，能进一步细致考虑施工中的节约成本等专业问题，这些对于编制高质量的预算来说非常重要。

2）现状模型：根据现有的资料将现状图纸导入基于 BIM 技术的软件中，创建出道路、建筑物、河流、绿化及高程的变化起伏，并根据规划条件创建出本地块的用地红线及道路红线，并生成面积指标。

3）总图规划：在现状模型的基础上根据容积率、绿化率、建筑密度等建筑控制条件创建工程的建筑体块，并创建体量模型。做好总图规划、道路交通规划、绿地景观规划、竖向规划及管线综合规划。

4）环境评估：根据项目的经纬度，借助相关的软件采集此地的太阳及气候数据，并基于 BIM 数据利用相关的分析软件进行气候分析，对方案进行环境影响评估，包括日照环境影响、风环境影响、热环境影响、声环境影响等评估。某些项目还需要进行交通影响模拟。

2. 设计阶段

BIM 在建筑设计的应用范围非常广泛，无论在设计方案论证，还是在设计创作、协同设计、建筑性能分析、结构分析，以及在绿色建筑评估、规范验证、工程量统计等许多方面都有广泛的应用。

1）设计方案论证：BIM 三维模型展示的设计效果十分方便评审人员、业主对方案进行评估，甚至可以就当前设计方案讨论施工的可行性，以及如何降低成本、缩短工期等，对修改方案提供切实可行的方案。并且用可视化方式进行展示，可获得来自最终用户和业主的积极反馈，使决策的时间大大减少。

2）设计创作：由于在 BIM 软件中组成整个设计的就是门、窗、墙体等单个 3D 构件元素，所以设计过程就是不断确定和修改各种构件的参数，这些建筑构件在软件中是数据关联、智能互动的。最终设计成果的交付就是 BIM，所有平面、立面、剖面二维图纸都可以根据模型生成，由于图纸的来源是同一个 BIM，所以所有图纸和图表数据都是互相关联的，也是实时互动的，从根本上避免了不同视图不同专业图纸出现的不一致现象。

3）协同设计：BIM 技术使不同专业甚至是身处异地的设计人员都能够通过网络在同一个 BIM 上展开协同设计，使设计能够协同进行。以往各专业各视角之间不协调的事情时有发生，花费大量人力、物力对图纸进行审查仍然不能把不协调的问题全部改正。有些问题到了施工过程才能发现，给材料、成本、工期造成了很大的损失。应用 BIM 技术及 BIM 服务器，通过协同设计和可视化分析就可以及时解决不协调问题，保证了后期施工的顺利进行。

4）绿色建筑评估：BIM 中包含了用于建筑性能分析的各种数据，只要数据完备，将数据通过 IFC、gbXML 等交换格式输入相关的分析软件中，即可进行当前项目的节能分析、采光分析、日照分析、通风分析及最终的绿色建筑评估。

5）工程量统计：BIM 信息的完备性大大简化了设计阶段对工程量的统计工作，模型的每个构件都和 BIM 数据库的成本库相关联，当设计师对构件进行变更时，成本估算会实时更新。

在用二维 CAD 技术进行设计时，绘图的工作量很大，设计师无法花很多时间对设计方案进行精心推敲。应用 BIM 技术，只要完成了设计构想，确定了 BIM 的最后构成，就可以根据模型生成施工图，而且由于 BIM 技术的协调性，后期调整设计的工作量是很小的，这样设计质量和图纸质量都得到了保障。

3. 施工阶段

BIM 技术在施工阶段可以有如下多个方面的应用，如 3D 协调、管线综合、支持深化设计、场地使用规划、施工系统设计、施工进度模拟、施工组织模拟、数字化建造、施工质量与进度监控、物料跟踪等。

1）碰撞综合协调：在施工开始前利用 BIM 的可视化特性对各专业（建筑、结构、给水排水、机电、消防、电梯等）的设计进行空间协调，检查各专业管道之间的碰撞及管道与结构的碰撞。发现碰撞时及时调整，这样就能较好地避免施工中管道发生碰撞和拆除重新安装的问题。

2）施工方案分析：在 BIM 上对施工计划和施工方案进行分析模拟，充分利用空间和资源整合，消除冲突，得到最优施工计划和方案。对于新形式、新结构、新工艺和复杂节点，可以充分利用 BIM 的参数化和可视化特性对节点进行施工流程、结构拆解等的分析模拟，可以改进施工方案实现的可施工性，以达到降低成本、缩短工期、减少错误和浪费的目的。

3）数字化建造：数字化建造的前提是详尽的数字化信息，而 BIM 的构件信息都以数字化形式存储。例如，数控机床这些用数字化建造的设备需要的就是描述构件的数字化信息，这些数字化信息为数控机床提供了构件精确的定位信息，为建造提供了必要条件。

4）施工科学管理：BIM 技术与 3D 激光扫描、视频、图片、GPS、移动通信、互联网等技术的集成，可以实现对现场的构件、设备及施工进度和质量进行实时跟踪。另外，BIM 技术和管理信息系统的集成，可以有效支持造价、采购、库存、财务等的动态精确管理，减少库存开支，在竣工时可以生成项目竣工模型和相关文件，有利于后续的运营管理。同时，业主、设计方、预制厂商、材料供应商等可以利用 BIM 的信息集成化与施工方进行沟通，提高效率、减少错误。

4. 运营阶段

在运营阶段，BIM 可以有以下方面的应用：竣工模型交付、维护计划、建筑系统分析、资产管理、空间管理与分析、防灾计划与灾害应急模拟。

1）竣工模型交付与维护计划：施工方竣工后对 BIM 进行必要的测试和调整再向业主提交，这样运营维护管理方得到的不仅是设计和竣工图纸，还能得到反映真实状况的 BIM，里面包含了施工过程记录、材料使用情况、设备的调试记录及状态等资料。BIM 能将建筑物空间信息、设备信息和其他信息有机地整合起来，结合运营维护管理系统可以充分发挥空间定位和数据记录的优势，合理制订运营、管理、维护计划，尽可能降低运营过程中的突发事件。

2）资产管理：通过 BIM 建立维护工作的历史记录，对设施和设备的状态进行跟踪，对一些重要设备的适用状态提前预判，并自动根据维护记录和保养计划提示到期需保养的设备和设施，对故障的设备从派工维修到完工验收、回访等均进行记录，实现过程化管理。如果基于 BIM 的资产管理系统能和停车场管理系统、智能监控系统、安全防护系统等物联网结合起来，实行集中后台控制与管理，则能很好地解决资产的实时监控、实时查询和实时定位，并且实现各系统之间的互联、互通和信息共享。

3）防灾模拟：基于 BIM 丰富的信息，可以将模型以 IFC 等交换格式导入灾害模拟分析软件，分析灾害发生的原因，制定防灾措施与应急预案。灾害发生后，将 BIM 以可视化方式提供给救援人员，让救援人员迅速找到合适的救灾路线，提高救灾成效。

4）空间管理：应用 BIM 技术可以处理各种空间变更的请求，合理安排各种应用的需求，并记录空间的使用、出租、退租情况，实现空间的全过程管理。

0.3 BIM 的发展历史与现状

BIM 技术在经过 40 多年的发展后，已经比较完善，BIM 的内涵也在不断地丰富和充实，目前 BIM 在我国的发展较为迅速，住房和城乡建设部（以下简称住建部）已经将 BIM 技术作为建筑设计、施工阶段必备的技术手段。在未来，BIM 将是建筑产业化、工业化不可缺少的信息技术。通过学习 BIM 在国内外的发展现状，有利于正确认识 BIM 技术的发展方向。

0.3.1 国外的 BIM 发展历史与现状

1. BIM 在美国的发展历史与现状

美国是较早启动建筑业信息化研究的国家，广泛应用已经有十余年时间，发展至今，BIM 研究与应用都走在世界前列。目前，美国大多数建筑项目已经开始应用 BIM，BIM 的应用点也种类繁多，而且存在各种 BIM 协会，也出台了各种 BIM 标准。根据 MarketsandMarkets 测算，北美是全球最大的 BIM 市场，在全球 BIM 市场中占比 33%。美国 BIM 市场发展报告显示，2015 年 BIM 市场规模为 11.8 亿美元，到 2023 年北美地区市场规模增长至 35.9 亿美元，结合 2023 年全球市场规模可知，北美区域市场规模占比约为 31%。目前，美国大多数建筑项目已经开始全面应用 BIM，各种 BIM 协会也出台了各项 BIM 标准。由此可见，BIM 的价值在不断被认可。

2. BIM 在英国的发展历史与现状

与大多数国家相比，英国政府要求强制使用 BIM。英国内阁办公室发布了“政府建设战略”文件，文件明确要求，政府要求实现全面协同的 3D · BIM，并将全部的文件以信息化管理。为了实现这一目标，文件制定了明确的阶段性目标，另外文件还规定，公用建筑设计项目必须使用 BIM 建立模型，同时要求本国完善 BIM 在商务、法律、保险等多方面的条款制定，另外还要求科研机构与合作企业对 BIM 的可行性进行深入的研究和实践。由于政府发布强制使用 BIM 的相关政策得到了有效执行，目前英国从事 BIM 技术领域的众多企业已处于世界领先地位。

3. BIM 在日本的发展历史与现状

在日本，有“2009 年是日本的 BIM 元年”之说。大量的日本设计公司、施工企业开始应用 BIM，而日本国土交通省表示，已选择一项政府建设项目作为试点，探索 BIM 在设计可视化、信息整合方面的价值及实施流程。日本建筑学会发布了日本 BIM 指南，从 BIM 团队建设、BIM 数据处理、BIM 设计流程、应用 BIM 进行预算、模拟等方面为日本的设计院和施工企业应用 BIM 提供了指导。

4. BIM 在北欧国家的发展历史与现状

北欧国家包括挪威、丹麦、瑞典和芬兰，是一些主要的建筑业信息技术的软件厂商所在地，如 Tekla 和 Solibri，而且匈牙利的 ArchiCAD 的应用率也很高。因此，这些国家是全球最先一批采用基于模型设计的国家，也在推动建筑信息技术的互用性和开放标准方面做出了很大贡献。另外，由于北欧国家冬天漫长多雪，建筑的预制化非常重要，这也促进了包含丰富数据、基于模型的 BIM 技术的快速发展。

5. BIM 在新加坡的发展历史与现状

新加坡负责建筑业管理的国家机构是建筑管理署（简称 BCA）。在 BIM 引进新加坡之前，就注意到信息技术对建筑业的重要作用。早在 1982 年，BCA 就有了人工智能规划审批的想法，2000—2004 年，开始发展建筑与房地产网络项目，用于电子规划的自动审批和在线提交，这也是世界首创的自动化审批系统。2011 年，BCA 发布了新加坡 BIM 发展路线规划，规划明确推动整个建筑业在 2015 年前广泛使用 BIM 技术。为了实现这一目标，BCA 分析了面临的挑战，并制定了相关策略。2023 年以来，新加坡将 BIM 技术不断应用于制造、安装、生命周期的运营及智慧城市的运作等领域。

6. BIM 在韩国的发展历史与现状

韩国的 BIM 技术在行业内处于领先水平。20 世纪 90 年代起，关于 BIM 理论的研究就已经开始萌芽。自韩国行业级的 BIM 研究大会召开后，BIM 技术开始迅速发展。同时，韩国的 Building SMART Korea 协会将韩国主要的建筑公司、高等学府、政府部门、科研协会等成员组织在一起，通过定期举办 BIM 国际论坛、组织 BIM 相关技术培训、举办 BIM 应用大赛等系列活动。2023 年，韩国建设领域 BIM 和尖端建设 IT 研究、普及和应用的终极目标已初步实现。

总体来说，BIM 从提出到逐步完善，再到如今的被整个工程建设行业普遍接受，经历了几十年的历程。BIM 技术最先从美国发展起来，随后扩展到欧洲、日本、韩国、新加坡等地，并在国外有了长足的发展，应用十分广泛，也对包括中国在内的其他国家的 BIM 应用产生了一定的促进作用。

0.3.2 国内的 BIM 发展历史与现状

在我国，BIM 技术首先在南方兴起，2001 年技术应用起步；2006—2010 年处于上升阶段；2011 年至今 BIM 技术处于快速发展阶段。随着 2011 年《2011—2015 年建筑业信息化发展纲要》及 2015 年《住房和城乡建设部关于印发推进建筑信息模型应用指导意见的通知》等文件的颁布，以及国家、地方政府鼓励政策的出台，BIM 技术在国家重点工程项目中得到了普遍运用，如奥运会水立方、上海中心大厦、上海世博会及西湖会馆等工程项目，BIM 技术的应用对项目的推进和顺利运行发挥了关键作用。2023 年，住建部发布了《住房城乡建设部关于推进工程建设项目审批标准化规范化便利化的通知》，其中指出：推进智能辅助审查。推进工程建设图纸设计、施工、变更、验收、档案移交全过程数字化管理，实现工程建设项目全程“一张图”管理和协同应用。鼓励有条件的地区在设计方案审查、施工图设计文件审查、竣工验收、档案移交环节采用建筑信息模型（BIM）成果提交和智能辅助审批，加强 BIM 在建筑全生命周期管理的应用。

作为一种引起世人高度关注的技术和理念，BIM 在中国的成长是必然的。通过运用 BIM，对复杂的三维造型的处理给传统设计模式带来的冲击和挑战，使中国的工程师们真正为可视化的 3D 设计模式所震撼。

随着国外设计及工程公司不断地涌入中国市场，中国工程师面临严峻的挑战，只有与时俱进才有出路。国家有关部门已经开始着手 BIM 技术标准的制定筹划工作。我国早在 2011 年就已将 BIM 纳入第十二个五年计划。次年，我国建筑科学研究院联合有关单位发起成立 BIM 发展联盟，积极发展、建置我国大陆 BIM 技术与标准、软件开发创新平台。十四五期间，住建部发布了《住房城乡建设部关于印发“十四五”建筑业发展规划的通知》，明确提出加大力度推进智能建造与 BIM 技术在建筑业的深度应用，进一步提升产业链现代化水平。

参考美国国家建筑信息模型标准，提出 Professional BIM 的概念，简称 P-BIM，即利用 BIM 技术改造并提升现有营建专业技术和营运管理的相关软件。BIM 发展联盟动员了许多人力资源，共启动了 21 部 P-BIM 系列协会标准的编制工作。我国住建部已发布一系列 BIM 技术国家标准，如表 0-3-1 所示，其中包括分类和编码标准、设计交付标准、施工应用标准和应用统一标准。这些标准可分为基础技术性标准和实施应用性标准。基础技术性标准又分为分类与编码、存储与交换 2 个细类；实施应用性标准分为建模、交付和应用 3 个细类。

表 0-3-1　国内 BIM 技术国家标准

标准名称	实施日期	分类	细类	覆盖阶段
建筑信息模型应用统一标准	2017 年 7 月	实施应用性标准	应用	全生命
建筑信息模型施工应用标准	2018 年 1 月	实施应用性标准	应用	设计、施工
建筑信息模型分类和编码标准	2018 年 5 月	基础技术性标准	分类与编码	全生命
建筑信息模型设计交付标准	2019 年 6 月	实施应用性标准	交付	设计
建筑工程设计信息模型制图标准	2019 年 6 月	实施应用性标准	建模、交付	设计
建筑信息模型存储标准	2022 年 2 月	基础技术性标准	存储	全生命

2011 年以来，我国制定了一系列的国家政策，如表 0-3-2 所示，使建筑行业不断重构，向“绿色化、工业化、信息化”三化融合的方向发展。

表 0-3-2　关于建筑信息模型的国家政策

发布时间	发布单位	政策文件	重点内容
2011 年 5 月	住建部	《2011—2015 年建筑业信息化发展纲要》	推进 BIM 技术、基于网络的协同工作技术应用，提升和完善企业综合管理平台，实现企业信息管理与工程项目信息管理的集成，促进企业设计水平和管理水平的提高。研究基于 BIM 技术的集成设计系统，逐步实现建筑、结构、水暖电等专业的信息共享及协同
2014 年 7 月	住建部	《住房城乡建设部关于推进建筑业发展和改革的若干意见》	推进 BIM 等信息技术在工程设计、施工和运行维护全过程的应用，提高综合效益。探索开展白图替代蓝图、数字化审图等工作。建立技术研究应用与标准，制定有效衔接的机制，促进建筑业科技成果转化，加快先进适用技术的推广应用。加大复合型、创新型人才培养力度。推动建筑领域国际技术的交流合作
2015 年 6 月	住建部	《关于推进建筑信息模型应用的指导意见》	有关单位和企业要根据实际需求制定 BIM 应用发展规划、分阶段目标和实施方案，合理配置 BIM 应用所需的软硬件。改进传统项目管理方法，建立适合 BIM 应用的工程管理模式。构建企业级各专业族库，逐步建立覆盖 BIM 创建、修改、交换、应用和交付全过程的企业 BIM 应用标准流程。通过科研合作、技术培训、人才引进等方式，推动相关人员掌握 BIM 应用技能，全面提升 BIM 应用能力
2016 年 8 月	住建部	《2016—2020 年建筑业信息化发展纲要》	“十三五”时期，全面提高建筑业信息化水平，着力增强 BIM、大数据、智能化、移动通信、云计算、物联网等信息技术集成应用能力，建筑业数字化、网络化、智能化取得突破性进展，形成一批具有较强信息技术创新能力和信息化应用达到国际先进水平的建筑企业及具有关键自主知识产权的建筑业信息技术企业

续表

发布时间	发布单位	政策文件	重点内容
2017 年 2 月	国务院办公厅	《关于促进建筑业持续健康发展的意见》	加快推进 BIM 技术在规划、勘察、设计、施工和运营维护全过程的集成应用，实现工程建设项目全生命周期数据共享和信息化管理，为项目方案优化和科学决策提供依据，促进建筑业提质增效
2017 年 4 月	住建部	《建筑业发展“十三五”规划》	为建筑业发展指明方向，即建筑业向“绿色化、工业化、信息化”三化融合方向发展
2018 年 5 月	住建部	《城市轨道交通工程 BIM 应用指南》	城市轨道交通工程应结合实际制定 BIM 发展规划，建立全生命周期技术标准与管理体系，开展示范应用，逐步普及推广，推动各参建方共享多维 BIM 信息、实施工程管理
2019 年 4 月	教育部等四部门	《关于在院校实施“学历证书+若干职业技能等级证书”制度试点方案》	教育部启动 1+X 证书制度试点工作
2020 年 7 月	住建部	《关于推动智能建造与建筑工业化协同发展的指导意见》	以大力发展建筑工业化为载体，以数字化、智能化升级为动力，创新突破相关核心技术，加大智能建造在工程建设各环节的应用，形成涵盖科研、设计、生产加工、施工装配、运营等全产业链融合一体的智能建造产业体系
2020 年 8 月	住建部等九部门	《关于加快新型建筑工业化发展的若干意见》	加快推进 BIM 技术在新型建筑工业化全生命周期的一体化集成应用。充分利用社会资源，共同建立、维护基于 BIM 技术的标准化部品部件库，实现设计、采购、生产、建造、交付、运行维护等阶段的信息互联互通和交互共享。试点推进 BIM 报建审批和施工图 BIM 审图模式，推进与城市信息模型平台的融通联动，提高信息化监管能力，提高建筑行业全产业链资源配置效率
2021 年 1 月	住建部	《关于印发建设项目工程总承包合同（示范文本）的通知》	2021 年 1 月 1 日起，BIM 技术的应用正式纳入建设项目工程总承包合同
2022 年 1 月	住建部	《“十四五”建筑业发展规划》	加快推进 BIM 技术在工程全生命周期的集成应用，健全数据交互和安全标准，强化设计、生产、施工各环节数字化协同，推动工程建设全过程数字化成果交付和应用
2023 年 8 月	住建部	《关于推进工程建设项目审批标准化规范化便利化的通知》	鼓励有条件的地区在设计方案审查、施工图设计文件审查、竣工验收、档案移交环节采用 BIM 成果提交和智能辅助审批，加强 BIM 在建筑全生命周期管理的应用

0.4 BIM 项目总体安排

为了便于读者系统学习 BIM 技术在建设工程项目中的应用，充分理解 BIM 技术在建筑行业的应用价值，熟练掌握 BIM 工作的具体流程和操作技能，本书采用项目引领、任务驱动的教学方法，引入某学院汽车实训室真实工程项目案例，分模块、分阶段、分步骤地开展各专业 BIM 创建和协同管理工作。

0.4.1 BIM 项目背景

本项目的名称为某学院汽车实训室，项目等级为小型，总建筑面积为 1158m^2，地下 1 层，地上 2 层，规划建筑高度为 11.25m，建筑结构形式为钢筋混凝土框架结构，抗震设防烈度为 7 度，建筑结构合理使用年限为 50 年，建筑朝向为东西向，建筑物所在气候分区为寒冷地区，公共建筑分类为甲类，本工程施工图的设计范围包括结构、建筑、给水排水、采暖与通风、电气 5 类专业的配套内容。

0.4.2 工作要求

为实现项目成果落地，达到指导工程施工的目的，本项目采用 Revit 软件进行各专业模型的绘制，推荐版本为 2021 版，根据该项目工程的特点，依据施工设计图纸，制定以下工作要求。

1. 模型单元命名规则

在模型建立过程中随着模型深度的加深、设计变更的增多，BIM 及备份文件数量会成倍增长。为区分不同专业、不同区域、不同创建时间的模型，缩短寻找模型的时间，建模过程中需要规定使用同一套命名规则。例如，截面尺寸为 500mm×500mm 的矩形结构柱 KZ1，可命名为“KZ1-500×500”；卷帘门 JLM8351，可命名为“JLM8351”；外形尺寸为 600mm×800mm×250mm 的 01APpw 配电箱，可命名为“01APpw-600×800×250”。

2. 材质与颜色

为了使模型的整体效果更加真实和美观，应尽可能对各专业的模型单元赋予材质和真实的颜色，Revit 软件提供了丰富的材质库，材质库中包含大量的材质信息，均可通过“材质浏览器”对模型单元的材质和颜色进行设置。另外，软件还关联了“资源浏览器”，可用于材质的进一步扩展。

3. 准确度和完整度

BIM 中的数据准确度非常重要，因为从 BIM 的数据中可以反映出项目的实时状态。根据 BIM 技术的要求，BIM 中的数据都必须准确无误，特别是在建模过程中，要尽量避免模型构件单元的错误和缺失。

另外，BIM 还需要具备良好的完整度，从而保证模型的可靠性。这意味着 BIM 中的所有组件、部件和元素都必须完整，同时 BIM 还应具有一定的可访问性，使每个参与项目的成员都能方便地找到需要的信息，以便于访问人员能够快速处理项目中存在的问题。

0.4.3 工作内容

为了全面掌握 BIM 技术的基础操作，根据工作要求和项目的任务工作量，合理安排各专业 BIM 的创建、协同管理等工作内容，如表 0-4-1 所示。

表 0-4-1 BIM 工作内容

序号	类别	名称	工作内容
1	定位基准	标高和轴网	标高、轴网
2	结构	结构模型	基础板、挡土墙、结构柱、结构梁、结构板
3	建筑	建筑模型	建筑墙、门、窗、楼梯、栏杆扶手、坡道、台阶
4	给水排水	给水模型	给水管道、弯头、三通、四通、接头、变径管、蝶阀、截止阀、止回阀、过滤器、水表
		排水模型	排水管道、压力排水管道、弯头、三通、变径管、通气帽、立管检查口、闸阀、压力表、止回阀、管道泵
		消防模型	消防管道、弯头、三通、四通、变径管、蝶阀、卡箍过渡件、压力表、排气阀、消火栓箱、灭火器
		凝结水模型	凝结水管道、弯头、三通
5	暖通	采暖模型	供水管道、回水管道、弯头、三通、变径管、截止阀、温控阀、排气阀、固定支架、散热器、清扫口
		通风模型	送风管、排风管、弯头、变径三通、变径四通、过渡件、方接圆、调节阀、百叶风口、管道消声器、风机、换气扇
6	电气	配电箱	动力配电箱（含基础）、照明配电箱
		强电系统元件	防水防尘灯、荧光灯、应急壁灯、疏散指示灯、节能荧光灯、吊扇、单控开关、延时开关、单相插座、空调插座、总等电位端子箱、复位按钮、求助按钮、防火卷帘按钮、86 盒、残位呼叫控制器、声光报警器
		弱电系统元件	弱电进线/分线箱、消火栓按钮、电话网络插座
7	协同管理	模型协同	链接模型、冲突报告
		模型管理	漫游动画、明细表、图纸

0.4.4 成果评价

成果评价主要考查学生对 BIM 技术基本知识、模型创建方法和协同管理等内容的掌握情况，采用学生自评、小组评价和教师评价相结合的方式，对交付成果的准确性、完整性、规范性、熟练程度和职业素养等方面进行综合评价，评价完成后，再辅以知识拓展，开阔学生视野，进一步培养学生的创新思维能力，最后通过直击工考再现教学重难点，达到知识巩固、技能强化和素质培育的根本目的。

直击工考

一、选择题

1. 1975 年，（ ）首次提出了 BIM 一词的原型。

A. Charles Eastman　　B. Robert Aish

C. van Nederveen　　D. Jerry Laiserin

2.【2021 年 1+X“建筑信息模型（BIM）职业技能等级证书”考试真题】BIM 的定义为（ ）。

A．Building Information Modeling　　B．Building Intelligence Modeling
C．Building Intelligence Model　　D．Building Information Model

3．下列关于 BIM 的内涵说法中，正确的是（　　）。
A．BIM 可以理解为是多个三维模型和建筑信息的叠加
B．BIM 可以只依赖一种软件产品实现相互协作并完成所有工作
C．BIM 仅仅是一种设计工具，该工具可以用于图纸输出和碰撞检查
D．BIM 不仅仅是一个工具的升级，而是整个建筑行业流程的一种革命

4．下列选项不属于 BIM 在施工阶段价值的是（　　）。
A．施工工序模拟和分析　　B．辅助施工深化设计或生成施工深化图纸
C．能耗分析　　D．施工场地科学布置和管理

5．我国制定并颁布的第一部关于 BIM 的国家标准名称是（　　）。
A．建筑信息模型施工应用标准　　B．建筑信息模型应用统一标准
C．建筑信息模型存储标准　　D．建筑信息模型设计交付标准

二、简答题

BIM 技术是一种应用于工程设计建造管理的数据化工具，通过参数模型整合各种项目的相关信息，在项目策划、运行和维护的全生命周期过程中进行共享和传递，使工程技术人员对各种建筑信息做出正确的理解和高效的应对，为设计团队及包括建筑运营单位在内的各方建设主体提供协同工作的基础，在提高生产效率、节约成本和缩短工期方面发挥重要的作用。作为一种先进的工具和工作方式，BIM 技术不仅改变了建筑设计的手段和方法，而且在建筑行业领域做出了革命性的创举，通过建立 BIM 信息平台，建筑行业的协作方式被彻底改变。结合上述材料，谈谈 BIM 技术在工程项目建设过程中带来的重要应用价值。

项目 1

Revit 软件初识

内容导读

本书采用的建模软件为 Revit 2021，本项目将从 Revit 2021 界面、软件术语及基础操作 3 个方面展开。在任务 1.1 中，主要介绍软件的菜单栏、选项卡、状态栏、视图控制栏和绘图区等部分；在任务 1.2 中，主要介绍项目、图元、类别、族、类型、实例等专业名词；在任务 1.3 中，主要介绍如何进行平面图、可见性及视图范围的调节等基本操作。通过本项目的学习，应对 Revit 2021 有一个全面整体的认识。

学习目标

知识目标

1）了解 Revit 2021 软件的设置、功能、工具及视图。
2）理解 Revit 2021 软件中术语的含义。
3）掌握 Revit 2021 软件的基本操作方法。

能力目标

1）能正确进行视图比例、视图范围和裁剪视图的设置。
2）能正确进行显示模型、详细程度的设置。
3）能正确设计和表达颜色方案。

素养目标

1）树立规则意识、标准意识，全面提升工程素养。
2）培养勤于思考、善于总结、勇于探索的科学精神。

任务 1.1 认识 Revit 2021 的界面

任务描述

Revit 2021 界面相较以往旧版本软件的界面，变化很大，尤其是“视图”选项卡和上下文选项卡等有不少的变化。本任务主要介绍 Revit 2021 的工具栏、“视图”选项卡、上下文选项卡、视图控制栏和绘图区等部分。

任务目标

1）了解 Revit 2021 界面。

2）掌握 Revit 2021 界面的设置方法。

3）能对 Revit 2021 绘图区进行个性化设置。

4）能操作 Revit 2021 过滤器对指定构件进行过滤。

1.1.1 Revit 2021 界面整体认知

双击桌面上的R图标，打开 Revit 2021 软件，会显示 Revit 2021 主页，如图 1-1-1 所示，在主页会显示最近使用的部分文件，方便快速打开文件。

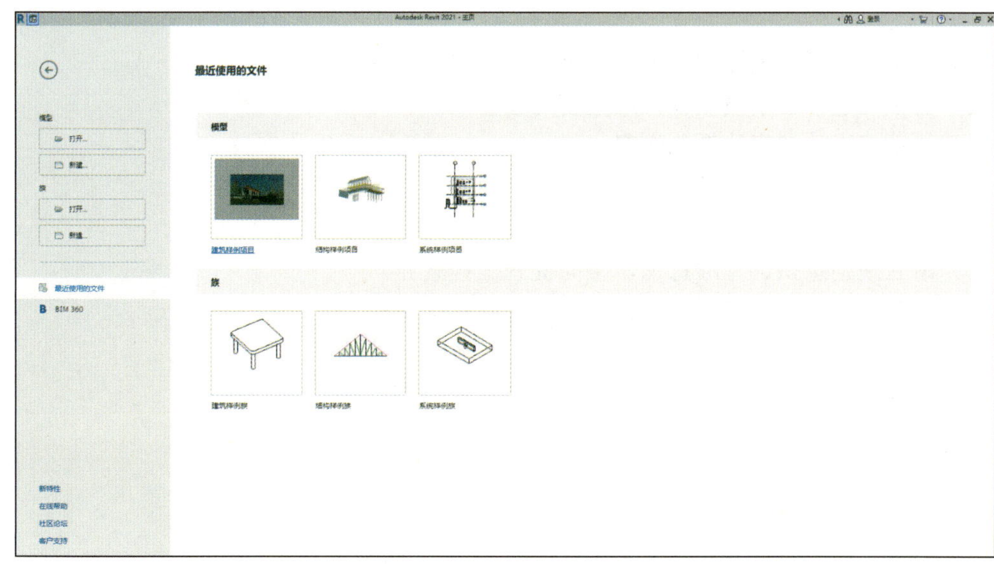

图 1-1-1 Revit 2021 主页

选择“模型”→“新建”选项，如图 1-1-2 所示，打开“新建项目”对话框，如图 1-1-3 所示。在“样板文件”下拉列表中选择“构造样板”选项。需要说明的是，在“样板文件”下拉列表中，包含构造样板、建筑样板、结构样板、机械样板、系统样板、电气样板、管道样板等多种样板，每个样板包含的内置族类型各不相同。例如，建筑样板会内置建筑墙、建筑门、建筑窗、建筑楼梯等族，结构样板会内置结构墙、结构柱、结构梁等族。通常我们选择的构造样板，会同时包括部分建筑族和部分结构族，并集成了轮廓、注释、符号、标题等系统族，相较其他样板，是包含类型最全的样板文件，更适合初学者使用。

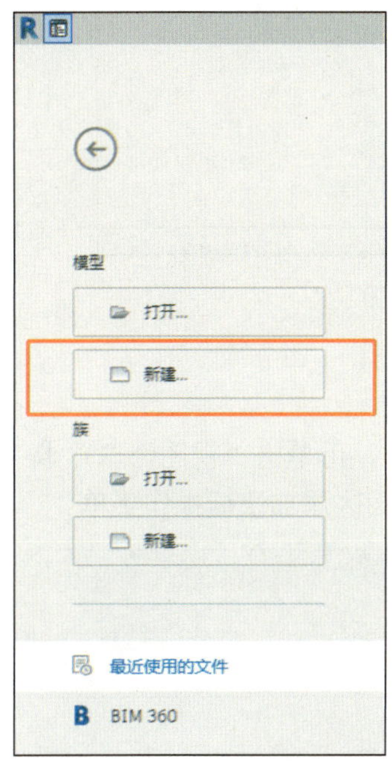

图 1-1-2　选择“新建”选项

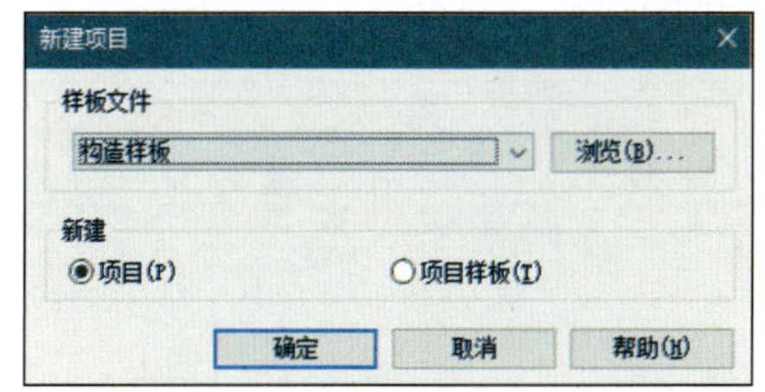

图 1-1-3　“新建项目”对话框

在“新建项目”对话框中单击“确定”按钮，打开 Revit 2021 样板选择总视图，在总视图中，包含上部工具栏、功能区、绘图区和下部工具栏 4 部分内容，如图 1-1-4 所示。

1）上部工具栏：包括主视图、打开、保存、同步并修改设置、放弃、重做、打印等工具按钮。

2）功能区：包括建筑、结构、钢、预制、插入、注释等选项卡。

3）绘图区：用于绘制模型和查看模型的区域；

4）下部工具栏：用于对模型的显示设置，包括比例尺、详细程度、视觉样式等选项。

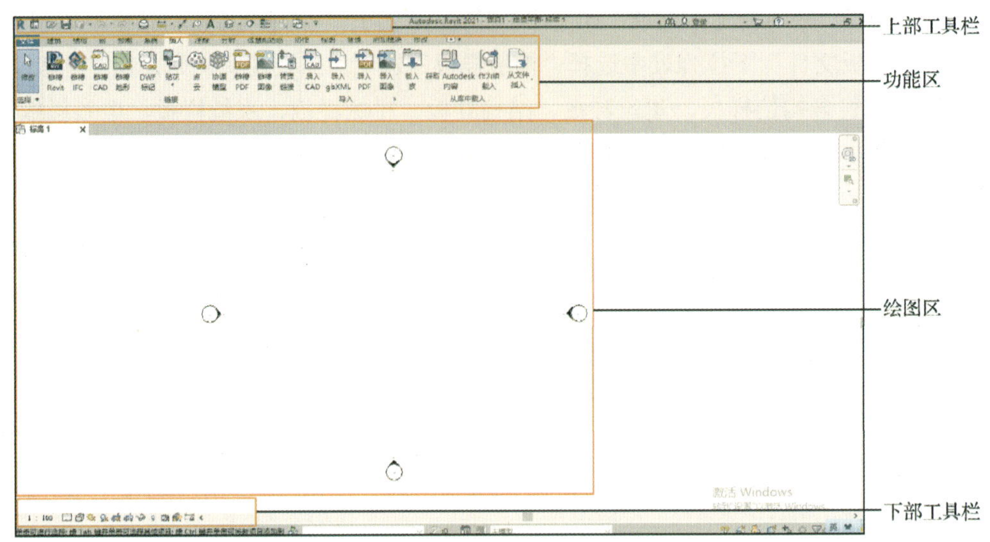

图 1-1-4　Revit 2021 总视图

1.1.2　绘图区设置

在 Revit 2021 软件中进行绘图时，为方便用户操作，可单击“视图”选项卡“窗口”选项组中的“用户界面”按钮，如图 1-1-5 所示，为绘图区添加快捷操作菜单。

图 1-1-5　“用户界面”按钮

单击“视图”选项卡“窗口”选项组中的“用户界面”下拉按钮，弹出的下拉列表如图 1-1-6 所示，通常情况下，需选中“ViewCube”“导航栏”“项目浏览器”“属性”这 4 个复选框，下面将详细介绍这 4 个人性化的操作设置。

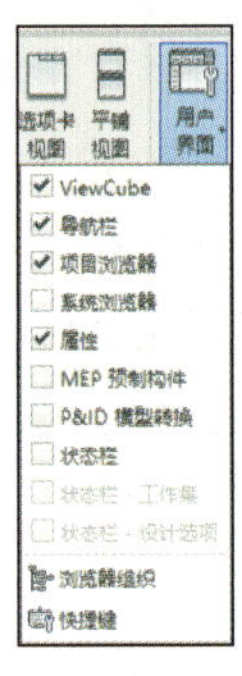

图 1-1-6　“用户界面”下拉列表

完成上述操作后，绘图区的显示效果如图 1-1-7 所示，可以看到，此时的绘图区多出了 ViewCube、导航栏、项目浏览器、属性栏这 4 个快捷操作菜单。其中，ViewCube 和导航栏的位置是固定的，项目浏览器和属性栏的位置可以移动，一般分别布置在左侧和右侧。

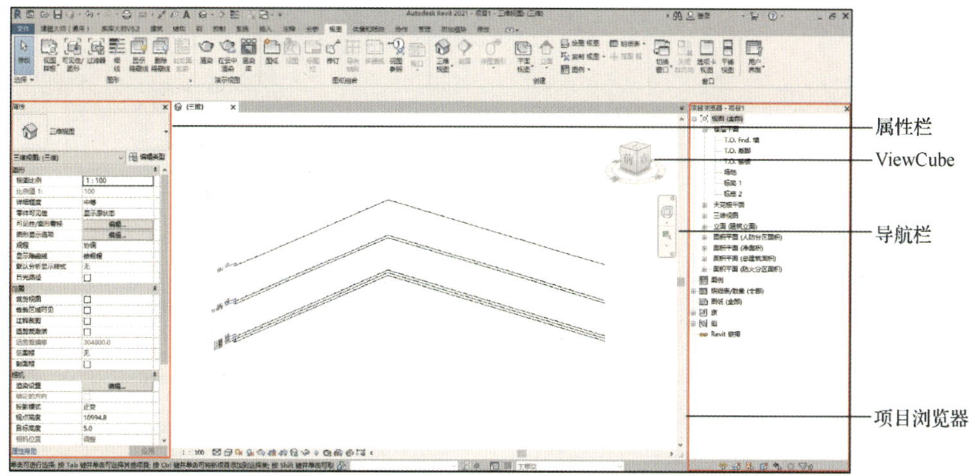

图 1-1-7　用户界面设置后

使用项目浏览器，可以选择项目视图，其中，楼层平面为各平面内剖切视图；天花板平面为项目顶视图；三维视图默认为项目的正交模型图；立面又称为建筑立面，包含建筑的东、南、西、北 4 个立面。需要注意的是，对比项目的平面视图和三维视图可以发现，三维视图中包含 ViewCube 和导航栏两个快捷操作菜单，如图 1-1-8 所示，而平面视图中只能显示导航栏快捷操作菜单。

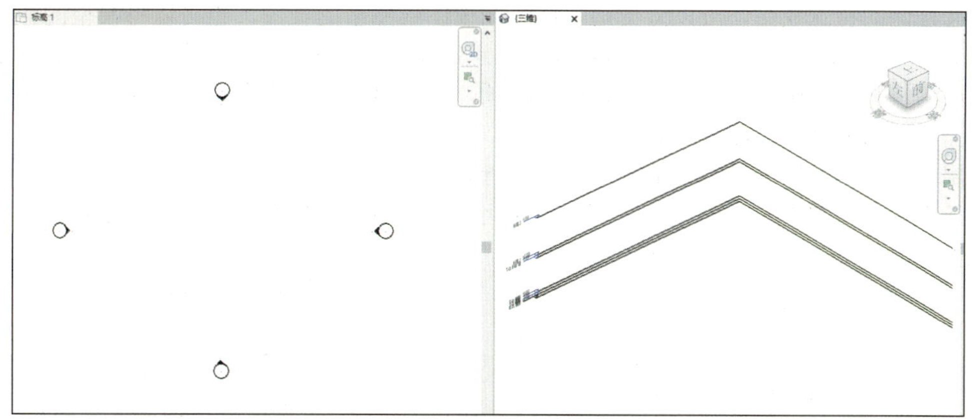

图 1-1-8　项目的平面视图和三维视图对比

使用导航栏，可以为单个视图进行导向导航，并可以对其进行区域内的放大和缩小，单击导航栏中的“全导航控制盘”按钮，如图 1-1-9 所示，弹出全导航控制盘。

在 Revit 2021 中，将查看对象控制盘和巡视建筑控制盘上的三维导航工具组合到了一起。用户可以查看各对象及围绕模型进行漫游和导航。全导航控制盘在回放上一操作面和进行模型漫游时经常会被用到，如图 1-1-10 所示。

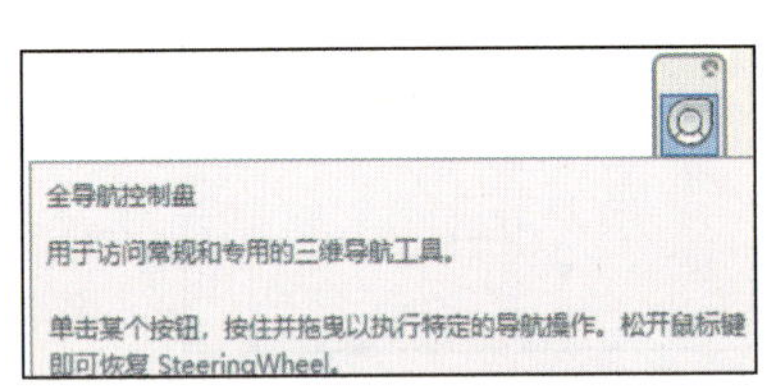

图 1-1-9 “全导航控制盘”按钮

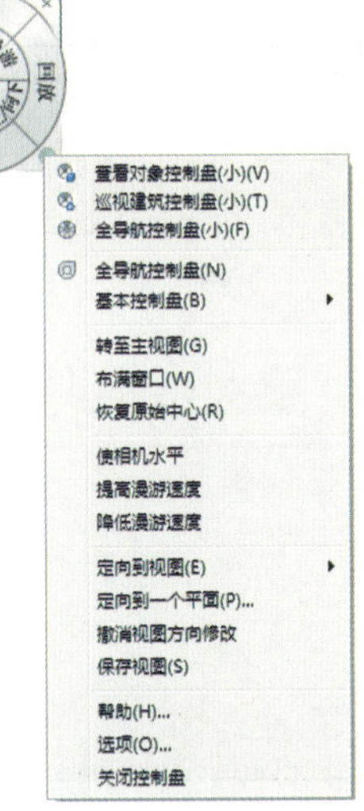

图 1-1-10 全导航控制盘

使用 ViewCube 可重新定向模型的当前视图，这一功能通过全导航控制盘也可以实现，但 ViewCube 的操作更便捷，更适合新手。需要注意的是，仅在三维视图中工作时才会显示 ViewCube。如果未看到 ViewCube，请确认是否处于三维视图中且 ViewCube 控件处于启用状态，确认方法参照项目浏览器中的三维设置。若要重新定向视图，则单击 ViewCube 的面、边或角即可。利用 ViewCube，可将调整过的三维视图恢复为主视图。主视图是随模型一起存储的特殊视图，可以方便地返回已知视图或熟悉的视图，也可以将模型的任何视图定义为主视图。除此之外，ViewCube 还可以迅速将模型定向到某个视图，右击 ViewCube，在弹出的快捷菜单中选择“定向到视图”选项，在其级联菜单中即可选择模型中的某一楼层平面、立面或剖面，如图 1-1-11 所示。

属性栏，主要用于对项目的某一构件进行属性设置。若未选中构件，则可对视图的属性进行设置，如图 1-1-12 所示，在属性栏中可设置三维视图的视图比例、详细程度、零件可见性等。

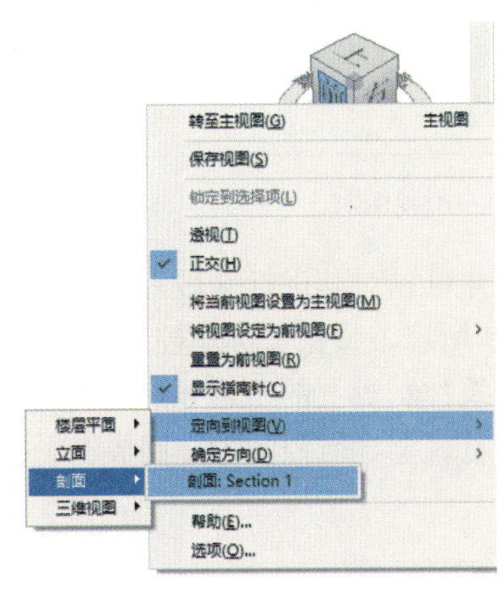

图 1-1-11 ViewCube 定向到视图

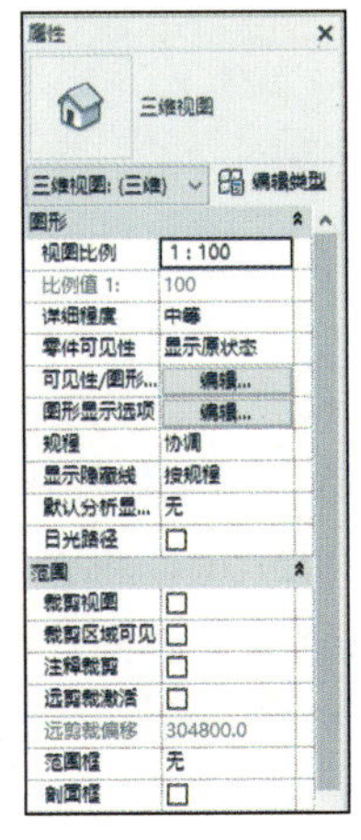

图 1-1-12 属性栏

1.1.3　选项卡

选择图元时，会自动增加并切换到上下文选项卡，选项卡中包含只与该工具或图元相关的工具选项。

例如，单击“墙”按钮，功能区将显示“修改|放置 墙”选项卡，如图 1-1-13 所示。

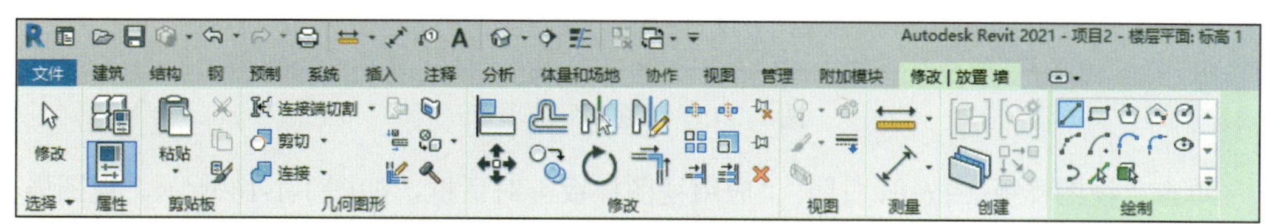

图 1-1-13　“修改|放置 墙”选项卡

“选择”选项组：包含“修改”按钮。

“属性”选项组：包含“类型属性”“属性”按钮。

“剪贴板”选项组：包含“复制”“粘贴”等按钮。

“几何图形”选项组：包含“剪切”“连接”等按钮。

“修改”选项组：包含常规的编辑按钮，适用于软件的整个绘图过程中，如移动、复制、旋转、阵列、镜像、对齐、拆分、修剪、偏移等编辑按钮。

“视图”选项组：包含墙体的“替换”“隐藏”等按钮。

“测量”选项组：包含墙体的“高程点测量”“距离测量”等按钮。

“创建”选项组：适用于不规则形状墙体“族”的建立。

“绘制”选项组：包含绘制墙体所必需的绘图工具按钮，如“直线”“弧线”“圆”等按钮。

退出该工具时，该选项卡就会关闭。

1.1.4　下部工具栏

下部工具栏又称为视图控制栏，位于 Revit 2021 窗口底部的上方。通过视图控制栏，可以快速访问影响绘图区的功能，视图控制栏中的选项从左到右依次是比例、详细程度、视觉样式、打开/关闭日光路径、打开/关闭阴影、显示/关闭渲染、打开/关闭裁剪区域、显示/隐藏裁剪区域、锁定/解锁三维视图、临时隐藏/隔离、显示隐藏的图元等，如图 1-1-14 所示。

图 1-1-14　下部工具栏

1.1.5　“视图”选项卡

选择菜单栏中的“视图”菜单，可打开“视图”选项卡，“视图”选项卡中包括“视图样板”“可见性/图形”“过滤器”“细线”“显示隐藏线”“删除隐藏线”等按钮，如图 1-1-15 所示。

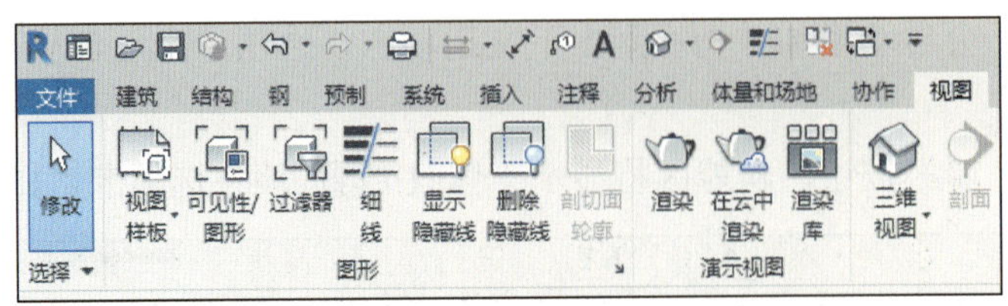

图 1-1-15 “视图”选项卡

单击“视图样板”按钮，打开“应用视图样板”对话框，如图 1-1-16 所示。视图样板的主要作用是创建、编辑或将标准化视图应用于样板，使用视图样板可以对视图应用进行标准设置，主要用于制定项目标准，并实现施工图文档集的一致性。在创建视图样板之前，首先要考虑如何使用视图，以及每种类型的视图（楼层平面、立面、剖面、三维视图等）需要使用哪些样式需要注意，对图纸上的视图应用视图样板时，视图样板属性将应用于图纸中当前包含的视图。但是，视图样板并未指定给这些视图，所以以后对视图样板所做的修改不会影响视图。

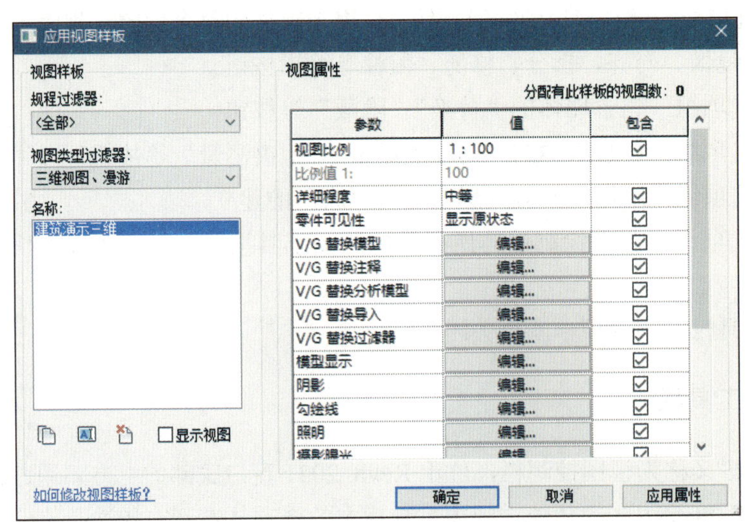

图 1-1-16 “应用视图样板”对话框

单击“可见性/图形”按钮，打开“三维视图：{三维}的可见性/图形替换”对话框，如图 1-1-17 所示。在该对话框中可对模型类别、注释类别等进行设置，通过模型类别设置，可以永久或临时在视图中隐藏单个图元或几类图元，可以使用替换功能为平面视图中墙的截面线和结构核心线指定不同的线宽。如果图元是透明的，则可以只在图元表面上绘制边缘和填充图案。

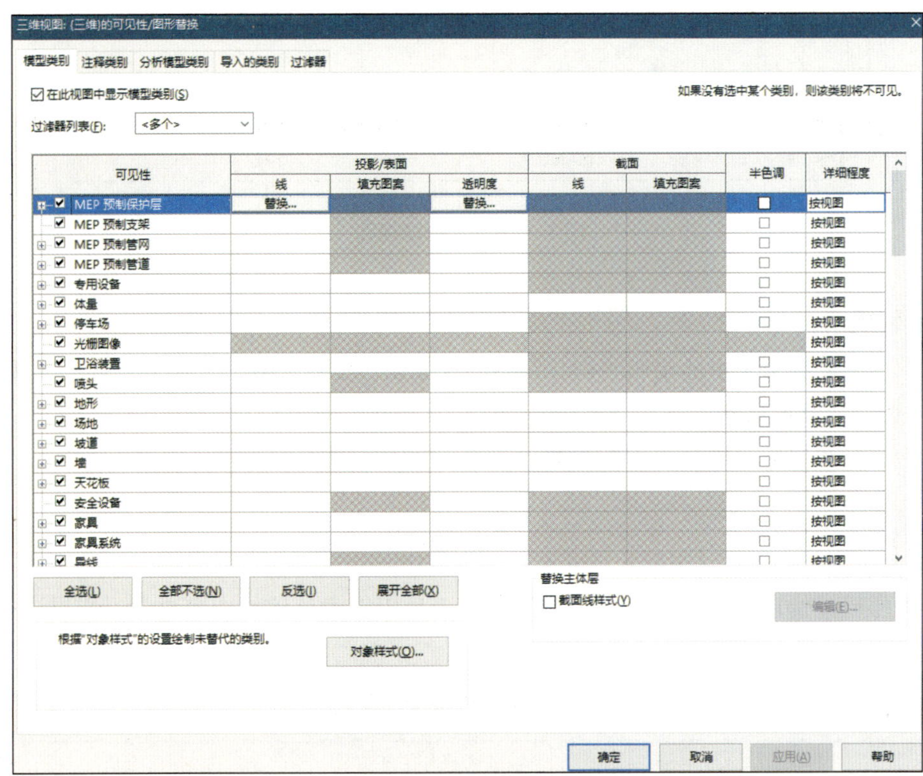

图 1-1-17　“三维视图：{三维}的可见性/图形替换”对话框

单击“过滤器”按钮，打开“过滤器”对话框，如图 1-1-18 所示，在该对话框中可以对所有符合过滤条件的构件进行可见性和图形的设置。例如，如果需要更改视图中 2 小时防火等级墙的线样式和颜色，则可以创建过滤器以选择视图中所有防火等级参数的值为 2 小时的墙，并将过滤器应用于视图，然后定义墙的可见性和图形显示设置即可。这样，所有符合过滤条件的墙将以指定的可见性和图形设置显示在视图中。

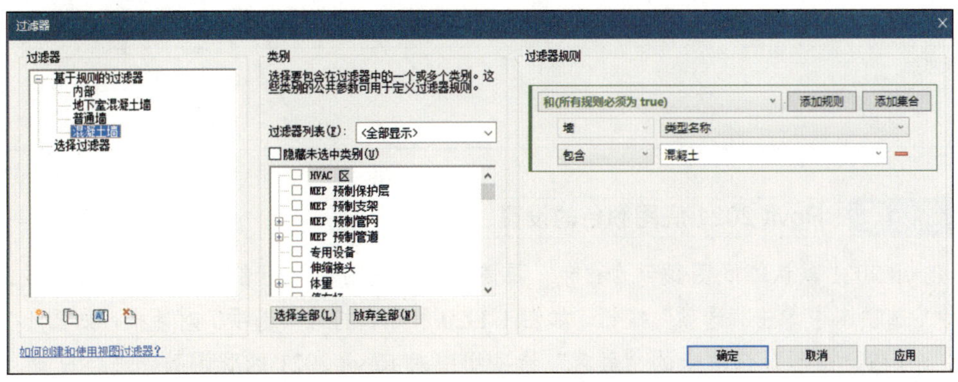

图 1-1-18　“过滤器”对话框

需要注意的是，基于规则的过滤器中必须包含一个或多个规则集①，每个规则集包含一个或多个“规则”和/或嵌套的规则集②，如图 1-1-19 所示。

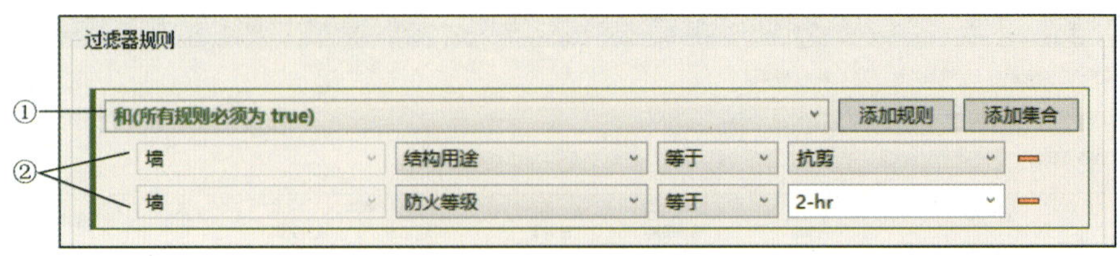

图 1-1-19　过滤器规则

温馨提示

1）上下文选项卡中的编辑按钮，如移动、复制、旋转、阵列、镜像、对齐等适用于软件的整个绘图过程中。

2）基于规则的过滤器中必须包含一个或多个规则集。

任务考评

任务考核评价以学生自评为主，根据表 1-1-1 中的考核评价内容对学习成果进行客观评价。

表 1-1-1　任务考评表

序号	考核点	考核内容	分值	得分
1	整体认识	能整体认识 Revit 2021 界面	5	
2	Revit 2021 工具栏	能操作 Revit 2021 上部工具栏	20	
		能操作 Revit 2021 下部工具栏	10	
3	Revit 2021 绘图区	能对 Revit 2021 绘图区进行个性化设置	20	
		能操作全导航控制盘	5	
		能操作 ViewCube 及属性栏、项目浏览器	10	
4	“视图”选项卡	能操作“视图”选项卡隐藏及筛选图元	20	
5	上下文选项卡	能利用上下文选项卡修改图元	10	
合计			100	

总结反思：

签字：

任务拓展　Revit 2021 底图颜色的设置

Revit 2021 默认的底图颜色为白色，习惯于黑色底图的绘图者可以对此进行修改。在“文件”选项卡中单击“选项”按钮，如图 1-1-20 所示，打开“选项”对话框，如图 1-1-21 所示。可在“图形”选项卡的“颜色”选项组中对 Revit 2021 的底图颜色进行设置。

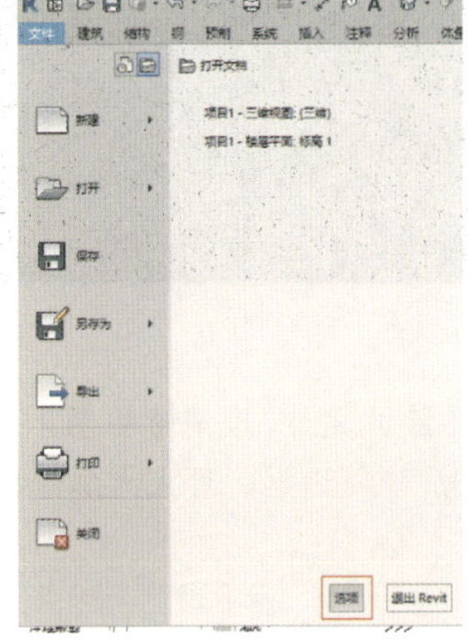

图 1-1-20　单击“选项”按钮

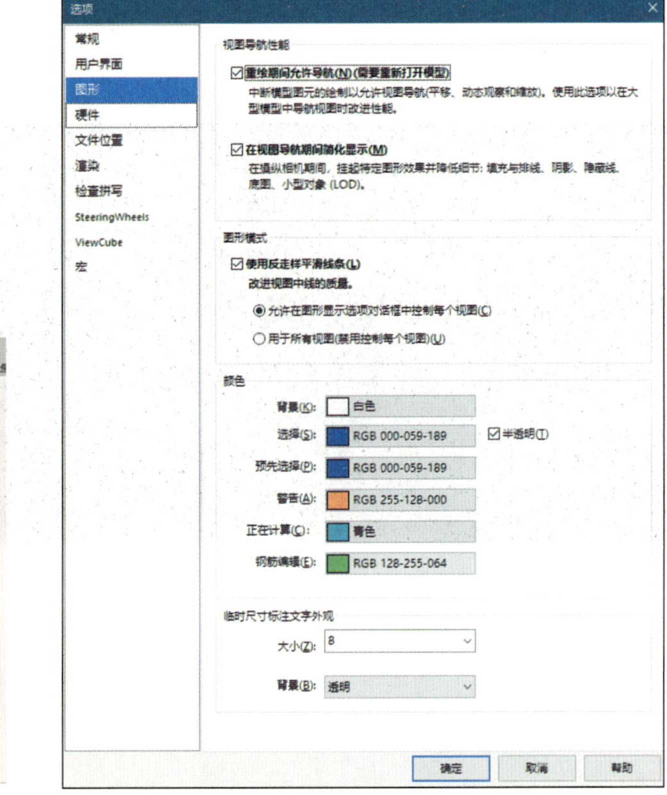

图 1-1-21　“选项”对话框

单击“颜色”选项组“背景”后的灰色框，打开“颜色”对话框，选择“黑色”选项，单击“确定”按钮，如图 1-1-22 所示，即可将 Revit 2021 的底图颜色设为黑色，如图 1-1-23 所示。

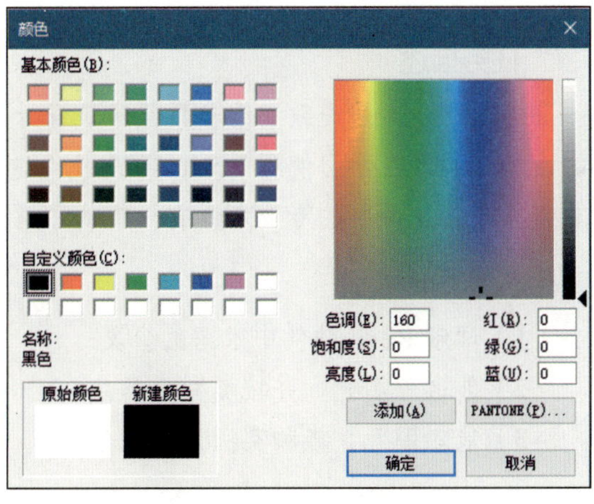

图 1-1-22　“颜色”对话框

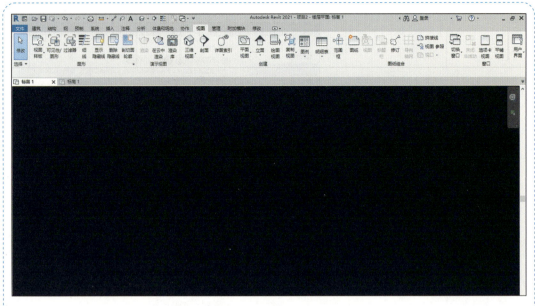

图 1-1-23 黑色底图的 Revit 2021

临时尺寸标注文字的大小与背景也可在这里进行设置。除此之外，取消选中图 1-1-21 中“视图导航性能”选项组中的“在视图导航期间简化显示”复选框，可大大加快模型的渲染与漫游速度。

任务 1.2 理解 Revit 2021 软件中的术语

任务描述

Revit 2021 是一款三维参数化建筑设计软件，是有效创建 BIM 的设计工具。在学习使用 Revit 2021 软件进行建筑建模设计之前，首先需要对软件中的专业术语有一定的了解。

任务目标

1）理解 Revit 软件中术语的含义。

2）能区分图元，并按类别分类。

3）能对图元、族和实例进行区分。

1.2.1 项目

在 Revit 2021 建筑设计中新建一个文件是指新建一个“项目”文件，有别于传统 AutoCAD 中的新建一个平面视图或立/剖面图等文件的概念。

在 Revit 2021 中，项目是指单个设计信息数据库的模型，即建筑信息模型。项目文件包含建筑的所有设计信息（从几何图形到构造数据），包括完整的三维建筑模型、所有设计视图（平、立、剖、明细表等）和施工图图纸等信息。所有这些信息之间都保持了关联关系，当建筑师在某个视图中修改设计时，Revit 2021 会在整个项目中同步这些修改，实现“一处修改，处处更新”。

1.2.2 图元

在创建项目时，用户可以通过向设计中添加参数化建筑图元来创建建筑。在 Revit 2021 中，图元主要分为以下 5 种。

1. 主体图元

主体图元包括墙、楼板、屋顶、天花板、场地、楼梯、坡道等。

主体图元的参数设置如大多数的墙可以设置构造层、厚度、高度等。楼梯都具有踏面、踢面、休息平台、梯段宽度等参数。

主体图元的参数设置由软件系统预先设置。用户不能自由添加参数，只能修改原有的参数设置，编辑创建出新的主体类型。

2. 构件图元

构件图元包括窗、门和家具、植物等三维模型构件。

构件图元和主体图元具有相对的依附关系，如门窗是安装在墙主体上的，删除墙，则墙体上安装的门窗构件也同时被删除。这是 Revit 2021 软件的特点之一。

构件图元的参数设置相对灵活，变化较多，所以在 Revit 2021 中，用户可以自行定制构件图元，设置各种需要的参数类型，以满足参数化设计修改的需要。

3. 注释图元

尺寸标注、文字注释、标记和符号等注释图元的样式都可以由用户自行定制，以满足各种本地化设计应用的需要。例如，展开项目浏览器的族中注释符号的子目录，即可编辑修改相关注释族的样式。

Revit 2021 中的注释图元与其标注、标记的对象之间具有某种特定的关联，如门窗定位的尺寸标注，修改门窗位置或门窗大小，其尺寸标注会自动修改；修改墙体材料，则墙体材料的材质标记会自动变化。

4. 基准面图元

基准面图元包括标高、轴网、参照平面等。

因为 Revit 2021 是一款三维设计软件，而三维建模的工作平面设置是其中非常重要的环节，所以标高、轴网、参照平面等为我们提供了三维设计的基准面。

此外，我们还经常使用参照平面来绘制定位辅助线，以及通过绘制辅助标高或设定相对标高偏移来定位。例如，绘制楼板时，软件默认在所选视图的标高上绘制，我们可以通过设置相对标高偏移值来绘制下降楼板等。

5. 视图图元

视图图元包括楼层平面图、天花板平面图、三维视图、立面图、剖面图及明细表等。

视图图元的平面图、立面图、剖面图及三维轴测图、透视图等都是基于模型生成的视图表达，它们是相互关联的。可以通过软件对象样式的设置来统一控制各视图的对象显示。

同时每一个平面、立面、剖面视图又具有相对的独立性。例如，每一个视图都可以设置其独有的构件可见性、详细程度、出图比例、视图范围等，这些都可以通过调整每个视图的视图属性来实现。

Revit 2021 软件的基本构架是由以上 5 种图元要素构成的。对以上图元要素的设置及修改、定制等操作都有相类似的规律。

1.2.3 类别

类别是一组用于对建筑设计进行建模或记录的图元，用于对建筑模型图元、基准图元、视图专有图元进行进一步的分类。例如，墙、屋顶和梁属于模型图元类别，而标记和文字注释则属于注释图元类别。

1.2.4 族

Revit 2021 软件作为一款参数化设计软件，“族”的概念需要深入理解和掌握。通过族的创建和定制，软件具备了参数化设计的特点及实现本地化项目定制的可能性。族是一个包含通用属性（称为参数）集和相关图形表示的图元组。所有添加到 Revit 2021 项目中的图元（从用于构成建筑模型的结构构件、墙、屋顶、窗和门到用于记录该模型的详图索引、装置、标记和详图构件）都是使用族创建的。

在 Revit 2021 中，有以下 3 种族。

1）内建族：在当前项目为专有的特殊构件创建的族，不需要重复利用。

2）系统族：包含基本建筑图元，如墙、屋顶、天花板、楼板及其他要在施工场地使用的图元。标高、轴网、图纸和视口类型的项目和系统设置也是系统族。

3）标准构件族：用于创建建筑构件和一些注释图元的族，如窗、门、橱柜、装置、家具、植物和一些常规自定义的注释图元（如符号和标题栏等）。它们具有高度可自定义的特征，可重复利用。

1.2.5 类型

每一个族都可以拥有多个类型。类型可以是族的特定尺寸，如 450mm×600mm、600mm×750mm 的矩形柱都是“矩形柱”族的一种类型；类型也可以是样式，如“线性尺寸标注类型”“角度尺寸标注类型”都是尺寸标注图元的类型。

1.2.6　实例

实例是放置在项目中的每一个实际的图元。每一个实例都属于一个族，且在该族中属于特定类型。例如，在项目中的轴网交点位置放置了 10 根 600mm×750mm 的矩形柱，那么每一根柱子都是“矩形柱”族中“600mm×750mm”类型的一个实例。

温馨提示

1）Revit 2021 中的族可以变成项目，项目中的单个图元也可以变成族。

2）Revit 2021 中的图元除系统自带的类型外，还可以自定义类型。

任务考评

任务考核评价以学生自评为主，根据表 1-2-1 中的考核评价内容对学习成果进行客观评价。

表 1-2-1　任务考评表

序号	考核点	考核内容	分值	得分
1	项目	理解 Revit 2021 中项目的含义	20	
2	图元	了解 Revit 2021 中的图元有哪些	20	
3	类别	掌握 Revit 2021 中的类别包括什么	10	
4	族	掌握项目和族的区别方法	20	
5	类型	能区分类别和类型	10	
6	实例	能区分图元和实例	20	
合计			100	

总结反思：

签字：

知识窗

云模型和 Revit MEP 图元

1．云模型

可以将工作共享和非工作共享的 Revit 模型保存到云模型。

使用云模型，可以在 BIM 360 Document Management 中针对工作共享模型与其他用户进行协作。

使用云模型将非工作共享模型保存到云，可在 BIM 360 Document Management 中与其他用户共享。

2．Revit MEP 图元

Revit MEP 是面向建筑设备及管道工程的 BIM 设计和制图的专有图元。它可以最大限度地减少设备专业设计团队之间的协作失误，同建筑师和结构工程师进行协作。

任务 1.3 Revit 2021 基础操作

任务描述

在 Revit 2021 中，项目图纸的生成主要取决于视图比例、显示模型、详细程度、颜色方案、视图范围、裁剪视图这些参数的设置。下面我们就针对这些参数设置进行学习。

任务目标

1）了解 Revit 2021 视图范围的设置。

2）掌握 Revit 2021 模型详细程度的设置方法。

3）能对 Revit 2021 图元进行裁剪和调整。

4）能利用 Revit 2021 合理设置颜色方案。

1.3.1 视图比例

在 Revit 2021 中，视图比例用于控制注释内容与模型的关系，标注与墙体线条粗细也会随之变化。视图比例可在属性栏中设置，如果绘图区没有显示属性栏，可参照任务 1.1 中的绘图区设置调出属性栏。常见的视图比例有 1∶1、1∶2、1∶5、1∶10、1∶20、1∶100 等，单击“属性”面板中的“视图比例”下拉按钮，弹出的下拉列表如图 1-3-1 所示。

例如，同一面复合墙体，视图比例设置为 1∶100，则墙线过粗，不利于绘图时墙线边缘对齐；若设置视图比例为 1∶1，则墙线细致程度可满足墙线边缘对齐需求。同一复合墙体的不同视图比例显示如图 1-3-2 所示。

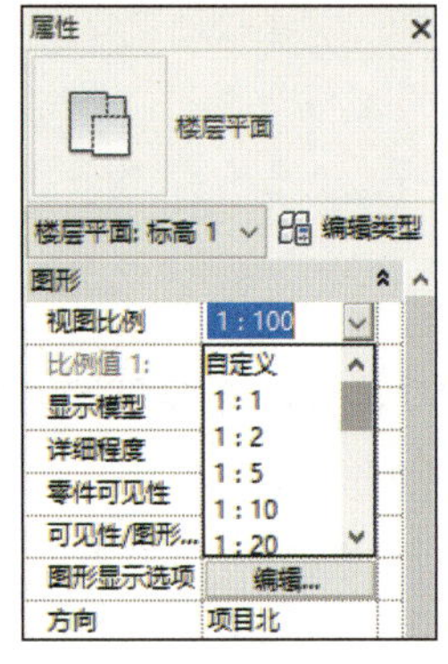

图 1-3-1 “视图比例”下拉列表

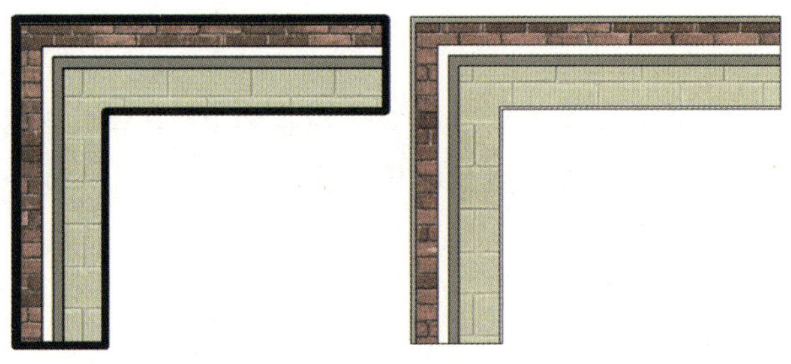

图 1-3-2 同一复合墙体的不同视图比例显示

1.3.2　显示模型

在 Revit 2021 中，常常需要进行渲染或漫游，渲染速度的快慢与显示模型有着密切的关系。单击“属性”面板中的“显示模型”下拉按钮，弹出的下拉列表如图 1-3-3 所示。常见的显示模型分为“标准”、“半色调”和“不显示”3 种。其中，在“半色调”模式下渲染模型，速度会明显加快；在“不显示”模式下渲染模型，速度最快，但看不到渲染进度，不推荐使用。“标准”模式和“半色调”模式下的同一复合墙体如图 1-3-4 所示。

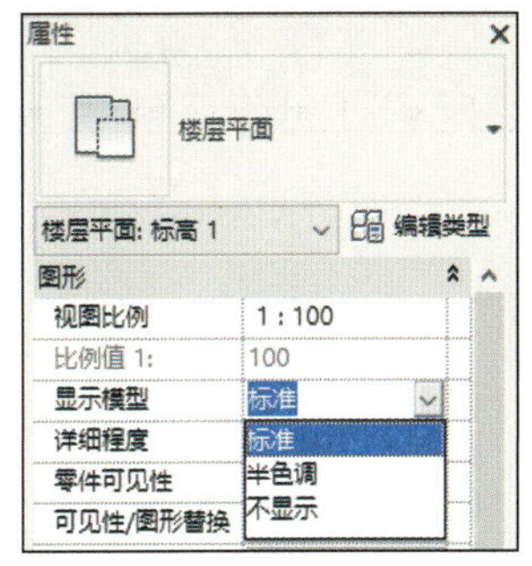

图 1-3-3　“显示模型”下拉列表

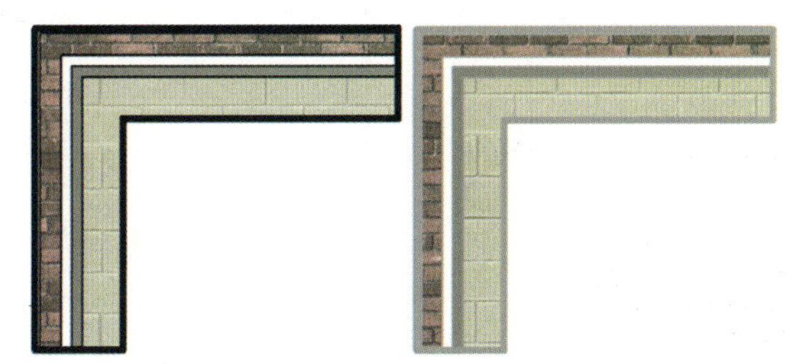

图 1-3-4　“标准”模式和“半色调”模式下的同一复合墙体

1.3.3　详细程度

除此之外，模型的详细程度也会影响渲染速度的快慢，更重要的是，详细程度往往还会影响绘图的流畅性，因此针对不同体量的模型选择不同的详细程度尤为重要。而且，在建筑设计的图纸表达要求中，不同比例图纸的视图表达的要求也不相同，所以我们需要掌握视图详细程度的设置方法。

单击“属性”面板中的“详细程度”下拉按钮，弹出的下拉列表如图 1-3-5 所示。详细程度分为“粗略”、“中等”和“精细”3 类。通过预定义详细程度，还可以影响不同视图比例下同一几何图形的显示。“粗略”模式和“精细”模式下的同一复合墙体如图 1-3-6 所示。墙、楼板和屋顶的复合结构以“粗略”和“精细”详细程度显示，即详细程度为“粗略”时不显示结构层。

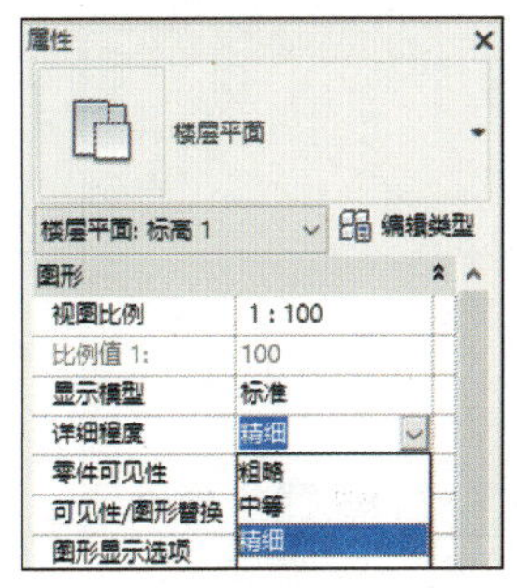

图 1-3-5　“详细程度”下拉列表

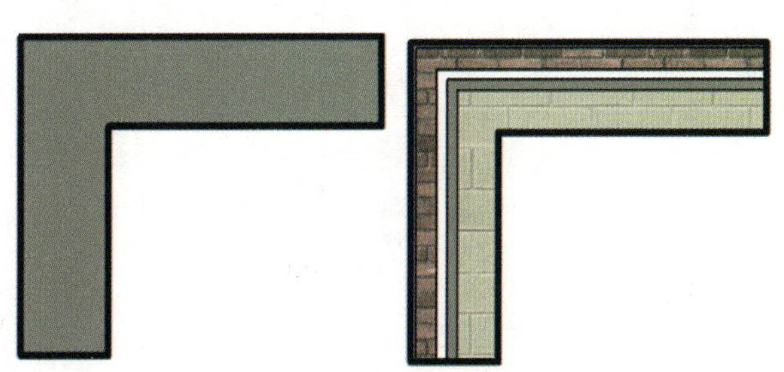

图 1-3-6　“粗略”模式和“精细”模式下的同一复合墙体

1.3.4 颜色方案

在 Revit 2021 中，针对不同的图元或封闭区间，往往要给予不同的颜色方案，此时就要用到颜色方案设置。单击“属性”面板中的“颜色方案”选项右侧的矩形，如图 1-3-7 所示。打开“编辑颜色方案”对话框，如图 1-3-8 所示。常见的颜色方案分类有按房间分类和按空间分类两种。

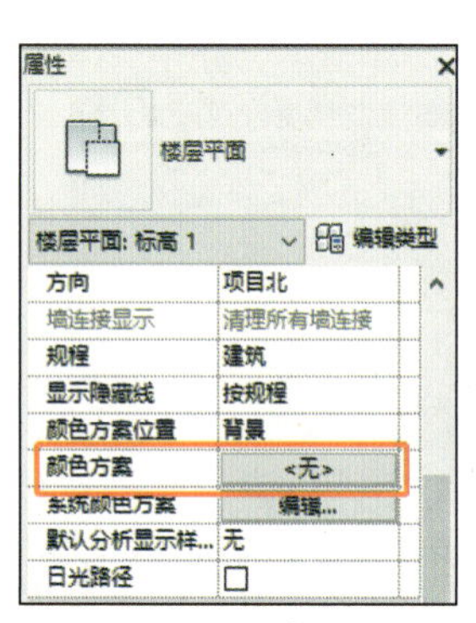

图 1-3-7 “颜色方案”设置

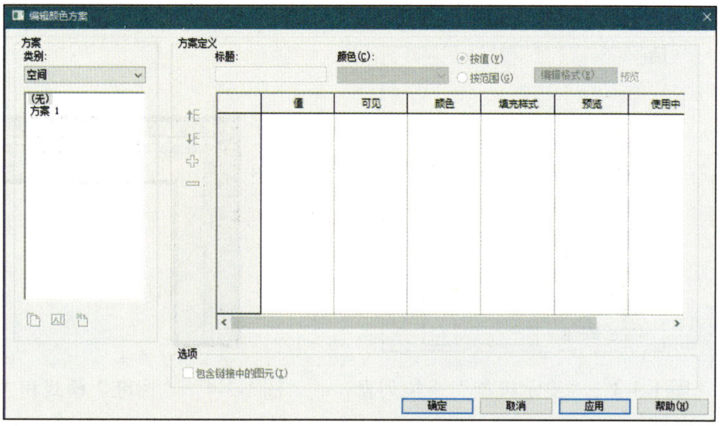

图 1-3-8 “编辑颜色方案”对话框

例如，按房间分类，将类别设置为“房间”，选择“方案 1”，颜色按名词给予，如图 1-3-9 所示。不同名称的颜色可更改。更改完成后，单击“确定”按钮，可为不同的图元或封闭区间自动赋予颜色方案，如图 1-3-10 所示为赋予了颜色方案和未赋予颜色方案的封闭区间对比。

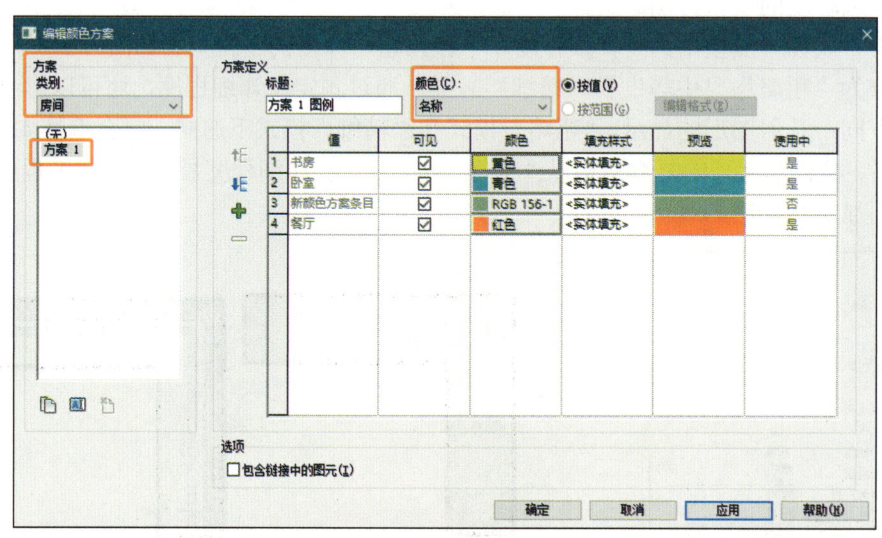

图 1-3-9 颜色方案按房间设置

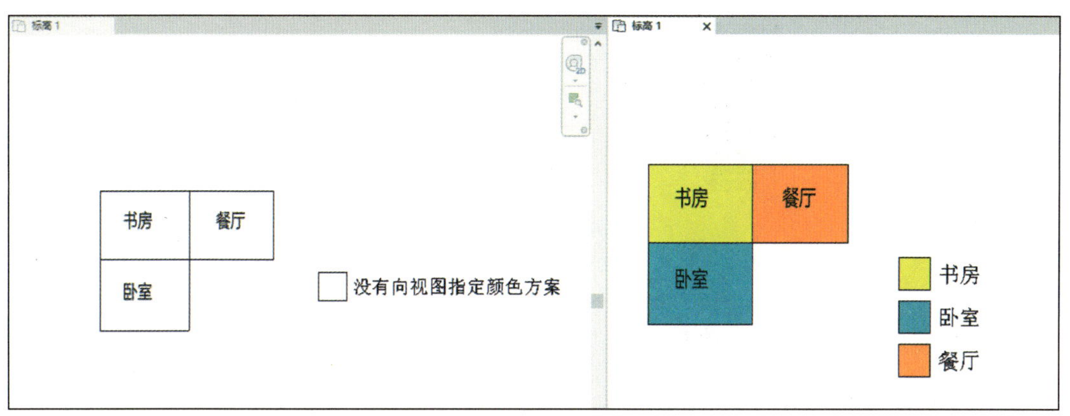

图 1-3-10　赋予了颜色方案和未赋予颜色方案的封闭区间对比

1.3.5　视图范围

单击“属性”面板中的“视图范围”选项右侧的“编辑”按钮，如图 1-3-11 所示，打开“视图范围”对话框，如图 1-3-12 所示。视图范围用于控制对象在视图中的可见性和外观的水平平面集。每个平面图都具有视图范围属性，该属性也称为可见范围。

定义视图范围的水平平面为“顶部”、“剖切面”和“底部”。顶部和底部表示视图范围的最顶部和最底部的部分。剖切面是一个平面，用于确定特定图元在视图中显示为剖面时的高度。这 3 个平面可以定义视图范围的主要范围。

视图深度是主要范围之外的附加平面。默认情况下，视图深度与底部重合。

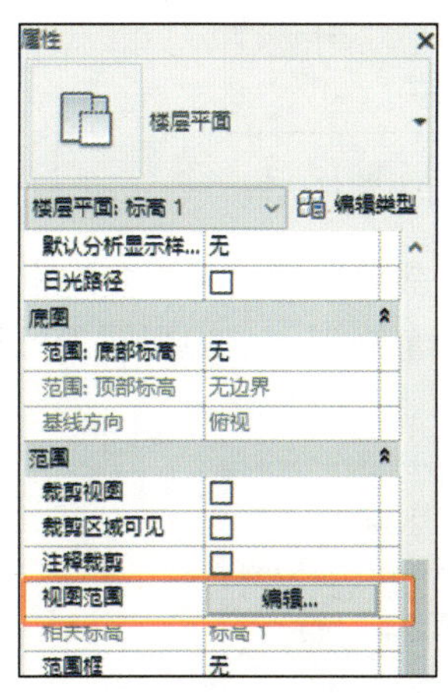

图 1-3-11　“视图范围”设置

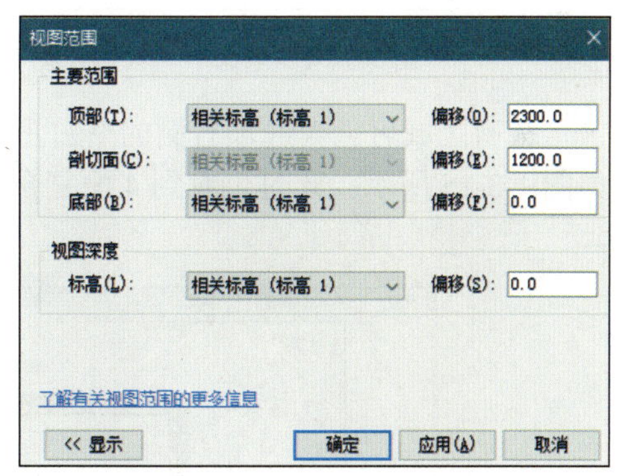

图 1-3-12　“视图范围”对话框

单击“视图范围”对话框左下角的“<<显示”按钮，打开“样例视图范围”侧边栏，便于初学者理解“顶部”、“剖切面”和“底部”的范围，如图 1-3-13 所示。

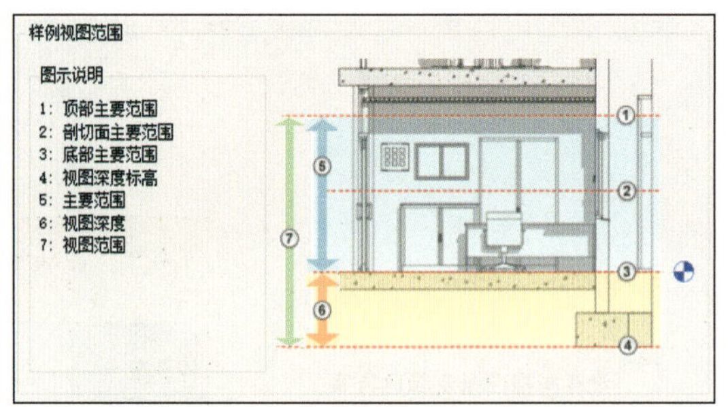

图 1-3-13　“样例视图范围”侧边栏

1.3.6　裁剪视图

裁剪视图定义了项目视图的边界。通常情况下，“裁剪视图”与“裁剪区域可见”两个选项需配合使用，默认状态下“裁剪视图”与“裁剪区域可见”复选框均为未选中状态，如图 1-3-14 所示。此时项目中仅可见 4 面复合墙体。

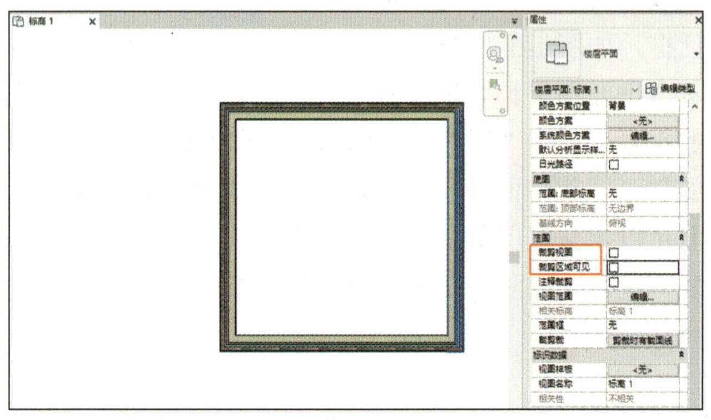

图 1-3-14　未选中“裁剪视图”与“裁剪区域可见”复选框

单击“裁剪区域可见”选项右侧的空白正方形，此时“裁剪区域可见”复选框为选中状态，如图 1-3-15 所示。此时可看到 4 面复合墙体上出现一个矩形，该矩形即为可见的裁剪区域。

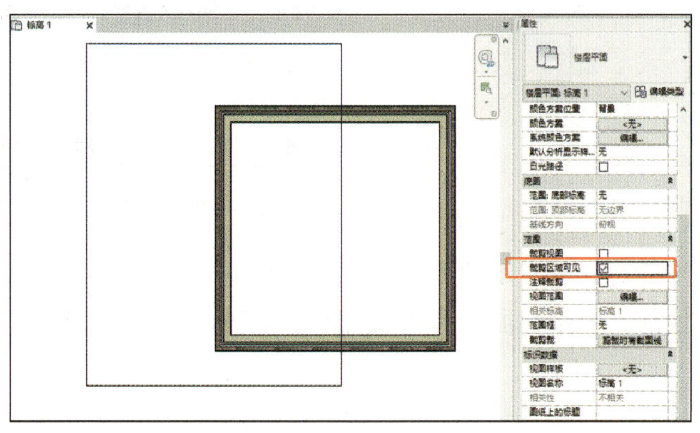

图 1-3-15　仅选中“裁剪区域可见”复选框

单击“裁剪视图”选项右侧的空白正方形，“裁剪视图”复选框为选中状态，如图 1-3-16 所示。此时可看到 4 面复合墙体仅剩下位于可见的裁剪区域部分，至此，完成了对 4 面复合墙体的裁剪。

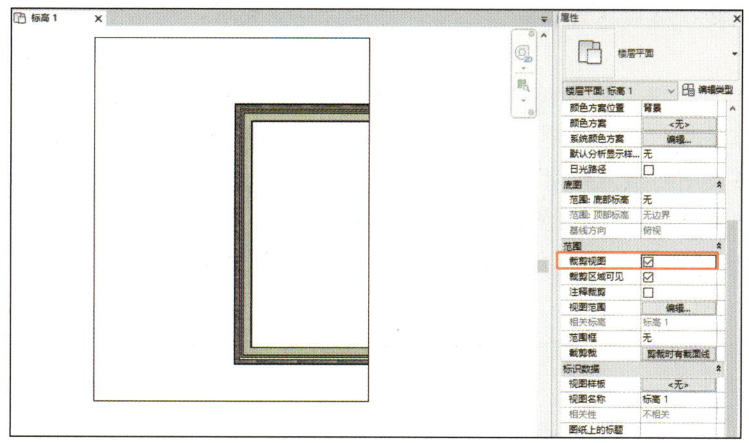

图 1-3-16　选中“裁剪视图”与“裁剪区域可见”复选框

温馨提示

1）在 Revit 2021 中，显示模型、详细程度的参数设置会影响软件的流畅性。

2）只有在选中“裁剪区域可见”复选框的情况下，才可以完成裁剪视图的调整。

任务考评

任务考核评价以学生自评为主，根据表 1-3-1 中的考核评价内容对学习成果进行客观评价。

表 1-3-1　任务考评表

序号	考核点	考核内容	分值	得分
1	视图范围	能对 Revit 2021 图元进行视图范围调整（平面）	20	
2	裁剪视图	能对 Revit 2021 图元进行裁剪设置（平面与立面）	20	
3	视图比例、显示模型、详细程度	能调整 Revit 2021 显示模型的色调	10	
		能调整 Revit 2021 图元，使其显示不同的详细程度	10	
		能进行视图比例设置，使图元边界更易捕捉	10	
4	颜色方案	能合理设置颜色方案	30	
合计			100	

总结反思：

签字：

任务拓展 创建体量

体量是在建筑模型的初始设计中使用的三维形状。通过体量研究，可以使用造型形成建筑模型概念，从而探究设计的理念。概念设计完成后，可以直接将建筑图元添加到这些形状中。

Revit 2021 提供了两种创建体量的方式。①内建体量：用于表示项目独特的体量形状。②创建体量族：在一个项目中放置体量的多个实例或在多个项目中需要使用同一体量族时，通常使用可载入体量族。

下面以内建体量圆球的绘制为例进行介绍。

1）新建内建体量，单击“体量和场地”选项卡“概念体量”选项组中的“内建体量”按钮，如图 1-3-17 所示。

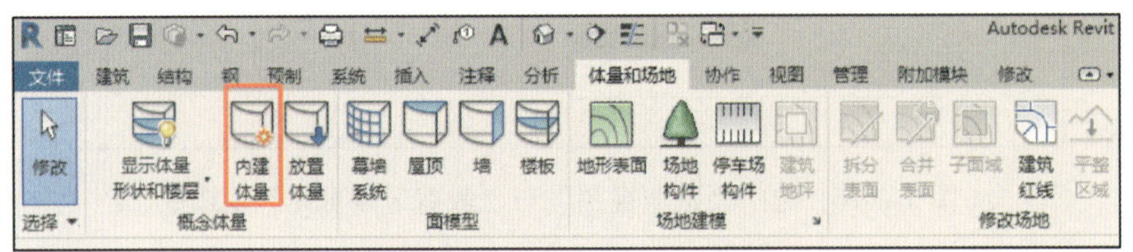

图 1-3-17 “内建体量”按钮

2）在打开的“名称”对话框中，输入内建体量的名称，如图 1-3-18 所示，然后单击“确定”按钮，即可进入内建体量的草图绘制模型。

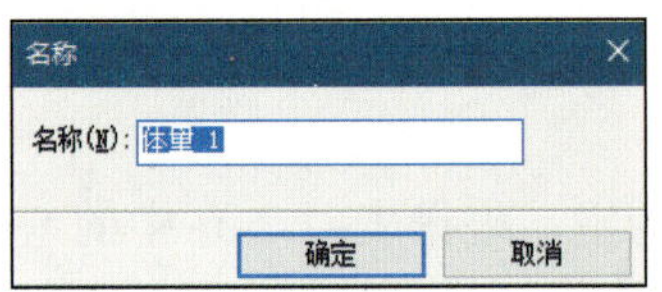

图 1-3-18 “名称”对话框

3）此时，在“绘制”选项组中可选择创建体量的类型，如图 1-3-19 所示。例如，选择圆形进行绘制，单击“圆形”按钮，即可在绘图区使用鼠标左键绘制一个圆形，如图 1-3-20 所示。

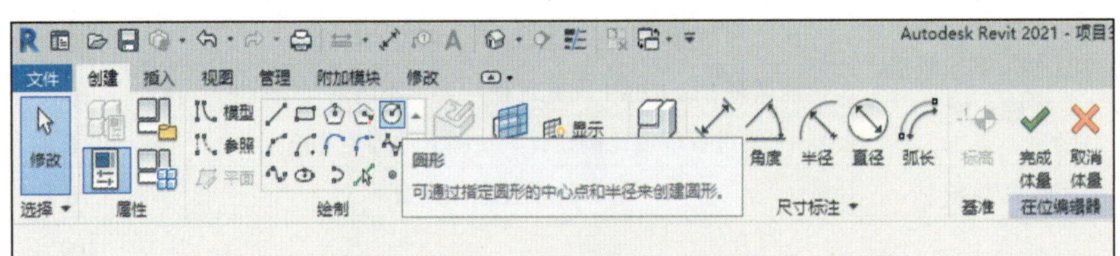

图 1-3-19 “绘制”选项组

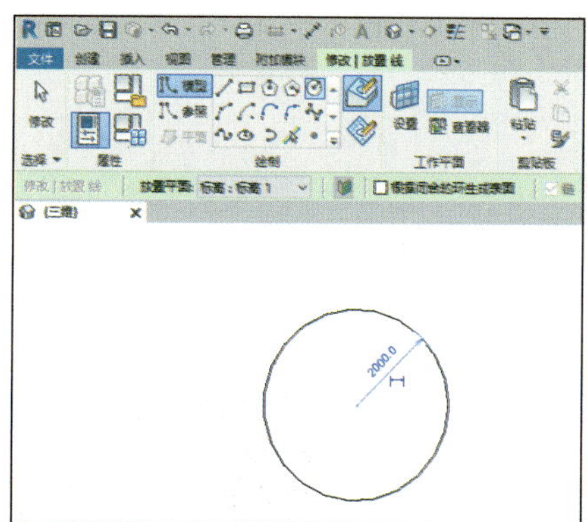

图 1-3-20　绘制圆形

4）此时，单击“修改|线”选项卡“形状”选项组中的“创建形状”按钮，如图 1-3-21 所示，在绘图区出现“圆柱”和“圆球”两个按钮，单击“圆球”按钮，如图 1-3-22 所示，此时圆形变成了圆球。然后单击“修改”选项卡“在位编辑器”选项组中的“完成体量”按钮，如图 1-3-23 所示，完成内建体量圆球的绘制。

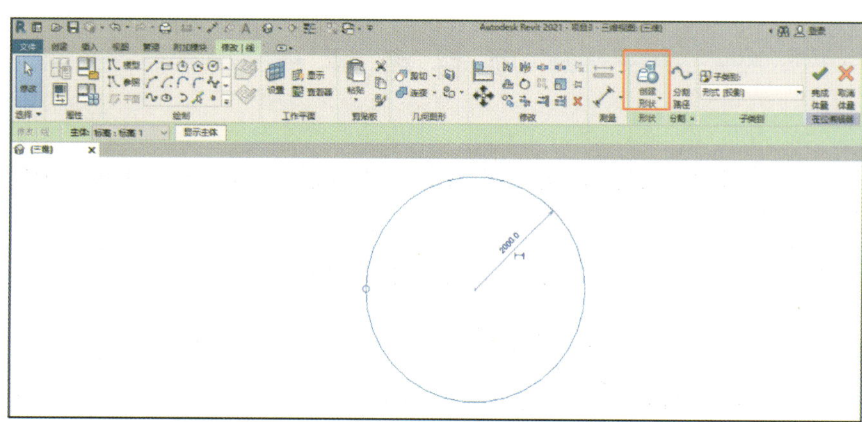

图 1-3-21　“创建形状”按钮

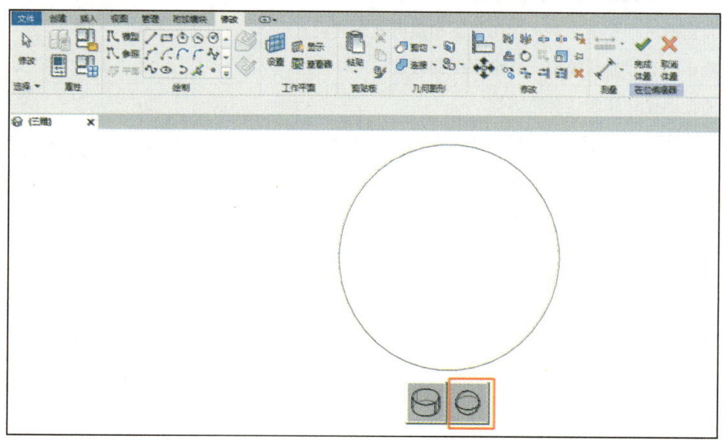

图 1-3-22　“圆球”按钮

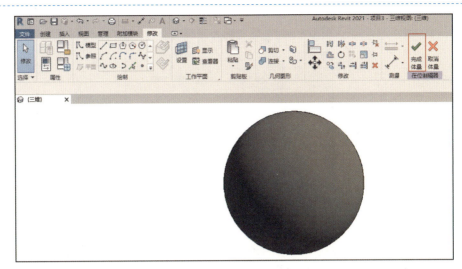

图 1-3-23 “完成体量”按钮

项 目 考 评

项目考核评价以学生自评和小组评价为主，教师根据表 1-x-1 中考核评价要素对学习成果进行综合评价。

表 1-x-1 项目考核评价表

班级：　　　　　第（　）小组　　姓名：　　　　　时间：

评价模块	评价内容	分值	自我评价	小组评价
理论知识	1）了解 Revit 2021 软件的设置、功能、工具及视图	10		
	2）理解 Revit 2021 软件中术语的含义	10		
	3）掌握 Revit 2021 软件的基本操作方法	10		
操作技能	1）能正确进行视图比例、视图范围和裁剪视图的设置	20		
	2）能正确进行显示模型、详细程度的设置	20		
	3）能正确设计和表达颜色方案	20		
职业素养	1）在操作 Revit 2021 软件时独立思考，规范操作	5		
	2）具备创新思维和勇于探索的精神	5		

综合评价：

签字：

直击工考

一、选择题

1．下列不属于构件中常见的编辑命令的是（　　）。
A．移动　　B．复制　　C．渲染　　D．旋转

2．下列不是 Revit 2021 软件中的三维导航工具的是（　　）。
A．ViewCube　　B．全导航控制盘
C．视图控制栏　　D．三维显示

3．视图控制栏中不包括的命令是（　　）。
A．打开/关闭阴影　　B．详细程度
C．显示/关闭渲染　　D．剖面框

4.【2020 年“1+X”BIM 职业技能等级考试真题】下列不属于常见主体图元的是（　　）。
A．墙　　B．柱　　C．楼梯　　D．门窗

5．族的类型不包括（　　）。
A．内建族　　B．标准构件族　　C．系统族　　D．自定义族

6．下列关于视图范围的说法中，不正确的是（　　）。
A．视图范围包括主要范围和视图深度
B．视图范围可以控制对象的可见性
C．视图范围是一组水平平面
D．可以使用视图角度对视图范围进行设置

二、实训题

在 Revit 2021 软件中进行绘图区设置，使项目浏览器与属性栏位于绘图区左侧，全导航控制盘位于绘图区右侧，ViewCube 集成于导航栏，如图 1-z-1 所示。

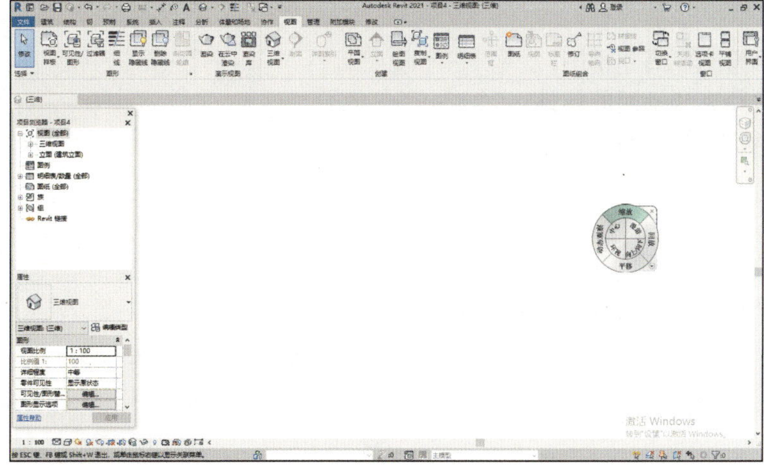

图 1-z-1　绘图区设置样例

项目2 标高和轴网创建

内容导读

标高和轴网属于 Revit 中的基准图元，是绘制 BIM 的重要位置参照，对构件具有定位作用。从严格意义上来说，标高和轴网的绘制顺序并无硬性的规定，可以按照自己的建模习惯来进行绘制。但是相对而言，如果先绘制标高后绘制轴网，则会比较节省时间，因为软件默认轴网会自动覆盖之前已经绘制好的标高；相反，如果先绘制轴网后绘制标高，则轴网不会覆盖标高，进而导致后创建的楼层平面无法显示轴网。若要使所有楼层平面显示轴网，就只能手动修改调整，因此，从建模时间成本的角度考虑，大多数人会选择先绘制标高后绘制轴网。

学习目标

知识目标

1）了解标高和轴网在 BIM 中的作用。
2）掌握标高和轴网的绘制流程。
3）掌握标高和轴网属性的设置与编辑方法。

能力目标

1）能正确绘制标高和轴网。
2）能修改标高和轴网的属性。
3）能编辑标高和轴网。

素养目标

1）树立信息意识，培养计算思维，全面提升信息素养。
2）培养严谨细致、认真负责的工作态度。

任务 2.1 创建标高

微课：创建标高

任务描述

本任务要求识读汽车实训室建筑施工图中的“建施 09：东立面、西立面、南立面图”和“建施 10：1—1 剖面图、2—2 剖面图”，找出各楼层的标高信息（地下一层-1F 标高为-5.400，室外坪标高为-0.450，首层地面 1F 标高为 ± 0.000，二层地面 2F 标高为 5.700，屋顶 3F 标高为 10.200），创建标高并修改标高命名和编辑类型。

任务目标

1）了解标高在 BIM 中的作用。

2）掌握标高的绘制方法、属性设置与编辑方法。

3）能按图纸创建和修改标高。

4）能正确设置楼层平面视图。

5）能正确创建完整的标高体系。

2.1.1　新建项目

双击桌面上的 R 图标，打开 Revit 2021 软件，单击“模型”选项卡中的“新建”按钮，打开“新建项目”对话框，样板文件选择“构造样板”，新建选择“项目”，如图 2-1-1 所示，然后单击“确定”按钮。

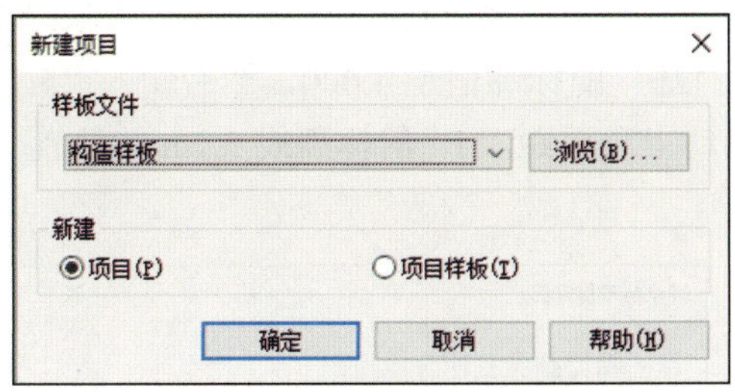

图 2-1-1　“新建项目”对话框

2.1.2　默认标高

在“项目浏览器”的“视图”→“立面”下，双击“东”选项，如图 2-1-2 所示，进入东立面视图。软件在绘图区会出现一组默认的标高体系，如图 2-1-3 所示。

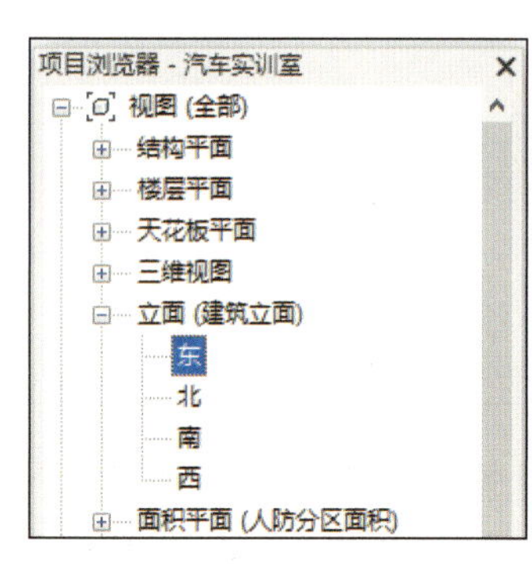

图 2-1-2　东立面

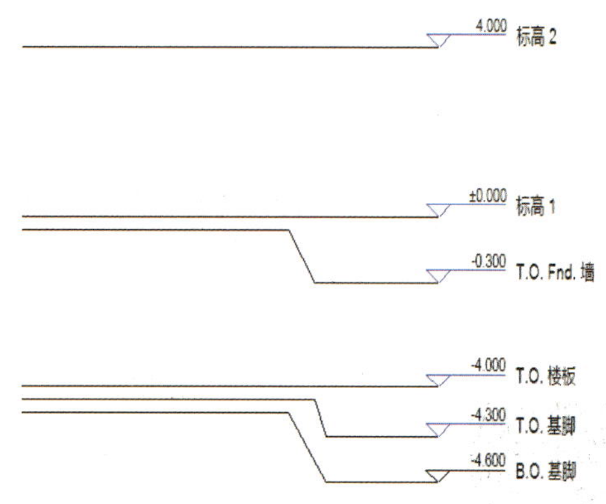

图 2-1-3　软件默认标高体系

使用鼠标左键框选“T.O. Fnd.墙”、“T.O.楼板”、“T.O.基脚”和“B.O.基脚”4 个标高，然后按 Delete 键，弹出警告提示框，如图 2-1-4 所示，单击“确定”按钮，只保留“标高 1”和“标高 2”，如图 2-1-5 所示。

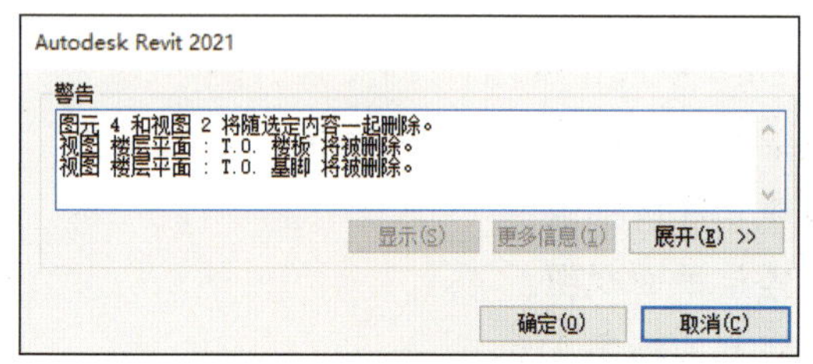

图 2-1-4　删除标高警告

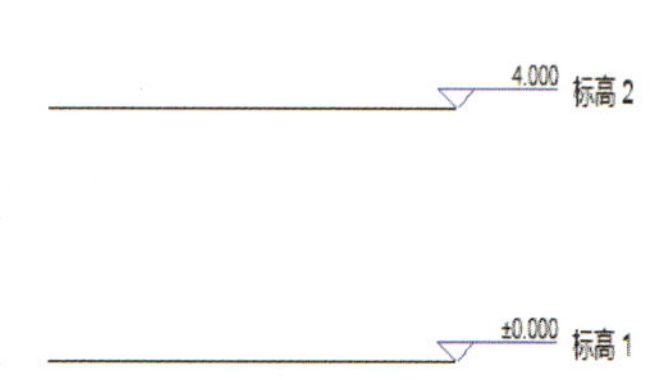

图 2-1-5　保留标高

2.1.3　绘制标高线

双击名称“标高 1”，将其重命名为“1F”，按 Enter 键后打开“确认标高重命名”对话框，提示“是否希望重命名相应视图？”，如图 2-1-6 所示。单击“是”按钮，则“视图”→“楼层平面”下的“标高 1”自动更改为“1F”，如图 2-1-7 所示。使用同样的方法将“标高 2”重命名为“2F”；双击“2F”的标高信息 4.000，然后输入“5.7”并按 Enter 键，系统自动改为 5.700，标高线也自动上移至距“1F”的标高线 5.7m 的位置。修改后的标高如图 2-1-8 所示。

图 2-1-6　“确认标高重命名”对话框

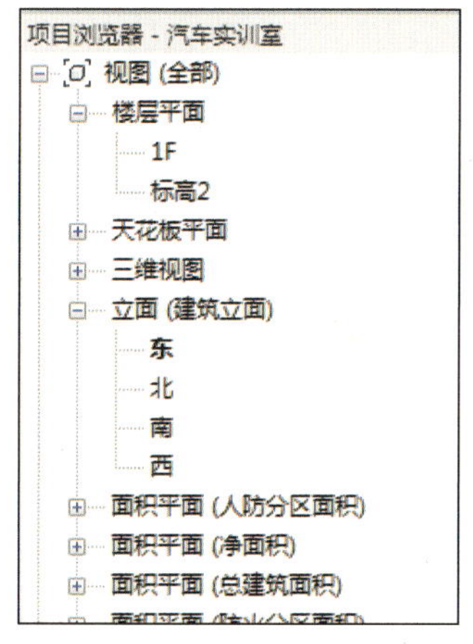

图 2-1-7　修改 1F 后的楼层平面

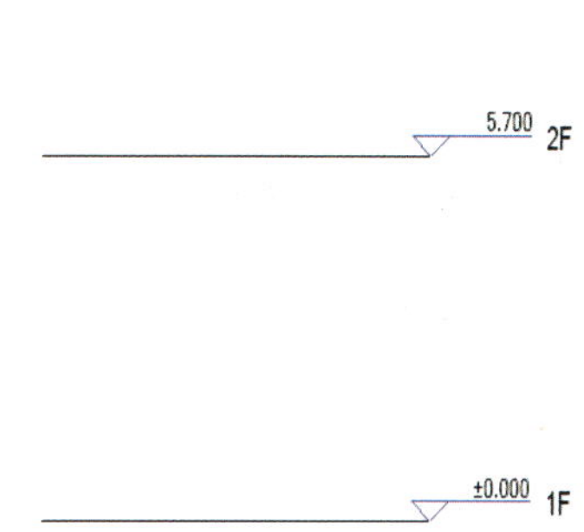

图 2-1-8　修改后的标高

创建新标高，并生成相应的楼层平面。结合“建施 09”中的东立面图，新建标高分别为屋面（结构）10.200m 和室外地坪-0.450m，两者的创建方法相同。下面以屋面（结构）10.200m 为例，介绍 3 种常用的创建标高的方法。

1. 使用线命令创建标高

单击“建筑”选项卡“基准”选项组中的“标高”按钮，如图 2-1-9 所示，软件自动切换成“修改|放置 标高”选项卡，且标高的生成方式默认为“绘制”选项组中的“线”，如图 2-1-10 所示。确认选项栏中已经选中“创建平面视图”复选框，输入偏移量为“0.0”。单击选项栏中的“平面视图类型”按钮，在打开的“平面视图类型”对话框中选择“楼层平面”选项，如图 2-1-11 所示，然后单击“确定”按钮。这样在绘制新标高后，会在“项目浏览器”的“楼层平面”下自动生成相应的楼层平面视图。

将鼠标指针移动至“2F”标高线左侧端点上方附近，会出现一条与端点对齐的淡蓝色参照线，并显示临时尺寸标注（单位默认为 mm）。鼠标指针沿着参照线的方向向上移动，输入尺寸数字“4500”，如图 2-1-12 所示，即可确定新标高线的左端点。鼠标指针沿着水平方向向右移动，直至出现右端点对齐参照线，单击，则新标高线绘制完成，其标高名称为“1G”。同时“项目浏览器”→“楼层平面”中自动生成相应的楼层平面视图。将新建标高的名称设为“屋面（结构）”，绘制完成的标高体系如图 2-1-13 所示。

图 2-1-9　“标高”按钮

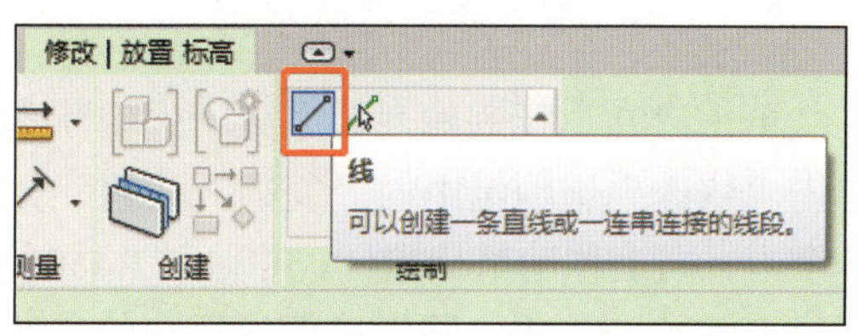

图 2-1-10　“线”按钮

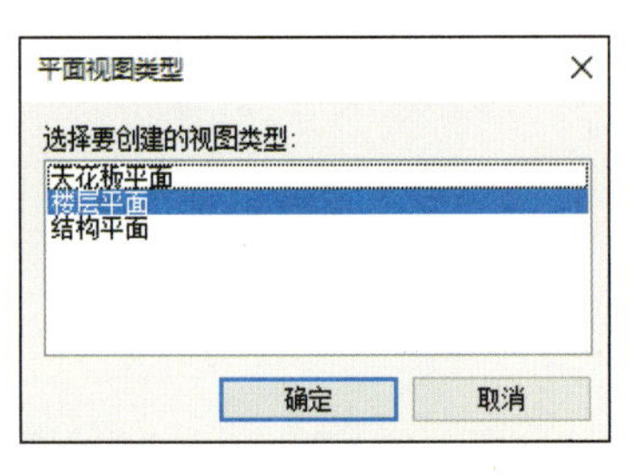

图 2-1-11 “平面视图类型”对话框

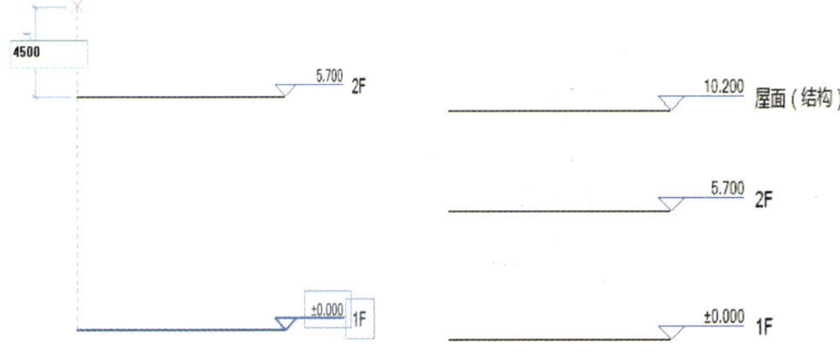

图 2-1-12 手动输入标高尺寸

图 2-1-13 标高体系

2. 拾取标高

单击“建筑”选项卡“基准”选项组中的“标高”按钮，如图 2-1-9 所示，软件自动切换成“修改|放置 标高”选项卡，单击“修改|放置 标高”选项卡“绘制”选项组中的“拾取线”按钮，如图 2-1-14 所示。确认选项栏中已经选中“创建平面视图”复选框，输入偏移量为“4500”，如图 2-1-15 所示。然后将鼠标指针放在“2F”标高线附近的上方，会出现新建标高的参照线，如图 2-1-16 所示。单击，新标高线绘制完成，同样将标高名称设为“屋面（结构)”，绘制完成的标高体系与图 2-1-13 相同。

图 2-1-14 “拾取线”按钮

图 2-1-15 拾取标高偏移量

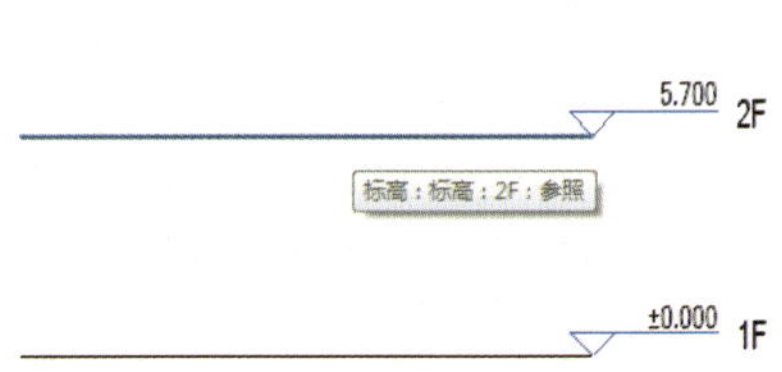

图 2-1-16 新建标高的参照线

3. 使用复制命令创建新标高

单击“2F”标高线，使之处于选中状态，菜单栏自动切换到“修改|标高”选项卡下，单击“修改”选项组中的“复制”按钮，如图 2-1-17 所示。单击绘图区中的任意一点作为基准点，向上移动鼠标指针，并输入“4500”，如图 2-1-18 所示，再单击或按 Enter 键确认，新标高线绘制完成。同样将新建标高的名称设为“屋面（结构)”，绘制完成的标高体系与图 2-1-13 相同。当需要复制多条标高时，可选中选项栏中的“多个”复选框，如图 2-1-19 所示，方法不再赘述。

图 2-1-17　“复制”按钮

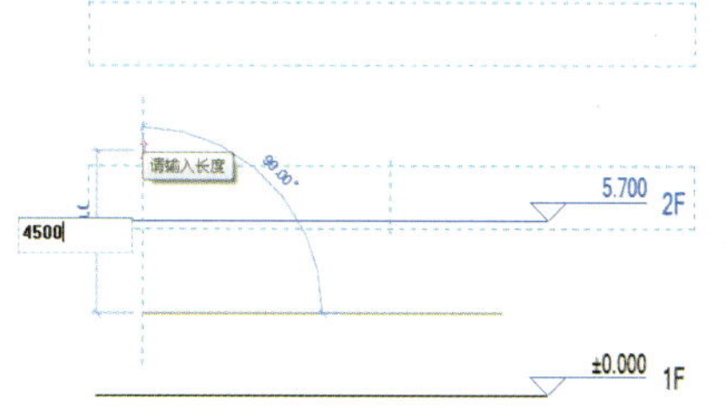

图 2-1-18　输入长度

图 2-1-19　选中“多个”复选框

特别注意，使用复制命令创建的标高，不能自动生成相应的楼层平面视图。必须进行手动设置。方法如下：单击“视图”选项卡“创建”选项组中的“平面视图”下拉按钮，在弹出的下拉列表中选择“楼层平面”选项，如图 2-1-20 所示，在打开的“新建楼层平面”对话框中，选择“屋面（结构）”标高，如图 2-1-21 所示，当有多条标高时，可同时按住 Ctrl 键选择多个标高，然后单击“确定”按钮，即可在“项目浏览器”→“楼层平面”中生成“屋面（结构）”平面视图，同时软件自动打开“屋面（结构）”平面，关闭即可。

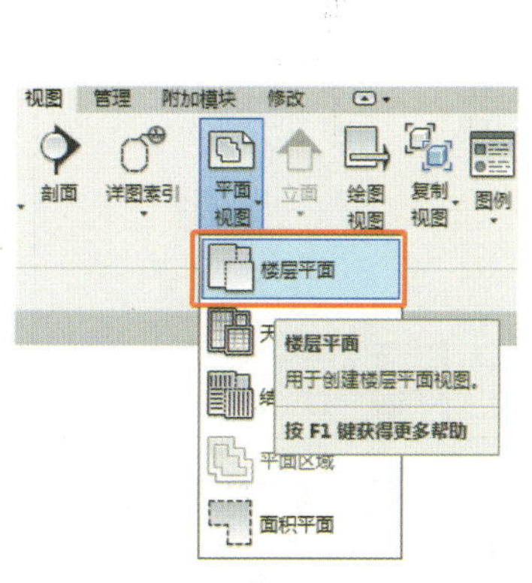

图 2-1-20　“楼层平面”按钮

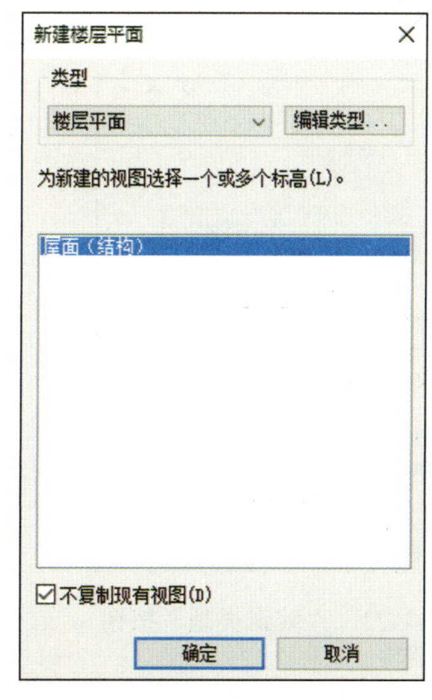

图 2-1-21　“新建楼层平面”对话框

运用上述方法，结合建施 09 中的东立面图和建施 10 中的 2—2 剖面图，创建地下一层 -5.400m 标高和室外地坪-0.450m 标高。完成后的汽车实训室标高体系如图 2-1-22 所示。

设置标高的端点符号。当标高创建完成后，软件默认仅在标高右侧显示标高符号，为方便建模，通常情况下，需要将标高的两端均显示出标高符号。方法如下：单击任意一条标高，使标高处于选中状态，单击“属性”面板中的“编辑类型”按钮，如图 2-1-23 所示，打开“类型属性”对话框，同时选中“端点 1 处的默认符号”和“端点 2 处的默认符号”复选框，如图 2-1-24 所示，然后单击“确定”按钮。此时标高两端均显示标高符号，如图 2-1-25 所示。

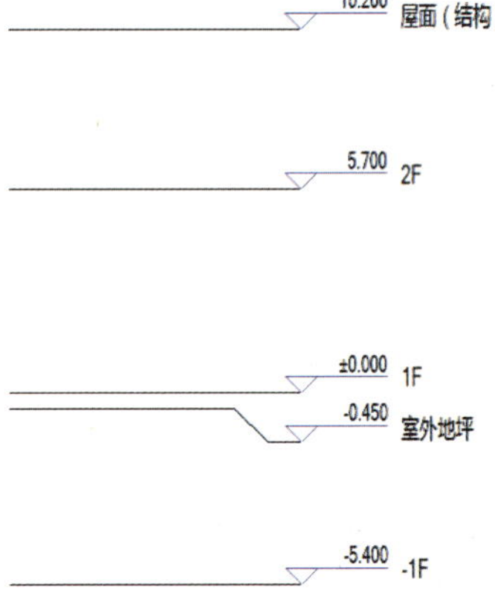

图 2-1-22　汽车实训室标高体系

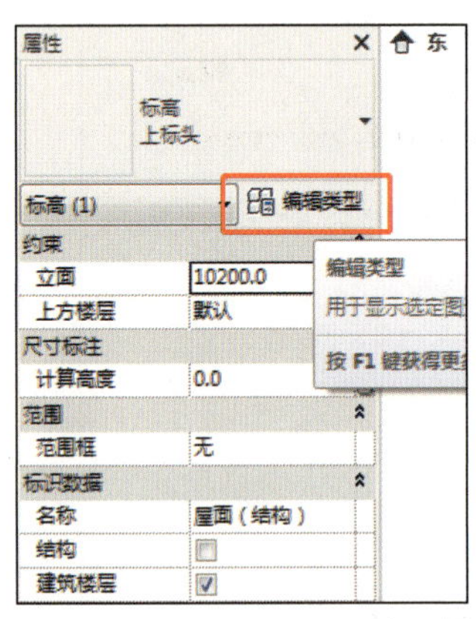

图 2-1-23　“编辑类型”按钮

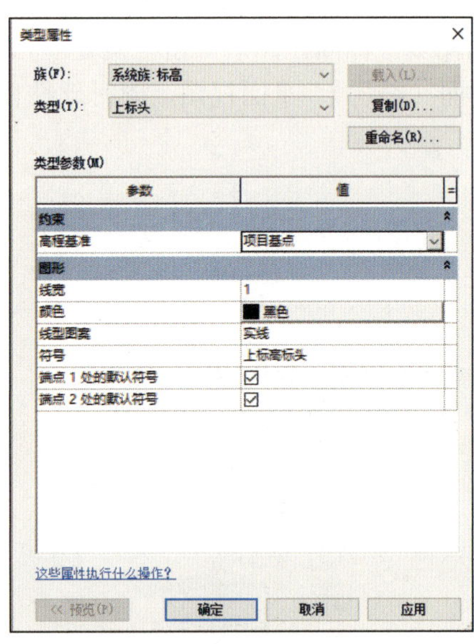

图 2-1-24　设置端点默认符号

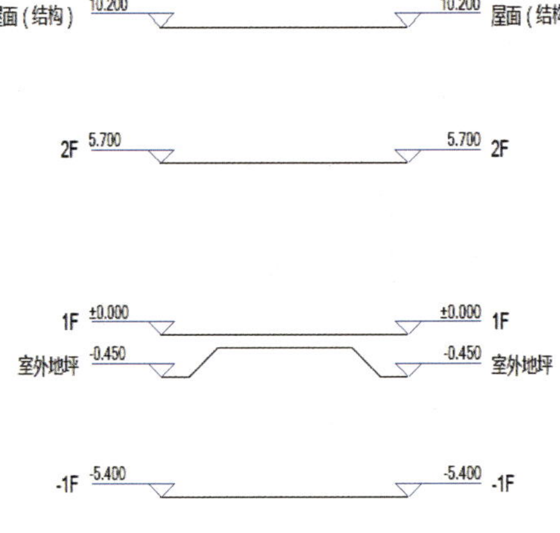

图 2-1-25　标高两端均显示标高符号

2.1.4　保存项目

选择“文件”→“保存”选项，打开“另存为”对话框，在文件位置区域选择适当的存储路径，在“文件名”文本框中输入“汽车实训室 BIM 模型”，选择文件类型为“项目文件（*.rvt）”，如图 2-1-26 所示，然后单击“保存”按钮。

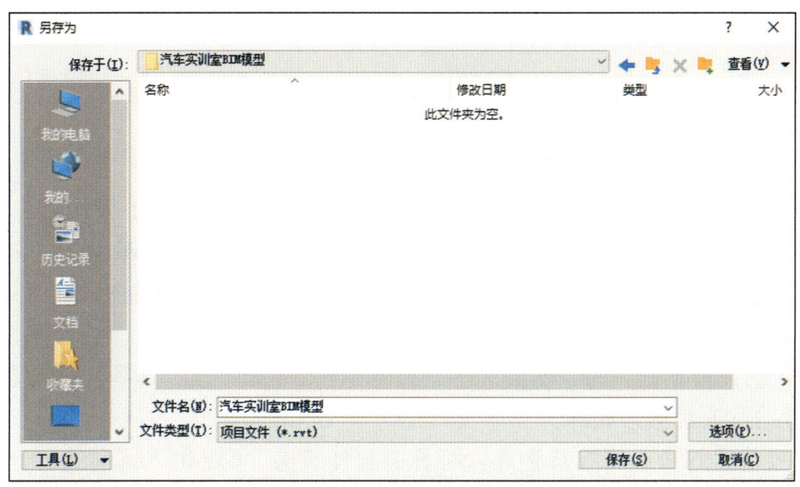

图 2-1-26　“另存为”对话框

温馨提示

1）建立标高体系时通常以建筑施工图中的立面图或剖面图为依据，当然也可以参照结构施工图，二者的标高创建方法一致，但标高值不同。

2）使用复制命令创建的标高，只能创建标高，而不能在“楼层平面”中生成相应的平面视图，需要手动设置。

3）只能在立面或剖面视图中创建标高。

任务考评

任务考核评价以学生自评为主，根据表 2-1-1 中的考核评价内容和学习成果进行客观评价。

表 2-1-1　任务考评表

序号	考核点	考核内容	分值	得分
1	识读标高	能正确识读立面图中的标高信息	5	
2	创建标高	能使用线命令正确创建标高	20	
		能使用拾取线命令正确创建标高	20	
		能使用复制命令正确创建标高	20	
3	修改标高名称	能按图纸要求，正确修改标高名称	10	

续表

序号	考核点	考核内容	分值	得分
4	设置标高端点符号	能正确设置标高两端的默认符号	5	
5	设置楼层平面	能正确设置楼层平面视图	10	
6	创建标高体系	能正确创建完整的标高体系	10	
合计			100	

总结反思：

签字：

任务拓展 使用阵列命令创建标高

当标高线较多且间距相同时，创建标高的方法除上述介绍的 3 种外，还可以使用阵列命令来实现。例如，在某 8 层建筑物中，首层标高为±0.000，层高 3.5m，经分析可知，建筑物层数较多且间距相同，均为 3.5m，因此，可以使用阵列命令创建标高体系。具体操作如下。

1）在“项目浏览器”的“视图”→“立面”下，双击“东”选项，进入东立面视图，将软件自带的标高线全部删除。

2）按照前述方法创建首层标高，将标高值修改为“0.000”，名称为“F1”，并复制标高，名称为“F2”，标高值为“3.500”，如图 2-1-27 所示。需要注意的是，当标高线只有一条时，无法使用阵列命令。

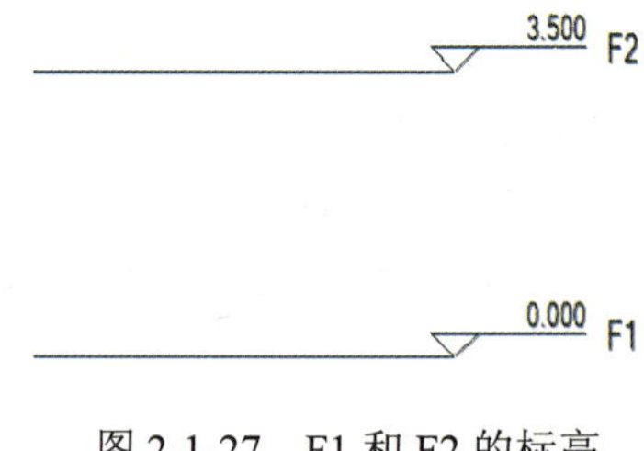

图 2-1-27 F1 和 F2 的标高

3）选中“F2”标高，单击“修改|标高”选项卡“修改”选项组中的“阵列”按钮，如图 2-1-28 所示。在功能区的“阵列”选项栏中，取消选中“成组并关联”复选框，在“项目数”文本框中输入“8”，如图 2-1-29 所示。

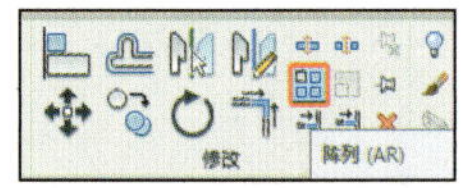

图 2-1-28 “阵列”按钮

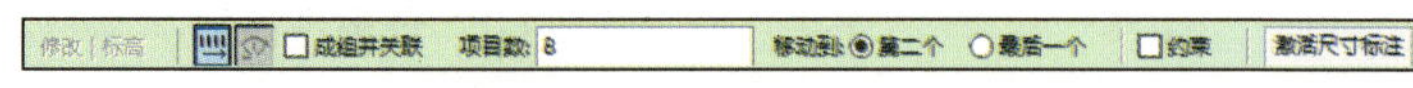

图 2-1-29 “阵列”选项栏

4）将鼠标指针放置在“F2”标高线上的任意位置，当出现“×”时单击，并将鼠标指针向上移动，然后输入“3500”，如图 2-1-30 所示，再单击或按 Enter 键确认。创建完成后的标高体系如图 2-1-31 所示。

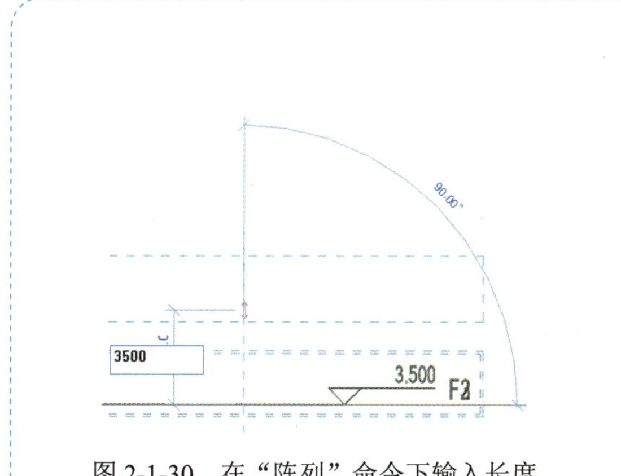

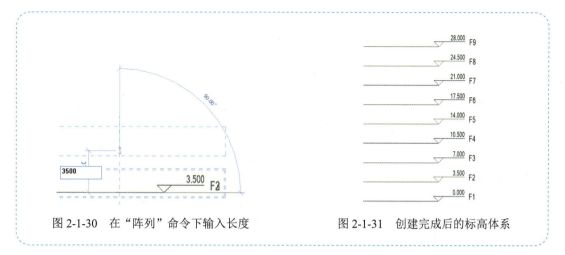

图 2-1-30　在“阵列”命令下输入长度

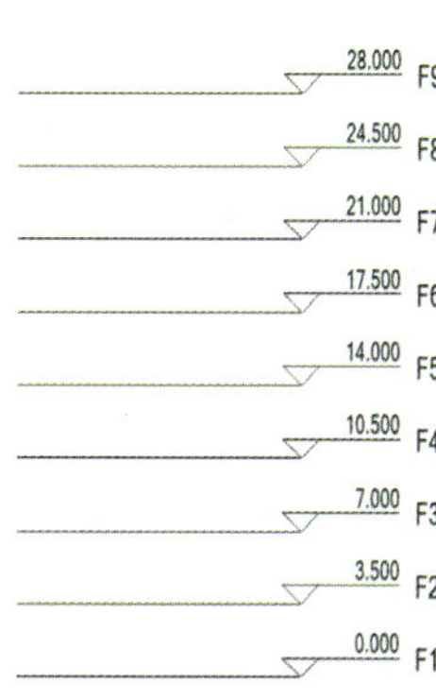

图 2-1-31　创建完成后的标高体系

任务 2.2 创建轴网

微课：创建轴网

任务描述

本任务要求识读汽车实训室建筑施工图中的“建施 06：一层平面图”，创建轴网并修改轴网的名称和编辑类型。可以看出，竖向轴线名称分别为 1、2、3，相邻轴号间距从左至右分别为 9300mm 和 7900mm；横向轴线名称分别为 A、1/A、B、C、D 轴，相邻轴号间距从下至上分别为 3100mm、5900mm、9000mm 和 3300mm。

任务目标

1）了解轴网在 BIM 中的作用。

2）掌握轴网的绘制方法、属性设置与编辑方法。

3）能按图纸创建和修改轴网。

2.2.1　使用线命令创建轴网

创建轴网体系，必须以平面图为依据，且在建模过程中，不允许任意修改轴线的间距和编号。

创建轴网时，应结合建施 06 中的一层平面图。双击“项目浏览器”中的“楼层平面”→“1F”选项，如图 2-2-1 所示，进入 1F 的平面视图绘图区。

单击“建筑”选项卡“基准”选项组中的“轴网”按钮，如图 2-2-2 所示，进入轴网绘制状态。确定“绘制”选项组中的绘制方式为“线”，然后设置偏移量为“0.0”，如图 2-2-3 所示。

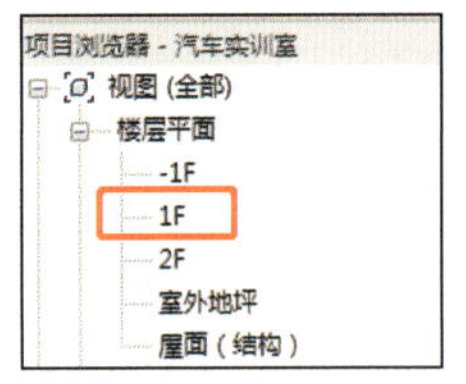

图 2-2-1　“1F”楼层平面

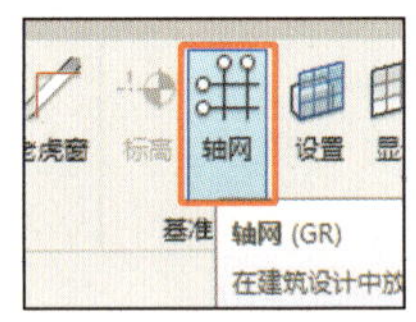

图 2-2-2　“轴网”按钮

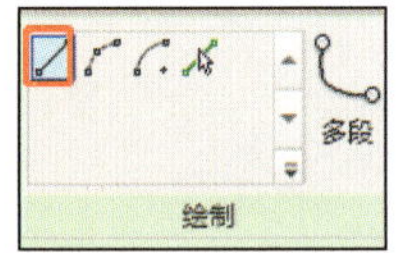

图 2-2-3　“线”按钮

在绘图区绘制一条竖线，即为轴线 1，如图 2-2-4 所示。选中刚绘制好的轴线 1，单击“属性”面板中的“编辑类型”按钮，如图 2-2-5 所示，打开“类型属性”对话框，如图 2-2-6 所示。选择全部的平面视图轴号端点，则轴线 1 两端均显示轴号，如图 2-2-7 所示。特别注意，软件默认绘制的轴线名称从 1 开始自动编号。

图 2-2-4　绘制轴线 1

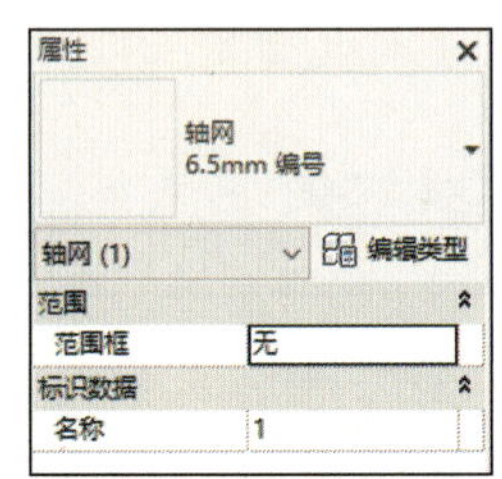

图 2-2-5　“编辑类型”按钮

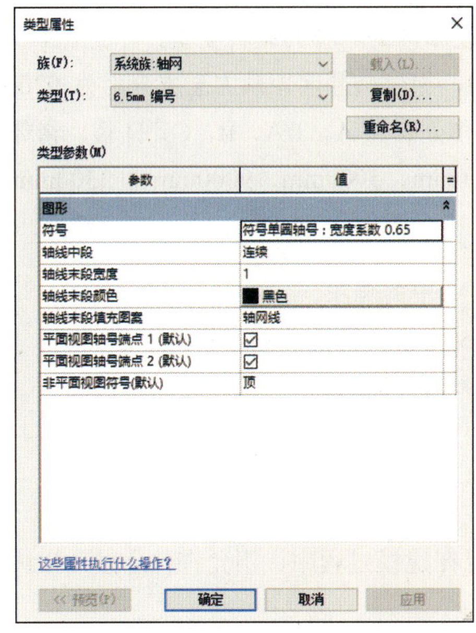

图 2-2-6　“类型属性”对话框

图 2-2-7　修改属性后的轴线

单击“轴网”按钮，确定“绘制”选项组中的绘制方式为“线”。将鼠标指针靠近轴线 1 的第一个端点右侧，绘图区会出现一条淡蓝色的端点对齐参照线，并显示临时尺寸标注。

沿着参照线向右延伸，输入“9300”，然后单击即可确定轴线2的第一个端点，向下画线的同时按住Shift键，进入正交绘制模式（保证在垂直或水平方向画线）。移动鼠标指针至轴线1另一端点右侧出现对齐参照线，单击，轴线名称自动编号为2，轴线2绘制完成，如图2-2-8所示。同理，可绘制出轴线3，如图2-2-9所示。

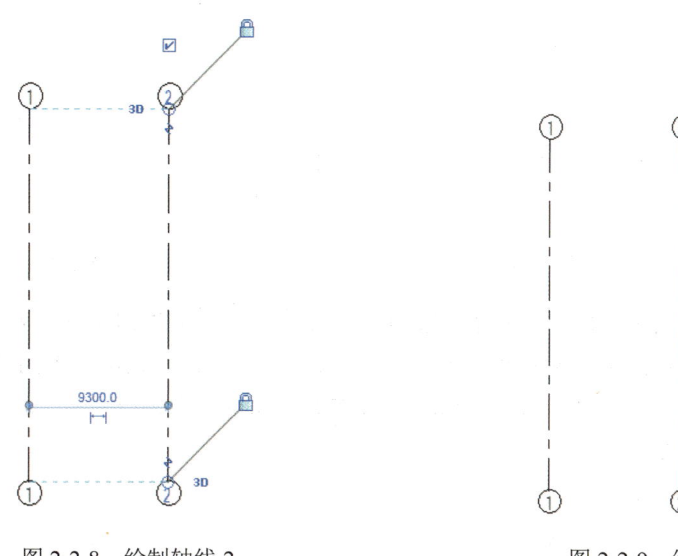

图2-2-8　绘制轴线2

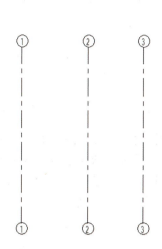

图2-2-9　绘制轴线3

绘制水平轴线，方法如下。单击“建筑”选项卡“基准”选项组中的“轴网”按钮，确定“绘制”选项组中的绘制方式为“线”。使用线命令绘制一条水平轴线，软件自动按轴线编号累计增大的方式命名轴线编号为4。结合建施06中的一层平面图，选中轴线4，单击“④”，轴号名称变为待编辑状态，修改编号为A，如图2-2-10所示。

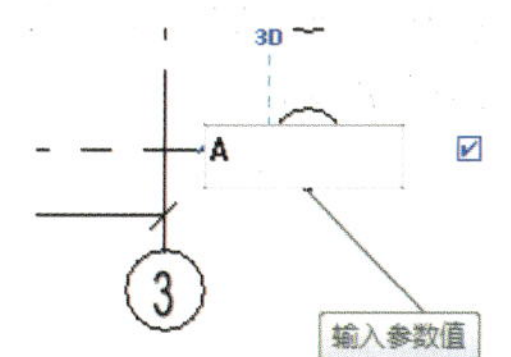

图2-2-10　修改轴线名称

除使用线命令可以创建轴网外，还可以采用复制的方法快速创建轴线。单击选中轴线A，然后单击“修改”选项组中的“复制”按钮，如图2-2-11所示，同时选中选项栏中的“多个”复选框，如图2-2-12所示。单击绘图区的任意一点，向上移动鼠标指针出现临时尺寸标注，用键盘输入间距“=3100+5900”，按Enter键确认，则软件生成轴线B；用键盘再次输入间距“9000”，按Enter键确认，则软件生成轴线C；用键盘再次输入间距“3300”，按Enter键确认，则软件生成轴线D，如图2-2-13所示。按Esc键，退出轴线绘制。

再次选中轴线A，重复上述操作，并取消选中选项栏中的“多个”复选框，单击绘图区中的任意一点，向上移动鼠标指针出现临时尺寸标注，用键盘输入间距“3100”，按Enter键确认，则软件生成轴线E；选中轴线E，重复上述操作，修改轴线名称为1/A，1/A轴线如图2-2-14所示。

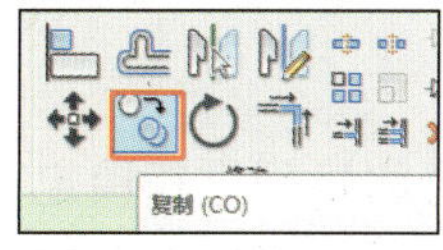

图2-2-11　“复制”按钮

图2-2-12　选中“多个”复选框

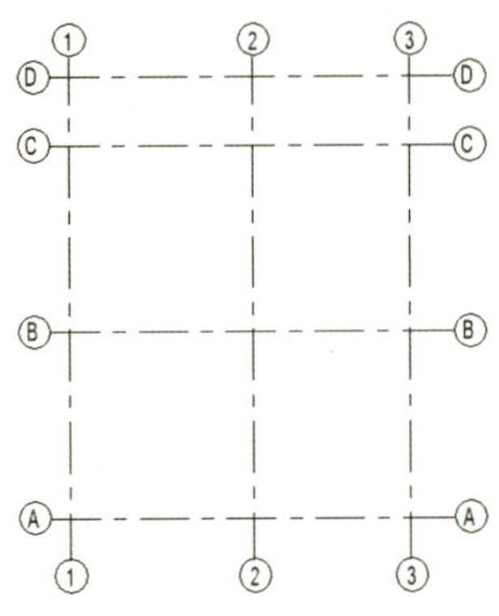

图 2-2-13 绘制 A、B、C、D 轴线

图 2-2-14 1/A 轴线

对轴网进行尺寸标注。单击“注释”选项卡“尺寸标注”选项组中的“对齐”按钮，如图 2-2-15 所示，依次单击轴线 1 至轴线 3，再单击空白位置，生成水平方向的尺寸标注，如图 2-2-16 所示。使用同样的方法完成轴线 A 至轴线 D 的竖向尺寸标注。

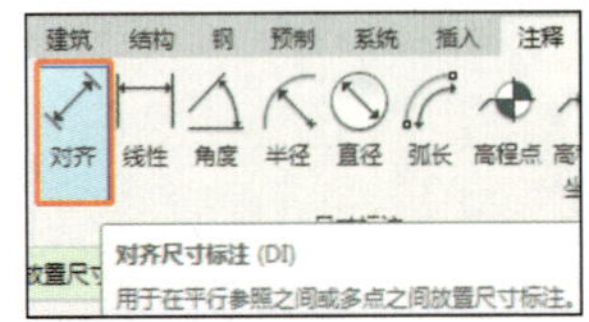

图 2-2-15 “对齐”按钮

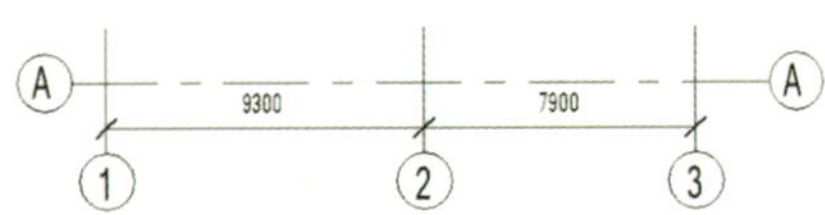

图 2-2-16 水平方向尺寸标注

绘图区中的 4 个符号表示东、西、南、北 4 个立面视图的视图方位。分别框选 4 个符号，可以将其移动到轴网外面。至此，轴网体系创建完成，如图 2-2-17 所示。

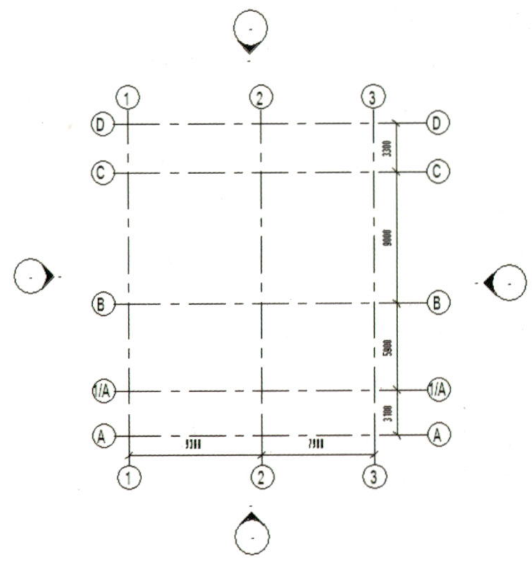

图 2-2-17 轴网体系

为了防止后期建模过程中轴网随意移动，通常情况下会将轴网进行锁定。首先框选全部轴网，选中后，轴网变为淡蓝色，如图 2-2-18 所示，然后单击“修改”选项组中的“锁

定”按钮，如图 2-2-19 所示。锁定后，在轴网显示“禁止或允许改变图元位置”标记，如图 2-2-20 所示，这表示轴网已处于锁定状态。

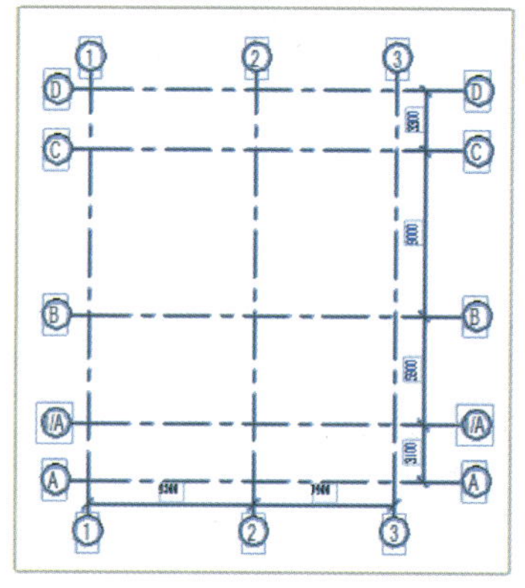

图 2-2-18　框选轴网

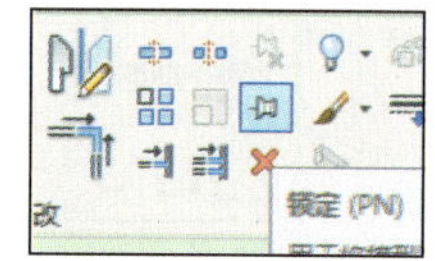

图 2-2-19　“锁定”按钮

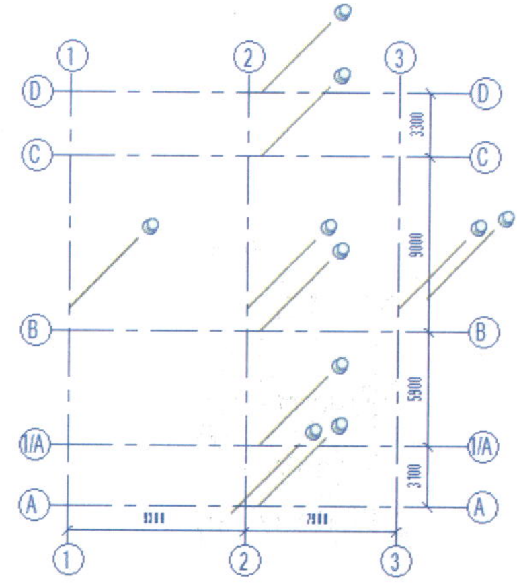

图 2-2-20　轴网锁定

选择“文件”→“保存”选项，对文件进行保存。由于在绘制标高时已进行过保存，此时无须重新选择存储路径和输入文件名称。

2.2.2　利用 CAD 图纸创建轴网

双击“项目浏览器”中的“楼层平面”→“1F”选项，进入 1F 平面视图绘图区，将建施 06 中的一层平面图导入 Revit 软件中，选择“插入”→“导入 CAD”选项，打开“导入 CAD 格式”对话框，选中 CAD 文件“建施 06 一层平面图”，选中“仅当前视图”复选框，设置“导入单位”为“毫米”，“定位”选择“自动-中心到中心”，如图 2-2-21 所示，然后单击“打开”按钮。此时，CAD 底图即可导入软件中，如图 2-2-22 所示。

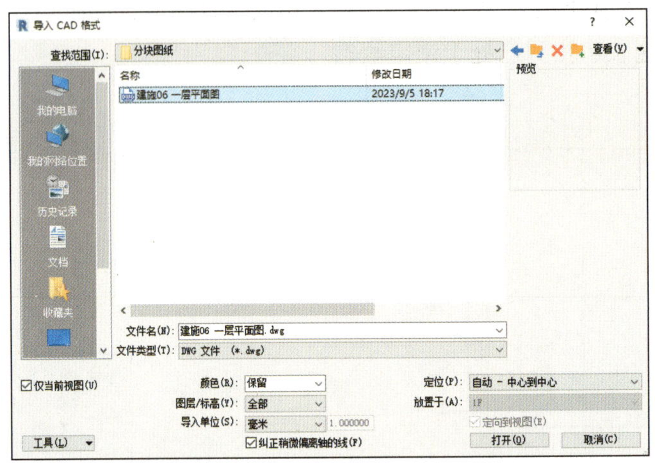

图 2-2-21 导入 CAD 格式及参数设置

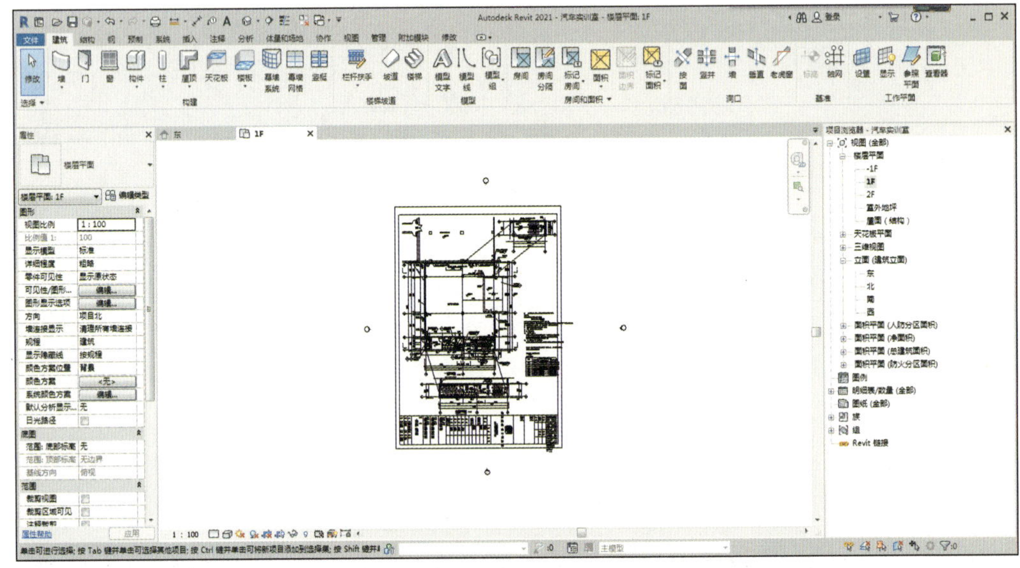

图 2-2-22 导入 CAD 底图后的软件界面

单击“建筑”选项卡“基准”选项组中的“轴网”按钮，进入轴网放置状态。确定“绘制”选项组中的绘制方式为“线”，偏移量为“0.0”。通过滚动鼠标滚轮调整图纸比例，直至看清底图中 1 号轴线的位置。将鼠标指针移动至轴线端点附近时，鼠标指针会自动拾取端点位置，如图 2-2-23 所示，此时单击，再次通过滚动鼠标滚轮调整图纸比例，直至看清 1 号轴线的另一端位置；将鼠标指针移动至另一端点并拾取后单击，即可绘制出 1 号轴线，将 CAD 底图隐藏后，即可看到轴线，如图 2-2-24 所示。

单击视图控制栏中的“临时隐藏/隔离”按钮，在弹出的菜单中选择“重设临时隐藏/隔离”选项，如图 2-2-25 所示。将刚才隐藏的图纸显示出来。重复上述操作创建其他轴网，并修改轴号和标注轴网尺寸，同时将 4 个立面视图的视图方位移动至轴网外侧。完成后选中底图，再次隐藏底图，轴网体系与使用线命令创建的轴网相同。

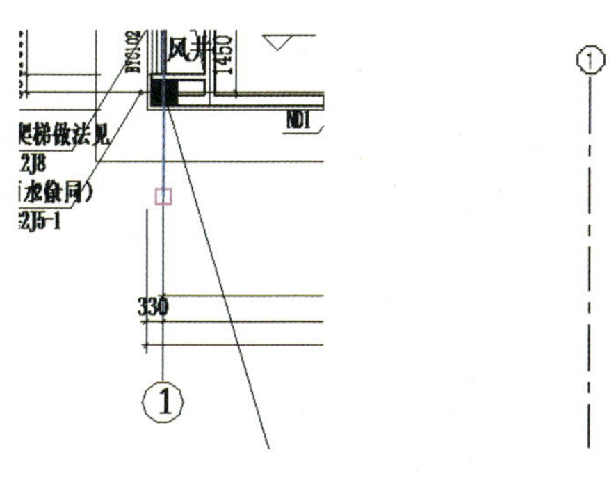

图 2-2-23　拾取轴网端点

图 2-2-24　轴线

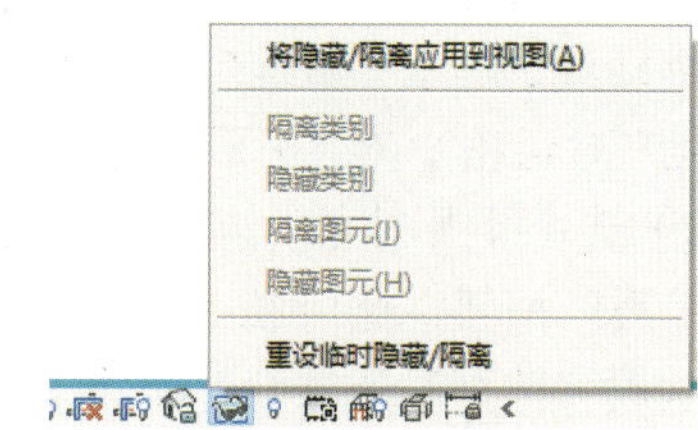

图 2-2-25　“重设临时隐藏/隔离”选项

温馨提示

1）建立的轴网体系具有三维属性，即在立面视图中也可以看到轴网，与标高共同构成定位基准。

2）各层平面的轴网体系具有一致性和通用性，因此，只需创建一次即可。

3）创建轴网后，应注意检查全部楼层平面是否均能看到轴网体系。

任务考评

任务考核评价以学生自评为主，根据表 2-2-1 中的考核评价内容对学习成果进行客观评价。

表 2-2-1　任务考评表

序号	考核点	考核内容	分值	得分
1	识读轴网	能正确识读平面图中的轴网信息	5	
2	创建轴网	能使用线命令正确创建轴网	20	
		能合理设置导入 CAD 图纸的参数，并正确创建轴网	30	
		能使用复制命令正确创建轴网	20	
3	修改轴网名称	能按图纸要求，正确修改轴网名称	10	
4	设置轴网端点符号	能正确设置轴网端点符号	5	
5	标注轴网	能正确标注轴网	10	
合计			100	

总结反思：

签字：

任务拓展　创建环形轴网

除正交轴网外，常见的还有环形轴网，如某建筑物，轴线具有共同圆心，每间隔 15° 绘制一条轴线，轴号名称为 1～24。经分析可知，建筑物轴网较多且夹角相同，因此，可使用阵列命令创建轴网。具体操作如下。

1）单击“建筑”选项卡“基准”选项组中的“轴网”按钮，进入轴网绘制状态，确定“绘制”选项组中的绘制方式为“线”，偏移量为“0.0”。

2）使用线命令，在绘图区绘制一条轴线，轴号自动从1开始编号，如图2-2-26所示，在平面视图中，只显示轴线北侧的轴号，若轴号显示在南侧，则可选中轴线，单击“属性”面板中的“编辑类型”按钮，在打开的“类型属性”对话框中对“平面视图轴号端点”选项进行相应的设置即可。

图2-2-26　1号轴线

3）选中1号轴线，单击“修改|轴网”选项卡“修改”选项组中的“阵列”按钮，此时在1号轴线的相同位置处生成2号轴线，在功能区加载“阵列”选项栏，单击“”按钮，取消选中“成组并关联”复选框，在“项目数”文本框中输入“24”，如图2-2-27所示。单击“地点”按钮，此时，鼠标指针变为旋转图标，将鼠标指针放置在轴线端点位置，当鼠标指针变为“□”时，如图2-2-28所示，单击确定旋转地点；将鼠标指针沿1号轴线方向移动，当鼠标指针变为“×”时，再次单击，确定旋转起始线，如图2-2-29所示；向右侧移动鼠标指针，此时将实时出现鼠标指针位置与起始线的夹角度数，当夹角度数变为15°时，如图2-2-30所示，单击确认，创建完成的环形轴网如图2-2-31所示。

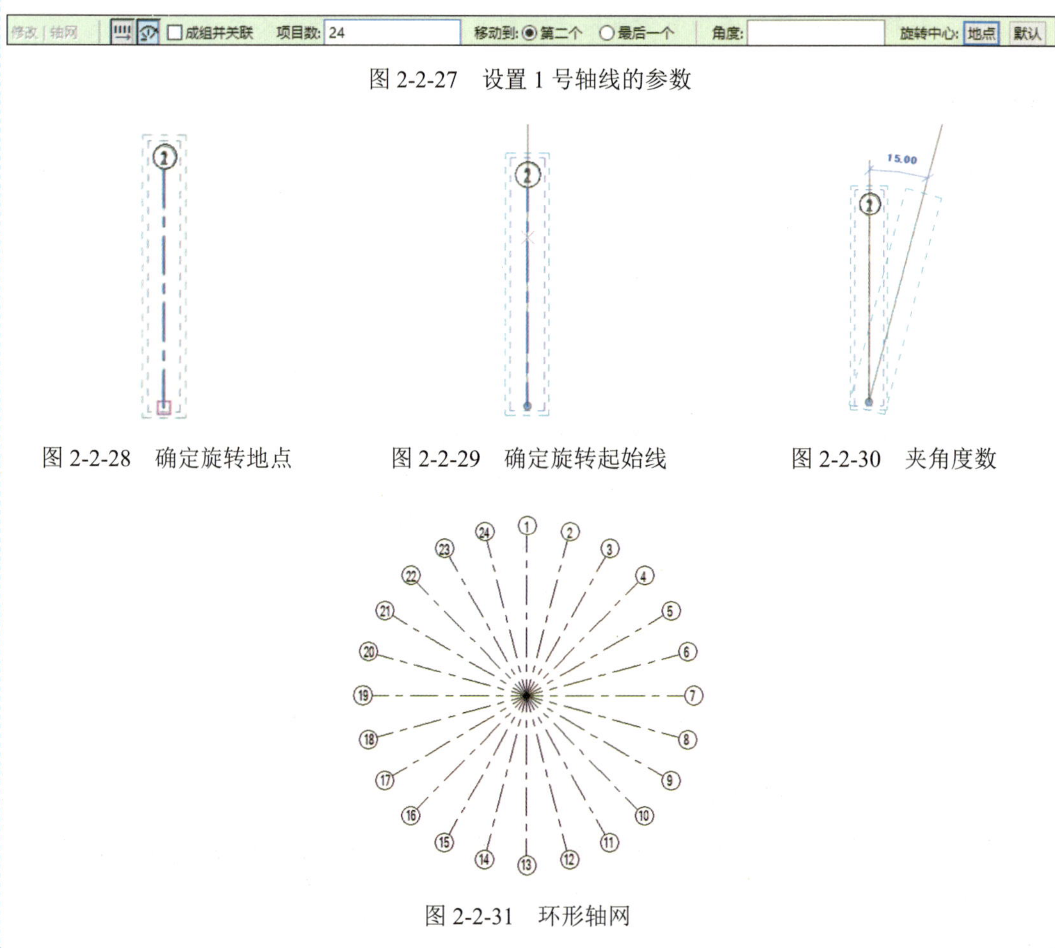

图2-2-27　设置1号轴线的参数

图2-2-28　确定旋转地点

图2-2-29　确定旋转起始线

图2-2-30　夹角度数

图2-2-31　环形轴网

项目考评

项目考核评价以学生自评和小组评价为主，教师根据表 2-x-1 中的考核评价要素对学习成果进行综合评价。

表 2-x-1　项目考评表

班级：　　　　第（　）小组　　姓名：　　　　时间：

评价模块	评价内容	分值	自我评价	小组评价
理论知识	1）了解标高和轴网在 BIM 中的作用	10		
	2）掌握标高和轴网的绘制流程	10		
	3）掌握标高和轴网属性的设置与编辑方法	10		
操作技能	1）能正确绘制标高和轴网	20		
	2）能修改标高和轴网的属性	20		
	3）能编辑标高和轴网	20		
职业素养	1）具备信息意识和计算思维，善于筛选有效信息	5		
	2）具备严谨细致、认真负责的工作态度	5		

综合评价：

签字：

直击工考

一、选择题

1．绘制轴网的快捷命令是（　　）。

A．LL　　B．GR　　C．RP　　D．VV

2．复制/阵列的标高未自动生成楼层平面，需要在（　　）选项卡中创建楼层平面。

A．建筑　　B．结构　　C．系统　　D．视图

3．下列操作可以实现轴网标头的偏移的是（　　）。

A．选中“隐藏/显示标头”复选框

B．拖动模型端点

C．选中轴线，单击标头附近的折线符号

D．不可以偏移

4．在 Revit 2021 中创建第一个标高 1F 之后，复制 1F 标高到上方 5000mm 处，生成的新标高名称为（　　）。

A．2F　　B．1G　　C．2G　　D．以上都不对

5．【2021 年 1+X“建筑信息模型（BIM）职业技能等级证书”考试真题】在 Revit 中

修改标高名称，相应视图的名称（ ）改变。

A．不会　　B．会

C．可选择改变或不改变　　D．两者没有关联

二、实训题

某建筑共 50 层，其中首层地面标高为±0.000，首层层高为 6.0m，第二层至第四层层高为 4.8m，第五层及以上层高均为 4.2m。请按要求建立项目标高，并建立每个标高的平面视图，同时按照图 2-z-1 和图 2-z-2 所示的轴网布置图，绘制项目轴网，最终结果以“标高轴网”命名。

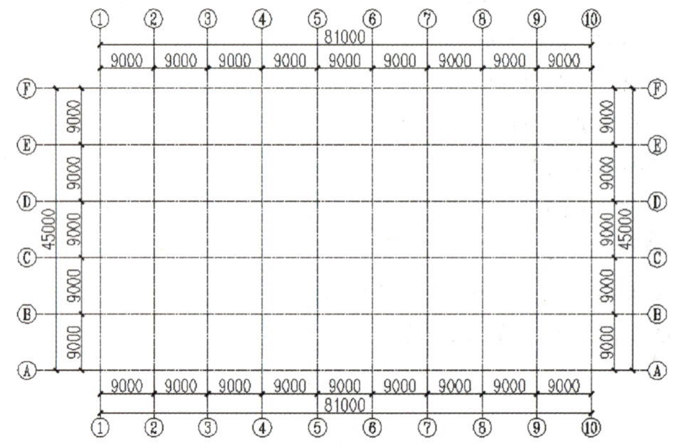

图 2-z-1　1～5 层的轴网布置图

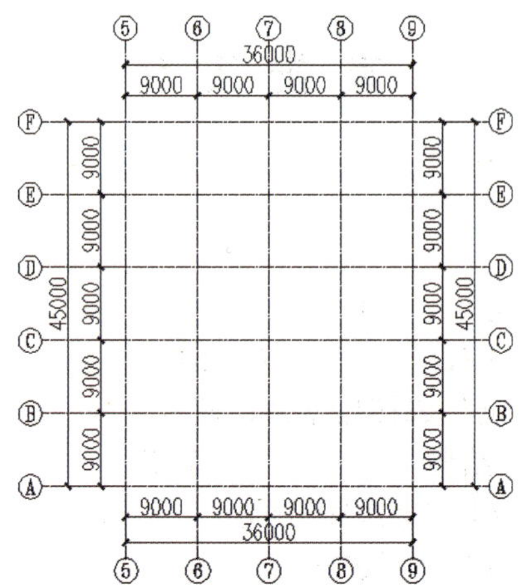

图 2-z-2　6 层及以上的轴网布置图

项目3 结构模型创建

内容导读

在土建模型中，结构部分通常由基础、结构柱、结构梁和结构板组成。其中，基础是将结构所承受的各种作用传递到地基上的结构组成部分，基础按构造形式来分，大致可分为独立基础、筏板基础和条形基础。本项目重点介绍汽车实训室项目中的筏板基础构造画法。结构柱是结构中主要的竖向受力构件，用于承受梁和板传递的竖向荷载，并将荷载传给基础，绘制结构柱时要严格设定柱顶部标高与底部标高，避免出现浮空。梁在结构专业中，是与其他专业实体发生冲突较多的构件之一。通常梁顶标高与结构楼层标高是一致的，但如果楼板倾斜，梁也会跟随倾斜。结构板是结构中主要的水平受力构件，在绘制结构板时，要着重注意板顶标高，熟练进行升板和降板的设置。

学习目标

知识目标

1）熟练使用 Revit 2021 中的线、矩形等命令创建基础。
2）掌握在 Revit 2021 中调整链接图纸位置的方法。
3）掌握载入族和修改结构柱、梁的属性信息的方法。

能力目标

1）能调整结构柱、梁、板的标高。
2）能使用直线、矩形命令绘制板。
3）能调整板的高度偏移。

素养目标

1）培养创新思维和举一反三解决问题的能力。
2）传承和发扬一丝不苟、精益求精、追求卓越的工匠精神。

任务3.1 创建基础

微课：创建基础

任务描述

基础是将结构所承受的各种作用传递到地基上的结构组成部分，它是主体结构的组成部分。基础按构造形式来分，大致可分为条形基础、独立基础和筏板基础。本任务结合“结施03：基础墙、柱平法施工图”重点介绍汽车实训室项目中的筏板基础构造画法。

任务目标

1）掌握筏板基础、挡土墙的绘制方法。

2）能够使用线、矩形等不同命令创建基础。

3）能够调整链接的图纸在Revit 2021中的绘制图层位置，利于绘图。

4）能绘制筏板基础和挡土墙。

3.1.1 链接基础平面图

首先进入“-1F”标高。在“项目浏览器”中的“楼层平面”下，双击“-1F”选项，如图3-1-1所示，进入“-1F”标高的视图，在绘图区会出现该标高处的所有轴网信息。

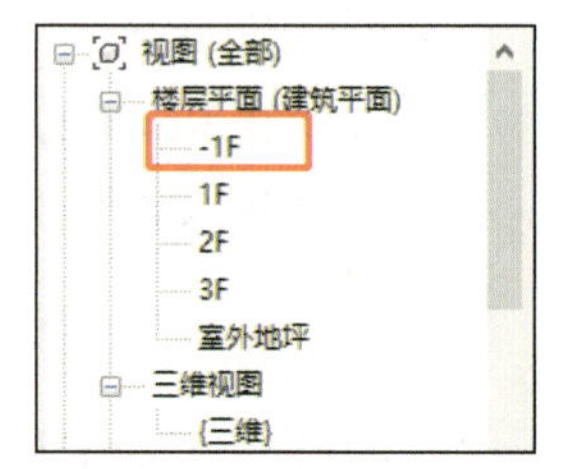

图3-1-1 “-1F”标高的位置

单击“插入”选项卡“链接”选项组中的“链接CAD”按钮，如图3-1-2所示，打开“链接CAD格式”对话框，找到文件“基础平面图”并单击，如图3-1-3所示。在该对话框中，设置链接的图纸“颜色”为“保留”，“图层/标高”为“全部”，“导入单位”为“毫米”，“定位”为“自动-中心到中心”，并选中左下角的“仅当前视图”复选框。选中“仅当前视图”复选框是为了使该图纸仅在“-1F”标高显示，避免后期导入其他图纸后，图纸叠加对绘图者造成影响。设置完成后单击“打开”按钮即可。

图3-1-2 “链接CAD”按钮

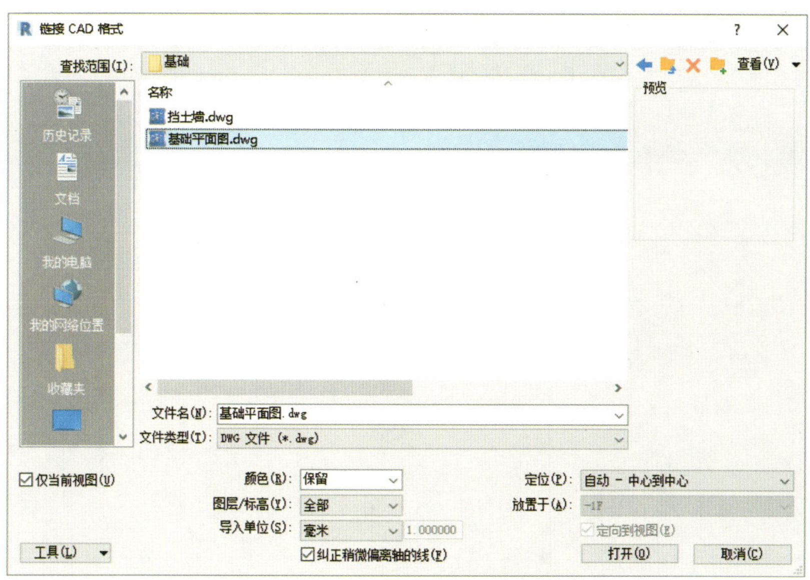

图 3-1-3　“链接 CAD 格式”对话框

图纸导入后，大多数情况下不能与绘图区的轴网重合，如本项目的图纸位于轴网的右上侧，如图 3-1-4 所示。此时，需要选中“基础平面图”，单击“修改|基础.dwg”选项卡“修改”选项组中的“移动”按钮，移动图纸，如图 3-1-5 所示，并找到图纸的任意两根轴线的交点，如 A 轴与 1 轴的交点，移动图纸，使图纸中的 A 轴与 1 轴的交点与软件中的 A 轴与 1 轴的交点重合，如图 3-1-6 所示。

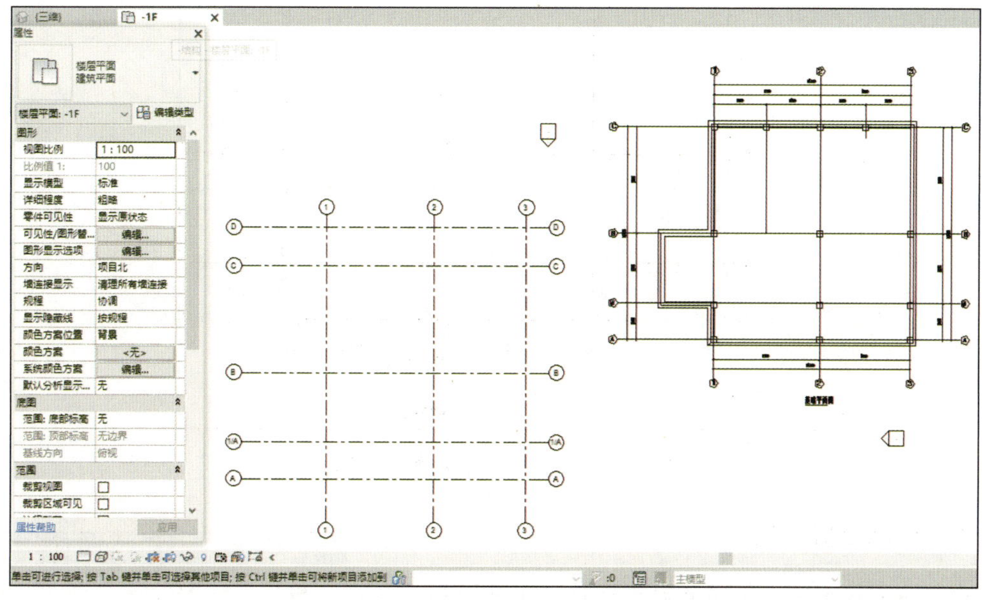

图 3-1-4　图纸未能与绘图区的轴网重合

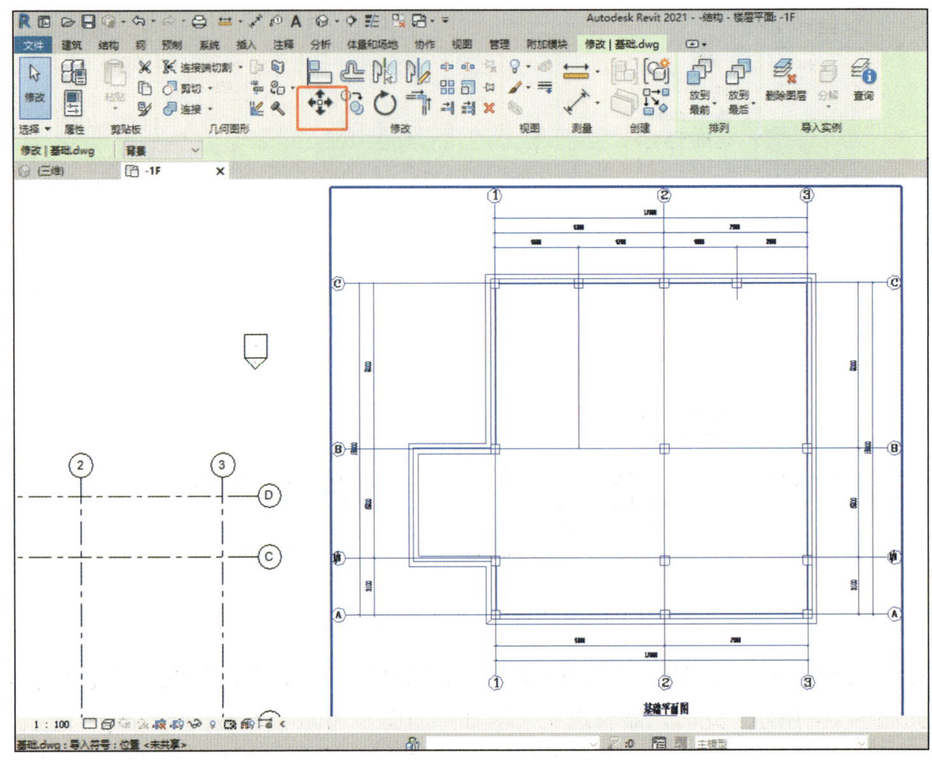

图 3-1-5　移动图纸

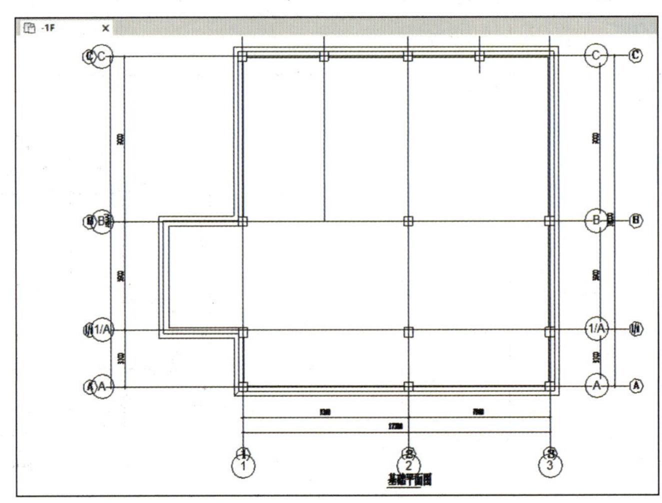

图 3-1-6　图纸与绘图区的轴网重合

3.1.2　绘制筏板基础

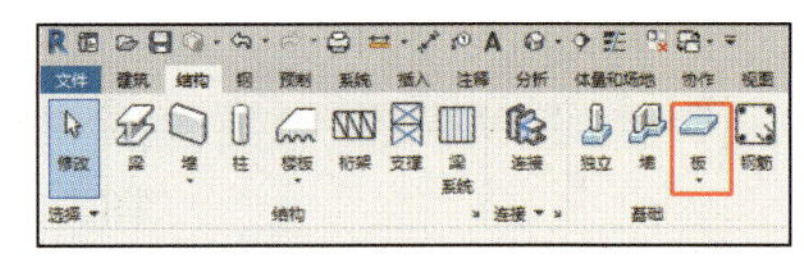

图 3-1-7　“板”按钮

单击“结构”选项卡“基础”选项组中的“板”按钮，如图 3-1-7 所示，功能区会弹出“修改|结构基础>编辑边界”选项卡。

在“修改|结构基础>编辑边界”选项卡中，将属性设置为“400mm 基础筏板”，将“标高”设置为“-1F”，并单击“线”按钮，对照贴在轴网上的底图使用线命令将筏板编辑围出，如图 3-1-8 所示。绘制完成后，单击“修改|结构基础>编辑边界”选项卡“模式”选项组中的“确定”按钮，完成筏板基础的绘制。

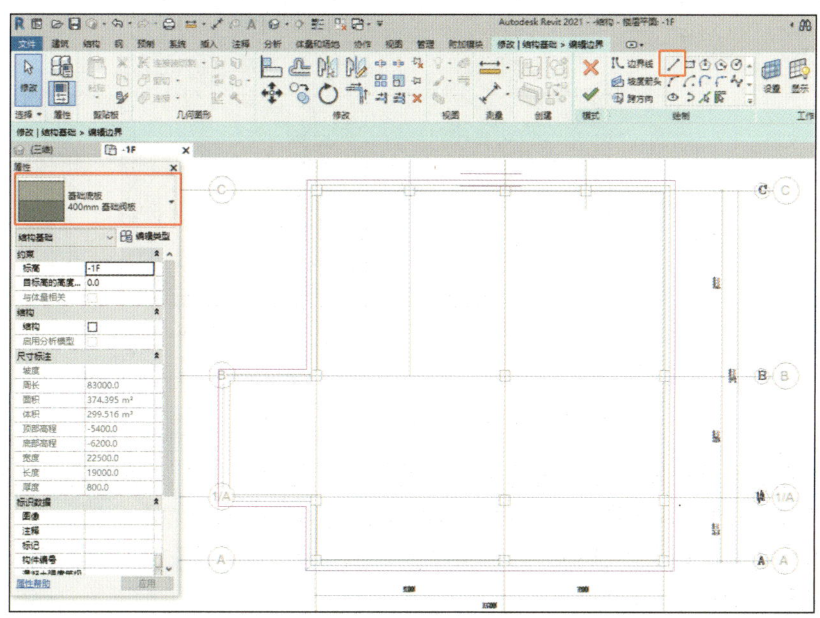

图 3-1-8　绘制筏板基础

绘制完成后，单击工具栏中的按钮，会在绘图区显示筏板基础的三维视图，如图 3-1-9 所示。

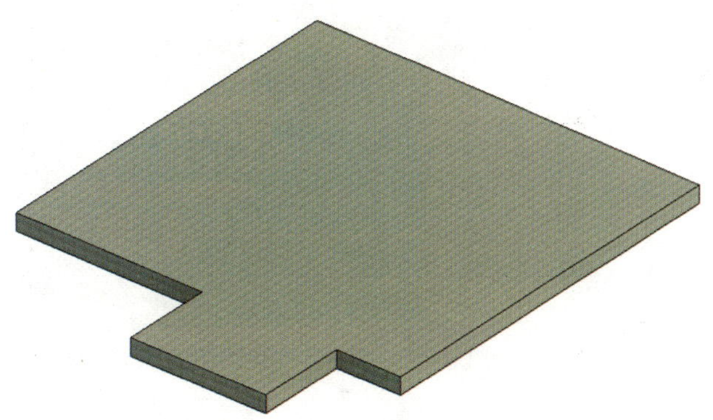

图 3-1-9　筏板基础的三维视图

3.1.3　绘制挡土墙

绘制挡土墙之前需要注意，上一步绘制的筏板基础覆盖住了导入的图纸，如图 3-1-10 所示。这样无法查看挡土墙的位置，不利于绘图。

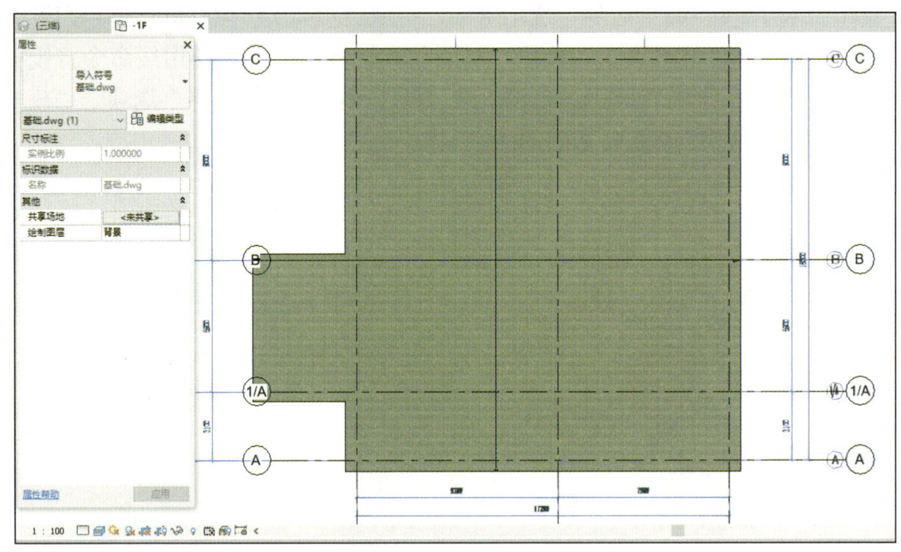

图 3-1-10　筏板基础覆盖住图纸

此时，为了便于绘图，需单击选中导入的图纸，将“属性”面板中的“绘制图层”设置为“前景”，如图 3-1-11 所示，修改后可明显看出图纸中挡土墙的位置。

单击“结构”选项卡“结构”选项组中的“墙”按钮，如图 3-1-12 所示，功能区会弹出“修改|放置 结构墙”选项卡。

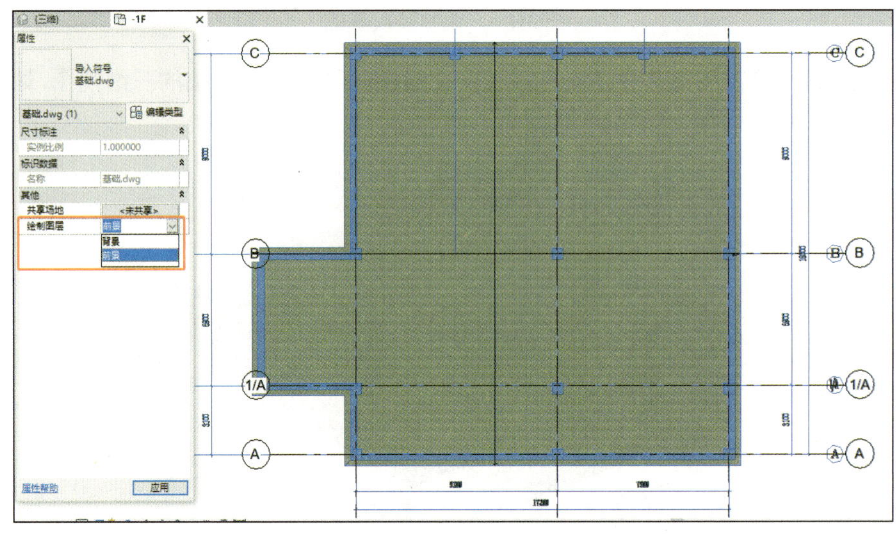

图 3-1-11　修改绘制图层

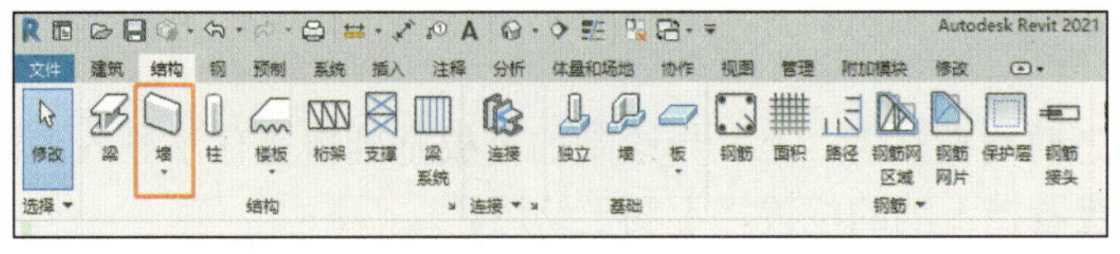

图 3-1-12　“墙”按钮

将属性设置为“挡土墙_300”，依照图纸设置“底部约束”为-1F，“底部偏移”为-400mm，“顶部约束”为“直到标高：1F”，“顶部偏移”为-50mm，并单击“线”按钮，对照贴在轴网上的底图使用线命令将墙按指定位置绘出，如图 3-1-13 所示。

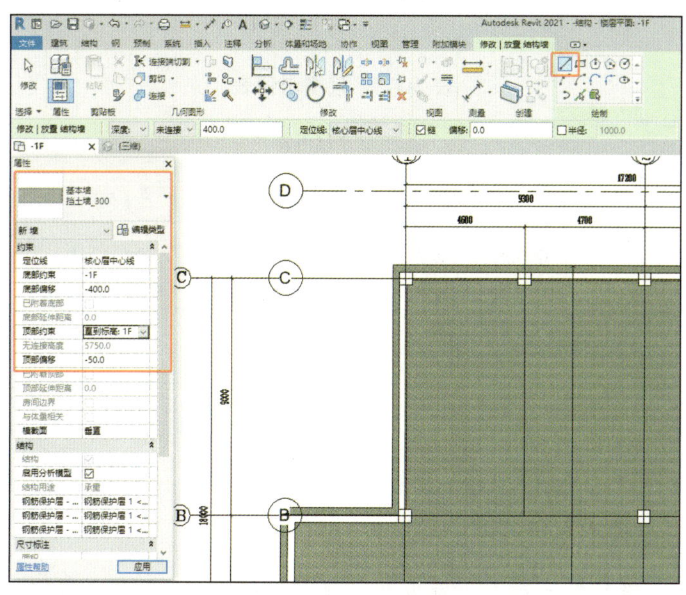

图 3-1-13　绘制挡土墙

绘制完成后，单击工具栏中的按钮，会在绘图区显示挡土墙的三维视图，如图 3-1-14 所示。

按照上述步骤继续绘制其他挡土墙，需要注意的是，挡土墙的顶部偏移并不一样，需仔细识读图纸。所有挡土墙绘制完成后，单击工具栏中的按钮，会在绘图区显示所有挡土墙的三维视图，如图 3-1-15 所示。

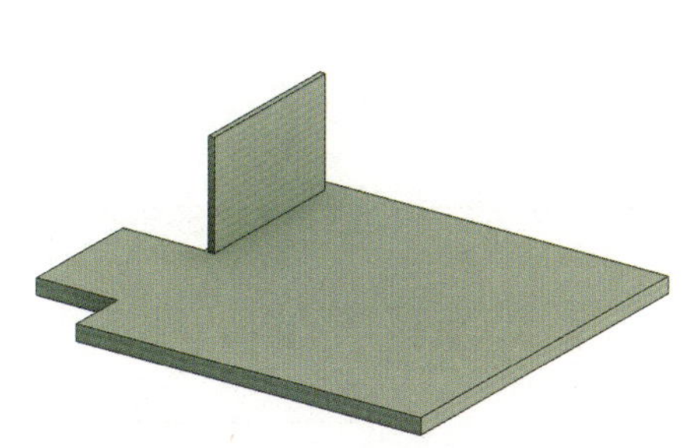

图 3-1-14　挡土墙的三维视图

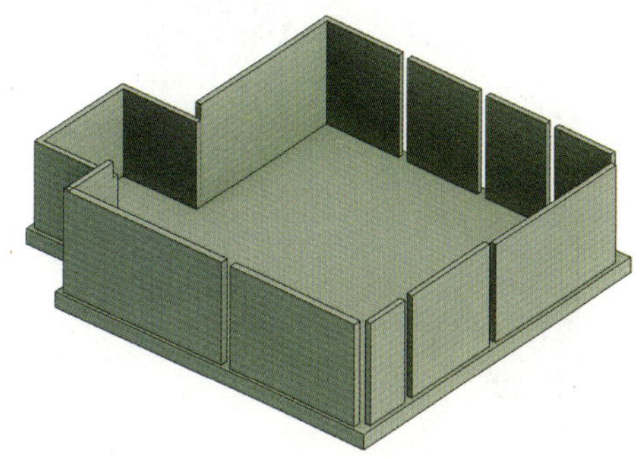

图 3-1-15　所有挡土墙的三维视图

温馨提示

1）筏板基础的尺寸应严格按照图纸进行绘制。

2）挡土墙绘制完成后，中间的缝隙是后期要放置柱子的位置。

任务考评

任务考核评价以学生自评为主，根据表 3-1-1 中的考核评价内容对学习成果进行客观评价。

表 3-1-1　任务考评表

序号	考核点	考核内容	分值	得分
1	链接图纸	掌握链接图纸及对齐的方法	20	
2	筏板基础绘制	熟悉筏板基础在 Revit 2021 模型中的作用	10	
		能绘制筏板基础	30	
3	挡土墙绘制	熟悉挡土墙在 Revit 2021 模型中的作用	10	
		能绘制挡土墙	30	
合计			100	

总结反思：

签字：

任务拓展　绘制条形基础

条形基础是基础长度远远大于宽度的一种基础形式。墙下条形基础又称为扩展基础，作用是把墙的荷载侧向扩展到土中，使之满足地基承载力和变形的要求。

1）条形基础必须依附于挡土墙，条形基础绘制前，应首先绘制好挡土墙，挡土墙的绘制详见前面正文，挡土墙绘制完成后，三维显示如图 3-1-16 所示。

2）单击“结构”选项卡“基础”选项组中的“墙”按钮，如图 3-1-17 所示，功能区会弹出“修改|放置 条形基础”选项卡。

图 3-1-16　绘制完成后的挡土墙

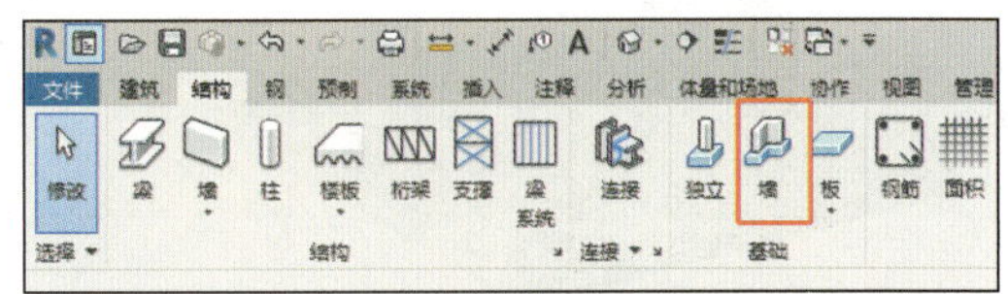

图 3-1-17　“基础”选项组中的“墙”按钮

3）单击“修改|放置 条形基础”选项卡“多个”选项组中的“选择多个”按钮，选择需要布置条形基础的挡土墙，如图 3-1-18 所示。

4）布置完成条形基础的挡土墙后，单击“修改|放置 条形基础”选项卡“多个”选项组中的“完成”按钮，如图 3-1-19 所示。

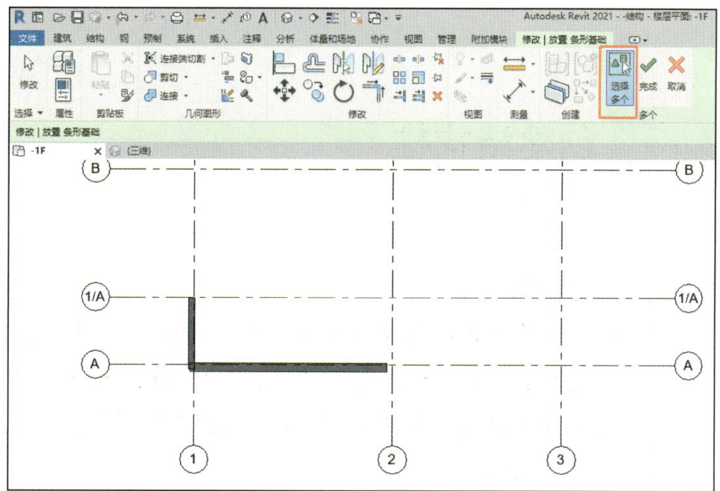

图 3-1-18　“选择多个”按钮

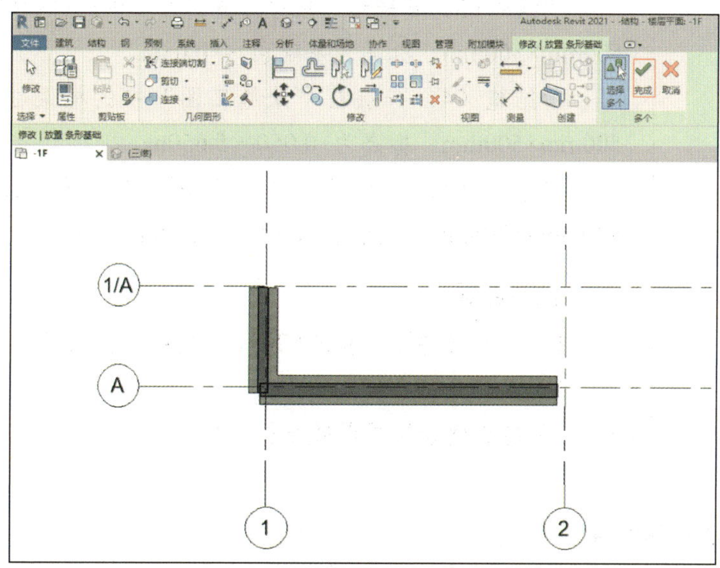

图 3-1-19　“完成”按钮

5）绘制完成后，单击工具栏中的按钮，会在绘图区显示条形基础的三维视图，如图 3-1-20 所示。

图 3-1-20　条形基础的三维视图

任务3.2 创建结构柱

微课：创建结构柱

任务描述

结构柱是结构中主要的竖向受力构件，用于承受梁和板传递的竖向荷载，并将荷载传给基础。在Revit 2021软件中建立柱模型时，主要根据轴网对柱进行定位，并依照CAD图纸信息调整结构柱的尺寸及标高。

汽车实训室相关图纸名称及说明如下：

“结施03：基础墙、柱平法施工图”中的框架柱，截面尺寸为500mm×500mm，标高为基础顶～-0.05m。

“结施04：一层柱平法施工图”中的框架柱，截面尺寸为500mm×500mm，标高为-0.050～5.650m。

“结施05：二层柱平法施工图”中的框架柱，截面尺寸为500mm×500mm，标高为5.650～10.200m。

任务目标

1）了解结构柱在Revit 2021模型中的作用。

2）掌握柱的绘制方法。

3）能正确绘制并调整结构柱标高。

3.2.1 绘制负一层的柱

1. 创建链接基础平面图

按照任务3.1创建基础，完成链接基础平面图后，-1F会保留基础平面图信息，如图3-2-1所示。

2. 载入结构柱族文件

在系统的默认状态下，没有矩形的柱，因此需要从族库中进行导入。单击“插入”选项卡“从库中载入”选项组中的“载入族”按钮，如图3-2-2所示，打开“载入族”对话框，如图3-2-3所示，依次选择“结构”→“柱”→“混凝土”文件夹中的“混凝土-矩形-柱”族文件，然后单击“打开”按钮。此时，在“项目浏览器”中的“族”→“结构柱”中会增加“混凝土-矩形-柱”族，如图3-2-4所示。

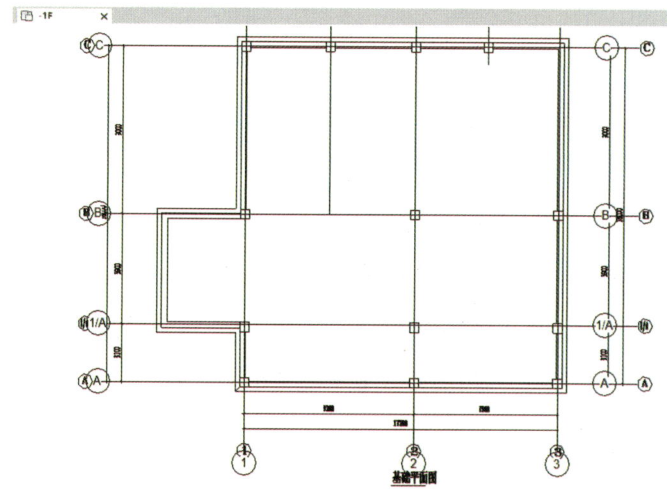

图 3-2-1　链接基础平面图

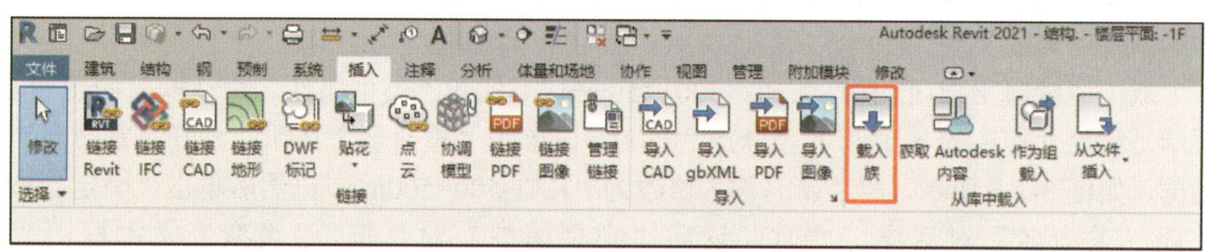

图 3-2-2　“载入族”按钮

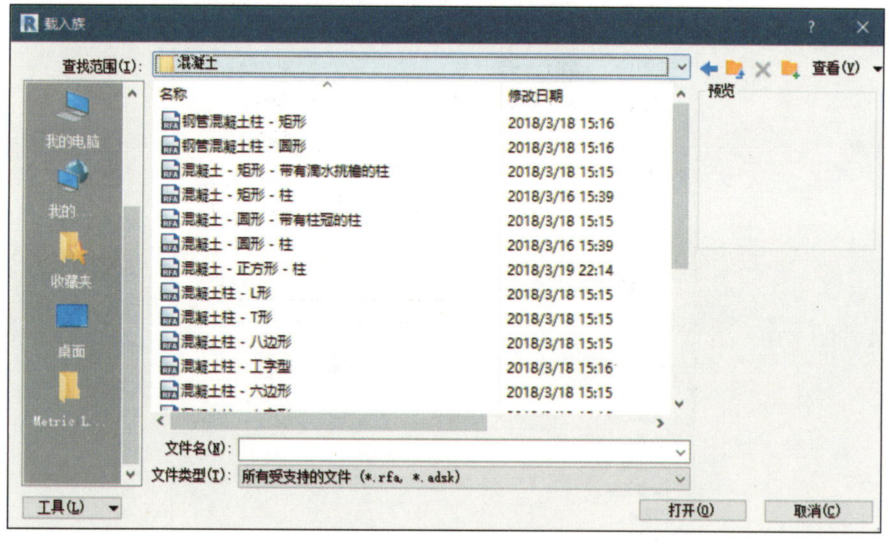

图 3-2-3　“载入族”对话框

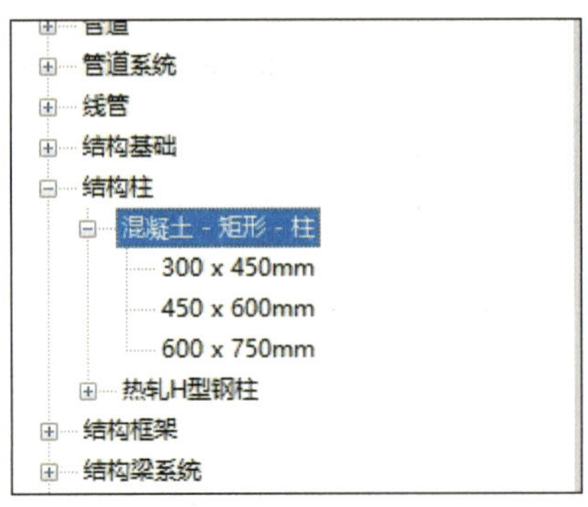

图 3-2-4 “混凝土-矩形-柱”族

3. 修改结构柱属性值

从图纸中可知，第一个需要布置的矩形柱（1 轴与 C 轴交点处）为 500mm×500mm 矩形柱，而目前的“项目浏览器”中没有该类型的族，故需要修改结构柱的属性值，使其变为绘图者所需的类型。

双击“混凝土-矩形-柱”下的“300×450mm”，打开“类型属性”对话框，如图 3-2-5 所示，将尺寸标注的 b 值和 h 值修改为 500，再单击“重命名”按钮；打开“重命名”对话框，如图 3-2-6 所示，将“新名称”修改为“KZ1-500×500mm”，然后单击“确定”按钮关闭“重命名”对话框。此时，返回“类型属性”对话框，“类型”文本框中变为“KZ1-500×500mm”，如图 3-2-7 所示，再单击“确定”按钮即可。

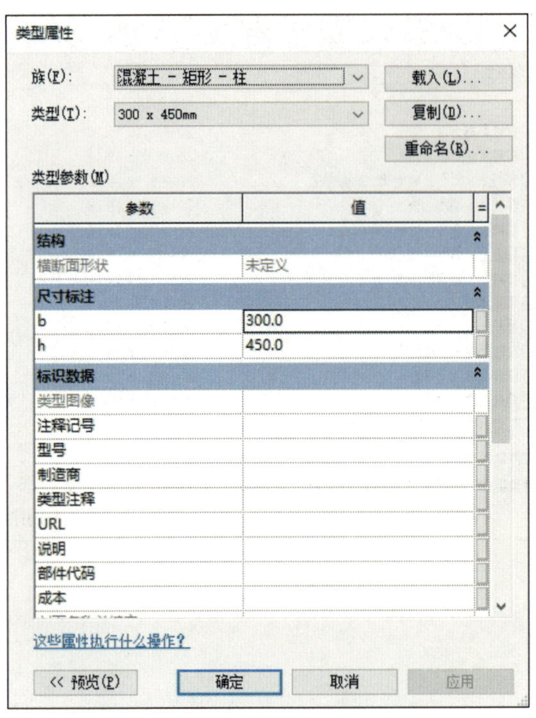

图 3-2-5 柱的类型属性修改前

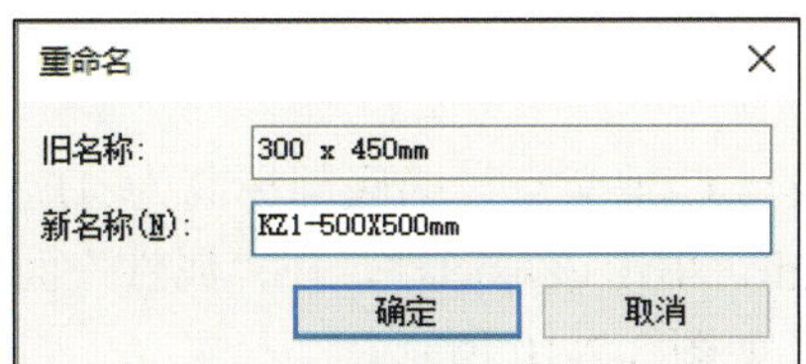

图 3-2-6　重命名柱

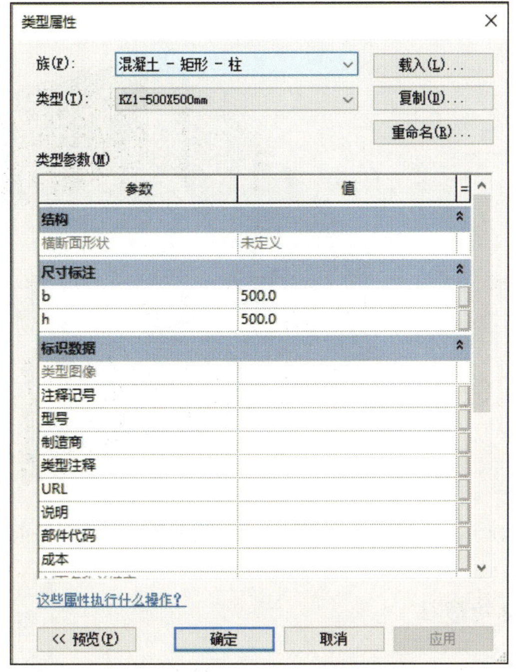

图 3-2-7　柱的类型属性修改后

4. 绘制矩形柱

以 1 轴与 C 轴交点处的方形柱为例，单击“结构”选项卡“结构”选项组中的“柱”按钮，如图 3-2-8 所示。将鼠标指针放在绘图区，鼠标指针变为十字形，将鼠标指针放在 1 轴与 C 轴的交点附近，并向前滚动鼠标滚轮，放大轴网视图，拾取两轴交点，单击放置柱，如图 3-2-9 所示，完成矩形柱的绘制。

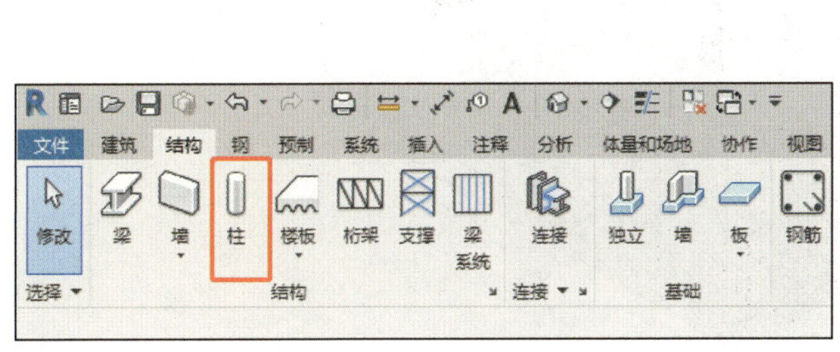

图 3-2-8　“柱”按钮

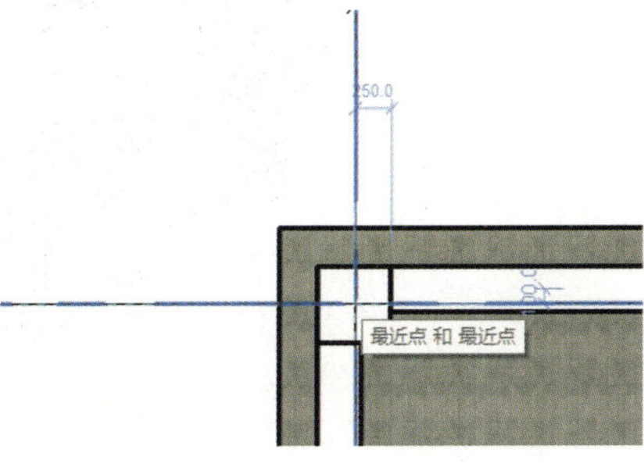

图 3-2-9　放置柱

5. 调整矩形柱标高

从图纸中可以得知，1 轴与 C 轴交点柱的底部标高为-1F，底部偏移为-400mm，顶部标高为 1F，顶部偏移为-50mm，单击该矩形柱，在“属性”面板中将各项数值依次进行设置，调整完成的矩形柱属性，如图 3-2-10 所示。

绘制完成后，单击工具栏中的按钮，会在绘图区显示矩形柱的三维视图，如图 3-2-11 所示。

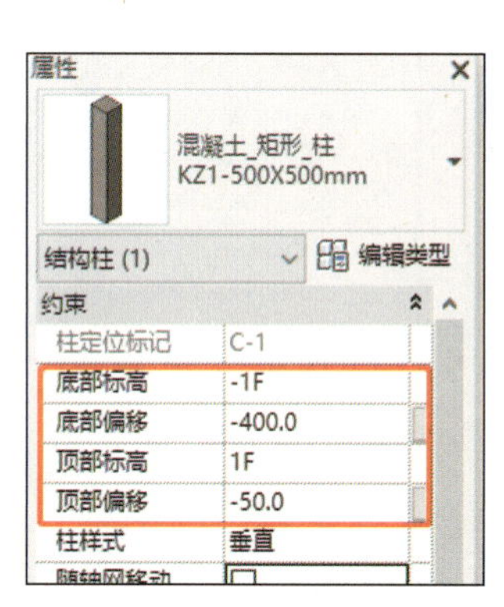

图 3-2-10　矩形柱的属性

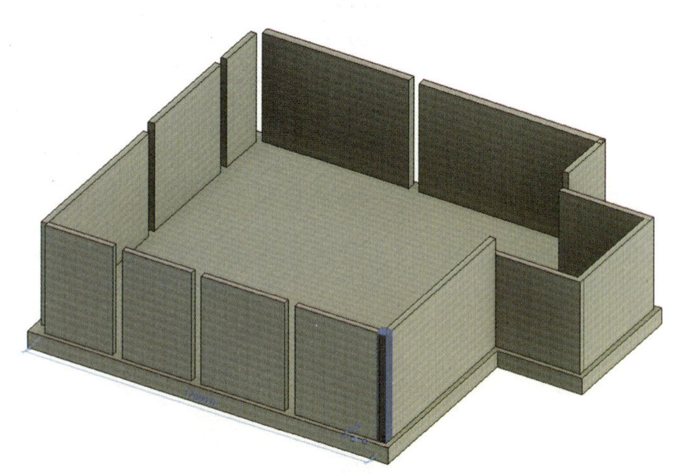

图 3-2-11　矩形柱的三维视图

6. 绘制-1F 层的其他矩形柱

双击“项目浏览器”中的“结构平面”→“-1F”选项，重新回到-1F 层的标高视口，利用上述方法，完成-1F 层其他所有矩形柱的绘制。绘制完成后，单击工具栏中的按钮，会在绘图区显示-1F 层所有矩形柱的三维视图，如图 3-2-12 所示。

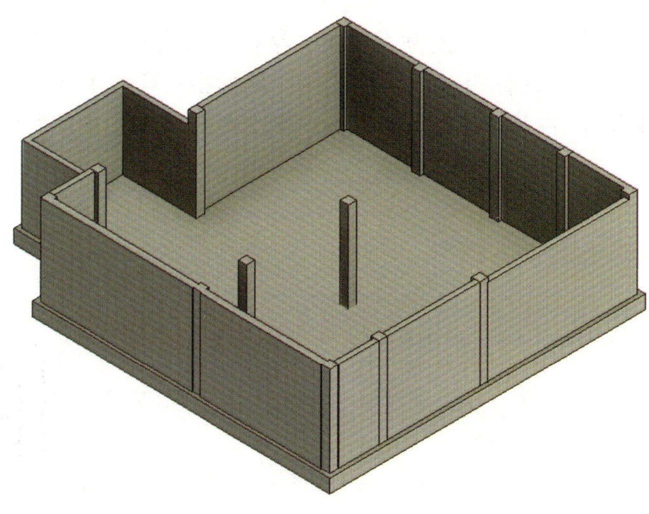

图 3-2-12　-1F 层所有矩形柱的三维视图

3.2.2　绘制其他层的柱

按上述方法进行重复操作，依次完成其他层的柱模型绘制，所有层的柱绘制完成后的三维图，如图 3-2-13 所示。

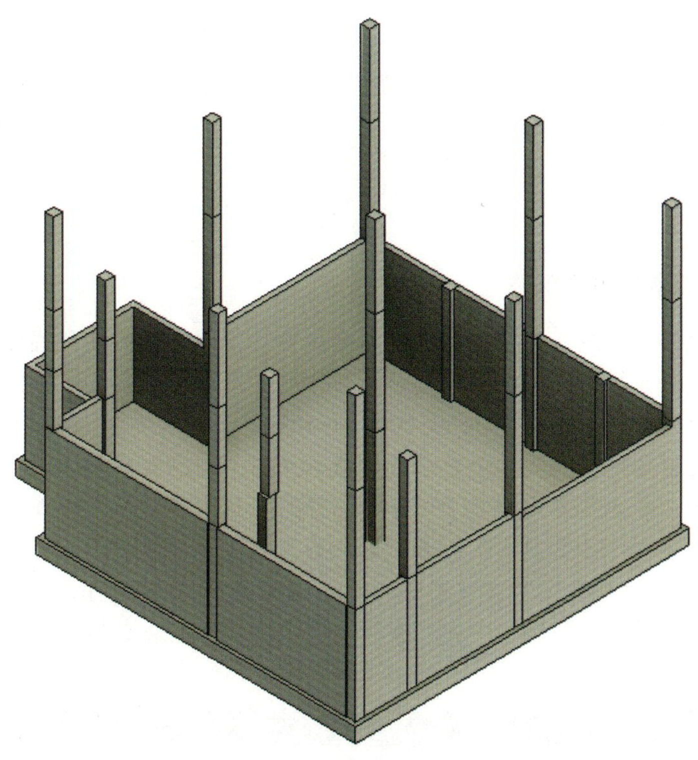

图 3-2-13　所有层的矩形柱的三维视图

温馨提示

1）创建柱模型时，只能在平面视图或三维视图中创建，在平面中创建相对准确。
2）柱的混凝土材质信息是族文件默认的，如果不是混凝土材质，则需要重新定义。
3）除位置属性不同外，当柱的其他属性完全相同时，可通过复制命令快速创建。

任务考评

任务考核评价以学生自评为主，根据表 3-2-1 中的考核评价内容对学习成果进行客观评价。

表 3-2-1　任务考核评价表

序号	考核点	考核内容	分值	得分
1	知识掌握	了解柱在 Revit 2021 模型中的作用	10	
2	编辑方法	掌握柱的绘制方法与编辑方法	30	
3	载入族	能载入族	20	
4	修改类型	能修改柱的类型信息	20	
5	位置调整	能调整柱的标高	20	
合计			100	
总结反思： 签字：				

任务拓展　绘制轻型角钢柱

近年来，装配式建筑在建筑业的占比越来越多，钢结构作为装配式建筑的一种主要表现形式，使用频率较高，下面以轻型角钢柱为例，介绍其在 Revit 2021 软件中如何绘制。假设轻型角钢柱的尺寸为 100mm×100mm×4mm。

首先载入轻型角钢柱族文件。在系统的默认状态下，没有轻型角钢柱，因此需要从族库中进行载入，载入具体方法如下：单击“插入”选项卡“从库中载入”选项组中的“载入族”按钮，如图 3-2-2 所示，打开“载入族”对话框，如图 3-2-14 所示。依次选择“结构”→“柱”→“轻型钢”文件夹中的“轻型-角钢-柱”族文件，然后单击“打开”按钮。此时，在“项目浏览器”中的“族”→“结构柱”中会增加“轻型-角钢-柱”族，如图 3-2-15 所示。

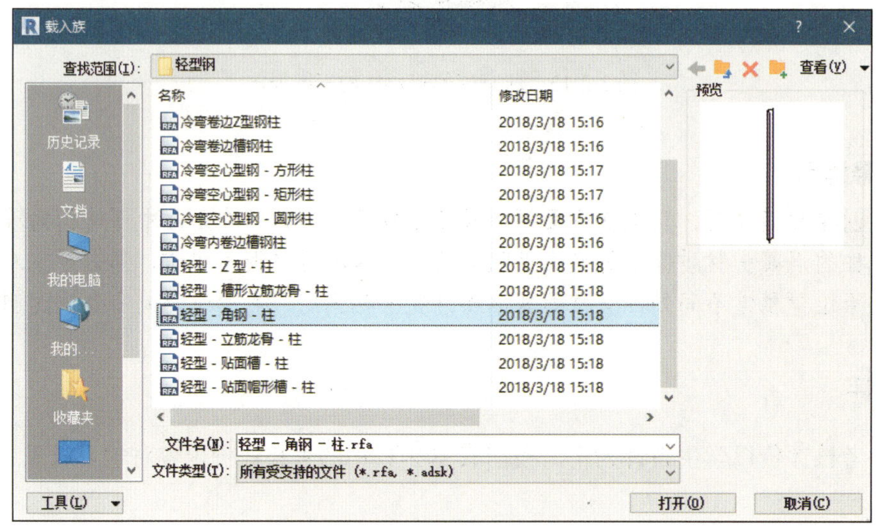

图 3-2-14　“载入族”对话框

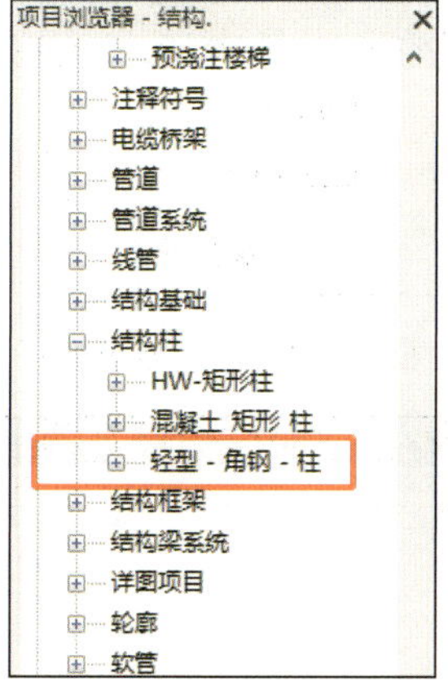

图 3-2-15　“轻型-角钢-柱”族

插入族后，需要修改轻型角钢柱的属性值，由于轻型角钢柱的尺寸为 100mm×100mm×4mm，而目前的“项目浏览器”中没有该类型的族，所以需要修改结构柱的属性值。双击“轻型-角钢-柱”→“L75 × 90”选项，打开“类型属性”对话框，如图 3-2-16 所示，将尺寸标注的 L1 值改为 100，L2 值改为 100，再单击“重命名”按钮，打开“重命名”对话框，如图 3-2-17 所示。将“新名称”修改为“L100×100”，单击“确定”按钮关闭“重命名”对话框。此时，返回“类型属性”对话框，“类型”文本框中变为“L100×100”，如图 3-2-18 所示，然后单击“确定”按钮即可。

类型属性

族(F)：轻型 - 角钢 - 柱　　载入(L)...

类型(T)：L75 x 90　　复制(D)...

重命名(R)...

类型参数(M)

参数	值
结构	
W	0.000000
A	0.000 m²
横断面形状	未定义
尺寸标注	
t	4.0
L2	100.0
L1	100.0
标识数据	
部件代码	B10
类型图像	
注释记号	
型号	
制造商	
类型注释	

这些属性执行什么操作?

<< 预览(P)　确定　取消　应用

图 3-2-16　角钢柱的类型属性修改前

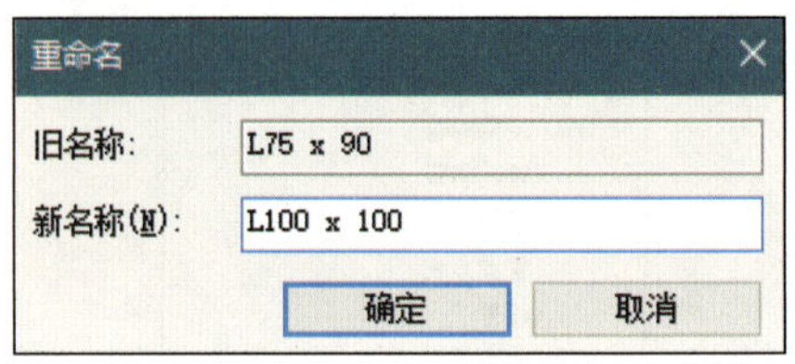

图 3-2-17　重命名角钢柱

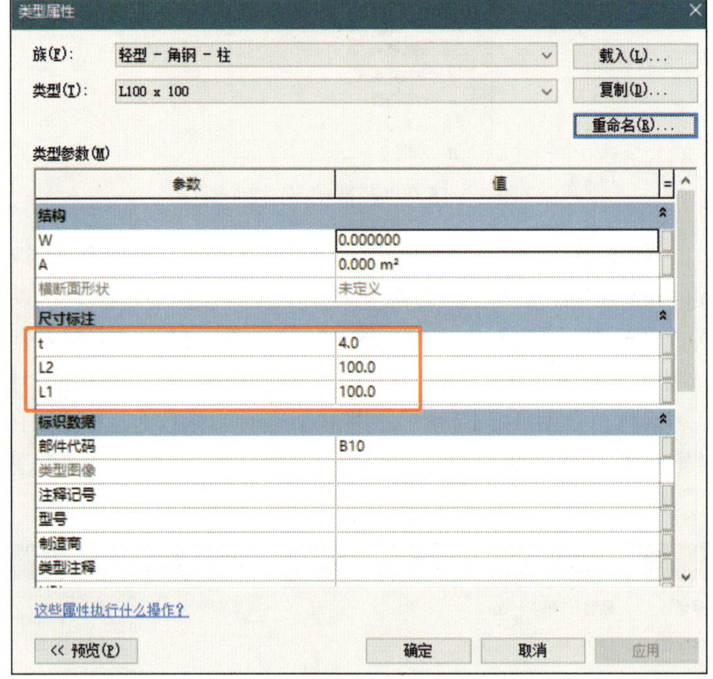

图 3-2-18　角钢柱的类型属性修改后

属性设置完成后，开始绘制轻型角钢柱。单击“结构”选项卡“结构”选项组中的“柱”按钮，如图 3-2-19 所示。将鼠标指针放在绘图区，鼠标指针变为十字形，单击放置轻型角柱钢，如图 3-2-20 所示。

图 3-2-19　“柱”按钮

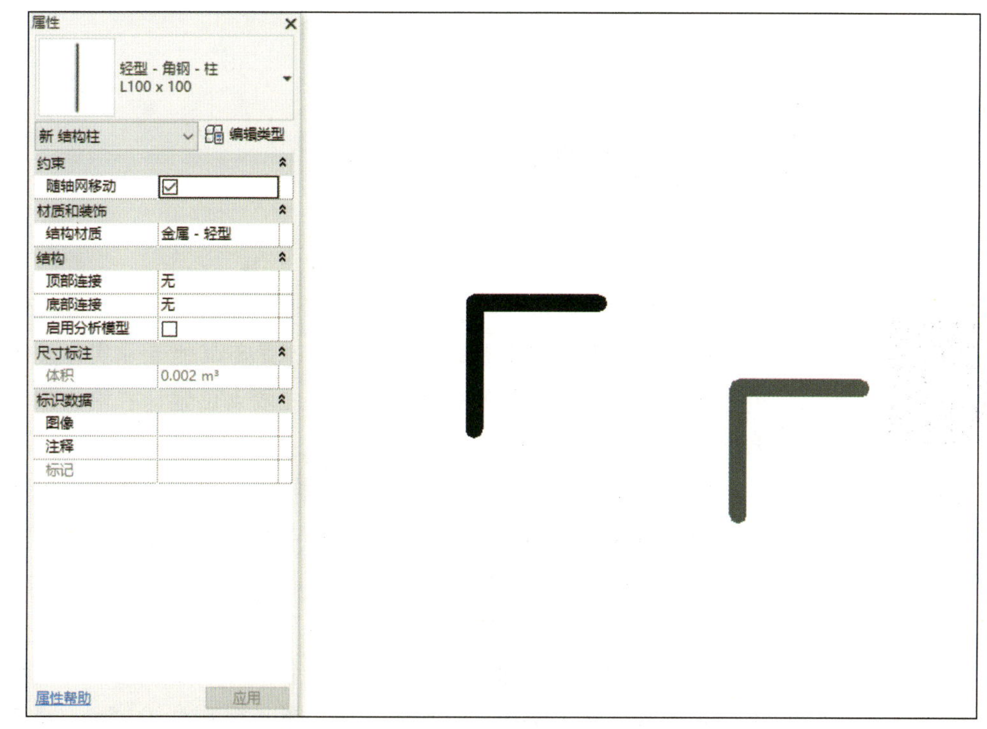

图 3-2-20　放置轻型角钢柱

最后进行轻型角钢柱属性的调整，轻型角钢柱的属性调整方法与混凝土结构柱的属性调整方法相同，这里不再赘述。调整完成后，单击工具栏中的按钮，会在绘图区显示轻型角钢柱的三维视图，如图 3-2-21 所示。

图 3-2-21　轻型角钢柱的三维视图

任务 3.3 创建结构梁

微课：创建结构梁

任务描述

梁是结构专业中重要的构件之一，也是与其他专业实体发生冲突较多的构件之一，梁的布置信息包括左端点位置、右端点位置、偏轴信息等。

本任务要求读懂图纸，正确绘制结构梁，依照 CAD 图纸信息调整结构梁的尺寸及标高。通常梁顶标高与结构楼层标高是一致的，如果遇到梁标高与结构楼层标高不一致，则修改其属性值即可。

汽车实训室相关图纸名称及说明如下：

“结施 06：一层梁平法施工图”中包含矩形梁、变截面梁和暗梁，截面尺寸变化多样，需仔细识图，梁顶标高为-0.05m。需要说明的是，暗梁（AL）位于其他结构构件中，所以暂不进行绘制。

“结施 07：二层梁平法施工图”中主要为矩形梁，梁顶标高为 5.650m。

“结施 08：顶层梁平法施工图”中主要为矩形梁，梁顶标高为 10.200m。

任务目标

1）了解结构梁在 Revit 2021 模型中的作用。

2）掌握梁的绘制方法。

3）能正确绘制并调整结构梁。

4）能调整变截面梁的属性。

3.3.1 绘制一层结构梁

1. 链接一层梁平法施工图

首先进入 1F 标高。在“项目浏览器”中的“楼层平面”下，双击“1F”选项，进入 1F 标高的视图，链接并对齐一层梁平法施工图，对齐后图纸的局部效果如图 3-3-1 所示。

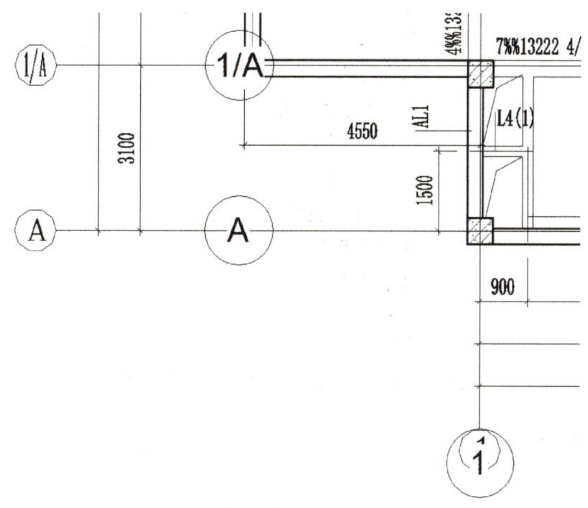

图 3-3-1　链接一层梁平法施工图

2. 载入结构梁族文件

在系统的默认状态下，没有混凝土梁，因此需要从族库中进行导入。单击“插入”选项卡“从库中载入”选项组中的“载入族”按钮，如图 3-2-2 所示，打开“载入族”对话框，如图 3-3-2 所示。依次选择“结构”→“框架”→“混凝土”文件夹中的“混凝土-矩形梁”族文件，然后单击“打开”按钮。此时，在“项目浏览器”中的“族”→“结构框架”中会增加“混凝土-矩形梁”族，如图 3-3-3 所示。

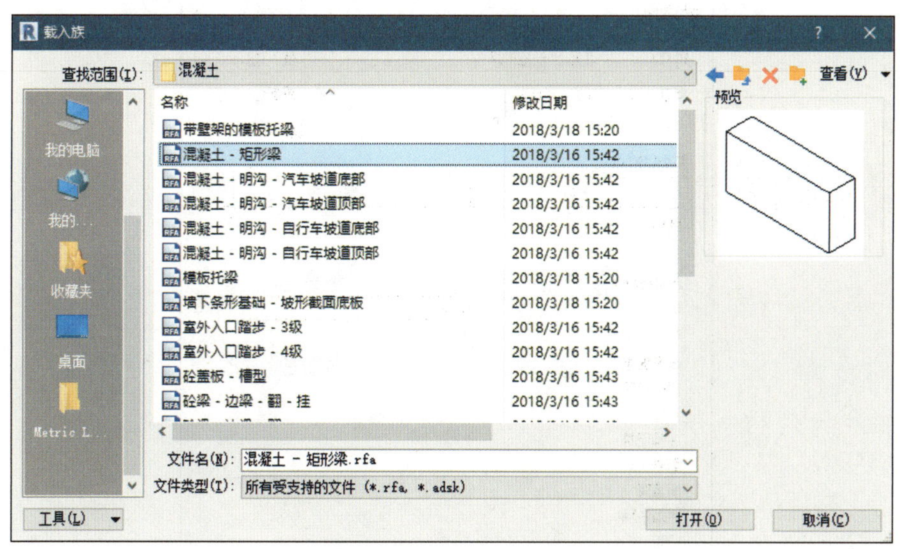

图 3-3-2　“载入族”对话框 1

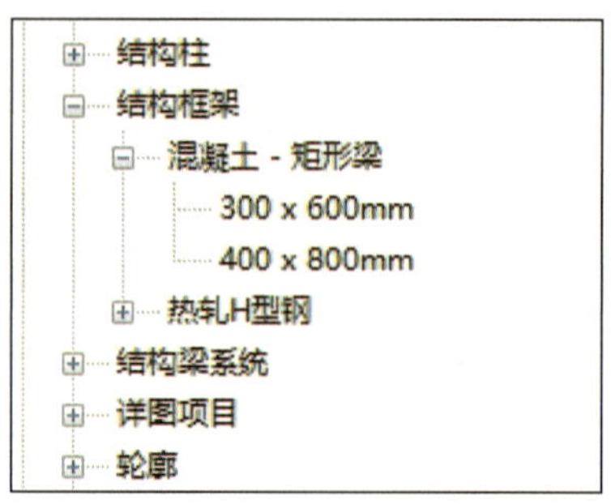

图 3-3-3　“混凝土-矩形梁”族

3. 修改结构梁的属性值

从图纸中可知，第一个需要布置的结构梁（D 轴与 1-3 轴交点处）为 300mm×500mm 结构梁，而目前的“项目浏览器”中没有该类型的族，故需要修改结构柱的属性值，使其变为绘图者所需的类型。

双击“混凝土-矩形梁”→“300×600mm”选项，打开“类型属性”对话框，如图 3-3-4 所示，将尺寸标注的 h 值修改为 500，再单击“重命名”按钮，打开“重命名”对话框，如图 3-3-5 所示。将“新名称”修改为“L8-300×500mm”，然后单击“确定”按钮关闭“重命名”对话框。此时，返回“类型属性”对话框，“类型”文本框中的名称变为“L8-300×500mm”，如图 3-3-6 所示，再单击“确定”按钮即可。

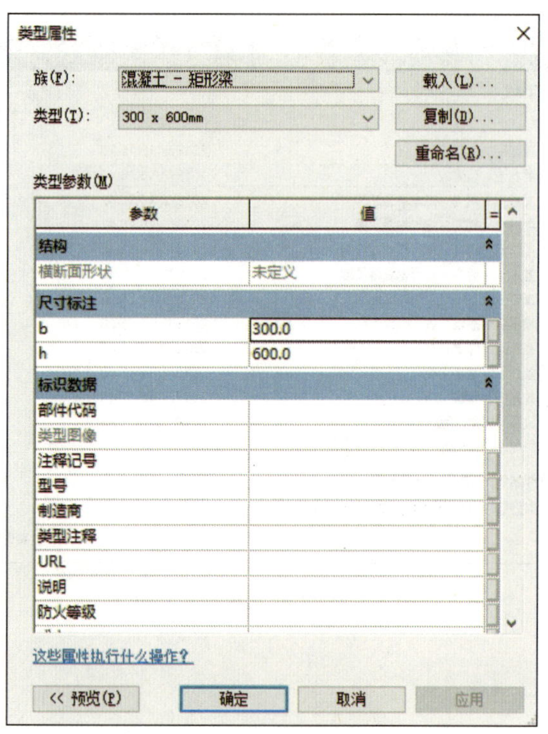

图 3-3-4　梁的类型属性修改前 1

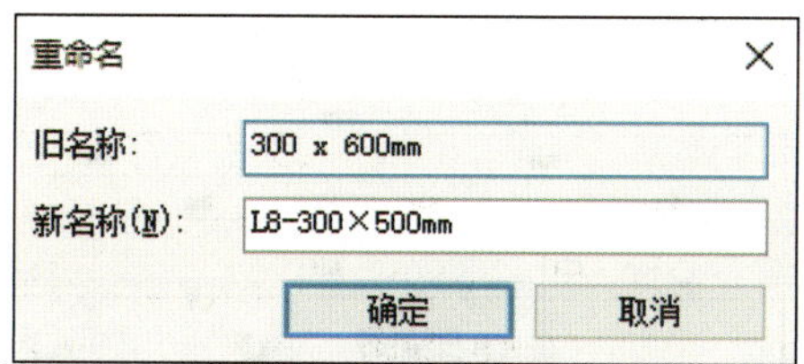

图 3-3-5　重命名梁 1

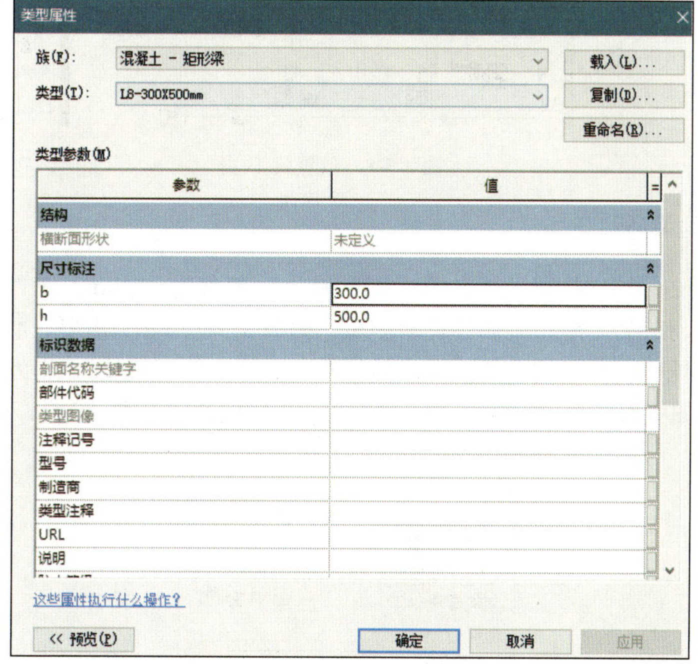

图 3-3-6　梁的类型属性修改后 1

4. 绘制结构梁

以 D 轴与 1-3 轴交点处的结构梁为例，单击“结构”选项卡“结构”选项组中的“梁”按钮，如图 3-3-7 所示。将鼠标指针放在绘图区，鼠标指针变为十字形，将鼠标指针放在 1 轴与 D 轴交点附近，并向前滚动鼠标滚轮，放大轴网视图，拾取两轴交点并单击，拖动鼠标，将鼠标指针放在 3 轴与 D 轴交点处单击，如图 3-3-8 所示，放置梁。

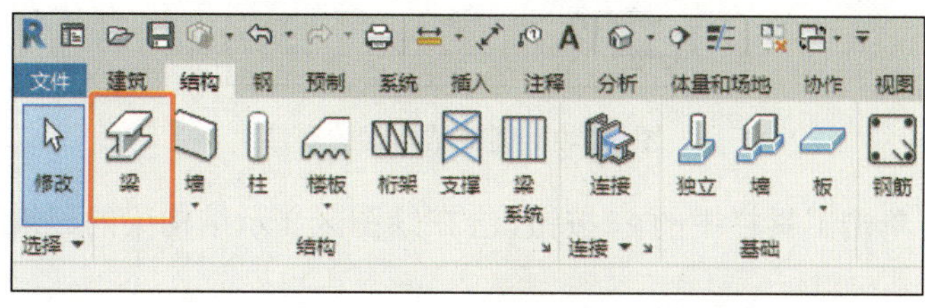

图 3-3-7　“梁”按钮

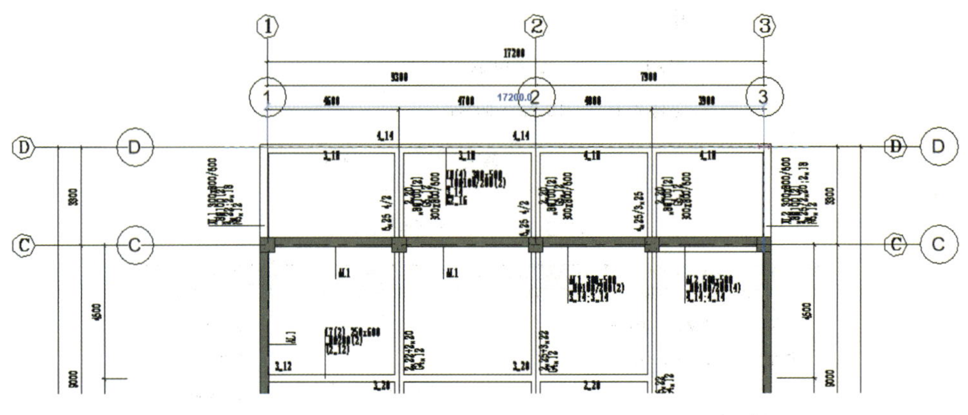

图 3-3-8　放置梁 1

5. 调整结构梁的标高

从图纸中可知，该结构梁的“参照标高”为 1F，偏移为-50mm，在“属性”面板中将各项数值依次进行设置，矩形梁属性调整完成，如图 3-3-9 所示。需要说明的是，在设置梁的属性时，可以同时设置梁的“起点标高偏移”与“终点标高偏移”，均为-50mm，也可以设置梁的“Z 轴偏移值”为-50mm，这里我们用“Z 轴偏移值”为-50mm 对该梁进行设置。

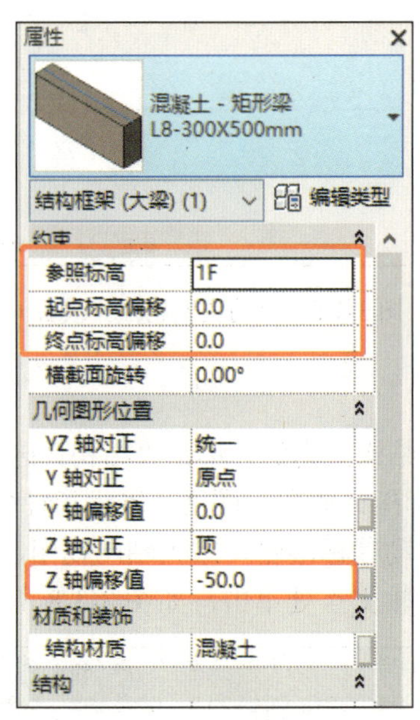

图 3-3-9　调整结构梁的属性

绘制完成后，单击工具栏中的按钮，会在绘图区显示结构梁的三维视图，如图 3-3-10 所示。

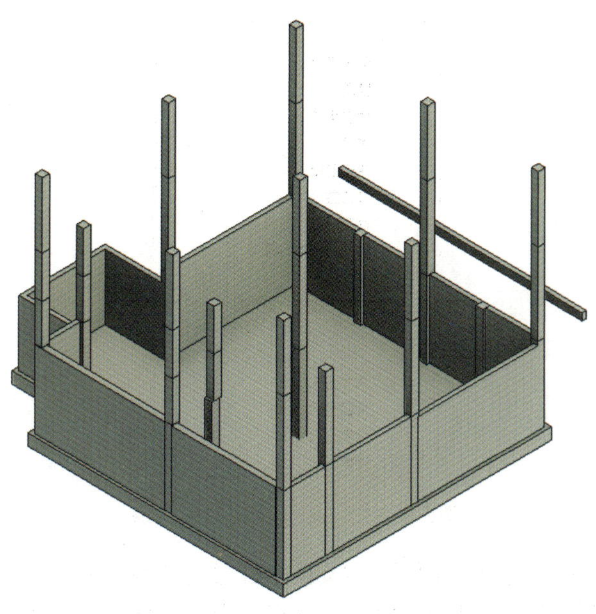

图 3-3-10　结构梁的三维视图

6. 绘制变截面梁

在系统的默认状态下，没有变截面梁，因此需要从族库中进行导入。单击“插入”选项卡“从库中载入”选项组中的“载入族”按钮，如图 3-2-2 所示，打开“载入族”对话框，如图 3-3-11 所示。依次选择“结构”→“框架”→“混凝土”文件夹中的“砼梁-异形托梁”族文件，然后单击“打开”按钮。此时，在“项目浏览器”中的“族”→“结构框架”中会增加“砼梁-异形托梁”族，如图 3-3-12 所示。

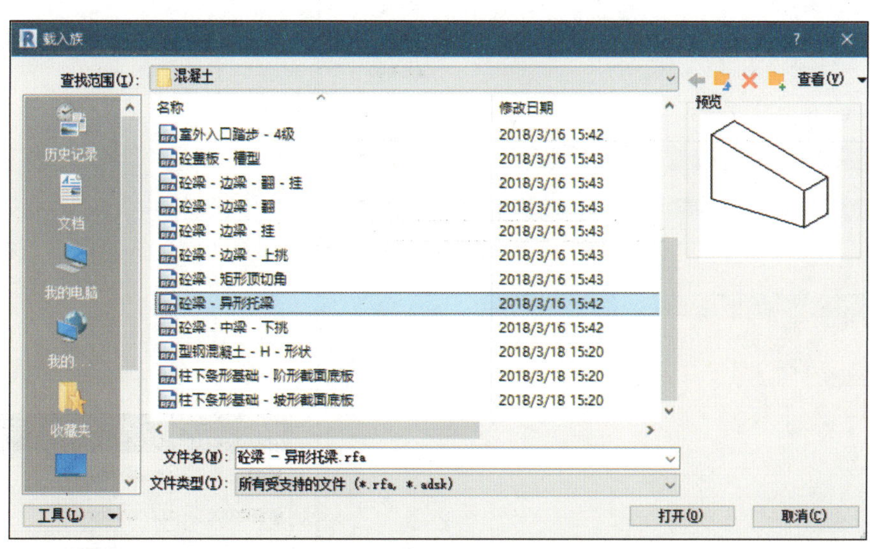

图 3-3-11　“载入族”对话框 2

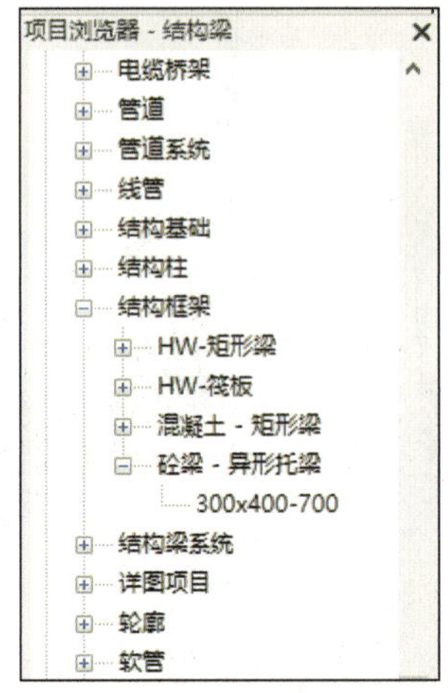

图 3-3-12 “砼梁-异形托梁”族

从图纸中可知，第二个需要布置的结构梁（CD 轴与 1 轴交点处）为 300mm×800/600mm 变截面结构梁，而目前的“项目浏览器”中没有该类型的族，故需要修改结构柱的属性值，使其变为绘图者所需的类型。

双击“砼梁-异形托梁”→“300×400-700mm”选项，打开“类型属性”对话框，如图 3-3-13 所示，将尺寸标注的 b 值修改为 300、h 值修改为 600、h1 值修改为 800，再单击“重命名”按钮，打开“重命名”对话框，如图 3-3-14 所示。将“新名称”修改为“XL1 300×800/600”，单击“确定”按钮关闭“重命名”对话框。此时，返回“类型属性”对话框，“类型”文本框中变为“XL1 300×800/600”，如图 3-3-15 所示，再单击“确定”按钮即可。

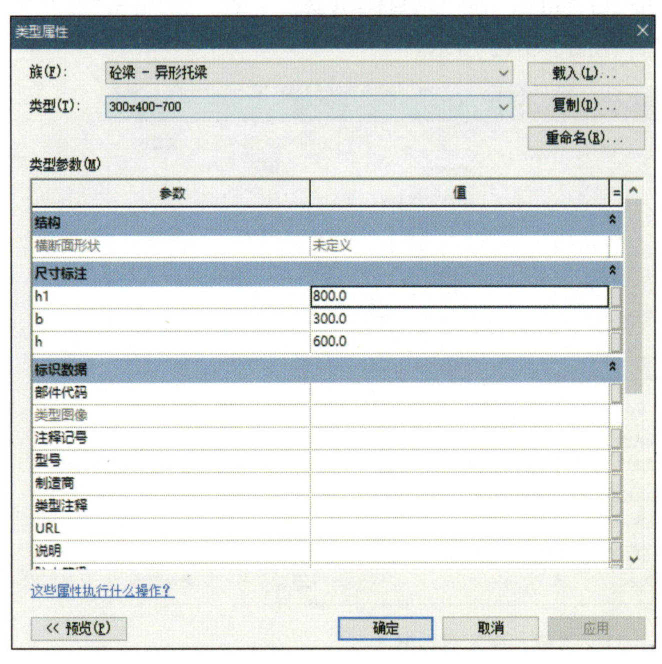

图 3-3-13 梁的类型属性修改前 2

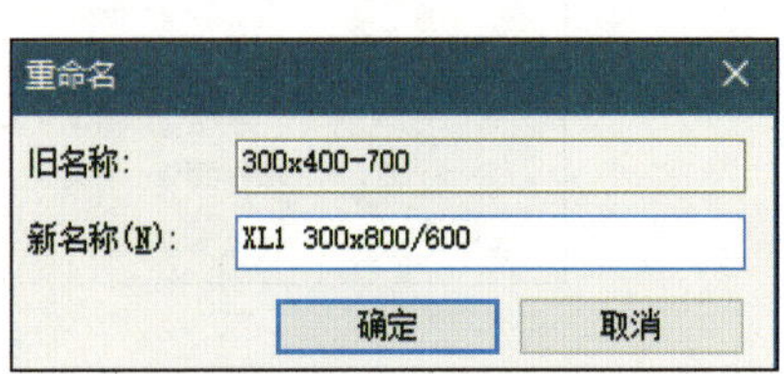

图 3-3-14 重命名梁 2

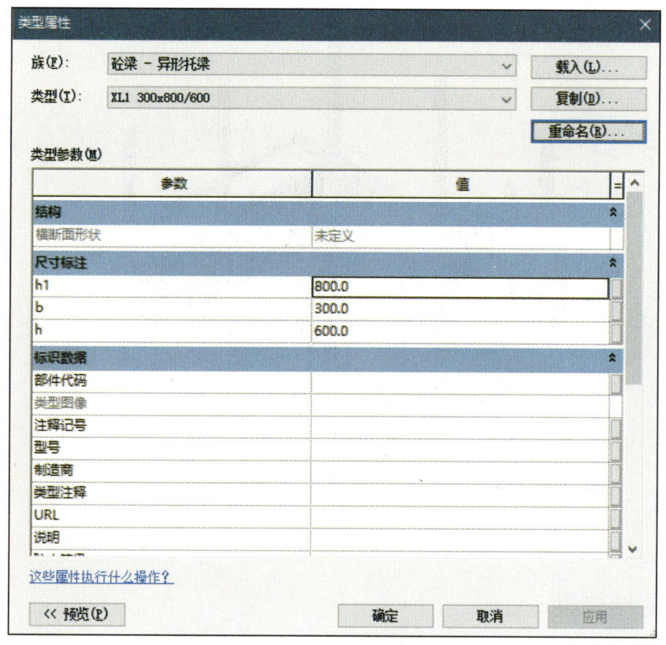

图 3-3-15　梁的类型属性修改后 2

单击“结构”选项卡“结构”选项组中的“梁”按钮，如图 3-3-7 所示。将鼠标指针放在绘图区，鼠标指针变为十字形，将鼠标指针放在 1 轴与 C 轴交点附近，并向前滚动鼠标滚轮，放大轴网视图，拾取两轴交点并单击，拖动鼠标指针，将鼠标指针放在 1 轴与 D 轴交点处单击，如图 3-3-16 所示，放置梁。

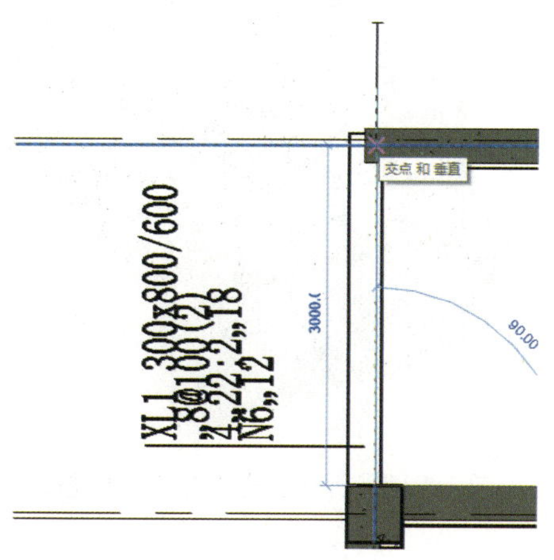

图 3-3-16　放置梁 2

同样，从图纸中可知该结构梁的参照标高为 1F，偏移为-50mm，在“属性”面板中将各项数值依次进行设置。

绘制完成后，单击工具栏中的按钮，会在绘图区显示变截面梁的三维视图，如图 3-3-17 所示。

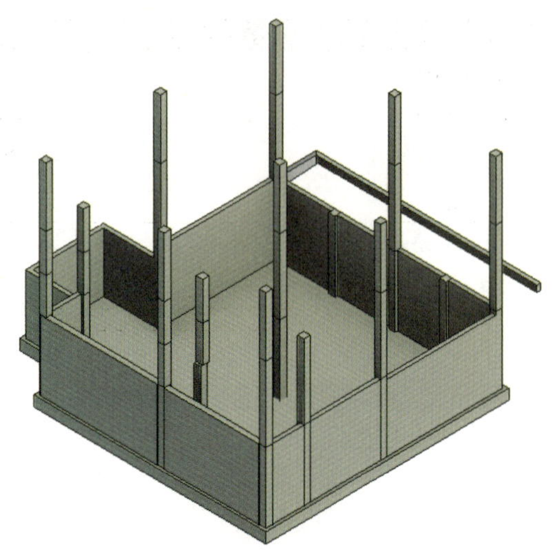

图 3-3-17　变截面梁的三维视图

3.3.2　绘制其他结构梁

双击“项目浏览器”中的“结构平面”→“1F”选项，重新回到 1F 层的标高视口，利用上述方法，完成 1F 层其他所有结构梁的绘制。绘制完成后，再重复操作，依次完成其他层的结构梁模型绘制，所有层的结构梁绘制完成后的三维视图如图 3-3-18 所示。

图 3-3-18　所有层的结构梁三维视图

温馨提示

1）创建梁模型时，只能在平面视图创建，将鼠标指针放在绘图区，鼠标指针变为十字形，然后进行绘制即可。

2）梁的混凝土材质信息是族文件默认的，如果不是混凝土材质，则需要重新定义。

3）要仔细识读图纸，确认结构梁的两个截面是否同高。

任务考评

任务考核评价以学生自评为主，根据表 3-3-1 中的考核评价内容对学习成果进行客观评价。

表 3-3-1　任务考评表

序号	考核点	考核内容	分值	得分
1	知识掌握	了解结构梁在 Revit 2021 模型中的作用	10	
2	编辑方法	掌握结构梁的绘制方法	30	
3	载入族	能够载入结构梁族	20	
4	修改属性	能修改不同结构梁的各项属性	20	
5	调整标高	能调整结构梁的标高	20	
合计			100	

总结反思：

签字：

任务拓展　绘制 H 焊接型钢梁

钢结构作为现今建筑的一种主要表现形式，使用频率较高，下面以 H 焊接型钢梁为例，介绍其在 Revit 2021 软件中如何绘制。假设 H 焊接型钢梁的尺寸为 500mm×300mm×6mm×10mm。

首先，载入 H 焊接型钢梁族文件。在系统的默认状态下，没有 H 焊接型钢梁，因此需要从族库中进行载入，载入具体方法如下，单击“插入”选项卡“从库中载入”选项组中的“载入族”按钮，如图 3-2-2 所示，打开“载入族”对话框，如图 3-3-19 所示。依次选择“结构”→“框架”→“钢”文件夹中的“H 焊接型钢”族文件，然后单击“打开”按钮。此时，在“项目浏览器”中的“族”→“结构框架”中会增加“H 焊接型钢”族，如图 3-3-20 所示。

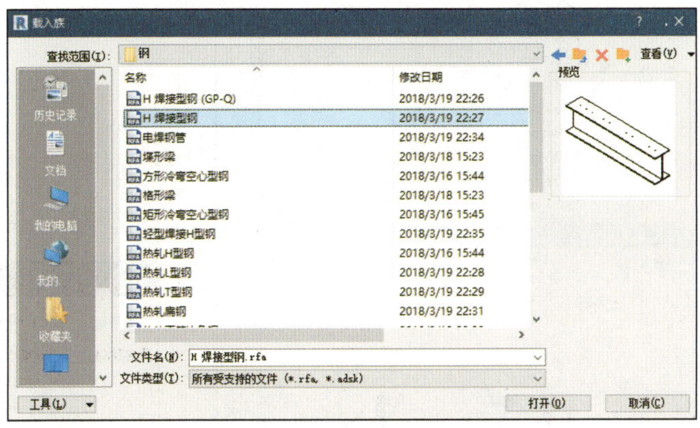

图 3-3-19　“载入族”对话框 3

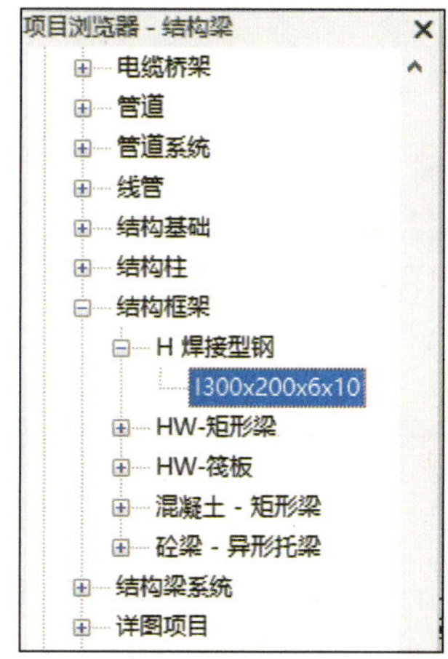

图 3-3-20　“H 焊接型钢”族

插入族后，需要修改 H 焊接型钢梁的属性值。H 焊接型钢梁的尺寸为 500mm×300mm×6mm×10mm，而目前的“项目浏览器”中没有该类型的族，故需要修改 H 焊接型钢梁的属性值。双击“H 焊接型钢”→“I300×200×6×10”选项，打开“类型属性”对话框，如图 3-3-21 所示，将尺寸标注的宽度值修改为 30，高度值修改为 50，再单击“重命名”按钮，打开“重命名”对话框，如图 3-3-22 所示。将“新名称”修改为“I500×300×6×10”，然后单击“确定”按钮关闭“重命名”对话框。此时，返回“类型属性”对话框，“类型”文本框中变为“I500×300×6×10”，如图 3-3-23 所示，再单击“确定”按钮即可。

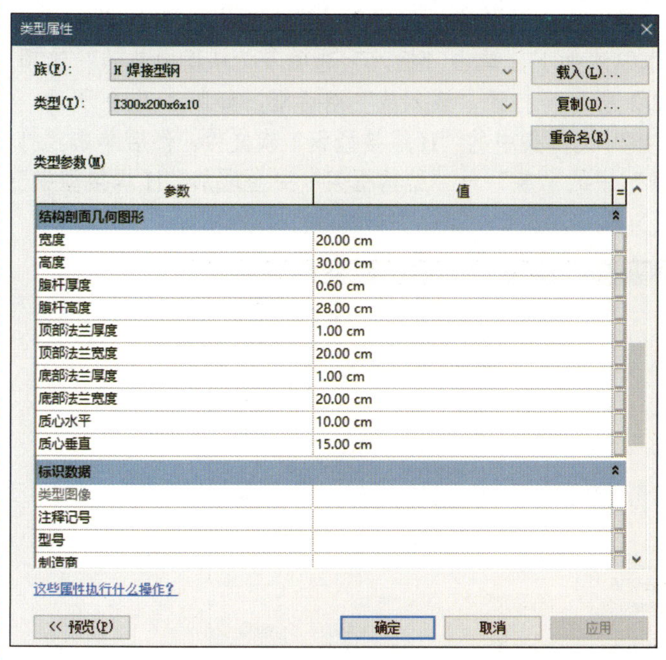

图 3-3-21　H 焊接型钢梁的类型属性修改前

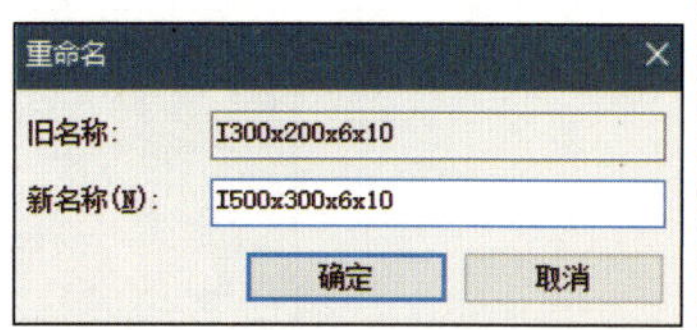

图 3-3-22　重命名 H 焊接型钢梁

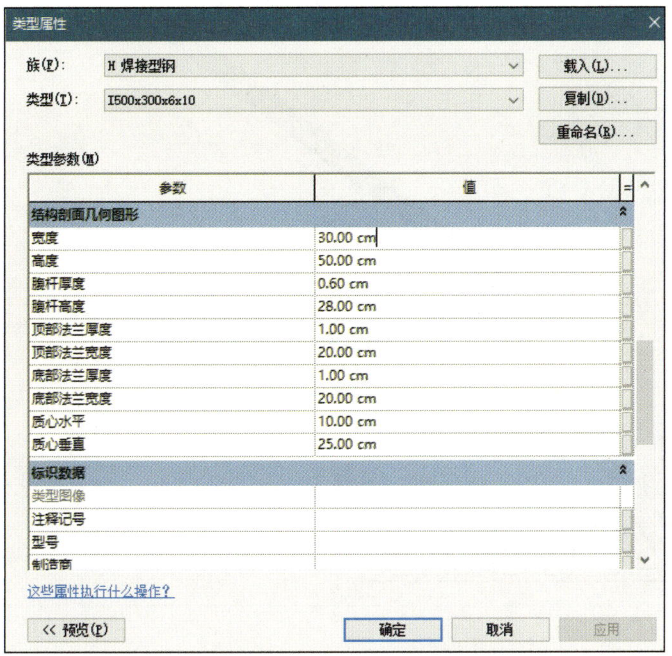

图 3-3-23　H 焊接型钢梁的类型属性修改后

属性设置完成后，开始绘制 H 焊接型钢梁。单击“结构”选项卡“结构”选项组中的“梁”按钮，如图 3-3-7 所示。将鼠标指针放在绘图区，鼠标指针变为十字形并单击，垂直向上拖动鼠标指针移动 18000mm 距离，如图 3-3-24 所示，单击放置 H 焊接型钢梁。

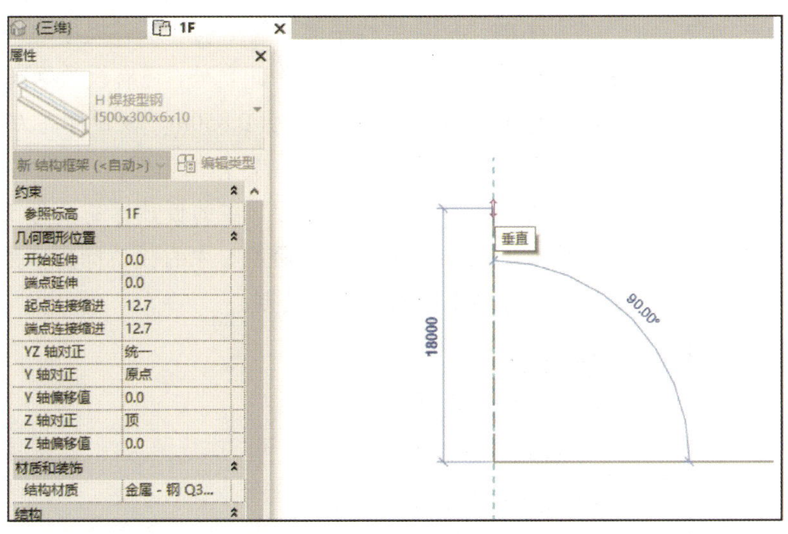

图 3-3-24　放置 H 焊接型钢梁

最后，进行 H 焊接型钢梁属性的调整。H 焊接型钢梁的属性调整方法与混凝土结构梁的属性调整方法相同，这里不再赘述。调整完成后，单击工具栏中的按钮，在绘图区会显示 H 焊接型钢梁的三维视图，如图 3-3-25 所示。

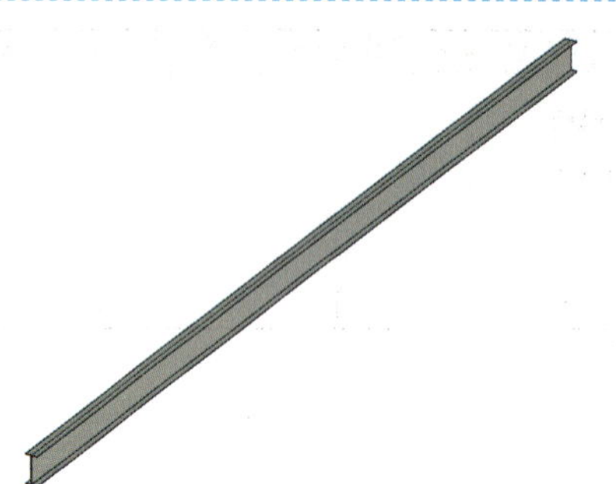

图 3-3-25　H 焊接型钢梁的三维视图

任务 3.4　创建结构板

微课：创建结构板

任务描述

本任务要求识读汽车实训室结构施工图，了解各楼层楼板的布置特点与属性信息，依照 CAD 图纸中的板的标高，调整板的高度偏移。

汽车实训室相关图纸名称及说明如下：

“结施 09：一层结构平面图”中包含多种板厚的结构板，图中未注明的板顶标高为-0.050m。除此之外，还有板顶标高为-0.100m、板顶标高为-0.350m、板顶标高为-0.850m、板顶标高为 2.820m、板顶标高为 2.750m 的不同板类型，需仔细识图。

“结施 10：二层结构平面图”中的板顶标高多为 5.650m。

“结施 11：屋顶层结构平面图”中的板顶标高多为 10.200m。具体标高要仔细识图确定后再绘制。

任务目标

1）了解板的作用。

2）掌握板的绘制方法。

3）能正确识读板的标高。

4）能调整板的高度偏移。

3.4.1　绘制一层结构板

1. 绘制 1F 标高楼板

首先进入 1F 标高。在“项目浏览器”中的“楼层平面”下，双击“1F”选项，进入 1F 标高的视图，如图 3-4-1 所示。

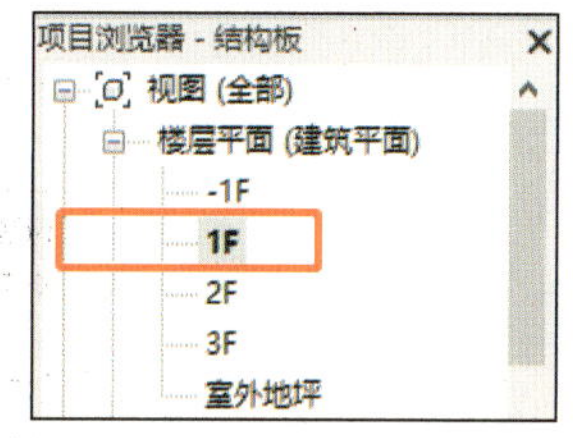

图 3-4-1　“项目浏览器”中的“1F”标高

绘制板前已绘制完梁、柱，可不导入板图，直接依据梁、柱来划定板的边界，但要注意板厚不同的位置及降板所在的位置。根据个人习惯，也可以按照前面的操作，链接图纸进行楼板绘制。

单击“结构”选项卡“结构”选项组中的“楼板”按钮，如图 3-4-2 所示，绘制楼板。

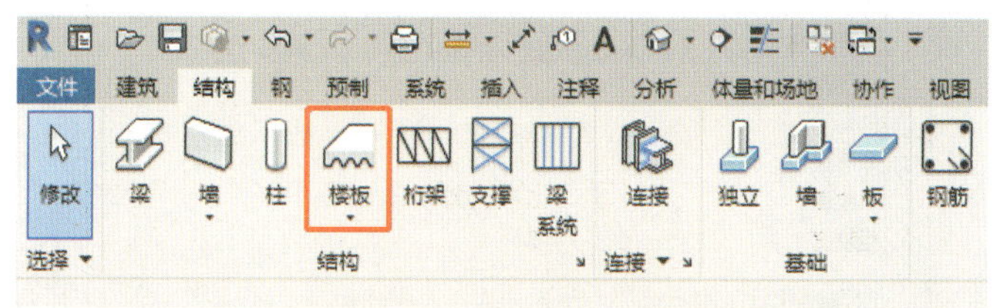

图 3-4-2　“楼板”按钮

要绘制的第一块楼板，LB4 厚度为 180mm，板顶标高为-0.35m，而目前的“项目浏览器”中没有该类型的族，故需要修改结构板的属性值，使其变为绘图者所需的类型。

双击“项目浏览器”中的“楼板”→“常规-150mm”选项，如图 3-4-3 所示，打开“类型属性”对话框，如图 3-4-4 所示，单击“重命名”按钮，打开“名称”对话框，如图 3-4-5 所示。将“名称”修改为“LB4-180mm”，然后单击“确定”按钮关闭“名称”对话框。

单击“编辑”按钮，打开“编辑部件”对话框，如图 3-4-6 所示，将厚度修改为 180mm，再单击“材质”下的“<按类别>”右侧的…按钮，打开材质浏览器对话框。选择“混凝土-现场浇注混凝土”选项，如图 3-4-7 所示，单击“确定”按钮返回“编辑部件”对话框，再单击“确定”按钮返回“类型属性”对话框，再单击“确定”按钮完成楼板属性的设置。

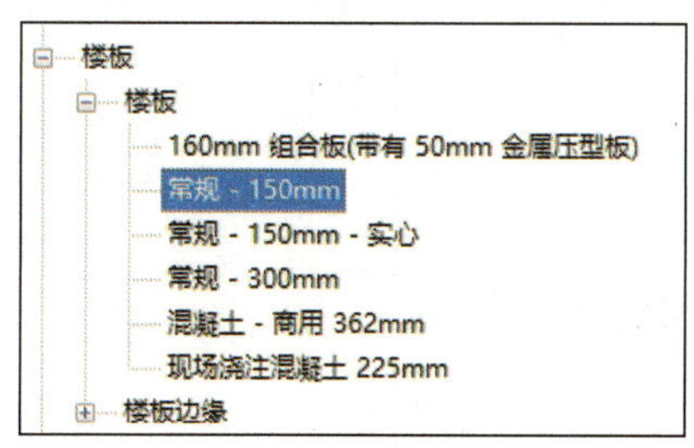

图 3-4-3　“项目浏览器”中的“楼板”

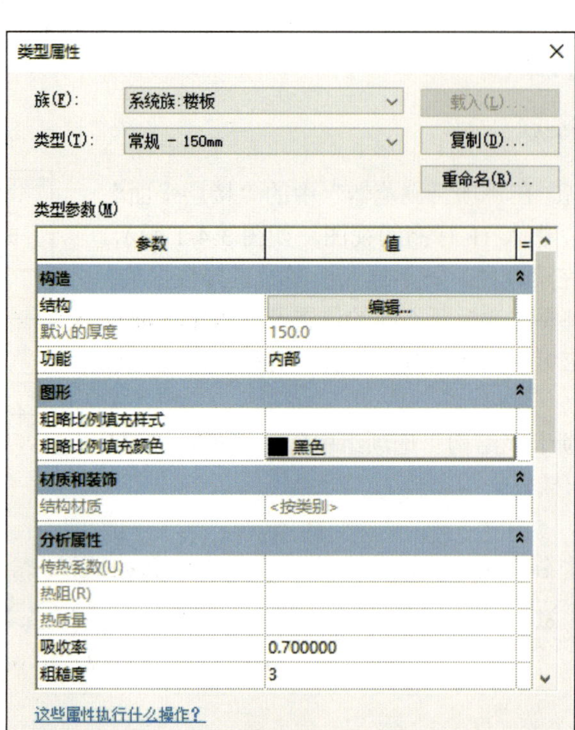

图 3-4-4　板的类型属性修改前

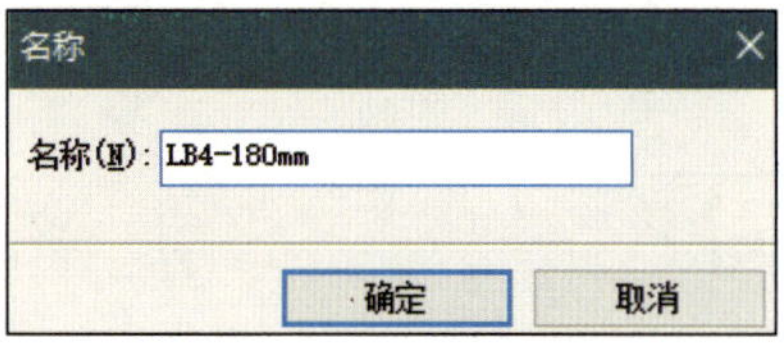

名称
名称(N): LB4-180mm
确定　取消

图 3-4-5　重命名板

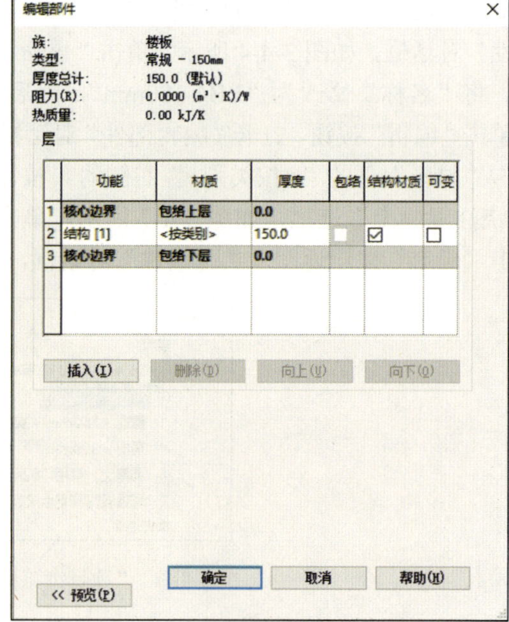

图 3-4-6　“编辑部件”对话框

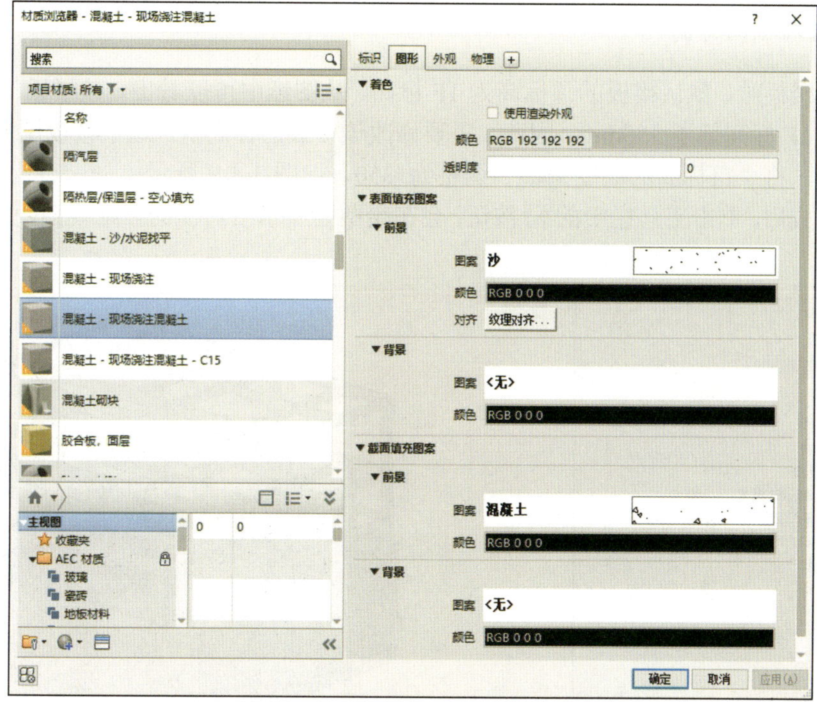

图 3-4-7　材质浏览器对话框

将属性设置为“LB4-180mm”，并单击“线”按钮，沿梁边线使用线命令将板边界围出，如图 3-4-8 所示。绘制完成后，单击“修改|楼板>编辑边界”选项卡“模式”选项组中的“完成”按钮，完成结构板的绘制。绘制楼板的方式有多种，可以使用直线、矩形命令进行绘制，也可以使用拾取线命令进行绘制。选择适合自己的方式绘制板块边界线即可。

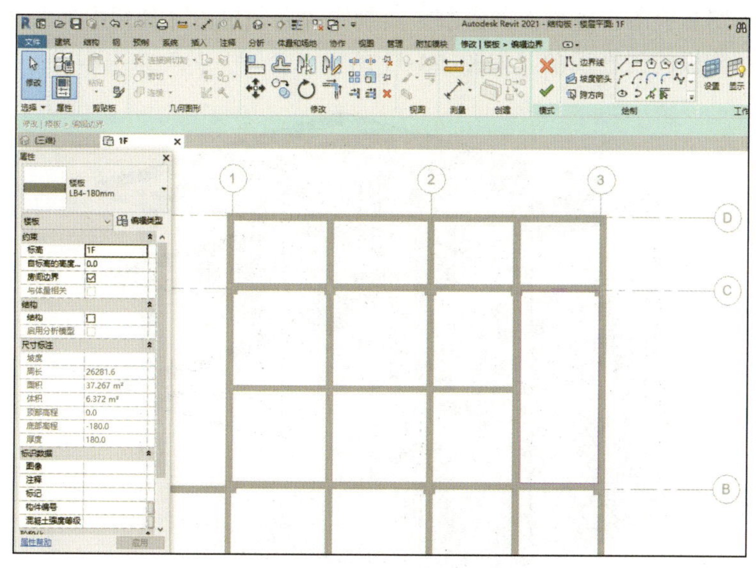

图 3-4-8　绘制结构板

2．调整楼板的标高

在绘制楼板时，默认楼板的顶标高为 1F 标高。从图纸中可以看出，该楼板的顶标高为 -0.35m，比 1F 标高低了 350mm。因此，需要修改该楼板的标高值。选中楼板图元，在“属性”面板中，将“自标高的高度偏移”调整为-350，如图 3-4-9 所示。

绘制完成后，单击工具栏中的按钮，会在绘图区显示结构板的三维视图，如图 3-4-10 所示。

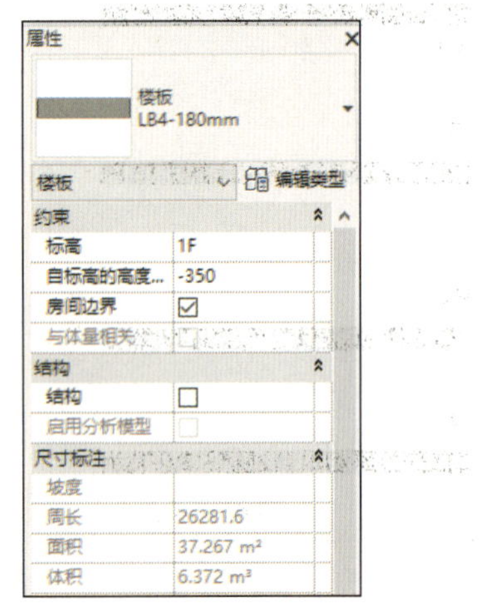

图 3-4-9　修改板顶高度

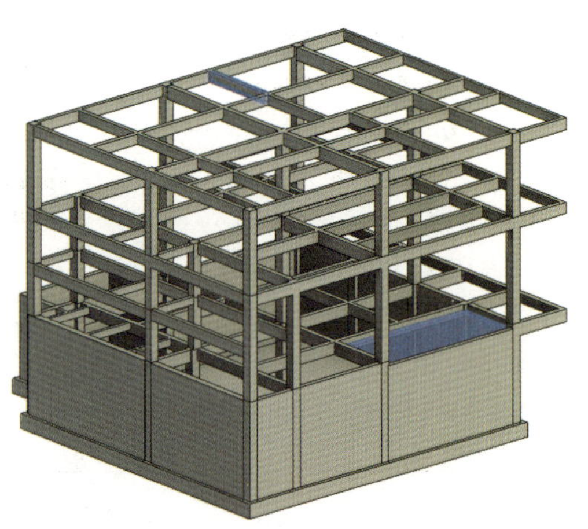

图 3-4-10　结构板的三维视图

3．绘制一层其他结构板

双击“项目浏览器”中的“结构平面”→“1F”选项，重新回到 1F 标高视口，利用上述方法，完成一层其他所有结构板的绘制。绘制完成后，单击工具栏中的按钮，会在绘图区显示一层结构板的三维视图，如图 3-4-11 所示。

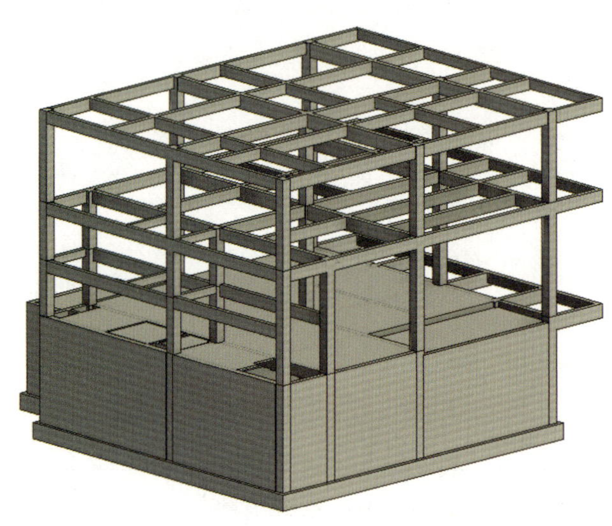

图 3-4-11　一层结构板的三维视图

3.4.2　绘制其他层的结构板

按上述方法进行重复操作，依次完成其他层的结构板模型绘制，所有层的结构板绘制完成后的三维视图如图 3-4-12 所示。

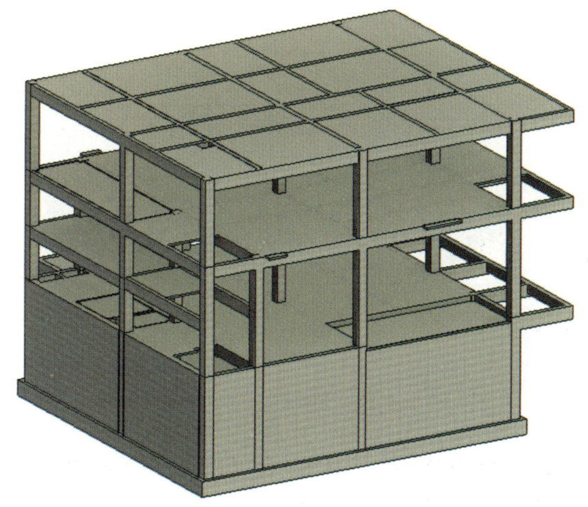

图 3-4-12　所有层结构板的三维视图

温馨提示

1）楼板的边界线必须是闭合的。

2）在 Revit 2021 软件中，楼板可以单独绘制，无须依靠墙或梁围成封闭区域。

任务考评

任务考核评价以学生自评为主，根据表 3-4-1 中的考核评价内容对学习成果进行客观评价。

表 3-4-1　任务考评表

序号	考核点	考核内容	分值	得分
1	知识掌握	了解板的作用	10	
2	编辑方法	掌握板的绘制方法	30	
3	图纸识读	能正确识读板的标高	20	
4	修改属性	能修改板的属性信息	20	
5	位置调整	能调整板的高度偏移	20	
合计			100	

总结反思：

签字：

任务拓展 楼板开洞

在一些建筑工程中，经常需要对楼板进行开洞，楼板开洞操作其实并不复杂，下面以对一块绘制好的楼板开洞为例，介绍楼板开洞的具体操作。绘制好的矩形楼板如图 3-4-13 所示。

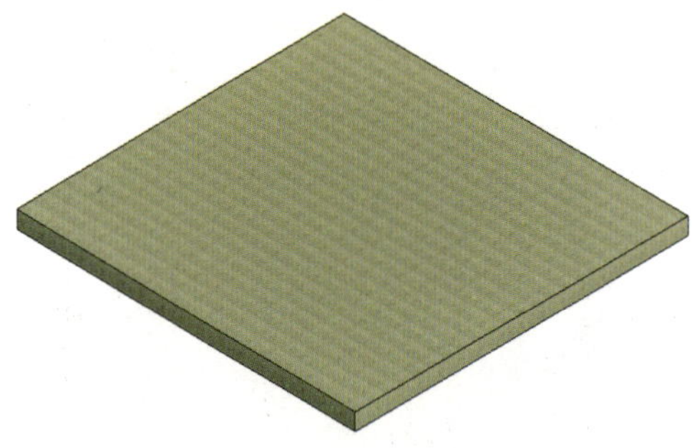

图 3-4-13　绘制好的矩形楼板

单击选中楼板，单击“修改|楼板”选项卡“模式”选项组中的“编辑边界”按钮，如图 3-4-14 所示，并调整三维视图为上视图。

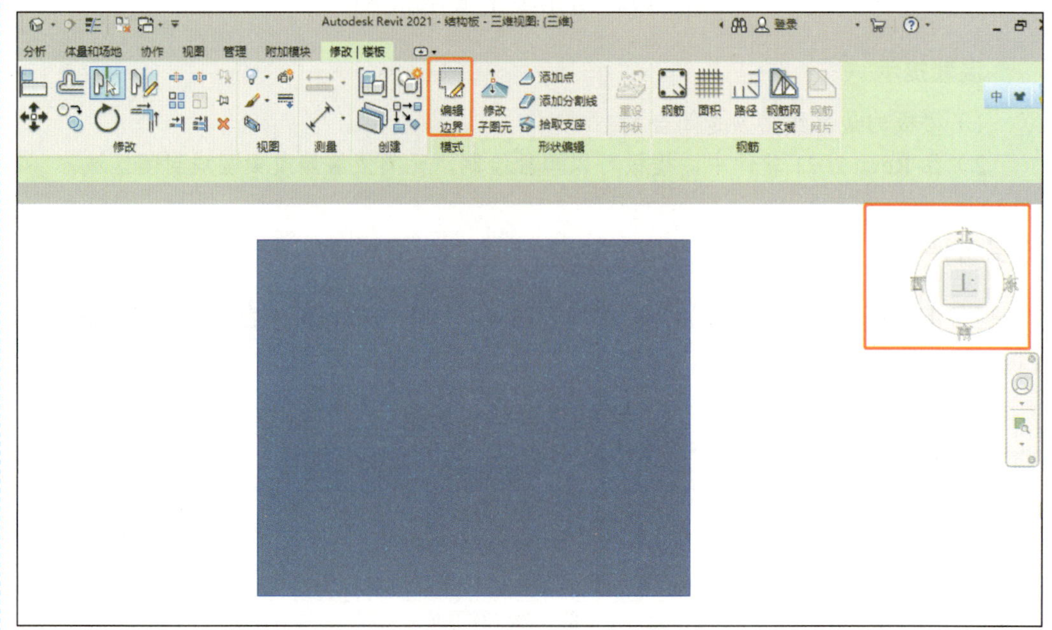

图 3-4-14　“编辑边界”按钮

单击“修改|楼板>编辑边界”选项卡“绘制”选项组中的“矩形线”按钮，将矩形洞口编辑围出，如图 3-4-15 所示。绘制完成后，单击“修改|楼板>编辑边界”选项卡“模式”选项组中的“完成”按钮，完成结构板的开洞。

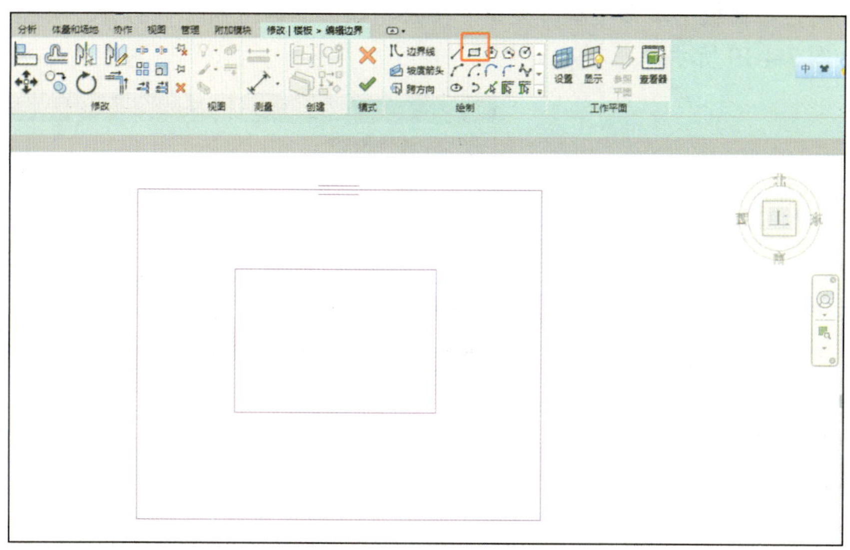

图 3-4-15　“矩形线”按钮

绘制完成后，单击工具栏中的按钮，会在绘图区显示结构板的三维视图，如图 3-4-16 所示。

图 3-4-16　结构板的三维视图

另外，在一些预制结构中，还会需要绘制一些带有凹槽的凹形板，下面仍以一块已绘制好的楼板进行凹形板的绘制为例，介绍绘制规格化凹形板的具体操作。绘制好的矩形楼板，如图 3-4-13 所示。

单击“结构”选项卡“结构”选项组中的“楼板”下拉按钮，在弹出的下拉列表中选择“楼板：楼板边”选项，如图 3-4-17 所示，绘制楼板边。

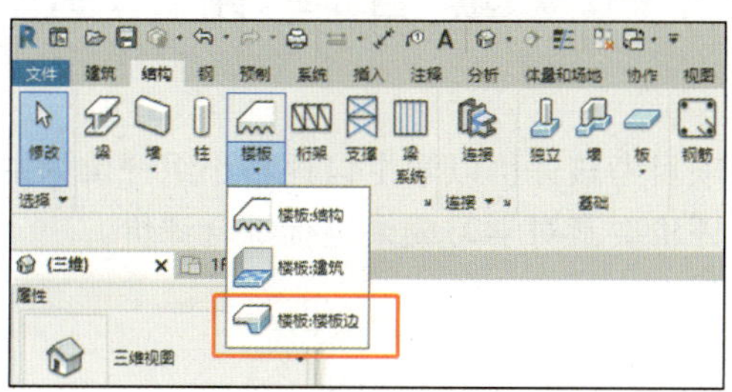

图 3-4-17　“楼板”下拉列表

在“属性”面板中单击“编辑类型”按钮，如图 3-4-18 所示，打开“类型属性”对话框，如图 3-4-19 所示。

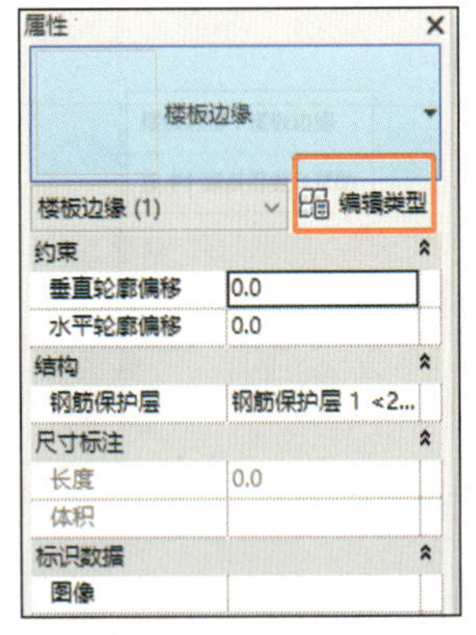

图 3-4-18　“编辑类型”按钮

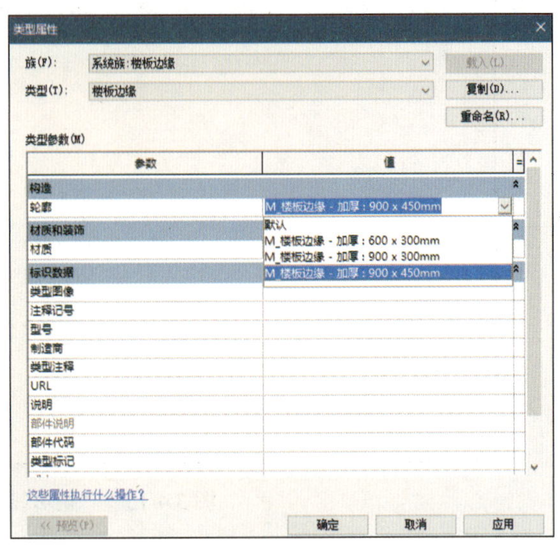

图 3-4-19　“类型属性”对话框

在“类型属性”对话框中选择需要的轮廓，如选择“M_楼板边缘-加厚：900×450mm”选项，单击“确定”按钮关闭“类型属性”对话框。此时，单击一条楼板边线，则会生成楼板边缘，再单击另一条楼板边线，则会生成另一个楼板边缘，完成规格化的凹形板绘制，如图 3-4-20 所示。

图 3-4-20　规格化的凹形板

项 目 考 评

交互模型：结构模型

项目考核评价以学生自评和小组评价为主，教师根据表 3-x-1 中的考核评价要素对学习成果进行综合评价。

表 3-x-1　项目考核评价表

班级：　　　　第（　）小组　　姓名：　　　　　时间：

评价模块	评价内容	分值	自我评价	小组评价
理论知识	1）熟练使用 Revit 2021 中的线、矩形等命令创建基础	10		
	2）掌握在 Revit 2021 中调整链接图纸位置的方法	10		
	3）掌握载入族和修改结构柱、梁的属性信息的方法	10		
操作技能	1）能调整结构柱、梁、板的标高	20		
	2）能使用直线、矩形命令绘制板	20		
	3）能调整板的高度偏移	20		
职业素养	1）具有创新思维，能举一反三创建不同形状的结构模型	5		
	2）在绘制结构构件时，具有认真负责、一丝不苟的工作态度	5		

综合评价：

签字：

直击工考

一、选择题

1. 编辑板的草图应在（　　）视图中完成。

A. 平面　　B. 立面　　C. 三维　　D. 轮廓

2. 筏板基础在修改厚度时，需要通过（　　）来完成。

A. 编辑部件　　B. 双击需要修改尺寸的构件

C. 编辑类型　　D. 以上均可

3.【2020 年 1+X“建筑信息模型（BIM）职业技能等级证书”考试真题】对梁模型的标高进行修改，不能用（　　）完成。

A. 参照标高　　B. 起点终点偏移

C. Z 轴偏移　　D. 移动

4. 在绘制梁模型时，可通过（　　）命令快速完成与 CAD 图纸的重合。

A. 对齐　　B. 复制　　C. 剪切　　D. 镜像

5. 关于绘制柱，下列说法中正确的是（　　）。

A. 柱中心必须与轴网交点重合　　B. 软件可绘制异形柱

C. 柱的截面尺寸不可编辑　　D. 柱的名称必须与实际尺寸一致

二、实训题

根据二层板平法施工图，如图 3-z-1 所示，创建标高、轴网和二层结构板 BIM，其中未标注板厚为 120mm，板顶标高为 4.450m，斜线阴影区域降板高度为-0.007m，其他未做说明的，可自行定义确定，最终结果以“二层结构板”命名。

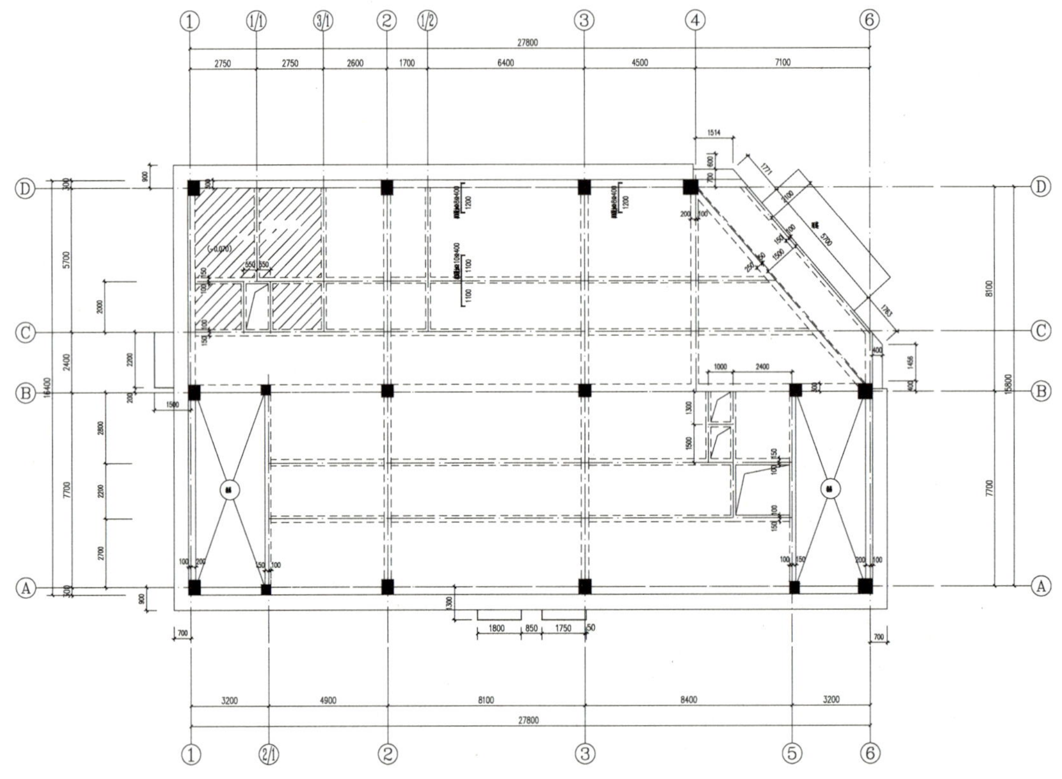

图 3-z-1　二层板平法施工图

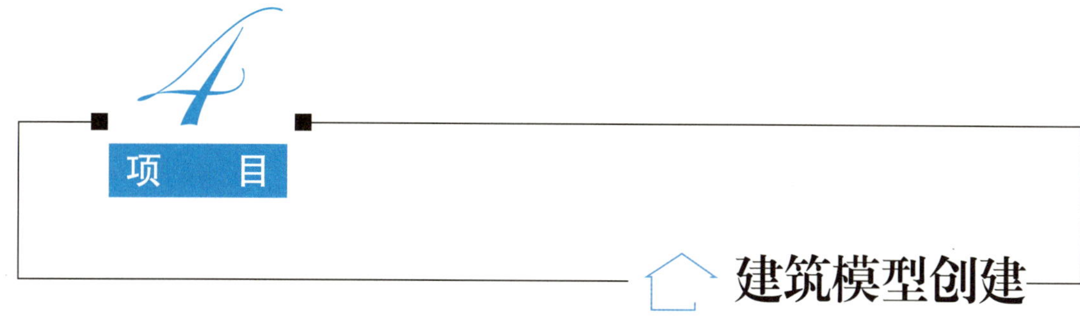

项目4 建筑模型创建

内容导读

建筑模型主要包括墙体、门窗、楼梯、栏杆扶手、坡道、台阶等。在 Revit 2021 软件中，墙属于系统族，可以根据项目需要创建相应的建筑墙、结构墙和面墙。建筑墙主要用于创建非承重墙体模型，创建方法和结构墙类似。门窗属于可载入族，可以自动识别墙、屋顶等，并且只能依附于墙、屋顶等主体图元存在，删除主体图元时，其上的门和窗也将随之被删除。楼梯一般由梯段、楼梯平台、栏杆扶手 3 部分组成，创建楼梯时，会自动配置栏杆扶手，可以根据项目需要，删除栏杆扶手或修改栏杆扶手的参数。

学习目标

知识目标

1）了解创建建筑模型的具体流程。
2）理解墙体和楼梯的定位方法。
3）掌握建筑施工图的识读方法。

能力目标

1）能正确创建、编辑墙体和幕墙模型。
2）能正确创建和编辑门窗模型。
3）能正确创建和编辑楼梯、栏杆扶手模型。

素养目标

1）培养认真负责的工作态度和细致严谨的工作作风。
2）培养团队意识，增强沟通能力和团队协作能力。

任务 4.1 创建墙体

微课：创建墙体

任务描述

通过识读汽车实训室建筑施工图中的“建施 05：地下一层平面图”“建施 06：一层平面图、夹层平面图”“建施 07：二层平面图”“建施 08：屋顶平面图”“建施 12：门窗表、门窗详图”，了解各楼层墙体信息并创建项目的墙体系：首层外墙采用 200 厚加气混凝土砌块+80 厚岩棉保温板，墙体外立面装饰为红色面砖，部分外墙为 250 厚加气混凝土砌块+80 厚岩棉保温板；首层内墙采用 200 厚加气混凝土砌块，个别内墙为 100 厚、150 厚、250 厚的加气混凝土砌块。通过识读“建施 12：门窗表、门窗详图”，以幕墙的方式创建 C5642 和 C8542。

任务目标

1）根据项目需要，能正确定义和创建墙体。

2）能合理选择墙体的定位方式。

3）能正确创建内墙和外墙。

4）能正确划分幕墙网格、替换幕墙嵌板。

4.1.1 准备工作

打开只创建了标高和轴网的 Revit 项目文件，在“项目浏览器”中双击“楼层平面”下的“1F”选项，如图 4-1-1 所示，激活首层平面视图。

图 4-1-1 激活首层平面视图

4.1.2　创建首层墙体

1. 使用直线命令创建首层墙体

（1）定义外墙

在“建筑”选项卡中，选择“墙”下拉列表中的“墙：建筑”选项，如图 4-1-2 所示。在“属性”面板中的类型选择器中选择“基本墙”中的“常规-200mm”墙类型，如图 4-1-3 所示，然后单击“编辑类型”按钮，在打开的“类型属性”对话框中单击“复制”按钮，如图 4-1-4 所示，在打开的“名称”对话框中将名称修改为“外墙-加气混凝土砌块-200mm”，如图 4-1-5 所示，然后单击“确定”按钮。

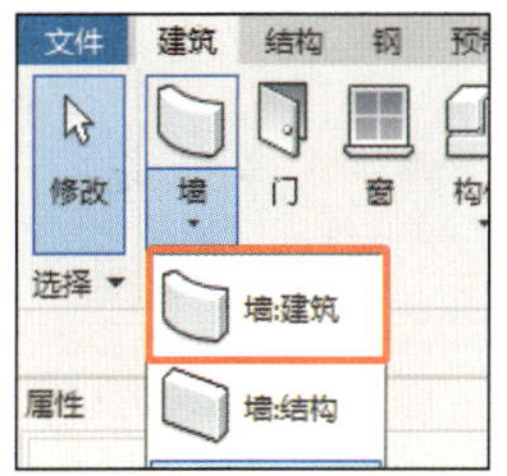

图 4-1-2　选择“墙：建筑”选项

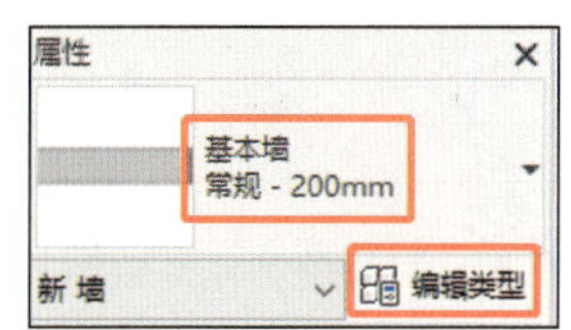

图 4-1-3　设置属性

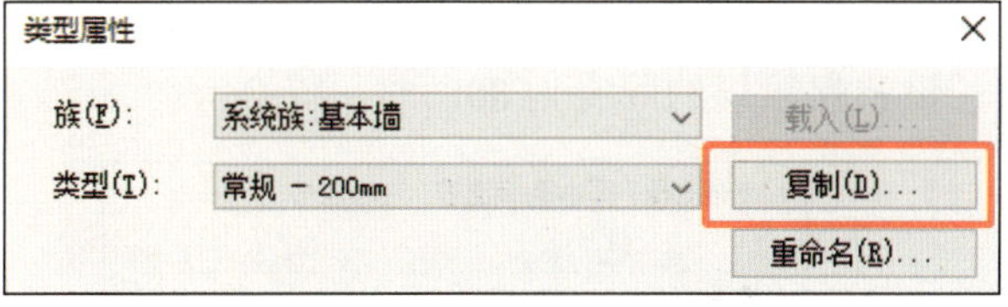

图 4-1-4　“复制”按钮

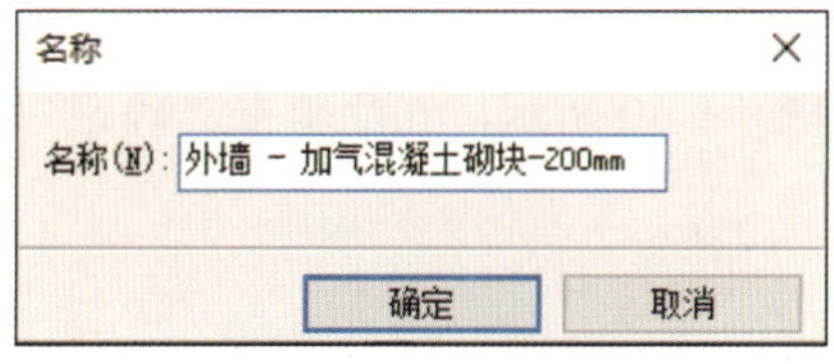

图 4-1-5　输入墙体名称

在“类型属性”对话框中单击“结构”右侧的“编辑”按钮，如图 4-1-6 所示，打开“编辑部件”对话框，如图 4-1-7 所示。在“材质”列中单击“<按类别>”右侧的…按钮，打开材质浏览器对话框，将结构材质修改为“混凝土砌块”，如图 4-1-8 所示，然后单击“确定”按钮，返回“编辑部件”对话框，结构厚度默认为 200，不需要修改。

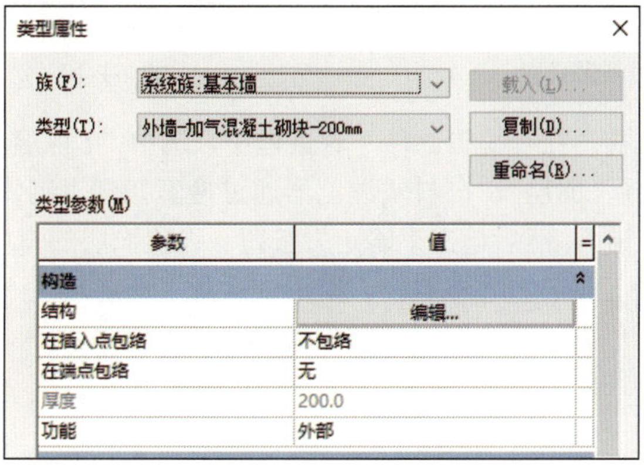

图 4-1-6　“编辑”按钮

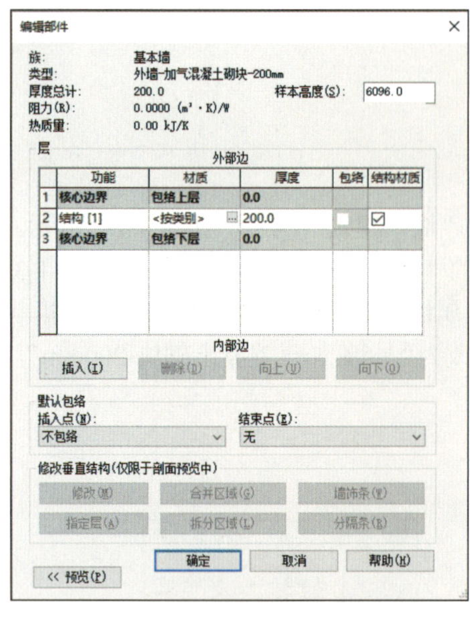

图 4-1-7 “编辑部件”对话框

图 4-1-8 修改墙体的结构材质

定义结构材质后，为外墙添加材质为岩棉保温板的保温层。在“编辑部件”对话框中，选中“1 核心边界”，单击“插入”按钮，如图 4-1-9 所示。“功能”选择“保温层/空气层”，在材质浏览器通过搜索找到“隔热层/保温层-空心填充”，将其复制并命名为“岩棉保温板”，如图 4-1-10 所示，然后单击“确定”按钮。设置保温层的厚度为 80。

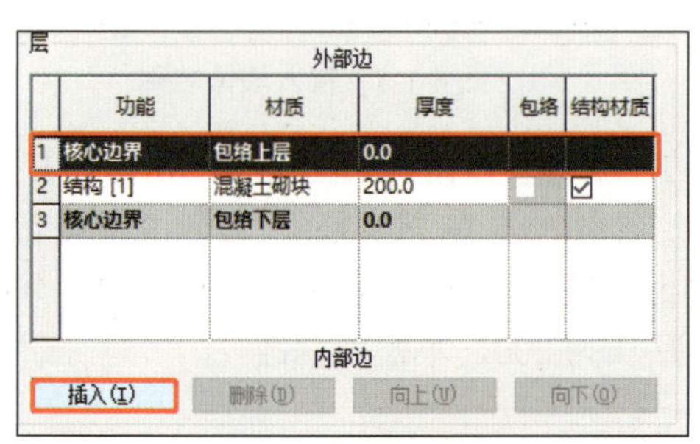

图 4-1-9 插入保温层

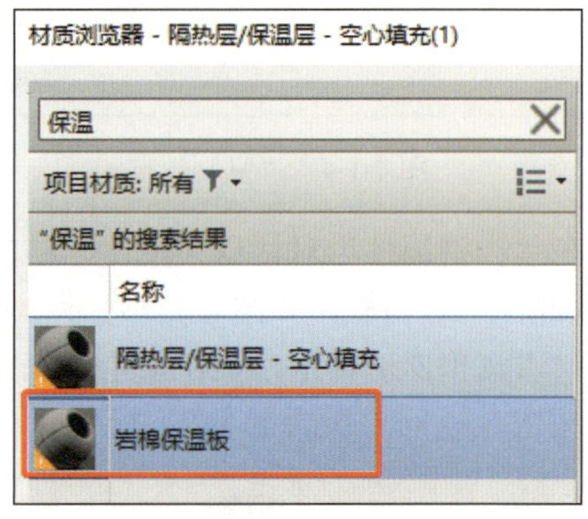

图 4-1-10 定义保温层材料

定义外墙装饰为红砖。在“编辑部件”对话框中，选中“1 保温层/空气层”，单击“插入”按钮，“功能”选择“面层”，在材质浏览器通过搜索找到“砌体-普通砖 75×225mm”，将其复制并命名为“红砖”，然后单击“确定”按钮。设置面层的厚度为 2，如图 4-1-11 所示，确保“面层”在最上面，靠近外部边，向下依次是“保温层/空气层”“核心边界”“结构”“核心边界”，然后单击“确定”按钮完成墙体类型的创建。

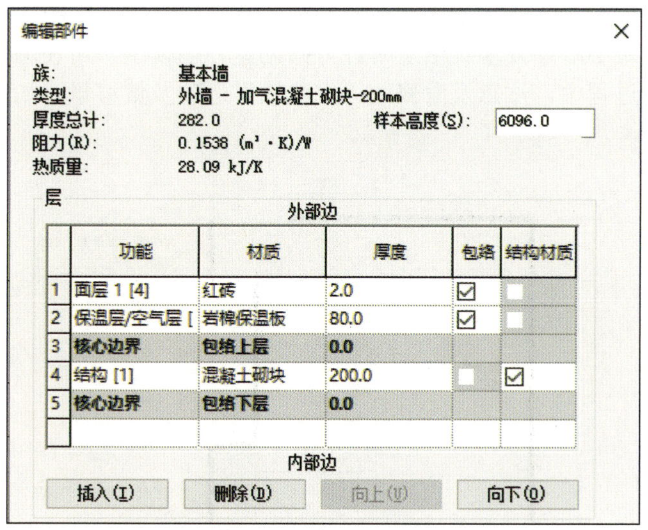

图 4-1-11　定义外墙类型

（2）创建外墙模型

以 1 轴上的墙体为例，在墙的“属性”面板中设置实例属性“定位线”为“面层面：内部”，“底部约束”为“室外地坪”，“顶部约束”为“直到标高：2F”，然后在选项栏中的“偏移”文本框中输入“50.0”，如图 4-1-12 和图 4-1-13 所示。

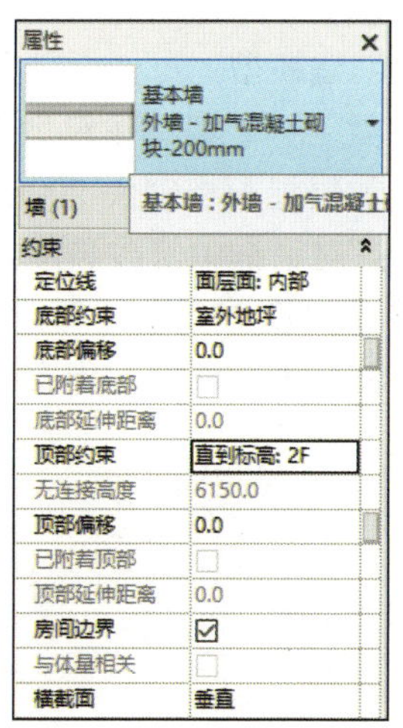

图 4-1-12　设置外墙实例属性

图 4-1-13　设置偏移量

单击“绘制”选项组中的“线”按钮，移动光标捕捉 A 轴和 1 轴交点并单击，将其作为墙体的一个端点，移动光标捕捉 D 轴和 1 轴交点并单击，创建一段墙体，然后按 Esc 键退出连续绘制。设置选项栏中的“定位线”为“核心层中心线”，“偏移”为 0，捕捉 D 轴和 1 轴交点并单击，捕捉 D 轴和 2 轴交点并单击，水平向右移动鼠标指针，并输入“3750”，按 Enter 键结束墙体的创建。使用参照平面（RP）绘制定位线，如图 4-1-14 所示，并按照顺时针方向创建其余 200 厚外墙。沿顺时针方向创建外墙模型，可使墙体外面层朝外。

在创建模型的过程中，注意及时修改“定位线”选项及偏移量，如图 4-1-14 所示。

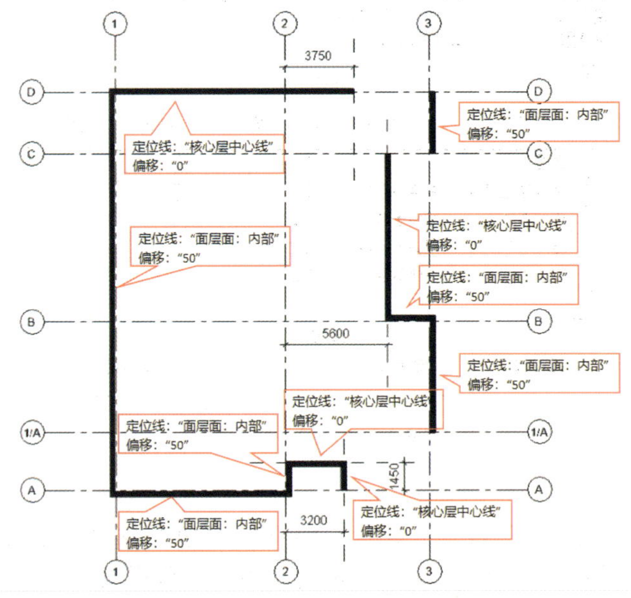

图 4-1-14　200 厚外墙分布及定位线

（3）定义 250 厚外墙并顺时针创建模型

在“建筑”选项卡中，选择“墙”→“墙：建筑”选项，在“属性”面板中的类型选择器中选择“基本墙”中的“外墙-加气混凝土砌块-200mm”墙类型，然后依次单击“编辑类型”→“复制”按钮，在打开的“名称”对话框中修改名称为“外墙-加气混凝土砌块-250mm”，并将结构层厚度修改为 250，顺时针创建 250 厚外墙，定位线及偏移量如图 4-1-15 所示。图中，高亮显示的外墙为 250 厚，其余为 200 厚，保存文件。

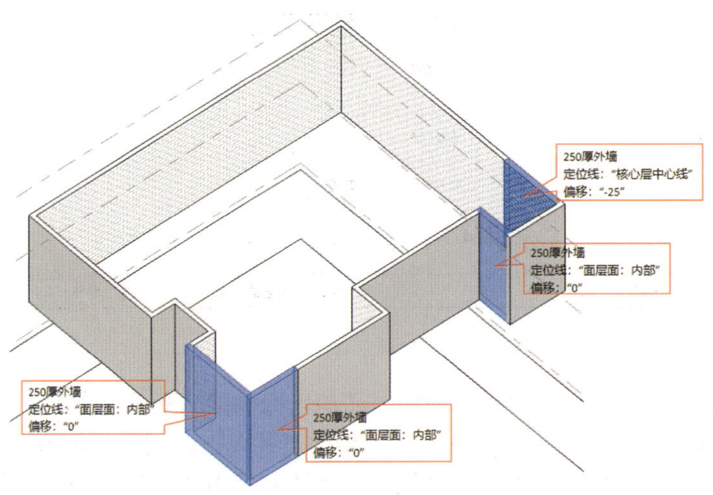

图 4-1-15　首层外墙的三维效果

（4）定义内墙

使用参照平面（RP）绘制内墙定位线，如图 4-1-16 所示。

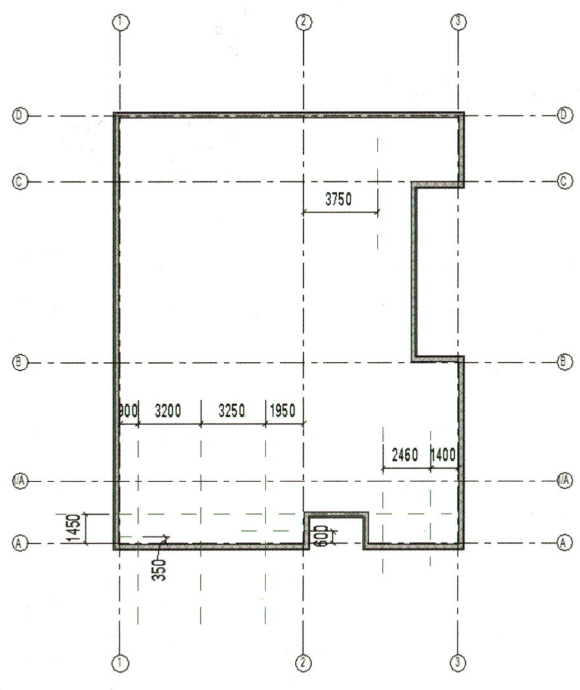

图 4-1-16　内墙定位线

在“建筑”选项卡中，选择“墙”下拉列表中的“墙：建筑”选项，在“属性”面板中的类型选择器中选择“基本墙”中的“常规-200mm”墙类型，然后依次单击“编辑类型”→“重命名”按钮，分别创建内墙类型“内墙-加气混凝土砌块-100mm”“内墙-加气混凝土砌块-150mm”“内墙-加气混凝土砌块-200mm”“内墙-加气混凝土砌块-250mm”，设置材质为“混凝土砌块”并设置其对应的厚度，如图 4-1-17～图 4-1-20 所示。

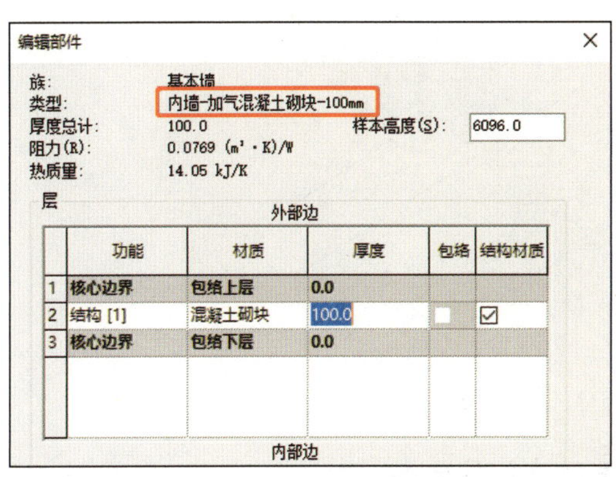

图 4-1-17　定义内墙“内墙-加气混凝土砌块-100mm”

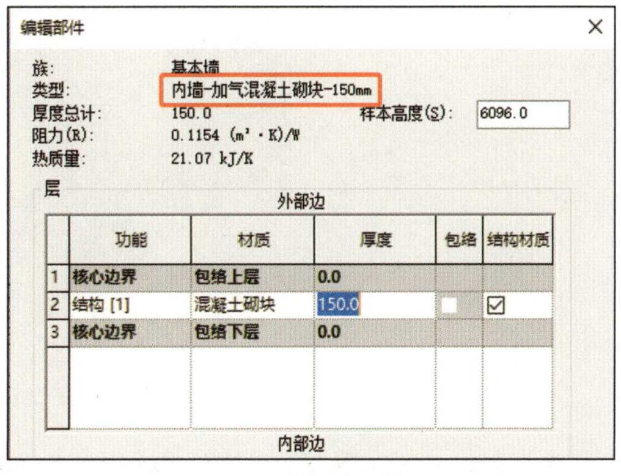

图 4-1-18　定义内墙“内墙-加气混凝土砌块-150mm”

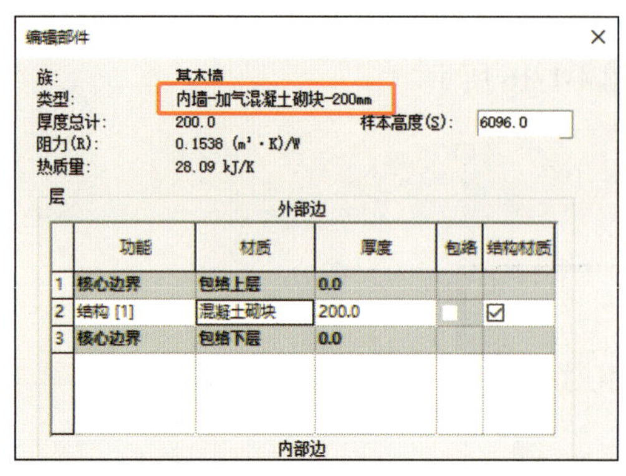

图 4-1-19　定义内墙“内墙-加气混凝土砌块-200mm”

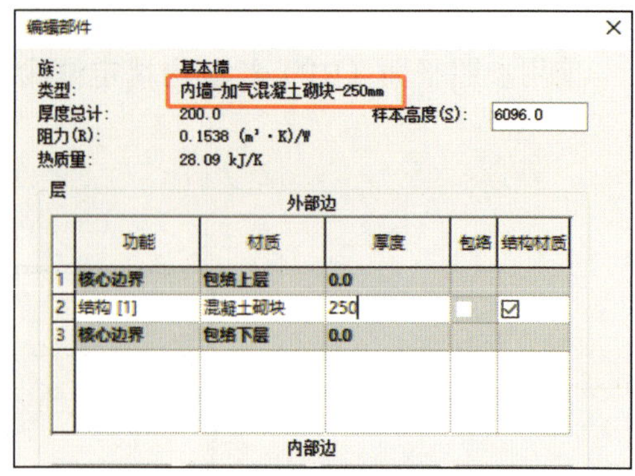

图 4-1-20　定义内墙“内墙-加气混凝土砌块-250mm”

（5）创建内墙模型

单击“绘制”选项组中的“线”按钮，移动鼠标指针并单击捕捉参照平面与轴线交点为墙体起点，设置选项栏中的“定位线”为“墙中心线”。在“属性”面板中设置实例属性“底部约束”为“1F”，“顶部约束”为“直到标高：2F”，依次创建内墙模型。个别内墙的“定位线”需要及时调整。

每创建完一段墙体，按 Esc 键则可创建不连续的墙体，按两次则可退出墙编辑模式。当墙体位置有偏差时，可以使用移动命令将其沿着指定方向移动指定的距离。

完成后的首层墙体三维效果如图 4-1-21 所示，图中没有高亮显示的内墙厚度为 200mm，然后保存文件。

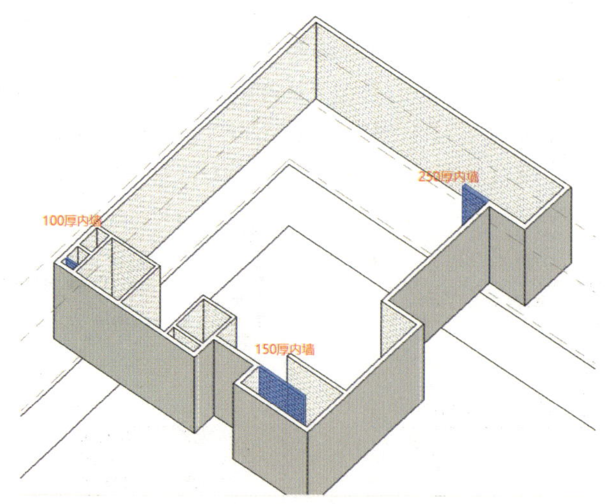

图 4-1-21　首层墙体三维效果

2. 导入 CAD 图纸，使用“拾取线”的方法创建首层墙体

1）激活“楼层平面：1F”。在“插入”选项卡中单击“导入 CAD”按钮，在打开的“导入 CAD 格式”对话框中，选择“建施 06：一层平面图、夹层平面图”选项，选中“仅当

前视图”复选框，设置“导入单位”为“毫米”，“定位”为“自动-中心到中心”，如图 4-1-22 所示，单击“打开”按钮，导入“建施 06：一层平面图、夹层平面图”。

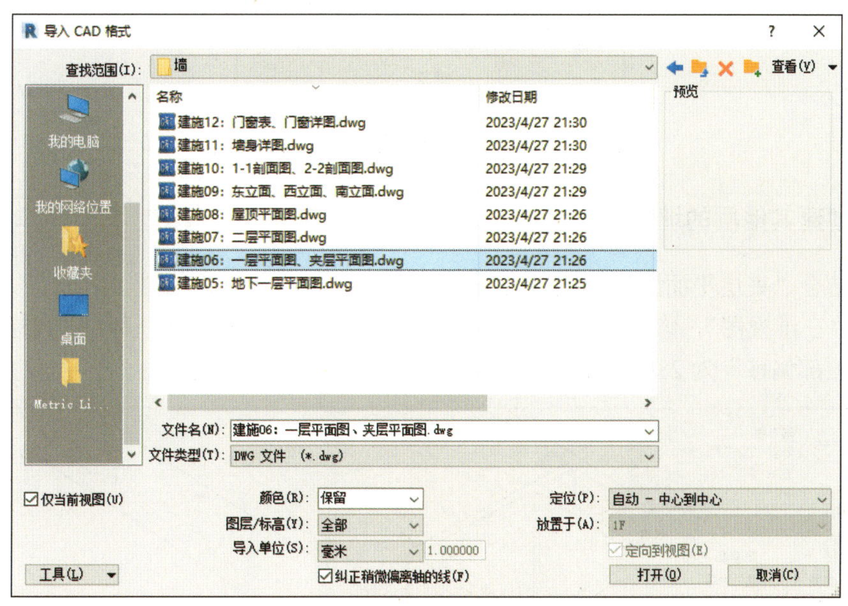

图 4-1-22　导入 CAD 图纸

2）将导入的图纸与项目轴网对齐，并锁定图纸。

3）在“建筑”选项卡中，选择“墙”下拉列表中的“墙：建筑”选项，在“属性”面板中的类型选择器中选择“基本墙”中的“常规-200mm”墙类型，然后依次单击“编辑类型”→“复制”按钮，在打开的“名称”对话框中将名称修改为“外墙-加气混凝土砌块-200mm”，并定义类型参数。

4）在“属性”面板中设置“定位线”为“面层面：内部”，“底部约束”为“室外地坪”，“顶部约束”为“直到标高：2F”。单击“绘制”选项组中的“拾取线”按钮，移动鼠标指针至底图 1 轴外侧外墙的内边线处，当虚线在外侧时单击，依次捕捉所有外墙内边线创建外墙墙体。使用同样的方法，创建 250 厚外墙模型。

5）在“建筑”选项卡中，选择“墙”下拉列表中的“墙：建筑”选项，在“属性”面板中的类型选择器中选择“基本墙”中的“常规-200mm”墙类型，然后依次单击“编辑类型”→“复制”按钮，在打开的“名称”对话框中将名称修改为“内墙-加气混凝土砌块-200mm”，并定义类型参数。

6）在“属性”面板中设置“定位线”为“墙中心线”，“底部约束”为“1F”，“顶部约束”为“直到标高：2 层”。依次单击内墙中心线完成内墙拾取。如果图纸中没有内墙中心线，则可提前绘制辅助线或选择合适的定位线或设置偏移或创建内墙后对其进行移动，以确保内墙位置准确。使用同样的方法，创建 100、150、250 厚的内墙模型。

当拾取的墙体过长时，可以选中该段墙体，单击“修改”选项组中的“拆分图元”按钮，如图 4-1-23 所示，在需要拆分的位置处单击，将墙体拆分，然后删除多余墙体即可。

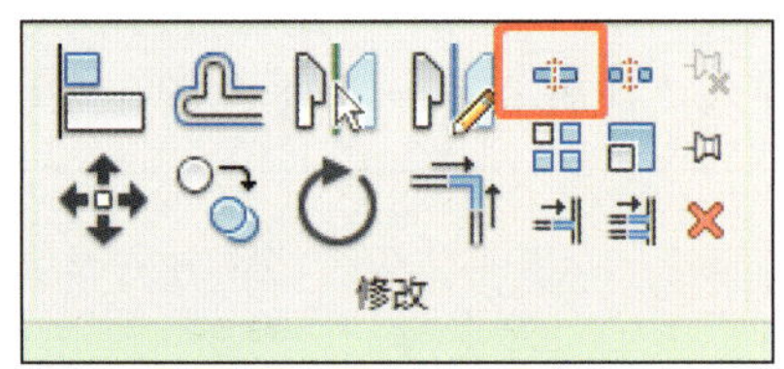

图 4-1-23　“拆分图元”按钮

4.1.3　创建其他层的墙体

（1）结合“夹层平面图”图纸，修改首层的部分外墙和内墙

激活“三维视图”，修改首层门口处外墙的实例属性“顶部约束”为“直到标高：1F”，并设置“顶部偏移”为 2800，如图 4-1-24 所示。

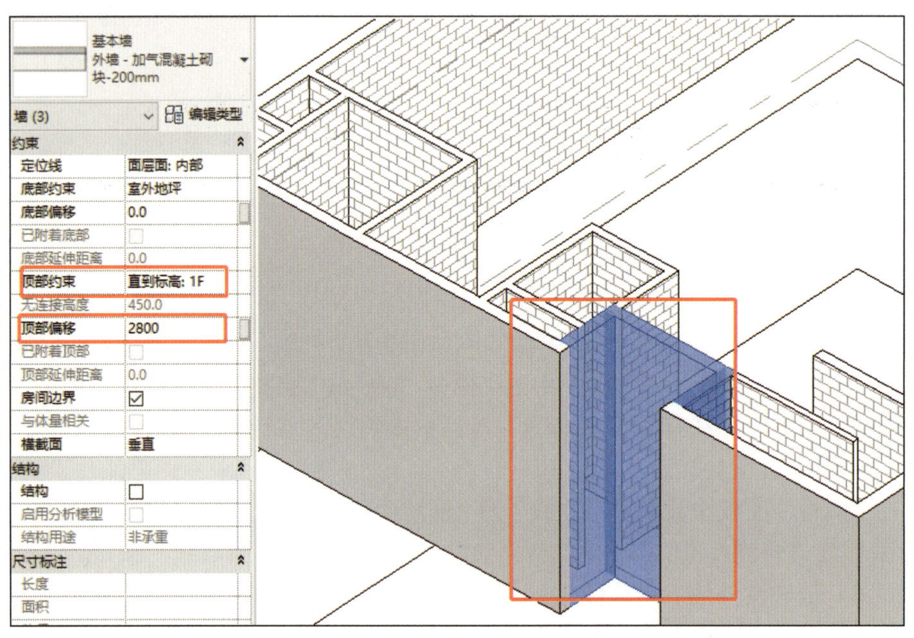

图 4-1-24　设置门口处外墙的实例属性

激活“楼层平面：1F”视图，对比“首层平面图”和“夹层平面图”图纸，将夹层下侧的首层内墙选中，设置实例属性“顶部约束”为“直到标高：1F”，并设置“顶部偏移”为 2830。

（2）创建夹层外墙和内墙

设置楼层平面 1F 的视图范围，设置“主要范围”中的“剖切面”对应的“偏移”为 4000，“底部”对应的“偏移”为 2830，“视图深度”中的“标高”对应的“偏移”2830。

结合“夹层平面图”图纸，在 A 轴门口处，创建 250 厚的外墙。设置实例属性“底部约束”为“1F”，“底部偏移”为 2250，“顶部约束”为“直到标高：2F”，“顶部偏移”为 0，如图 4-1-25 所示。

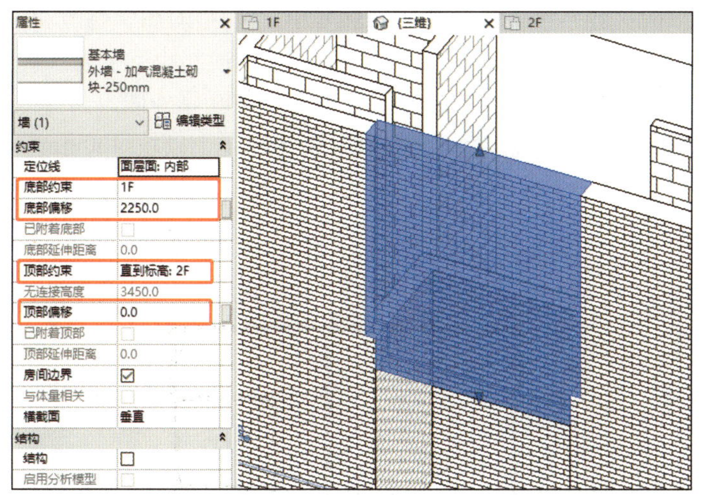

图 4-1-25　创建夹层外墙

结合“夹层平面图”图纸，创建夹层内墙，需要注意的是，新创建的夹层内墙，设置实例属性“底部约束”为“1F”，“底部偏移”为 2830，“顶部约束”为“直到标高：2F”，“顶部偏移”为 0，夹层墙体的效果如图 4-1-26 所示。

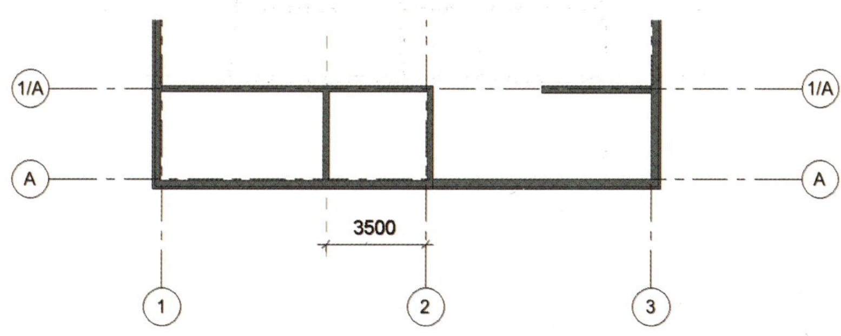

图 4-1-26　夹层墙体的效果

（3）创建二层墙体

可以将首层的墙体复制到二层，具体操作如下：选中首层的墙体，单击“复制到剪贴板”按钮，如图 4-1-27 所示，然后选择“粘贴”→“与选定的标高对齐”选项，如图 4-1-28 所示，选择标高“2F”。

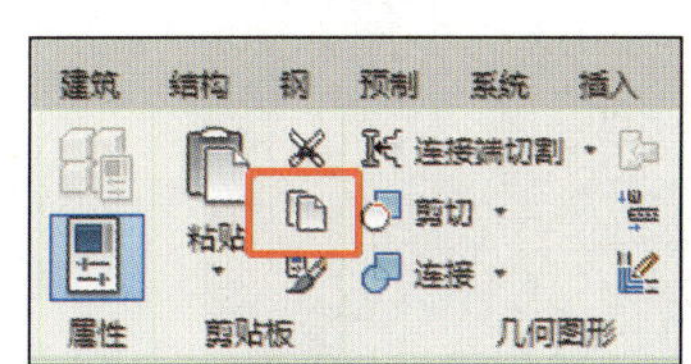

图 4-1-27　“复制到剪贴板”按钮

图 4-1-28　粘贴到与选定的标高对齐

激活“楼层平面：2F”视图，按照“建施 07：二层平面图”修改和编辑二层的墙体，如图 4-1-27 所示。其中，二层所有外墙的实例属性，“顶部约束”为“直到标高 3F”，“顶部偏移”为 600。需要注意的是，在 1 轴和 3 轴上有 400 厚外墙，具体位置如图 4-1-29 所示，长度均为 350mm，因此需要定义“外墙-加气混凝土砌块-400mm”的墙类型并创建模型。

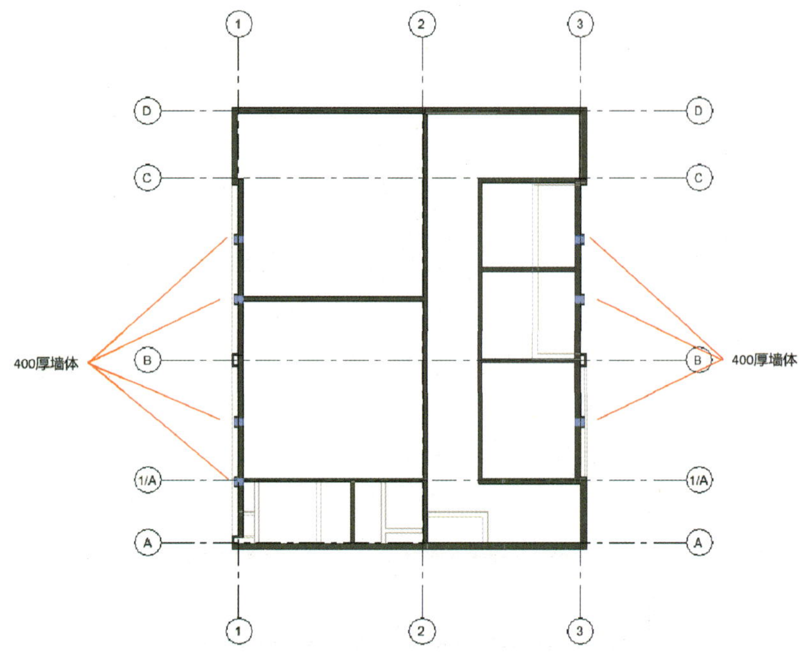

图 4-1-29　二层墙体及 400 厚外墙分布示意图

定义“外墙保温层-80mm”墙体类型，其中厚度为 80，材质为“面砖”。200 厚和 400 厚外墙连接处及框架柱外侧，需要创建“外墙保温层-80mm”的墙体模型，绘制效果如图 4-1-30 所示。

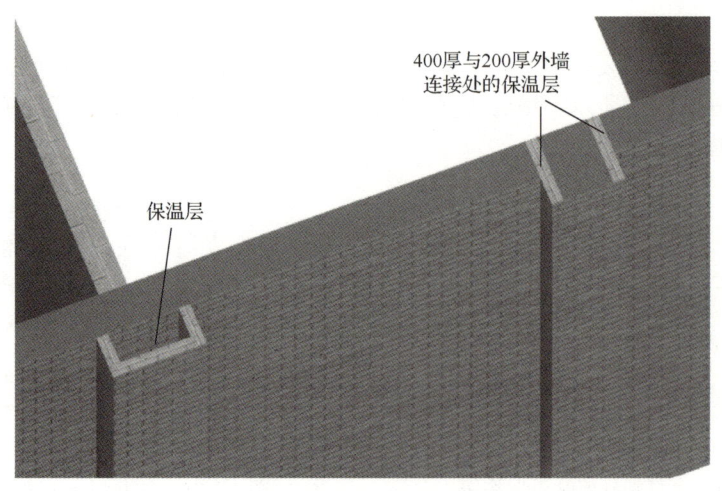

图 4-1-30　定义“外墙保温层-80mm”并创建模型

（4）创建地下一层墙体

创建“内墙-小型加气混凝土砌块-190mm”墙类型，其中“厚度”为 190，材质为“加气混凝土砌块”。按照“建施 05：地下一层平面图”，创建混凝土砌块墙的模型，限制条件“底部约束”为“-1F”，“顶部约束”为“直到标高：1F”，“底部偏移”和“顶部偏移”均为 0。汽车实训室建筑模型中的所有墙体模型如图 4-1-31 所示。

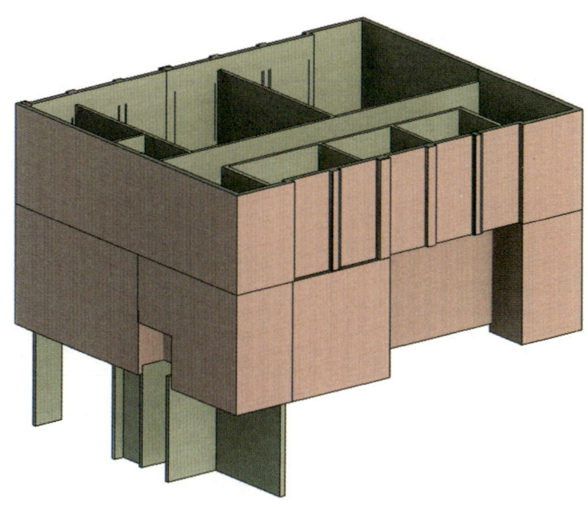

图 4-1-31　汽车实训室建筑模型中的所有墙体模型

4.1.4　以幕墙的方式创建窗

以 1/A 轴与 B 轴之间的 3 轴上的 C5642 为例，其立面图如图 4-1-32 所示。

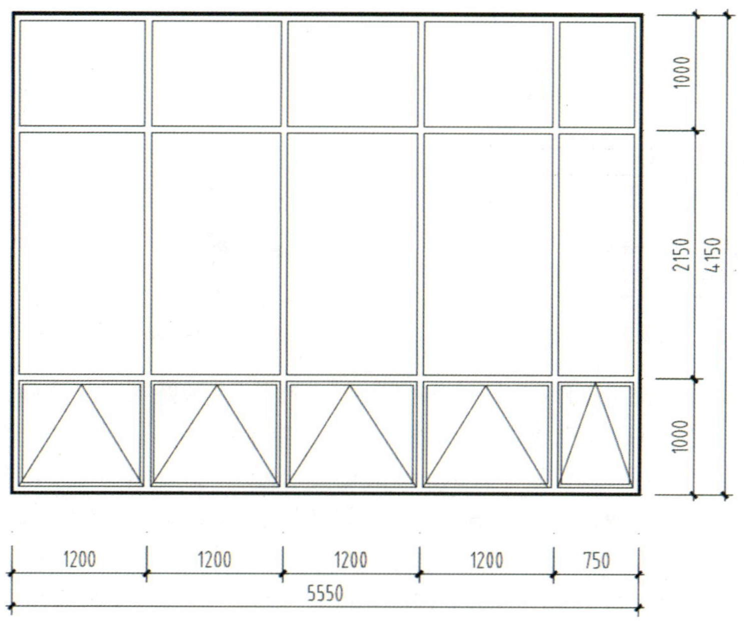

图 4-1-32　C5642 的立面图

激活“楼层平面：1F”。使用参照平面命令（RP）在 B 轴下侧 250 的距离绘制一个参照平面，作为 C5642 的定位线。在“建筑”选项卡中，选择“墙”下拉列表中的“墙：建筑”选项，在“属性”面板中的类型选择器中选择“幕墙”类型，依次单击“编辑类型”→“重命名”按钮，在打开的“重命名”对话框中将名称修改为“C5642”，如图 4-1-33 所示，单击“确定”按钮，返回“类型属性”对话框，选中“自动嵌入”复选框，如图 4-1-34 所示，然后单击“确定”按钮。

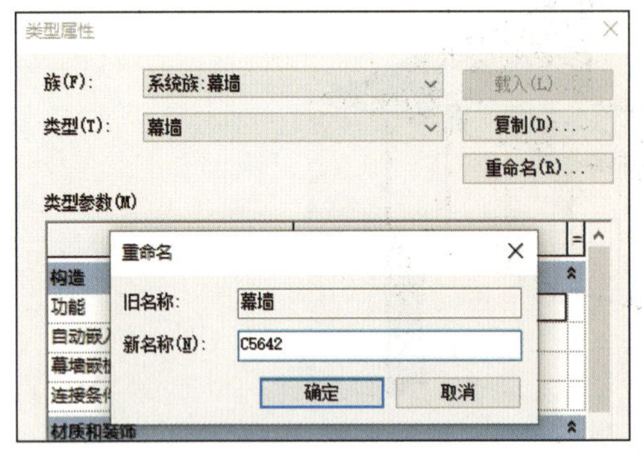

图 4-1-33　新建幕墙类型

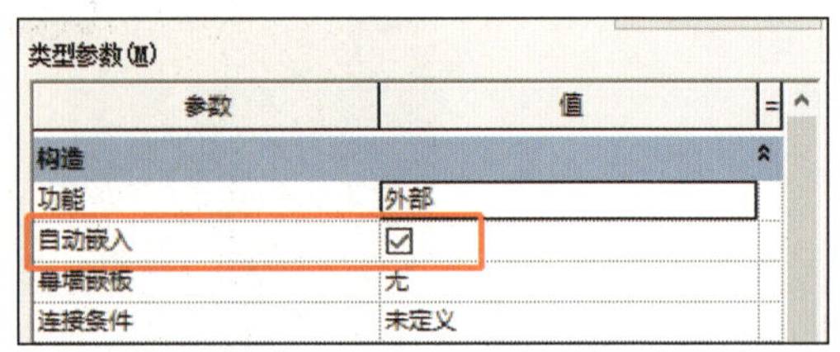

图 4-1-34　选中“自动嵌入”复选框

在“属性”面板中，设置实例属性“底部约束”为“1F”，“底部偏移”为 900，“顶部约束”为“未连接”，“无连接高度”为 4150，如图 4-1-35 所示。

移动鼠标指针捕捉 C5642 所在墙体与参照平面的交点，单击使其作为幕墙的起点，垂直向下移动鼠标指针，输入“5550”，按 Enter 键，然后按两次 Esc 键退出，如图 4-1-36 所示。

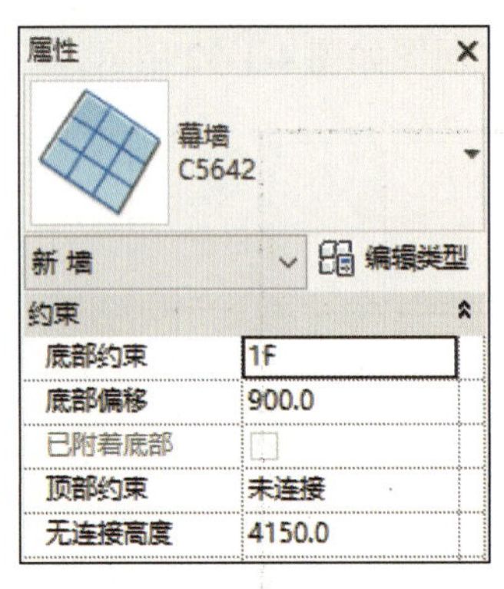

图 4-1-35　设置幕墙实例属性

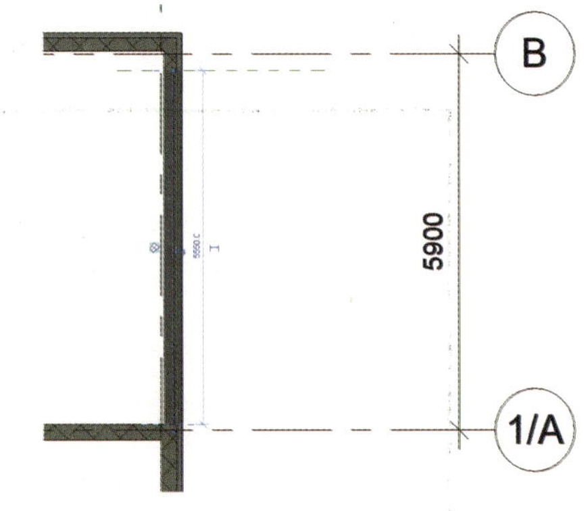

图 4-1-36　创建幕墙 C5642

激活“东立面”视图，修改“视觉样式”为“着色”，参照图纸“建施 12：门窗表、门窗详图”中的“C5642 立面图”，划分水平网格。单击“建筑”选项卡中的“幕墙网格”按钮，在距离幕墙顶部和底部均为 1000mm 的位置，分别单击以添加水平网格，如图 4-1-37 所示。如果添加的幕墙网格位置有偏差，则可以通过调整该幕墙网格的临时尺寸标注调整幕墙网格的位置。

从左向右间距依次为 1200、1200、1200、1200、750，添加竖向幕墙网格，如图 4-1-38 所示。

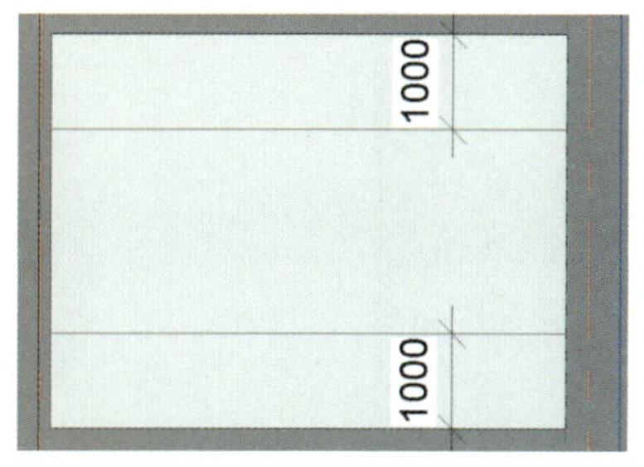

图 4-1-37　划分水平网格

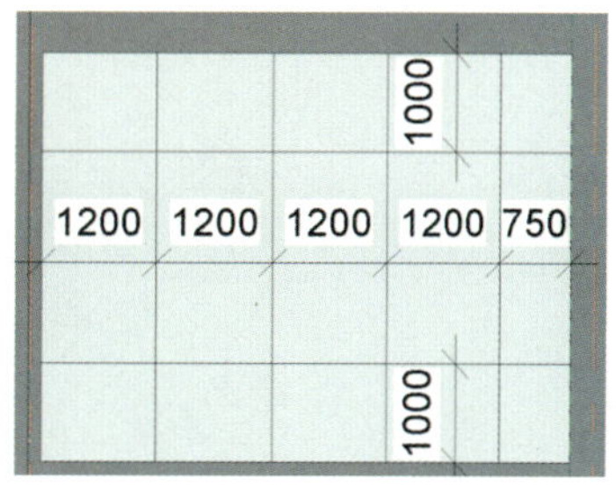

图 4-1-38　划分竖向网格

为幕墙添加竖梃，具体操作如下：选中幕墙 C5642，单击“建筑”选项卡中的“竖梃”按钮，再单击“修改|放置 竖梃”选项组中的“全部网格线”按钮，如图 4-1-39 所示，在幕墙上单击，即可创建竖梃模型。竖梃的样式、材质等参数可以使用“编辑类型”按钮进行设置。

图 4-1-39　添加竖梃

为幕墙添加“上悬窗”。单击“插入”选项卡“从库中载入”选项组中的“载入族”按钮，在打开的对话框中找到“门窗嵌板”文件夹，如图 4-1-40 所示。单击“按面选择图元”按钮，将鼠标指针移动到下侧的幕墙嵌板处，按 Tab 键选中幕墙嵌板，在“属性”面板的类型选择器中选择“窗嵌板_上悬无框铝窗”，如图 4-1-41 所示。

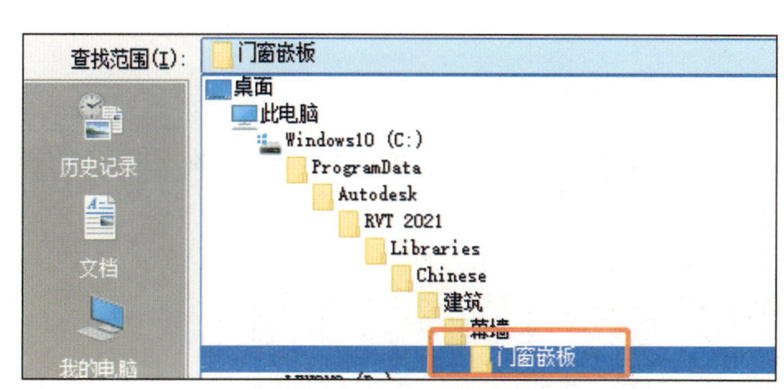

图 4-1-40　窗嵌板路径

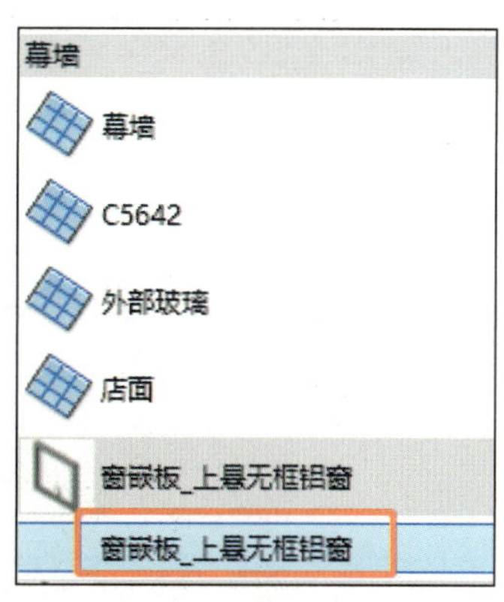

图 4-1-41　替换嵌板

C5642 的完成效果如图 4-1-42 所示。

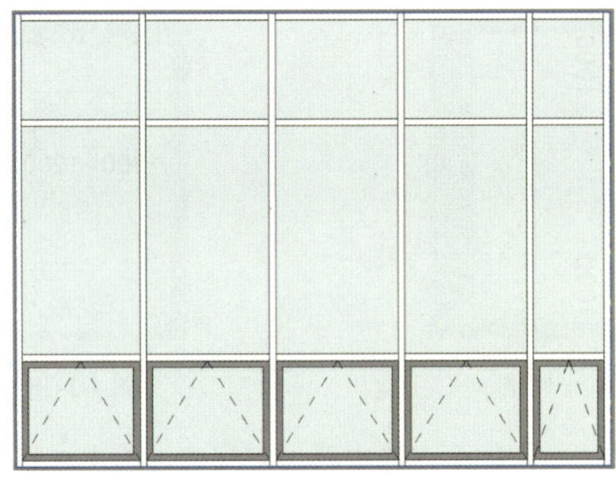

图 4-1-42　C5642 的完成效果

同样以幕墙的方式，创建首层 1 轴上的 C5642 和 C8542。其中，C8542 的立面图如图 4-1-43 所示。

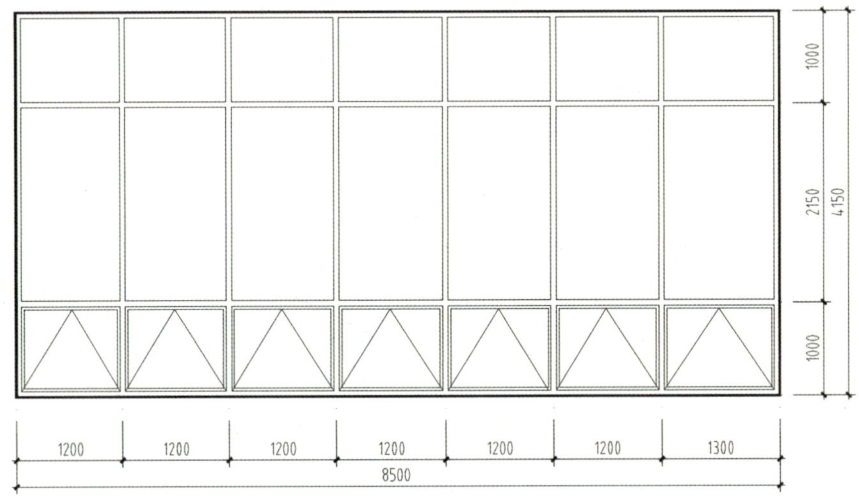

图 4-1-43　C8542 的立面图

在三维视图中，设置“详细程度”为“精细”，使用幕墙创建的 C5642 和 C8542 的三维效果如图 4-1-44 所示。

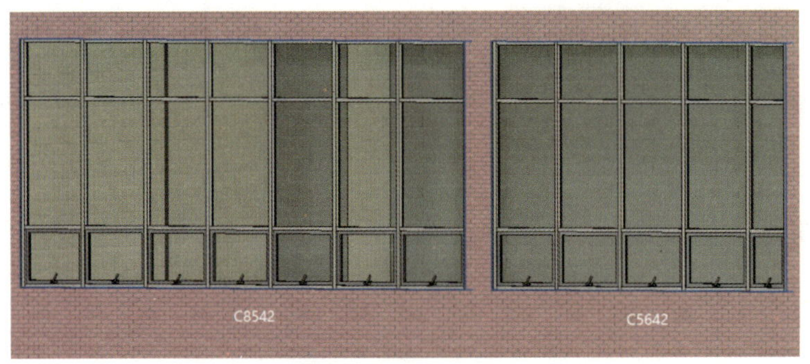

图 4-1-44　C5642 和 C8542 的三维效果

温馨提示

1）当外墙有保温层或装饰层时，沿顺时针方向创建可以保证外墙的保温层或装饰层是朝外的。

2）创建的墙体模型位置有偏差时，可以使用移动命令将其沿着指定方向移动指定的距离。

3）创建墙体模型时，合理选择“定位线”可以提高建模效率。

4）替换幕墙嵌板时，可以单击“按面选择图元”按钮，并结合 Tab 键选择需要替换的嵌板。幕墙嵌板还可以替换为门嵌板，需要提前载入相应的门嵌板族。

任务考评

任务考核评价以学生自评为主，根据表 4-1-1 中的考核评价内容对学习成果进行客观评价。

表 4-1-1　任务考评表

序号	考核点	考核内容	分值	得分
1	识读墙体材质信息	能正确识读建筑施工图设计说明，确定墙体的材质信息	10	
2	识读墙体定位、厚度及标高信息	能正确识读“建施 06：一层平面图、夹层平面图”，确定墙体的定位、厚度及标高信息	10	
3	定义墙体类型参数	能按照图纸要求，正确定义墙体类型参数，尤其是结构、材质、厚度	20	
4	设置墙体实例属性	能正确设置墙体实例属性，尤其是约束条件	20	
5	选择墙体定位线	能根据实际情况，选择合理的定位线	10	
6	创建外墙顺序	能顺时针创建外墙，保证外立面朝外	10	
7	划分幕墙网格	能按照图纸要求，正确划分幕墙网格	10	
8	替换幕墙嵌板	能按照图纸要求，载入合适的嵌板族并替换幕墙嵌板	10	
合计			100	

总结反思：

签字：

任务拓展　编辑墙体

在定义好墙体的高度、厚度、材质等各参数后，按照 CAD 底图或设计要求创建墙体的过程中，还需要对墙体进行编辑，如利用“修改”选项组中的移动、复制、旋转、阵列、镜像、对齐、拆分、修剪、偏移等编辑命令，编辑墙体轮廓、附着/分离墙体，使所创建的墙体与实际设计保持一致。

1. 修改工具

1）移动（快捷命令为 MV）：用于将选定的墙图元移动到当前视图中指定的位置。在视图中可以直接拖动图元移动，但是“移动”功能可帮助准确定位构件的位置。

2）复制（快捷命令为 CO/CC）：墙体分布类似的，可以使用复制命令快速创建墙体模型。

3）阵列（快捷命令为 AR）：用于创建选定图元的线性阵列或半径阵列，使用阵列命令可创建一个或多个图元的多个实例。与复制功能不同的是，复制需要一个个地复制，但阵列可指定数量，在某段距离中自动生成一定数量的图元，如百叶窗中的百叶。

4）镜像（快捷命令为 MM/DM）：镜像分为两种，一种是拾取线或边作为对称轴后，直接镜像图元，如果没有可拾取的线或边，则可绘制参照平面作为对称轴镜像图元。对于两边对称的构件，通过镜像可以大大提高工作效率。

5）对齐（快捷命令为 AL）：选择“对齐”选项后，先选择对齐的参照线，再选择需对齐移动的线。

6）拆分图元（快捷命令为 SL）：拆分图元是指在选定点剪切图元（如墙或线），或删除两点之间的线段，常结合修剪命令一起使用。如图 4-1-45 所示的黄色墙体，单击“修改”选项组中的“拆分图元”按钮，在要拆分的墙中单击任意一点，则该面墙分成两段，再使用修剪命令，选择所要保留的两面墙，即可将墙修剪成所需的状态。

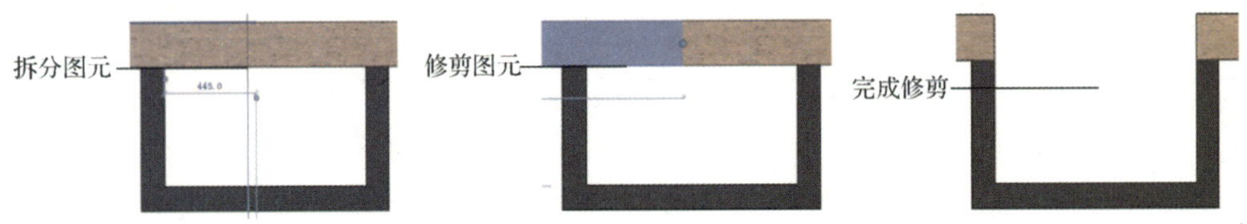

图 4-1-45　修剪墙体

2. 编辑墙体轮廓

选中墙体，自动激活“修改|墙”选项卡，单击“修改|墙”选项卡“模式”选项组中的“编辑轮廓”按钮，如图 4-1-46 所示。如果在平面视图进行了轮廓编辑操作，则会打开“转到视图”对话框，选择任意立面或三维进行操作，进入“编辑轮廓”模式。

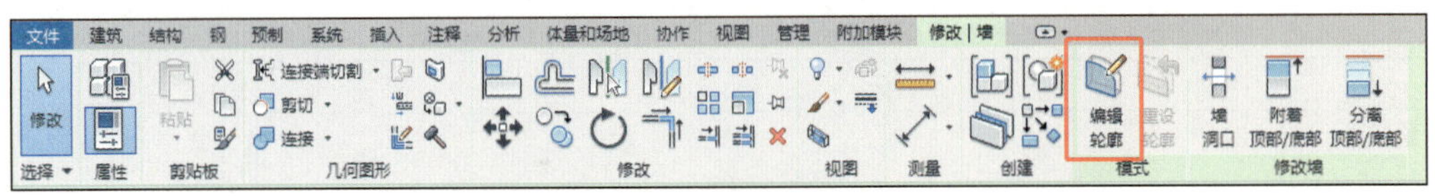

图 4-1-46　“编辑轮廓”按钮

如果在三维视图中编辑墙体轮廓，则默认工作平面为墙体所在的平面。

在三维或立面视图中，利用不同的命令绘制所需的形状，如图 4-1-47 所示。其创建思路为，创建一段墙体—绘制轮廓—编辑轮廓—修剪轮廓—完成。

需要注意的是，弧形墙体的立面轮廓不能编辑。

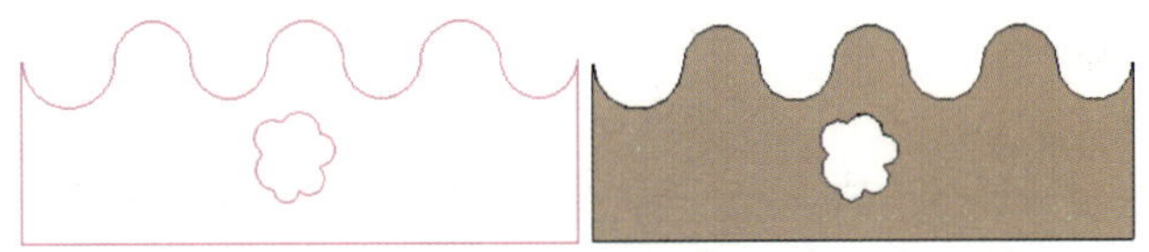

图 4-1-47　绘制墙体形状

完成后，单击“完成编辑模式”按钮 ✔ 即可完成墙体的编辑，然后保存文件。

如果需要一次性还原已编辑过轮廓的墙体，则选择墙体，单击“重设轮廓”按钮即可实现。

3．附着/分离墙体

如果墙体在多坡屋面的下方，则需要墙和屋顶有效快速连接，若只使用编辑墙体轮廓来实现，则会花费很多时间，此时附着/分离墙体能有效解决该问题。

如图 4-1-48 所示，墙与屋顶未连接，按 Tab 键选中所有墙体，在“修改墙”选项组中单击“附着顶部/底部”按钮，然后在选项栏中选中“顶部”或“底部”单选按钮 附着墙: ◉ 顶部 ○ 底部，再单击选择屋顶，则墙自动附着在屋顶下，如图 4-1-49 所示。再次选择墙，单击“分离顶部/底部”按钮，再选择屋顶，则墙会恢复原样。

图 4-1-48　附着前的墙体

图 4-1-49　附着后的墙体

墙不仅可以附着于屋顶，还可以附着于楼板、天花板、参照平面等。

4．墙体连接方式

墙体相交时，可以有多种连接方式，如平接、斜接和方接 3 种方式，如图 4-1-50 所示。单击“修改”选项卡“几何图形”选项组中的“墙连接”按钮，将鼠标指针移至墙上，然后在显示的灰色方块中单击，即可实现墙体的连接。

在设置墙连接时，可以指定墙连接是否及如何在活动平面视图中进行处理，在“墙连接”状态下，将鼠标指针移至墙连接上，然后在显示的灰色方块中单击。在选项栏中的“显示”下拉列表中有“清理连接”、“不清理连接”和“使用视图设置”3 个显示设置，如图 4-1-51 所示。

图 4-1-50　墙体的连接方式

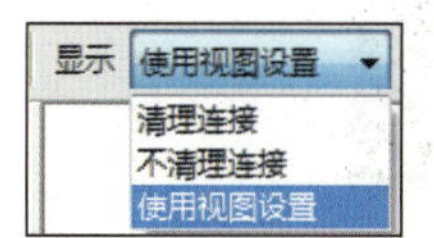

图 4-1-51　“显示”下拉列表

默认情况下，Revit 会创建平接连接并清理平面视图中的显示，如果设置成“不清理连接”，则在退出“墙连接”工具时，这些线不消失。另外，在设置墙体连接方式时，不同视图详细程度与显示设置也会在很大程度上影响显示效果，如图 4-1-52 所示。

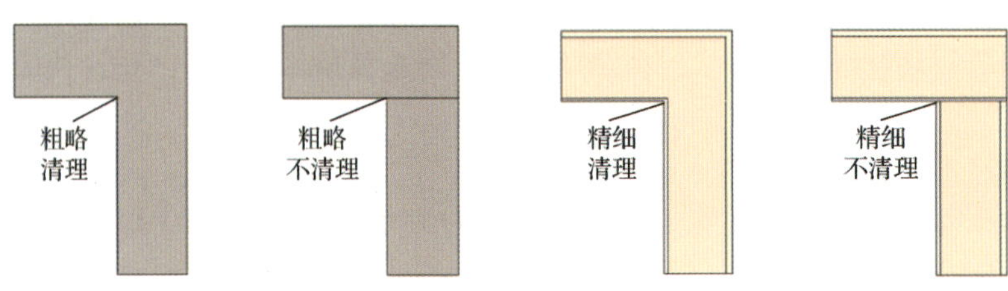

图 4-1-52　不同设置的显示效果

对于两面平行的墙体，如果距离不超过 6 英寸（1 英寸=2.54 厘米），则 Revit 会自动创建相交墙之间的连接，如图 4-1-53 所示。如果在其中一面墙体上放置门窗后，选择“修改”选项卡“几何图形”选项组中的“连接”→“连接几何图形”选项，则该门窗会剪切两面墙体。

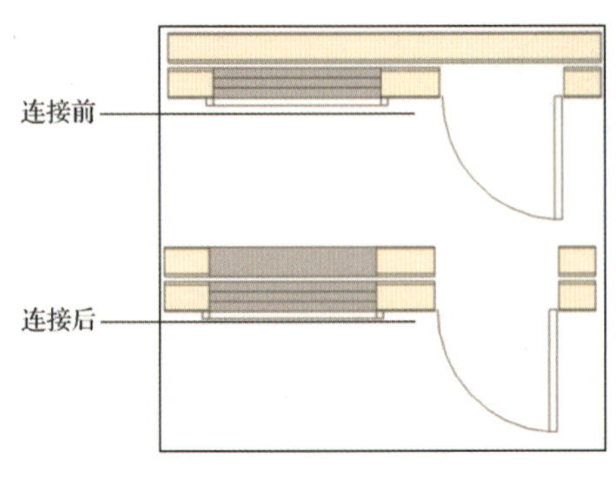

图 4-1-53　墙体自动连接

任务 4.2　创建门窗

微课：创建门窗

任务描述

识读汽车实训室建筑施工图中的“建施 05：地下一层平面图”“建施 06：一层平面图、夹层平面图”“建施 07：二层平面图”“建施 09：东立面、西立面、南立面”“建施 12：门窗表、门窗详图”，了解各楼层门窗的编号、平面位置、窗底高度、样式、尺寸等信息，创建汽车实训室模型的门窗构件。门的底高度一般为 0，窗的底高度需要结合立面图确定。

任务目标

1）掌握门窗的创建方法与编辑方法。

2）能设置门窗的宽度、高度、材质等相关参数。

3）能正确创建门窗并调整尺寸、位置。

4.2.1　创建首层门窗

1）载入门窗族。打开任务 4.1 中保存的 Revit 项目文件，在“项目浏览器”中激活首层平面视图。在“插入”选项卡“从库中载入”选项组中，单击“载入族”按钮，将样例提供的所有门窗族载入项目中。

2）创建 2-3/B-C 轴处的卷帘门。在“建筑”选项卡中单击“门”按钮，在其“属性”面板的类型选择器中选择“JLM8351”类型，如图 4-2-1 所示。

将鼠标指针移动到卷帘门所在墙体上，此时会出现临时尺寸标注，如图 4-2-2 所示。这样可以通过临时尺寸大致捕捉门的位置。在平面视图中放置门之前，按 Space 键控制门的开启方向，或者放置门后选中门，单击蓝色的翻转控件 ⇅ 或 ⇆ ，调整门的开启方向。

图 4-2-1　选择门类型“JLM8351”

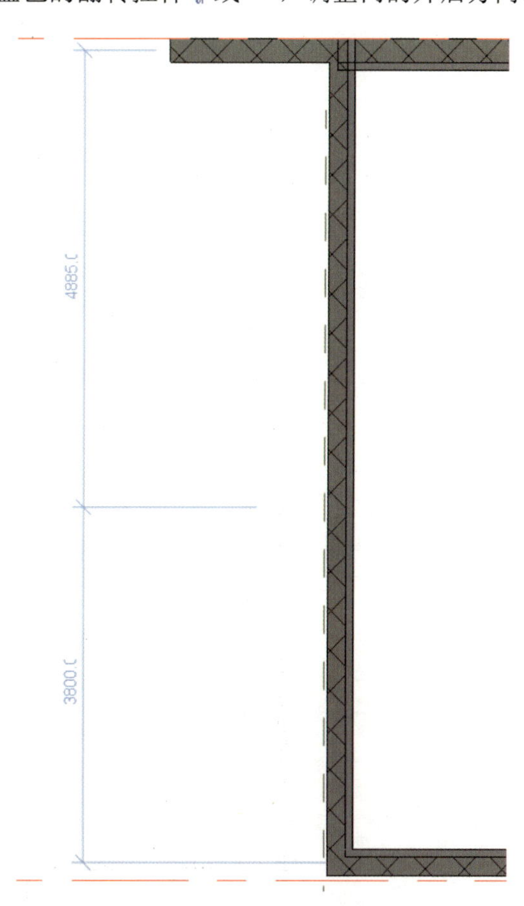

图 4-2-2　放置卷帘门

在墙上合适位置单击以放置门，按两次 Esc 键退出命令。选中放置的卷帘门，调整上侧的临时尺寸标注蓝色的控制点，拖动蓝色控制点移动到 C 轴线，修改距离值为 4500，如图 4-2-3 所示。

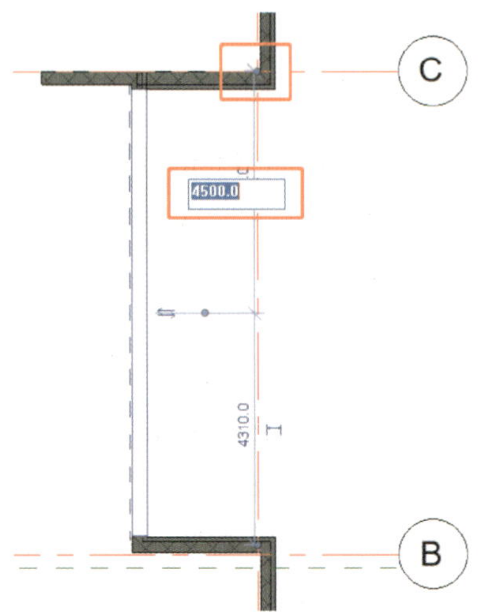

图 4-2-3　调整临时尺寸标注

3）同理，创建首层中的其他门。在“属性”面板的类型选择器中分别选择“FJL3824”“FDM1521”“FDM1021”“M1021”等门类型，将其按照如图 4-2-4 所示的位置放置到首层墙体上。在放置门时，可使用快捷命令 SM 将其居中放置。

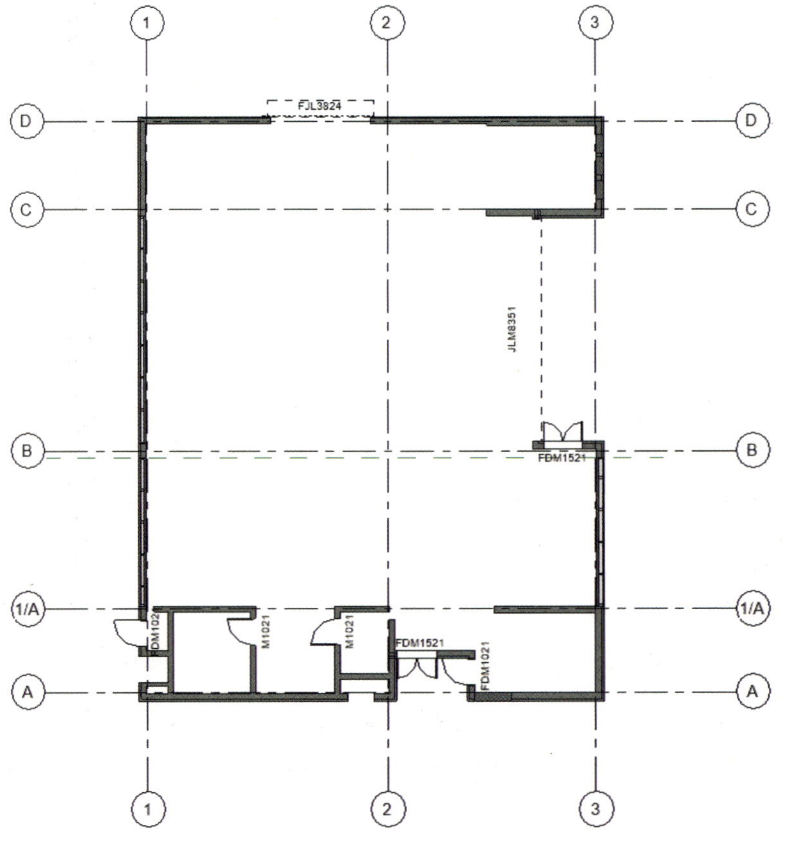

图 4-2-4　首层门布置图

4）创建 A 轴上的 C1415。从“建施 09：东立面图、西立面图、南立面图”中的南立面图中，可以确定 C1415 的窗底高度为 600mm。激活“楼层平面：1F”，在“建筑”选项卡中单击“窗”按钮，在其“属性”面板的类型选择器中选择“C1415”窗类型，并在“底高度”文本框中输入“600”，如图 4-2-5 所示，在相应墙体位置单击以放置 C1415。

图 4-2-5　输入窗的“底高度”

5）参照图纸“建施 06：一层平面图、夹层平面图”，创建首层其他窗，平面位置如图 4-2-6 所示。其中，BYC1020 的窗底高度为 100，楼梯一处的 C0725 窗底高度为 1425。

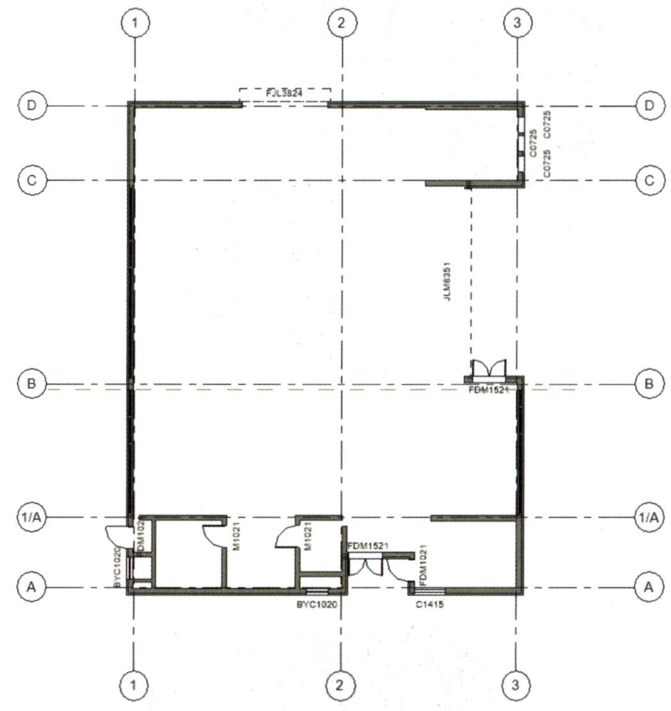

图 4-2-6　首层窗布置图

首层门窗放置完成后的三维效果如图 4-2-7 所示。

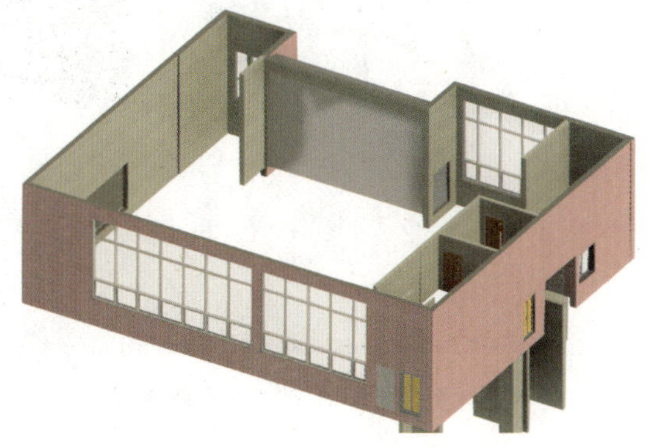

图 4-2-7　首层门窗放置完成后的三维效果

4.2.2 创建其他层门窗

（1）创建夹层中的门窗

在三维视图中，临时隐藏二层所有墙体，在“建筑”选项卡中，单击“门”按钮，在其“属性”面板的类型选择器中选择“M1021”类型，放置到夹层墙体的顶端，如图 4-2-8 所示。

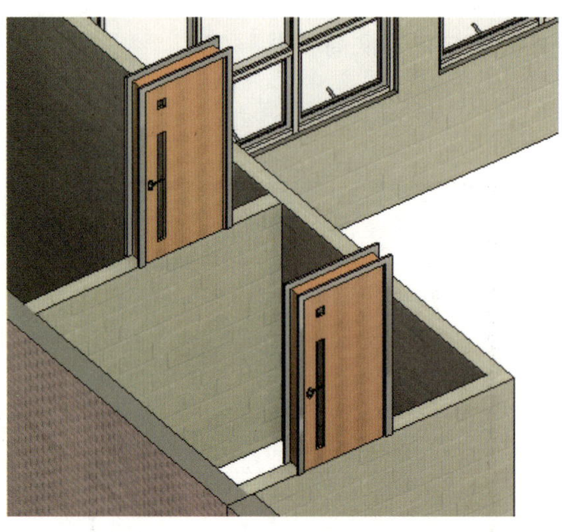

图 4-2-8 创建夹层中的 M1021

选中 M1021，设置实例属性“标高”为“1F”，“底高度”为 2830，效果如图 4-2-9 所示。

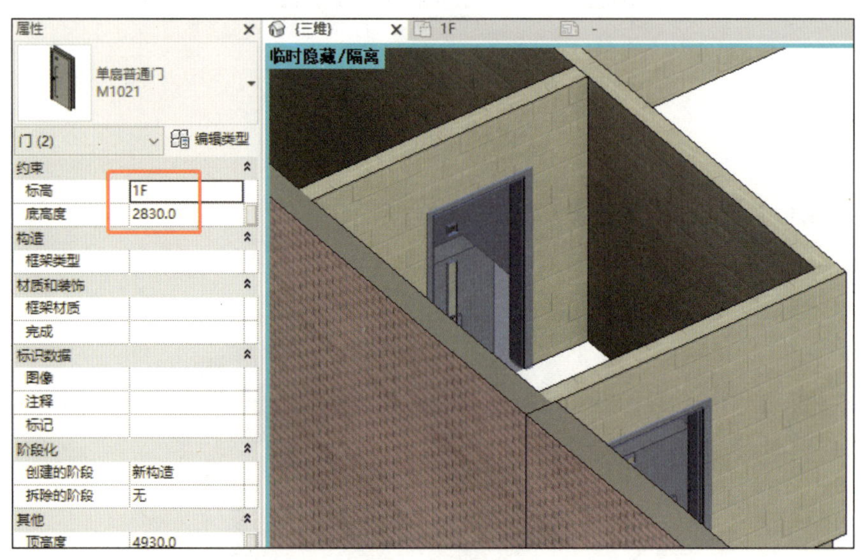

图 4-2-9 设置 M1021 的实例属性

在楼层平面 1F 视图中，调整门的平面位置和开启方向。

创建夹层中 A 轴上的 C1315，设置实例属性“底高度”为 3750。

（2）创建其他楼层的门窗

创建方式同首层门窗。二层的门窗布置如图 4-2-10 所示，所有窗的“底高度”都是 900，消防救援窗 XC1530、XC1230 的位置如图 4-2-10 中的矩形框所示，其余窗均为 C1230。

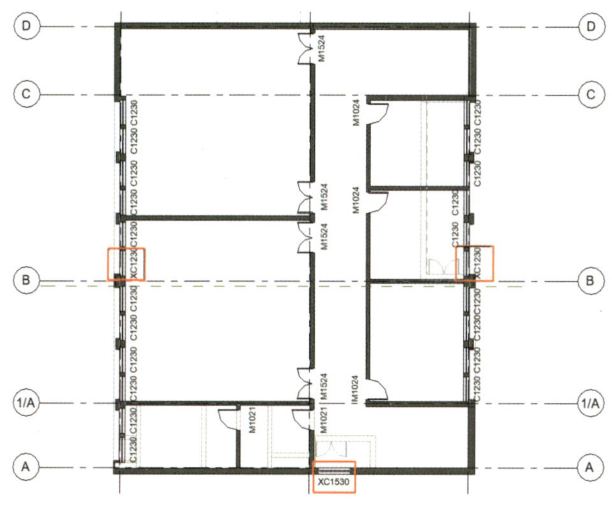

图 4-2-10　二层的门窗布置

如果其他楼层的门窗的平面位置和首层类似，则可以在 1F 的楼层平面视图中，通过过滤器的方式选中“门”“窗”，将其复制到其他楼层，再根据各层图纸进行局部修改。

本项目中一层和二层的门窗布置差异较大，二层中的门窗适合单独布置。

汽车实训室模型中的门窗体系三维效果如图 4-2-11 所示。

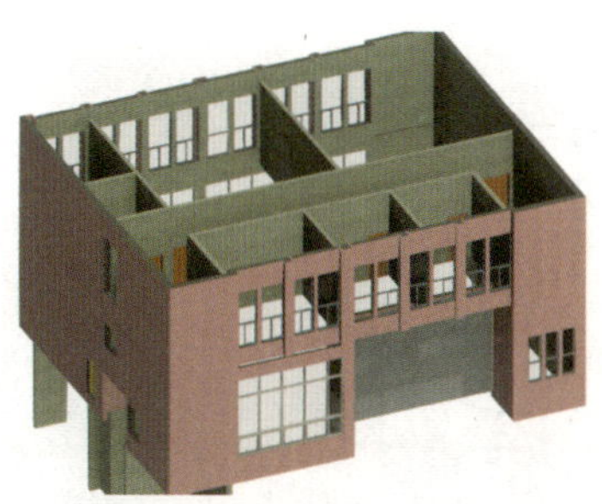

图 4-2-11　汽车实训室模型中的门窗体系三维效果

温馨提示

1）放置门窗时，大部分门的开启方向需要调整，可以通过 Space 键或翻转控件调整门窗开启的方向。

2）放置门窗时，可以使用快捷命令 SM 使其居中。

3）若门窗需要标记，则在放置门窗时可以选择“在放置时进行标记”，或者在放置门窗后，使用“注释”→“按类别标记”命令进行门窗标记。

4）门窗只能依附于墙、屋顶等主体图元存在，主体图元被删除时，门窗也随之被删除。

任务考评

任务考核评价以学生自评为主，根据表 4-2-1 中的考核评价内容对学习成果进行客观评价。

表 4-2-1 任务考评表

序号	考核点	考核内容	分值	得分
1	门的类型	能根据项目需求，正确选择及创建门的类型	20	
2	门的平面位置	能根据图纸，利用临时尺寸标注调整门的平面位置	20	
3	门的开启方向	能根据平面图纸，调整门的开启方向	20	
4	窗的类型	能根据项目需求，正确选择及创建窗的类型	20	
5	窗的位置	能根据图纸，利用临时尺寸标注调整窗的平面位置，正确设置窗的“底高度”	10	
6	设置门窗的尺寸	能根据门窗详图，设置同一门窗族的不同尺寸	10	
合计			100	

总结反思：

签字：

在三维视图中创建门窗的注意事项

在三维视图中为墙体创建门窗时，窗的位置可以任意插入，而门会默认放置在标高层的底部，如图 4-2-12 所示。

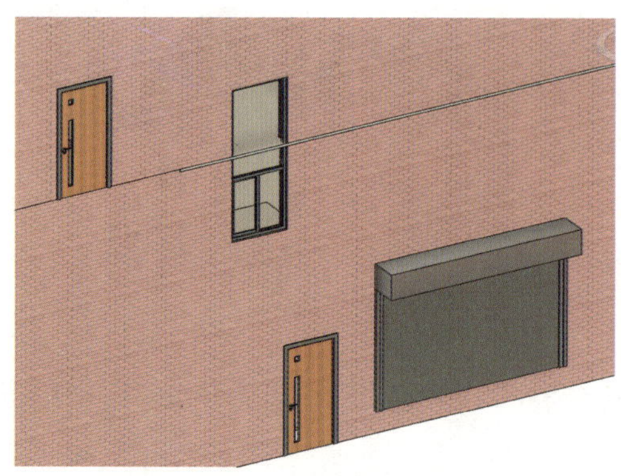

图 4-2-12 在三维视图中放置门窗

在三维视图中调整门窗的位置时，使用移动命令调整时只能在门窗所在墙体对应的平面上调整位置。当需要将门窗调整到其他墙面上时，可以重新定义门窗的主体。

任务 4.3 创建楼梯、栏杆扶手

微课：创建楼梯

任务描述

识读汽车实训室建筑施工图中的“建施 05：地下一层平面图”“建施 06：一层平面图、夹层平面图”“建施 07：二层平面图”“建施 10：1—1 剖面图、2—2 剖面图”，本项目共有两部楼梯均为平行四跑楼梯：楼梯一的起步标高为 ± 0.000m，向上第一跑的休息平台标高为 1.425m；第二跑的休息平台标高为 2.850m；第三跑的休息平台标高为 4.275m；第四跑到达二层平台，其标高为 5.700m。楼梯二的起步标高为-5.400m，向上第一跑的休息平台标高为-4.050m；第二跑的休息平台标高为-2.700m；第三跑的休息平台标高为-1.350m；第四跑到达二层平台，其标高为 ± 0.000m，一层到二层的平台标高与楼梯一相同。

任务目标

1）能创建楼梯梯段与楼梯平台，并调整楼梯的属性。

2）能创建楼梯栏杆扶手，并按照图纸要求选择相应的栏杆扶手样式，调整栏杆扶手的属性。

3）能将标准层楼梯复制到其他楼层。

4.3.1 创建楼梯一及栏杆扶手

根据建筑施工图可知，楼梯间的净宽度为 3150，梯井的宽度为 150，楼梯段的净宽度为 1500，首层平面图中的楼梯一如图 4-3-1 所示，夹层平面图中的楼梯一如图 4-3-2 所示。

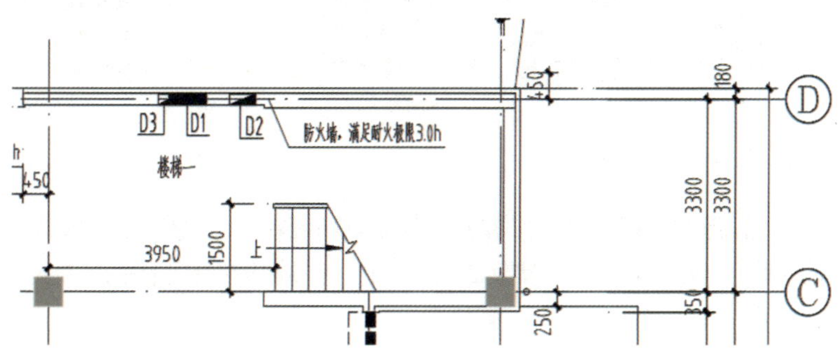

图 4-3-1 首层平面图中的楼梯一

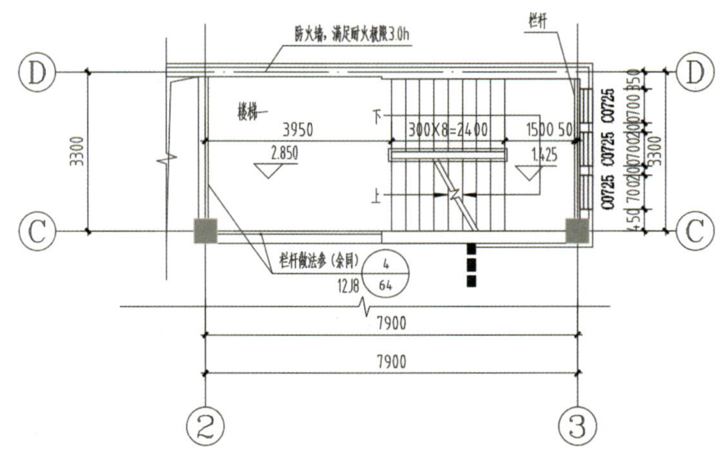

图 4-3-2　夹层平面图中的楼梯一

1. 绘制楼梯定位线

找到楼梯的起步及平台位置，起步距 2 轴 3950mm，休息平台距 3 轴 1550mm。使用参照平面（RP）绘制定位线，如图 4-3-3 所示。

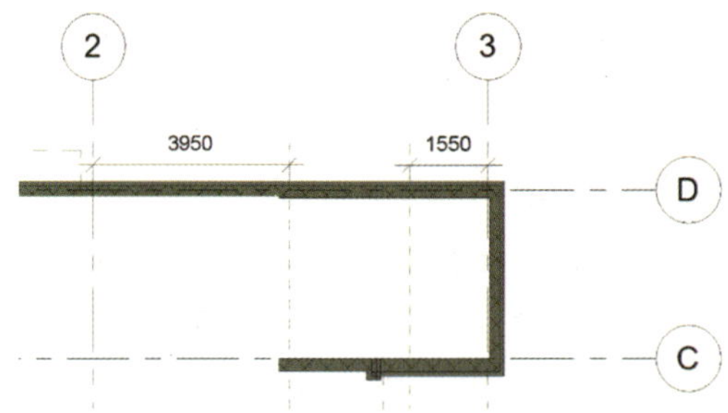

图 4-3-3　绘制楼梯一的定位线

2. 创建楼梯一

1）在“建筑”选项卡的“楼梯坡道”选项组中，单击“楼梯”按钮，如图 4-3-4 所示。然后单击“梯段”按钮进入“按构件”绘制界面，再单击“直梯”按钮，如图 4-3-5 所示。

图 4-3-4　“楼梯”按钮

图 4-3-5　“直梯”按钮

2）在“属性”面板中将楼梯类型改为“整体浇筑楼梯”，设置底部标高、底部偏移、顶部标高、顶部偏移、所需踢面数、实际踏板深度，在选项栏中设置定位线和实际梯段宽度，如图 4-3-6 所示。

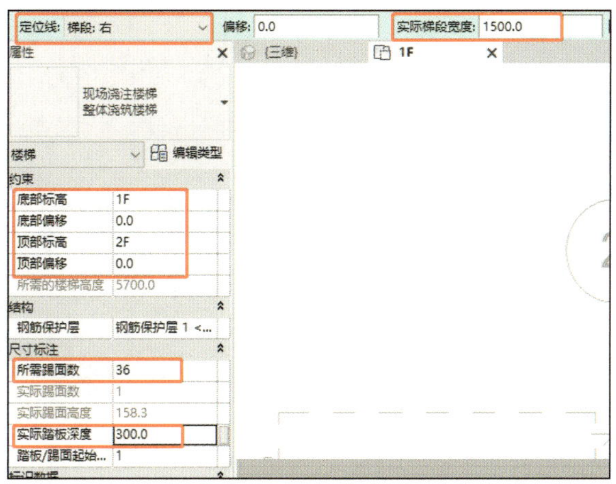

图 4-3-6　设置楼梯一的属性

3）单击“编辑类型”按钮，在打开的“类型属性”对话框中复制新的楼梯类型为“楼梯一”，修改梯段类型参数，如图 4-3-7 所示。

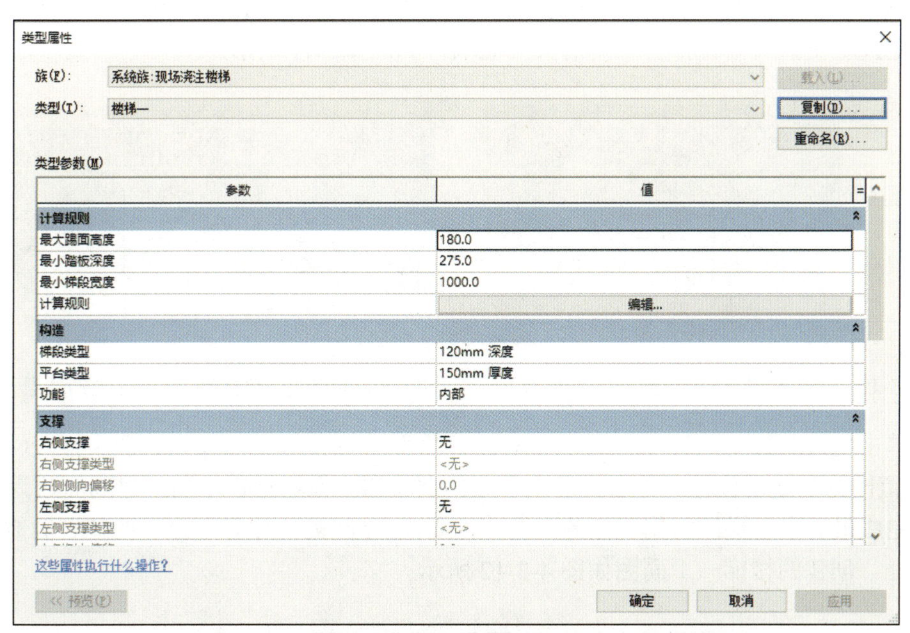

图 4-3-7　楼梯一的类型属性

4）如图 4-3-3 所示的楼梯一定位线，以左侧参照平面与 C 轴交点为起点，单击，沿水平方向向右移动鼠标指针，当创建踢面数为 9 时，单击，完成此区域第一个梯段（±0.000～1.425m 范围）的创建任务。捕捉图 4-3-3 中右侧参照平面与 D 轴交点作为第二个梯段（1.425～2.850m 范围）的起步位置，单击，沿水平方向向左移动鼠标指针，当创建踢面数为 9 时，单击，完成第二个梯段的创建任务，标高 1.425m 处的休息平台自动生成。按两次 Esc 键，退出连续创建梯段，选中标高 1.425m 处的休息平台，出现如图 4-3-8 所示的多个箭头，拖拽最右侧的箭头至楼梯间东墙，如图 4-3-9 所示。

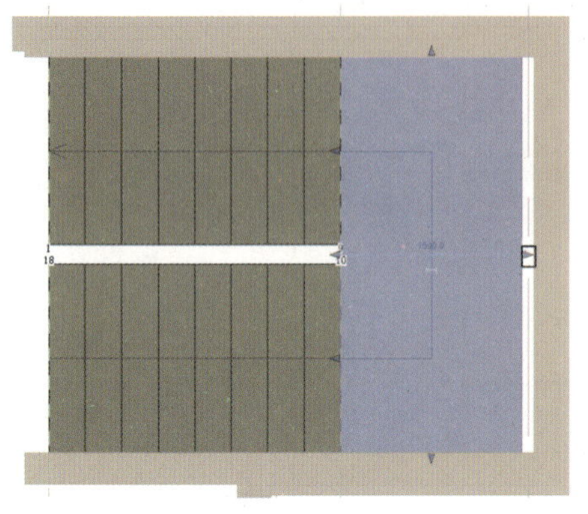

图 4-3-8　选中标高 1.425m 处的休息平台

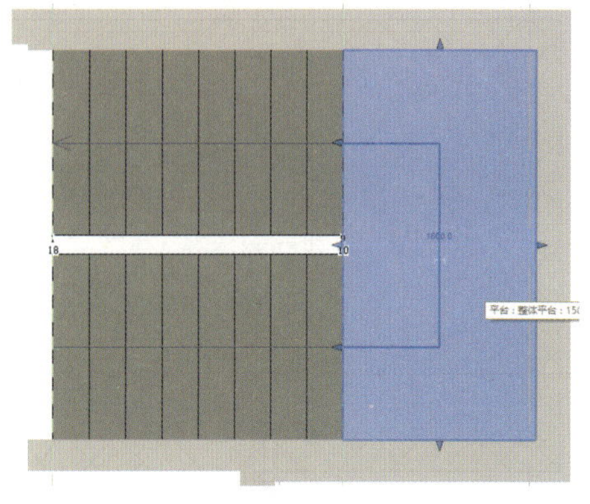

图 4-3-9　调整标高 1.425m 处的休息平台

5）单击“直梯”按钮，捕捉图 4-3-3 中左侧参照平面与 C 轴交点作为第三个梯段（2.850～4.275m 范围）的起步位置，单击，沿水平方向向右移动鼠标指针，当创建踢面数为 9 时，单击，完成第三个梯段的创建任务，标高 2.850m 处的休息平台自动生成。按两次 Esc 键，退出连续创建梯段，选中标高 2.850m 处的休息平台，出现如图 4-3-10 所示的多个箭头，拖拽左侧箭头至 2 轴、上侧箭头至北墙，如图 4-3-11 所示。

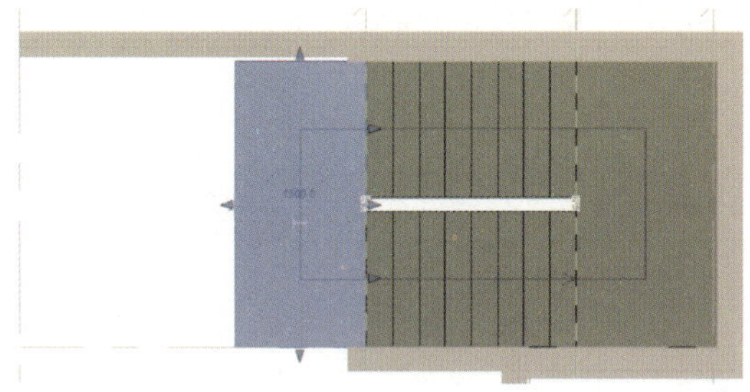

图 4-3-10　选中标高 2.850m 处的休息平台

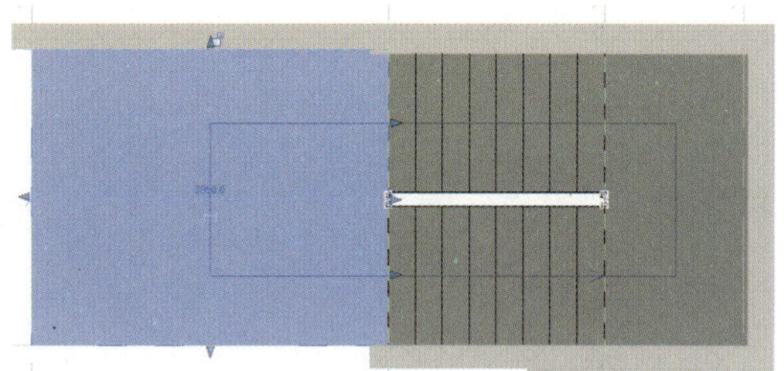

图 4-3-11　调整标高 2.850m 处的休息平台

6）单击“直梯”按钮，捕捉图 4-3-3 中右侧参照平面与 D 轴交点作为第四个梯段（4.275～5.700m 范围）的起步位置，单击，沿水平方向向左移动鼠标指针，当创建踢面数为 9 时，单击，完成最后一个梯段的创建任务。选中标高 4.275m 处的休息平台，调整右侧箭头到 3 轴外墙处。创建的楼梯一平面图如图 4-3-12 所示。

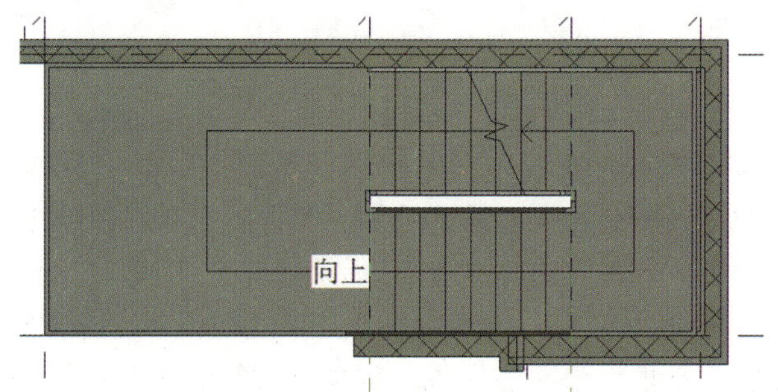

图 4-3-12　楼梯一平面图

7）单击“模式”选项组中的“完成”按钮，如图 4-3-13 所示，结束创建楼梯。如果弹出“警告”提示，如图 4-3-14 所示，直接关闭即可。

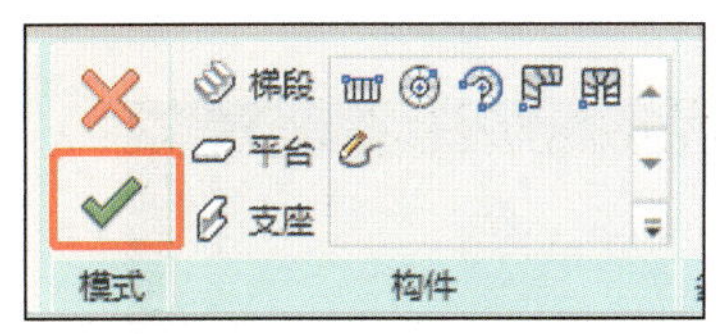

图 4-3-13 “完成”按钮

图 4-3-14 警告

8）激活三维视图，选中楼梯一及 D 轴、3 轴处的外墙，使用快捷命令（HI）将其隔离出来，并使用快捷命令（EL）检查休息平台的标高是否正确，如图 4-3-15 所示。

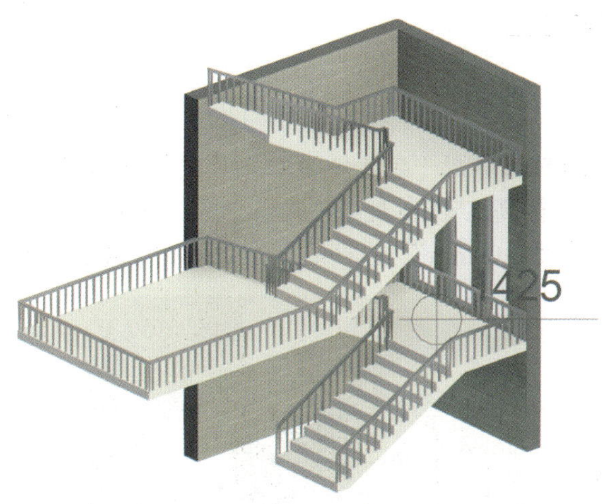

图 4-3-15 将楼梯一及部分外墙隔离出来

9）选中靠墙侧的栏杆扶手，将其删除。选中其余栏杆扶手，在其“属性”面板的类型选择器中选择“900mm”类型。

10）标高 1.425m、2.850m、5.700m 处的平台有栏杆，单击 ViewCube 立方体的“上”面，将视角变为俯视。在“建筑”选项卡中，选择“栏杆扶手”下拉列表中的“绘制路径”选项创建栏杆，如图 4-3-16 所示。

11）在“属性”面板的类型选择器中，选择“1100mm”类型，如图 4-3-17 所示。

图 4-3-16 选择“绘制路径”选项

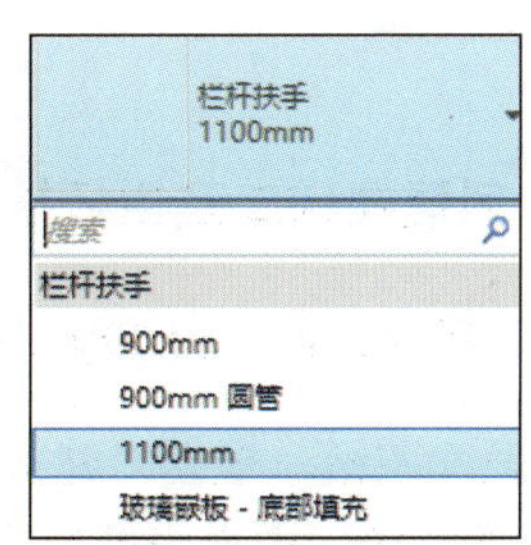

图 4-3-17 选择“1100mm”栏杆扶手类型

12）设置栏杆实例属性“底部标高”为“1F”，“底部偏移”为1425，如图4-3-18所示。在3轴墙体左侧50mm的位置绘制栏杆路径，如图4-3-19所示，然后单击“模式”选项组中的“完成”按钮即可。

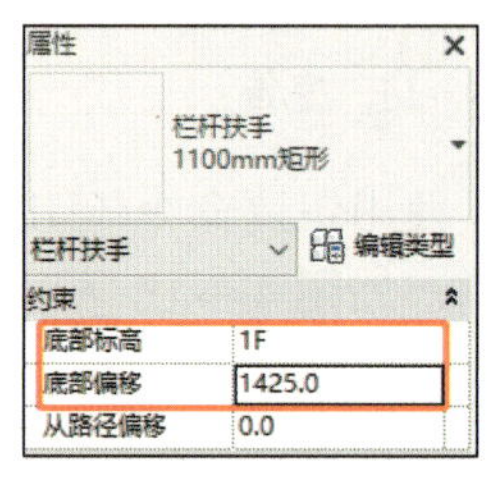

图4-3-18 设置栏杆扶手实例属性

图4-3-19 绘制栏杆路径

13）继续创建标高2.850m休息平台2轴和C轴处的栏杆，设置“底部标高”为“1F”，“底部偏移”为2850。创建标高5.700m处的栏杆，设置“底部标高”为“1F”，“底部偏移”为5700，栏杆扶手类型为“1100mm”。栏杆的三维效果如图4-3-20所示。

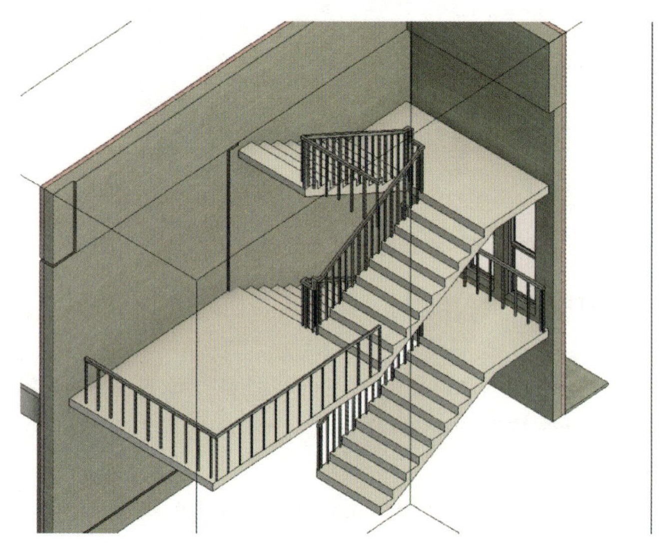

图4-3-20 栏杆的三维效果

4.3.2 创建楼梯二及栏杆扶手

1. 创建-0.540～±0.000m标高范围梯段

1）识读图纸。根据“建施05：地下一层平面图”可知，楼梯间的净宽度为2850，梯井的宽度为150，楼梯段的净宽度为1350，地下一层平面图中的楼梯二如图4-3-21所示，夹层平面图中的楼梯二如图4-3-22所示。

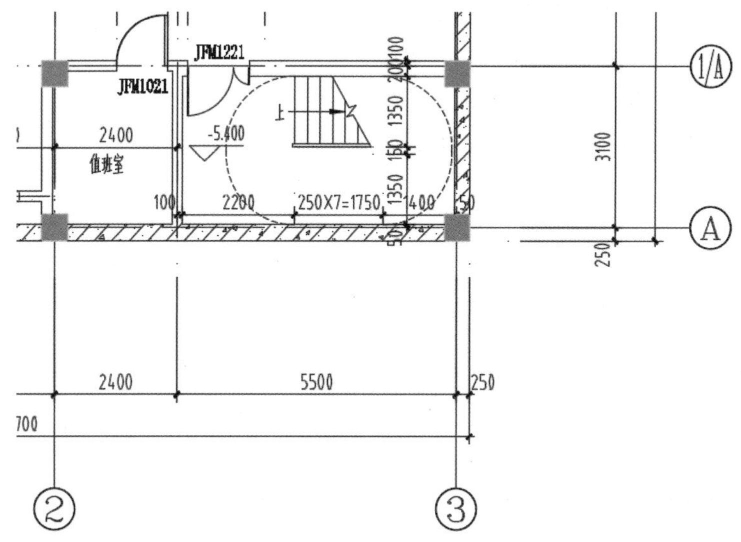

图 4-3-21　地下一层平面图中的楼梯二

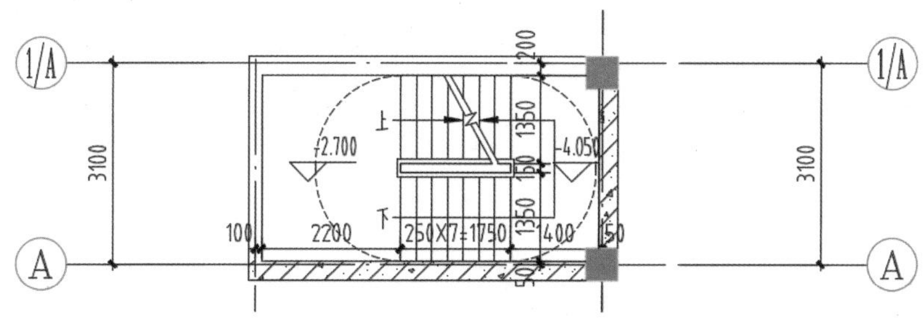

图 4-3-22　夹层平面图中的楼梯二

2）绘制楼梯定位线。激活“楼层平面：-1F”，找到楼梯二的起步位置及平台位置，起步位置距 2 轴 4700mm，休息平台距 3 轴 1450mm。使用参照平面（RP）绘制定位线，如图 4-3-23 所示。

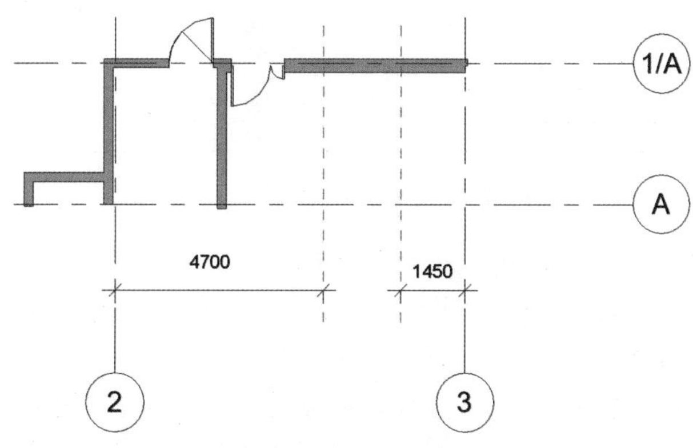

图 4-3-23　绘制定位线

3）创建-0.540～±0.000m 标高范围梯段。在“建筑”选项卡的“楼梯坡道”选项组中，单击“楼梯”按钮，再单击“梯段”按钮，进入“按构件”界面，单击“直梯”按钮，在其“属性”面板中的类型选择器中选择“现场浇筑楼梯 楼梯一”选项，单击“编辑类型”按钮，在打开的“类型属性”对话框中复制新的楼梯类型为“楼梯二”，设置“最小踏板深度”为 250，如图 4-3-24 所示，然后单击“确定”按钮。

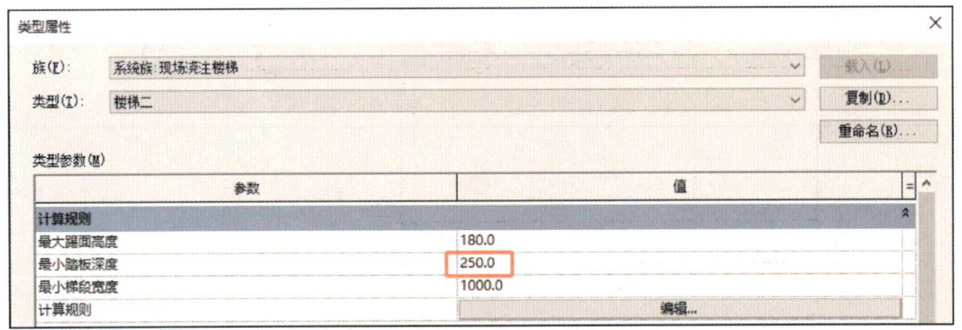

图 4-3-24　设置楼梯二的类型参数

4）设置实例属性底部标高、底部偏移、顶部标高、顶部偏移、所需踢面数、实际踏板深度，在选项栏中设置定位线、偏移量和实际梯段宽度，如图 4-3-25 所示。

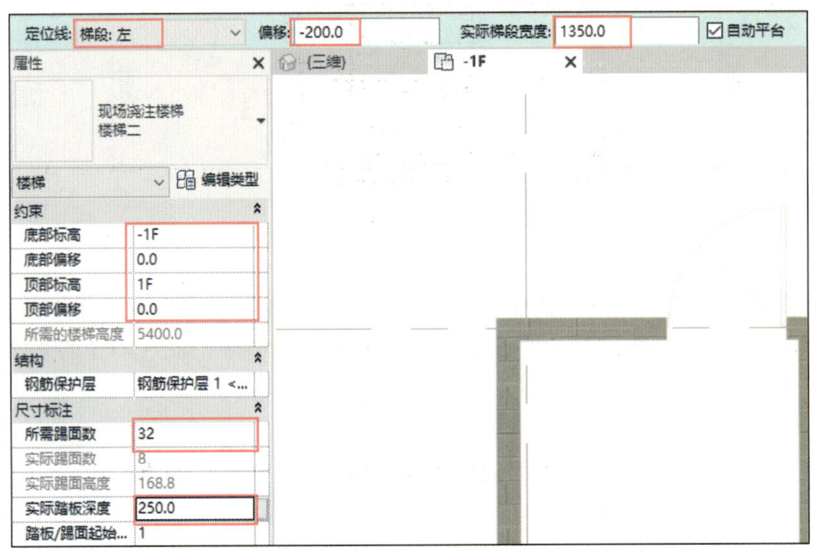

图 4-3-25　设置楼梯二的实例属性

5）以左侧参照平面与墙体边线的交点为起点，单击，沿水平方向向右移动鼠标指针，当创建踢面数为 8 时，单击，完成此区域第一个梯段（-5.400～-4.050m 范围）的创建任务。设置“偏移”为-50，捕捉右侧参照平面与 A 轴交点作为第二个梯段（-4.050～-2.700m 范围）的起步位置，单击，沿水平方向向左移动鼠标指针，当创建踢面数为 8 时，单击，完成第二个梯段的创建任务，标高-4.050m 处的休息平台自动生成。按两次 Esc 键，退出连续创建梯段，选中标高-4.050m 处的休息平台，调整平台边缘至 3 轴处，如图 4-3-26 所示。

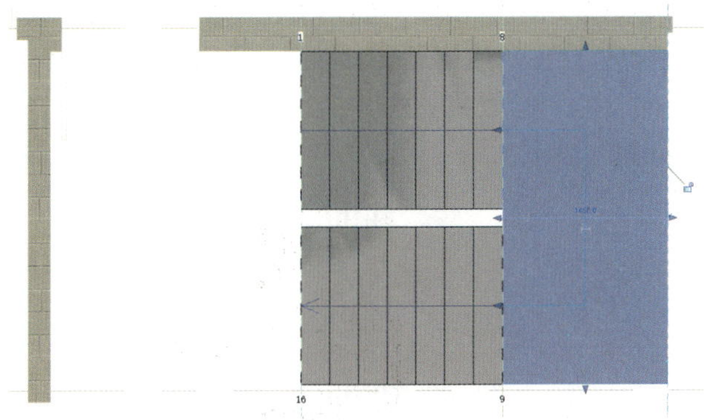

图 4-3-26　调整标高-4.050m 处的休息平台

6）单击“直梯”按钮，捕捉左侧参照平面与墙体边线的交点作为第三个梯段（-2.700～-1.350m 范围）的起步位置，单击，沿水平方向向右移动鼠标指针，当创建踢面数为 8 时，单击，完成第三个梯段的创建任务，标高-2.700m 处的休息平台自动生成。按两次 Esc 键，退出连续创建梯段，选中标高-2.700m 处的休息平台，调整平台至墙体处，如图 4-3-27 所示。

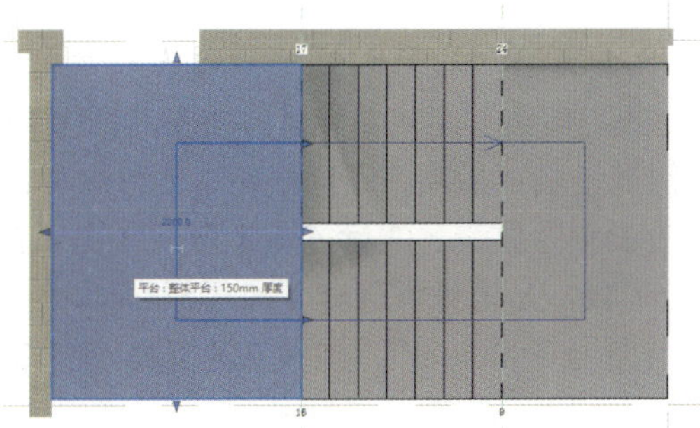

图 4-3-27　调整标高-2.700m 处的休息平台

7）单击“直梯”按钮，设置“偏移”为-50，捕捉右侧参照平面与 A 轴交点作为第四个梯段（-1.350～±0.000m 范围）的起步位置，单击，沿水平方向向左移动鼠标指针，当创建踢面数为 8 时，单击，完成最后一个梯段的创建任务。选中标高-1.350m 处的休息平台，调整平台边缘至 3 轴处，如图 4-3-28 所示。

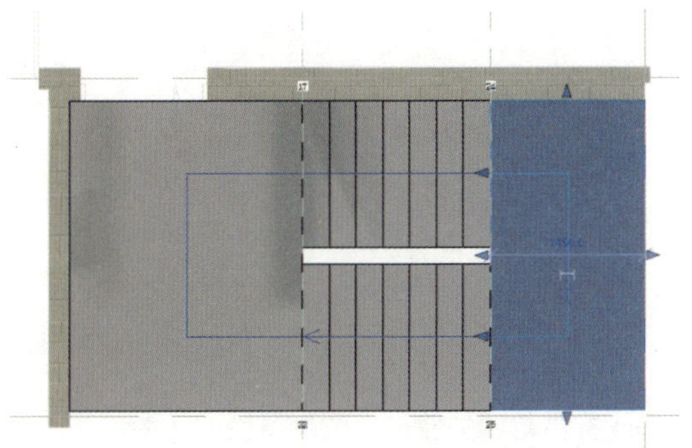

图 4-3-28　调整标高-1.350m 处的休息平台

8）单击“模式”选项组中的“完成”按钮，结束楼梯的创建。

9）激活三维视图，检查楼梯二的休息平台标高是否正确。删除多余栏杆扶手，-0.540～±0.000m 标高范围的楼梯二的三维效果如图 4-3-29 所示。

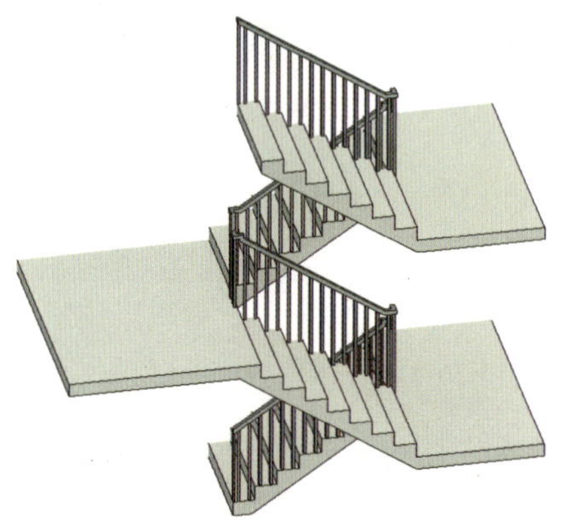

图 4-3-29　-0.540～±0.000m 标高范围的楼梯二的三维效果

2. 创建±0.000 ~ 5.700m 标高范围梯段

1）此标高范围梯段的创建方法，与-0.540～±0.000m 标高范围梯段的创建方法相似。不同的是，标高±0.000m 处的起步位置距离 2 轴 4100mm，休息平台距 3 轴 1400mm。在创建此范围梯段时，设置实例属性底部标高、底部偏移、顶部标高、顶部偏移、所需踢面数、实际踏板深度，在选项栏中设置定位线、实际梯段宽度，如图 4-3-30 所示。

2）在标高 2.850m 休息平台 1/A 轴处需创建一段栏杆，类型为“900mm”。在标高 5.700m 平台处需创建一段栏杆，类型为“900mm”。楼梯二的三维效果如图 4-3-31 所示。

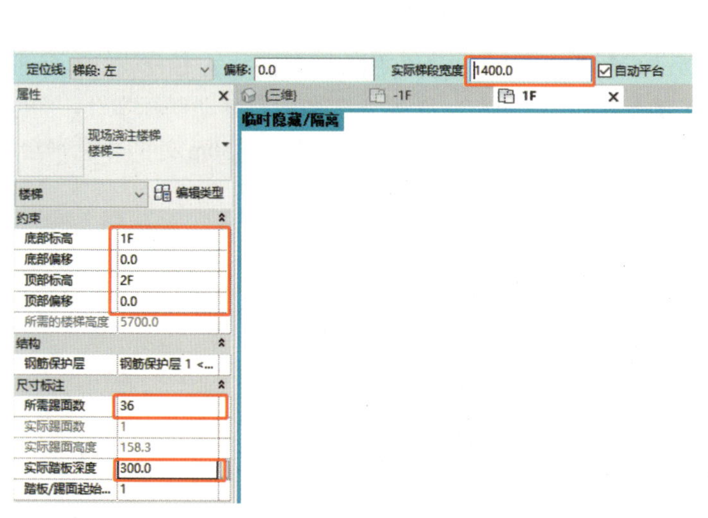

图 4-3-30　±0.000～5.700m 标高范围的楼梯二实例属性

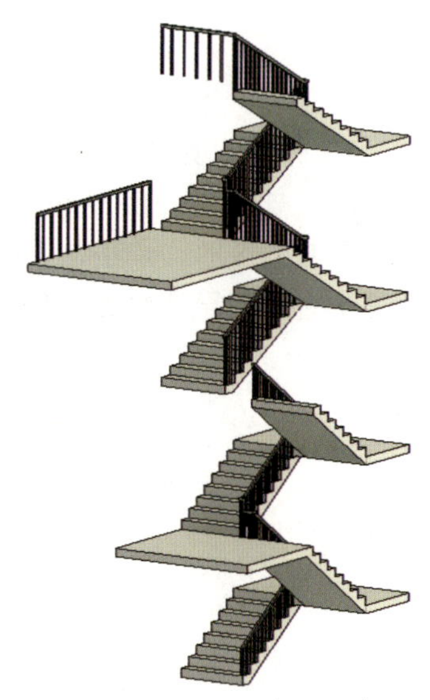

图 4-3-31　楼梯二的三维效果

4.3.3　创建楼层平台及楼地面

1．创建±0.000m 标高处的楼梯楼层平台及楼地面

1）在首层平面视图中的“建筑”选项卡中，选择“楼板”下拉列表中的“楼板：建筑”选项，如图 4-3-32 所示。

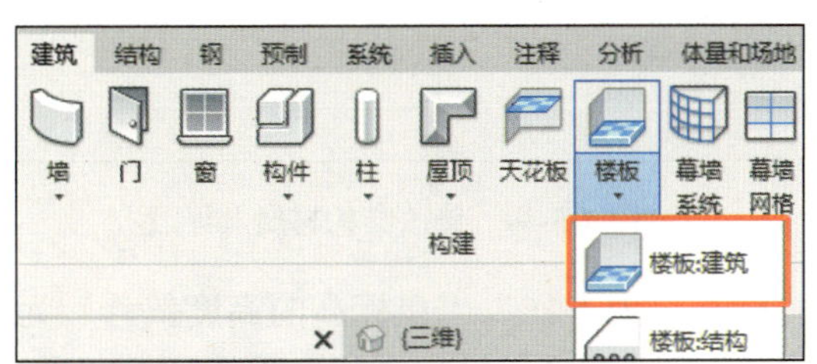

图 4-3-32　选择“楼板：建筑”选项

2）在其“属性”面板的类型选择器中选择“常规-150mm”类型楼板，设置约束条件“标高”为“1F”，“自标高的高度偏移”为 0，使用直线绘制出首层楼梯平台及楼地面边界线，如图 4-3-33 所示，然后单击“完成”按钮。

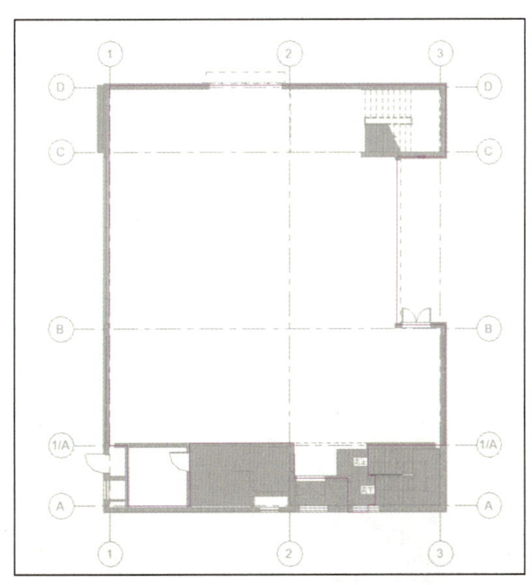

图 4-3-33　首层平台及楼地面边界线

3）在“建筑”选项卡中，选择“楼板”下拉列表中的“楼板：建筑”选项，单击楼板“属性”面板中的“编辑类型”按钮，在打开的“类型属性”对话框中复制并重命名为“面层-50mm”。单击“结构”右侧的“编辑”按钮，在打开的“编辑部件”对话框中修改材质为“面层水泥砂浆”，厚度依照结构图纸修改为 50，如图 4-3-34 所示，然后依次单击“确定”按钮即可。

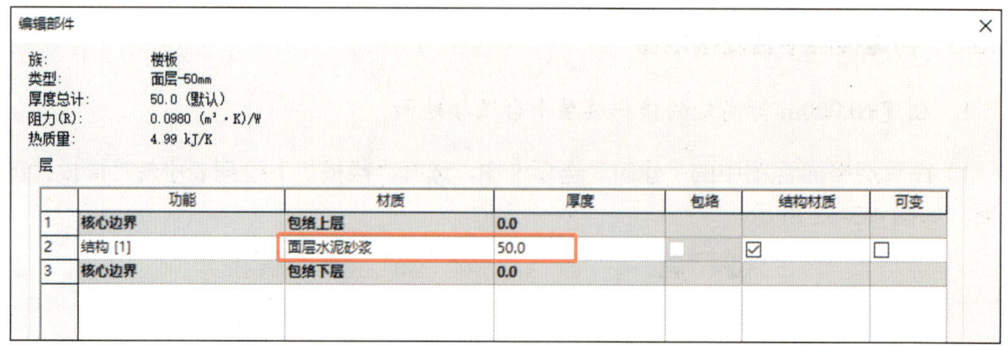

图 4-3-34　修改结构材质及厚度

4）设置约束条件“标高”为“1F”，“自标高的高度偏移”为-15，使用直线绘出门口处的边界线，如图 4-3-35 所示，然后单击“完成”按钮。

5）在“建筑”选项卡中，选择“楼板”下拉列表中的“楼板：建筑”选项，在其“属性”面板中的类型选择器中选择“面层-50mm”类型楼板，将其复制并命名为“面层-80mm”，结构厚度依照结构图纸修改为 80。设置约束条件“标高”为“1F”，“自标高的高度偏移”为-20，使用直线绘制出盥洗室和无障碍卫生间的边界线，如图 4-3-36 所示，然后单击“完成”按钮。

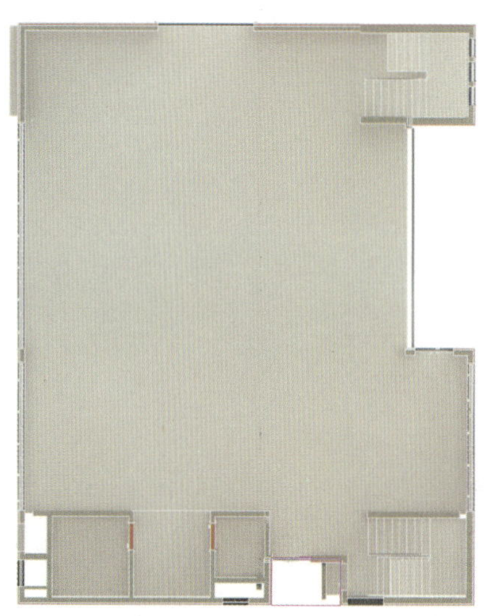

图 4-3-35　门口处“面层-50mm”边界线

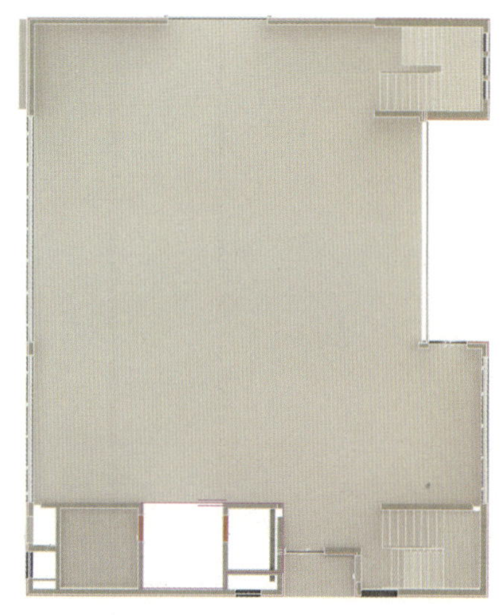

图 4-3-36　盥洗室和无障碍卫生间楼地面边界线

2. 创建标高 2.830m 处的楼地面

在“建筑”选项卡中，选择“楼板”下拉列表中的“楼板：建筑”选项，在其“属性”面板中的类型选择器中选择“面层-80mm”类型楼板。设置约束条件“标高”为“1F”，“自标高的高度偏移”为 2830，使用直线绘制出卫生间一的边界线，如图 4-3-37 所示，然后单击“完成”按钮。

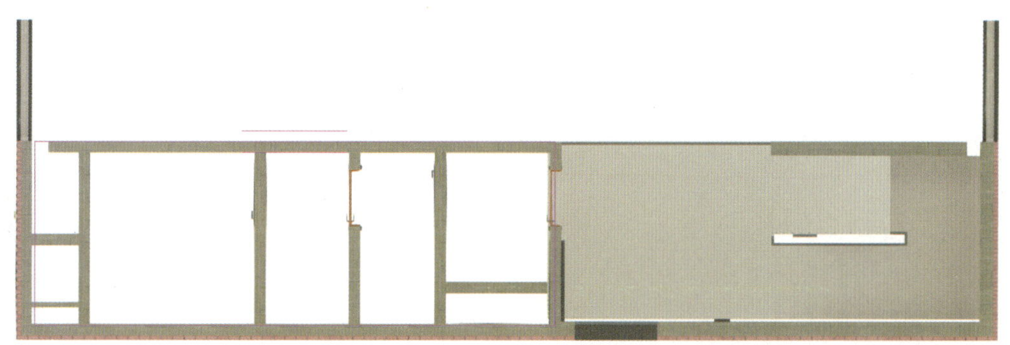

图 4-3-37　夹层卫生间一楼地面边界线

3. 创建标高 5.700m 处的楼层平台及楼地面

1）在“建筑”选项中，选择“楼板”下拉列表中的“楼板：建筑”选项，在其“属性”面板中的类型选择器中选择“面层-50mm”类型楼板。设置约束条件“标高”为“2F”，“自标高的高度偏移”为 0，使用直线绘制出平台及标高为 5.700m 的楼地面边界线，如图 4-3-38 所示，然后单击“完成”按钮。

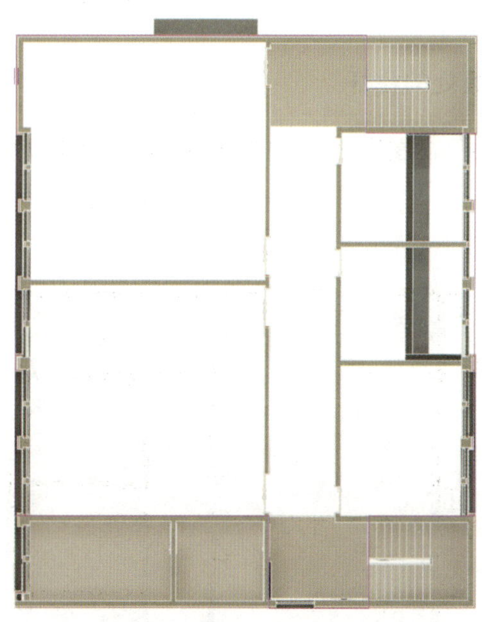

图 4-3-38　二层平台及楼地面边界线

2）在“建筑”选项卡中，选择“楼板”下拉列表中的“楼板：建筑”选项，在其“属性”面板的类型选择器中选择“面层-80mm”类型楼板。设置约束条件“标高”为“2F”，“自标高的高度偏移”为-20，使用直线绘制出卫生间二的边界线，如图 4-3-39 所示，然后单击“完成”按钮。

楼层平台及楼地面的三维视图效果如图 4-3-40 所示。

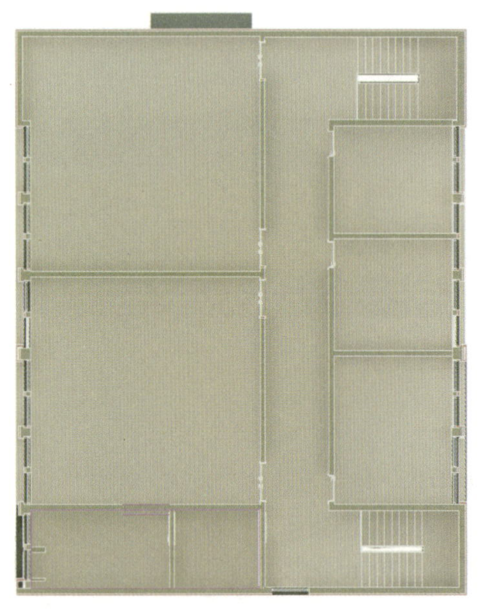

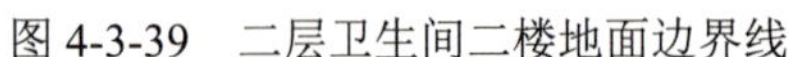

图 4-3-39　二层卫生间二楼地面边界线

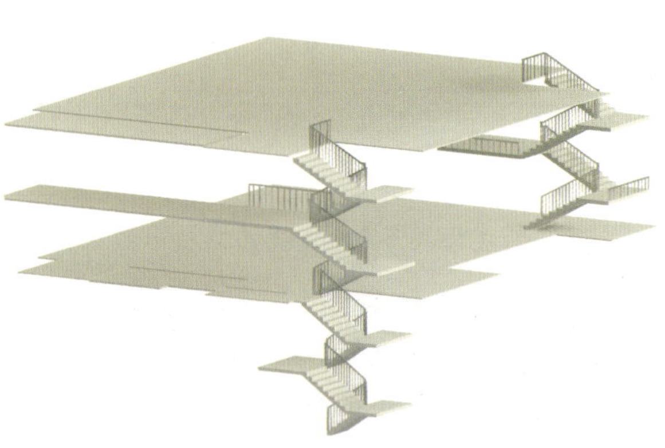

图 4-3-40　楼层平台及楼地面的三维视图效果

4.3.4　创建二层空调板处的栏杆

识读“建施 07：二层平面图”，在 1 和 3 轴的外墙上有空调板的栏杆，位置如图 4-3-41 所示。

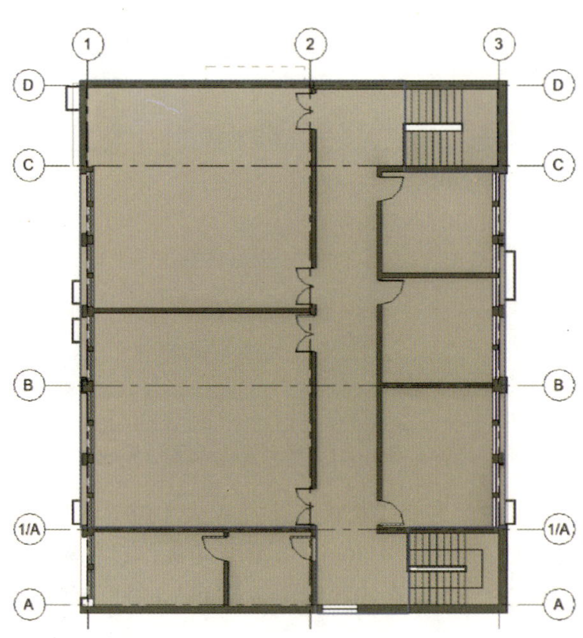

图 4-3-41　二层空调板栏杆的位置

1）在“建筑”选项卡中，选择“栏杆扶手”下拉列表中的“绘制路径”选项，在其“属性”面板的类型选择器中选择“900mm”类型，单击“编辑类型”按钮，在打开的“类型属性”对话框中将其复制并命名为“500mm 矩形”，设置“高度”为 500，如图 4-3-42 所示。

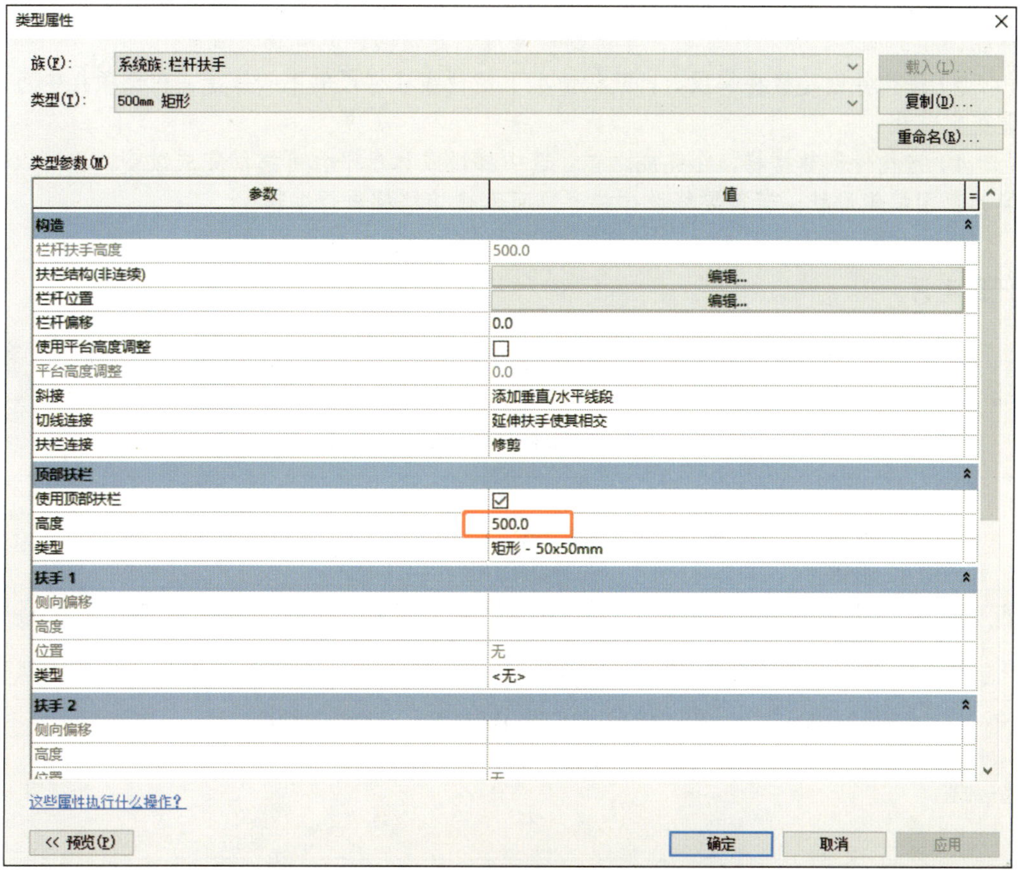

类型属性

族(F): 系统族:栏杆扶手　　载入(L)...

类型(T): 500mm 矩形　　复制(D)...

重命名(R)...

类型参数(M)

参数	值
构造	
栏杆扶手高度	500.0
扶栏结构(非连续)	编辑...
栏杆位置	编辑...
栏杆偏移	0.0
使用平台高度调整	☐
平台高度调整	0.0
斜接	添加垂直/水平线段
切线连接	延伸扶手使其相交
扶栏连接	修剪
顶部扶栏	
使用顶部扶栏	☑
高度	500.0
类型	矩形 - 50x50mm
扶手 1	
侧向偏移	
高度	
位置	无
类型	<无>
扶手 2	
侧向偏移	
高度	

这些属性执行什么操作?

<< 预览(P)　　确定　取消　应用

图 4-3-42　设置“500mm 矩形”类型栏杆的高度

2）以 1 轴交 1/A 轴附近的空调板栏杆为例，绘制栏杆路径，如图 4-3-43 所示，然后单击“完成”按钮。重复上述操作，完成所有空调板栏杆的创建。其三维效果如图 4-3-44 所示。

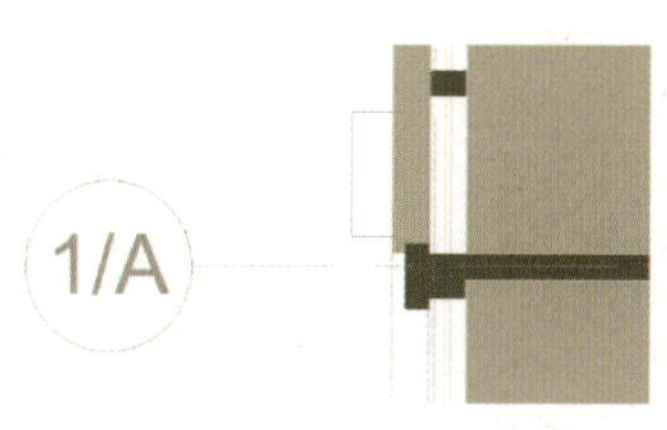

图 4-3-43　绘制栏杆路径

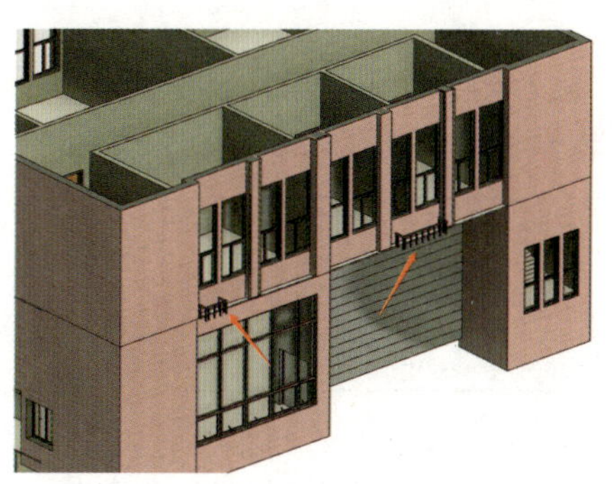

图 4-3-44　空调板栏杆的三维效果

温馨提示

1）创建楼梯时，注意方向，从低向高进行创建。

2）按构件创建楼梯，需重点注意以下几项属性的调整：底部标高、底部偏移、顶部标高、顶部偏移、所需踢面数、实际踏板深度、定位线、实际梯段宽度。

3）按构件创建楼梯梯段时，默认情况下定位线在梯段的中心线上，在选项栏中可以调整定位线。

4）按构件创建楼梯，在完成之前，选中梯段或休息平台可拖动完成改变，也可以转换为草图编辑形状。若需要修改楼梯，则可双击该楼梯进行编辑。

任务考评

任务考核评价以学生自评为主，根据表 4-3-1 中的考核评价内容对学习成果进行客观评价。

表 4-3-1 任务考评表

序号	考核点	考核内容	分值	得分
1	楼梯信息	通过识图，能确定楼梯的起步位置、平台位置、标高等信息	20	
2	创建楼梯	能正确设置楼梯参数并创建楼梯	20	
3	修改楼梯平台	能正确调整楼梯平台的尺寸	20	
4	栏杆扶手信息	能通过识图确定栏杆扶手的位置及相关信息	20	
5	创建栏杆扶手	能正确设置栏杆扶手参数并创建栏杆扶手	10	
6	楼层平台及楼地面	能使用楼板创建楼层平台及楼地面，并设置正确的标高	10	
合计			100	

总结反思：

签字：

任务拓展　复制标准层楼梯

1）当项目中存在连续的标准层楼梯时，先创建下层楼梯，再使用“复制”和“粘贴”按钮或“选择标高”按钮创建其他楼层的楼梯。

① 选中创建好的楼梯，利用“复制”和“粘贴”按钮，粘贴到相应视图，如图 4-3-45 所示。

② 激活楼层平面视图，选中创建好的楼梯，利用“选择标高”按钮，如图 4-3-46 所示，选择连续标准层的最高层。

图 4-3-45 “复制”和“粘贴”按钮

图 4-3-46 “选择标高”按钮

上述两种方式生成的楼梯在样式上完全一致，但是二者有内在区别：利用“复制”“粘贴”按钮生成的楼梯梯段以每一个标准层为单元，而利用“选择标高”按钮生成的楼梯则为一个整体。

2）修改楼梯踏步。楼梯踏步外形及面层样式多种多样，可以根据工程具体做法对其进行修改。

3）按构件创建楼梯时，默认定位线为中心线。我们可以根据实际操作的需要，将定位线改为“梯段：左”或“梯段：右”，同时可以设置对应的偏移量，如图 4-3-47 所示。合理选择定位线，能有效提高工作效率。

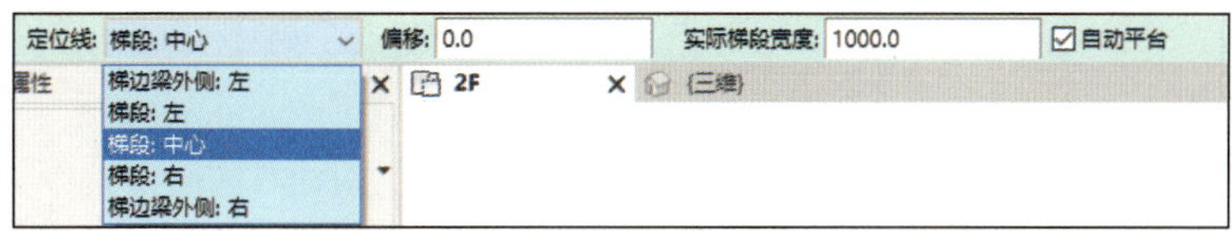

图 4-3-47 设置楼梯定位线及偏移量

4）楼梯是一个比较复杂的工程构件，建模时需要反复查阅、对比建筑图和结构图，并将楼梯详图与板、梁、柱等图纸进行结合，及时发现碰撞、漏项等错误。切忌看图纸不全面。

5）栏杆扶手的样式可以根据项目的需求进行修改。选择栏杆扶手，在“类型属性”对话框中可以设置多种参数，并对其进行编辑，如图 4-3-48 ~ 图 4-3-50 所示。

图 4-3-48 栏杆扶手的类型属性

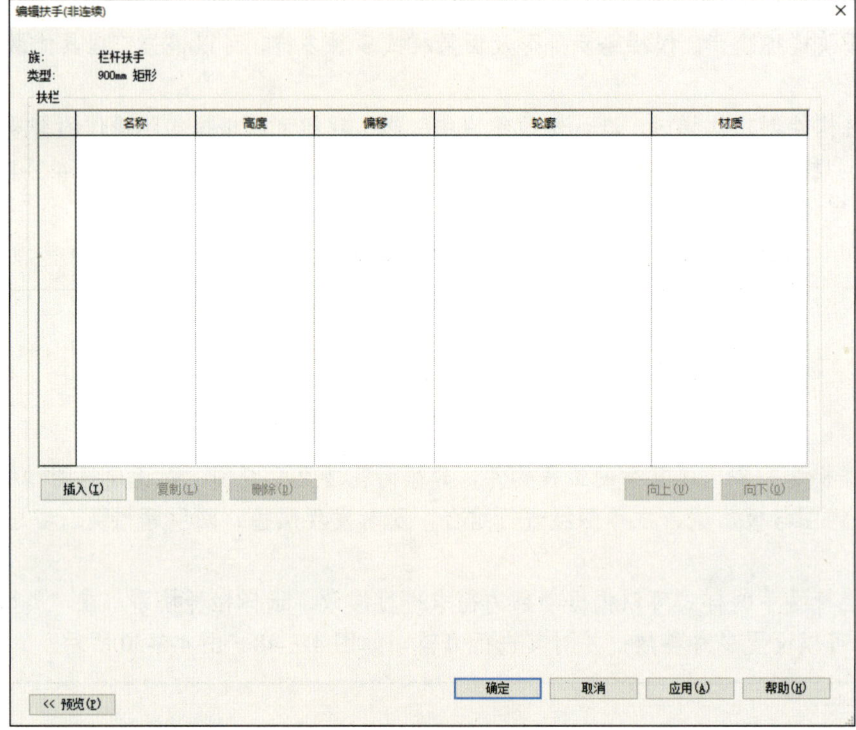

图 4-3-49 编辑扶手

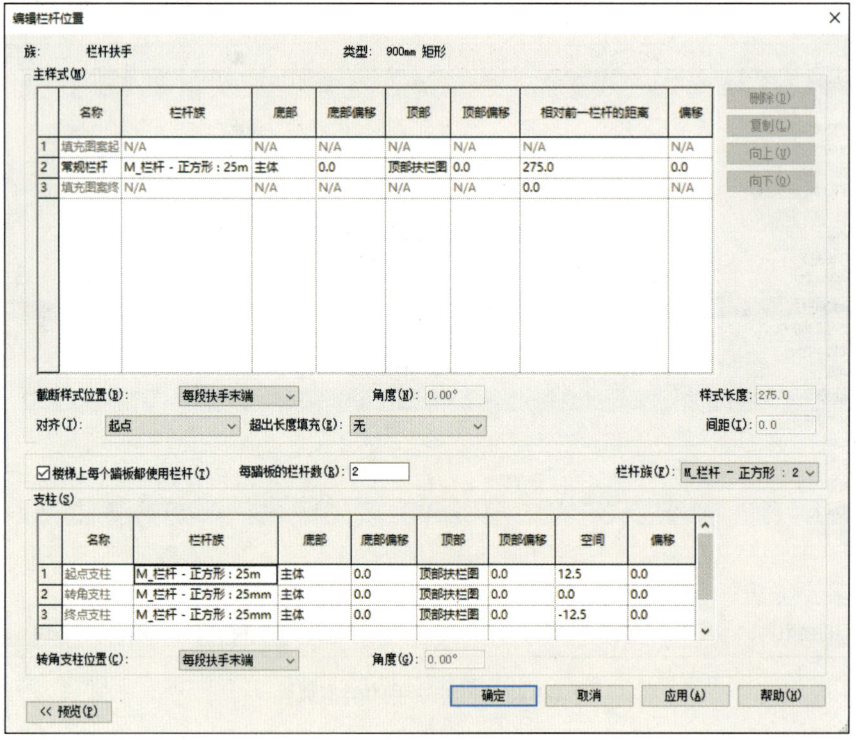

图 4-3-50 编辑栏杆位置

项 目 考 评

项目考核评价以学生自评和小组评价为主，教师根据表 4-x-1 中的考核评价要素对学习成果进行综合评价。

交互模型：建筑模型

表 4-x-1　项目考评表

班级：　　　　第（　）小组　　姓名：　　　　时间：

评价模块	评价内容	分值	自我评价	小组评价
理论知识	1）了解创建建筑模型的具体流程	10		
	2）理解墙体和楼梯的定位方法	10		
	3）掌握建筑施工图的识读方法	10		
操作技能	1）能正确创建、编辑墙体和幕墙模型	20		
	2）能正确创建和编辑门窗模型	20		
	3）能正确创建和编辑楼梯、栏杆扶手模型	20		
职业素养	1）具有良好的工作习惯，细致严谨、认真负责	5		
	2）具有团队协作意识	5		

综合评价：

签字：

直 击 工 考

一、选择题

1. 在 Revit 软件中，创建墙体的快捷命令是（　　）。

A. LL　　B. GR　　C. WB　　D. WA

2. 在 Revit 软件中，墙属于（　　）族。

A. 系统　　B. 内建　　C. 可载入　　D. 单独

3. 在 Revit 软件中，门窗族属于（　　）。

A. 内建族　　B. 主体图元　　C. 可载入族　　D. 系统族

4. 在 Revit 软件中创建 900mm×2300mm 的门，如果类型属性中没有这个类型，则可以通过（　　）来创建，并修改相应的参数，得到需要的门类型。

A. 编辑类型—复制　　B. 编辑类型—重命名

C. 编辑类型—直接修改　　D. 重新载入族

5．下列关于创建栏杆扶手的说法中，正确的是（　　）。

A．可以直接在建筑平面图中创建栏杆扶手

B．可以在楼梯主体上创建栏杆扶手

C．可以在坡道上创建栏杆扶手

D．以上均可

6．（多选）在 Revit 软件中，放置门时，如果开启方向反了，则先选中门实例，然后按（　　）或单击（　　）来调整。

A．Space 键　　B．Shift 键　　C．Ctrl 键　　D．翻转控件

7．（多选）在 Revit 软件中创建楼梯，单击“修改|创建楼梯”选项卡“构件”选项组中的“直梯”按钮，在其“属性”面板中不需要设置的选项有（　　）。

A．所需踢面数　　B．实际踢面高度

C．实际踏板深度　　D．实际踢面数

8．（多选）下列关于坡道的说法中，正确的是（　　）。

A．坡道的创建方向是上坡方向

B．坡道的创建方向是下坡方向

C．坡道创建完成后自动生成栏杆扶手

D．坡道的起止点必须位于不同的标高位置

二、实训题

【2019 年 1+X“建筑信息模型（BIM）职业技能等级证书”考试真题】按钢结构雨棚图纸要求，建立钢结构雨棚模型（包括标高、轴网、楼板、台阶、钢柱、钢梁、幕墙及玻璃顶棚），尺寸、外观与图示一致，幕墙和玻璃雨棚表示网格划分即可，如图 4-z-1～图 4-z-5 所示。钢结构除图中标注外均为 GL2 矩形钢，图中未注明尺寸自定义。将建好的模型以“钢结构雨棚+考生姓名”为文件名保存至考生文件夹中。

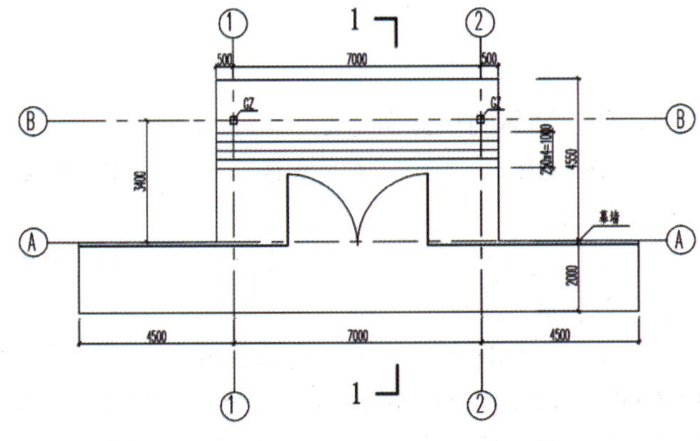

图 4-z-1　F1 层平面图

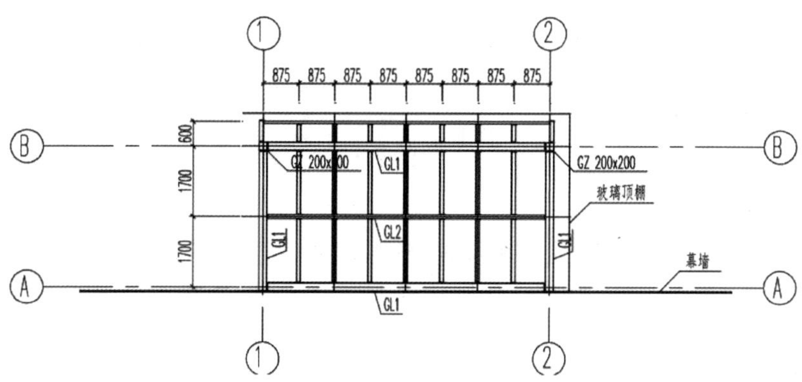

图 4-z-2　F2 层平面图

标记	尺寸	类型
GZ	200x200x5	方形钢
GL1	200x200x5	方形钢
GL2	200x100x5	矩形钢

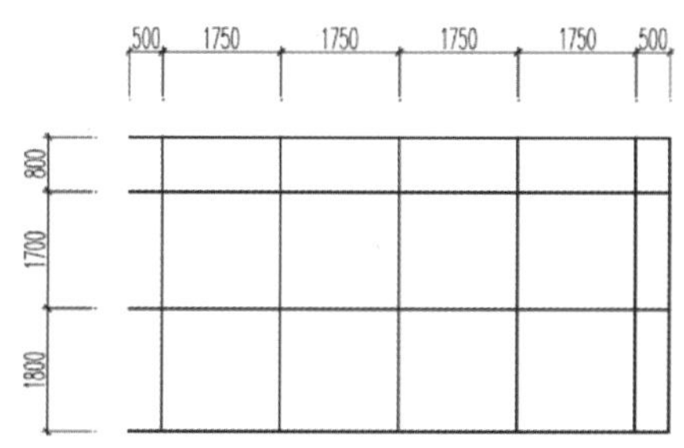

图 4-z-3　玻璃顶棚节点图

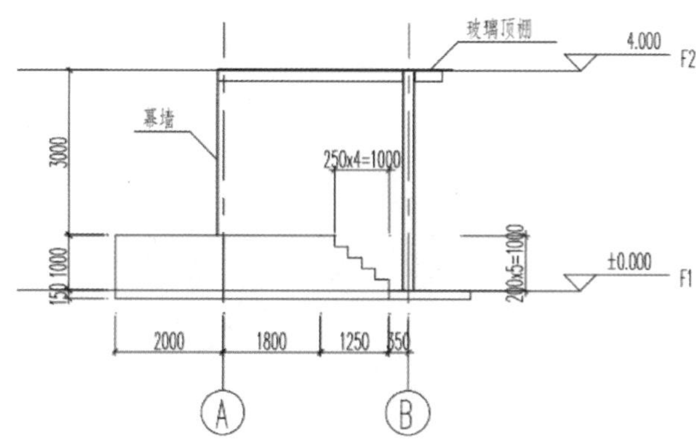

图 4-z-4　1—1 剖面图

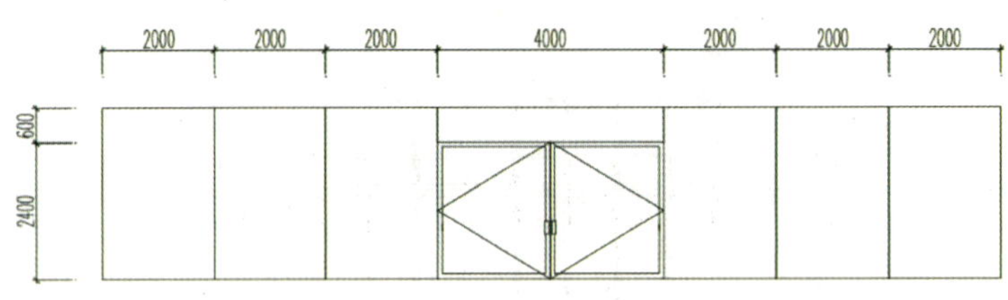

图 4-z-5　幕墙节点图

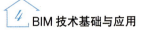

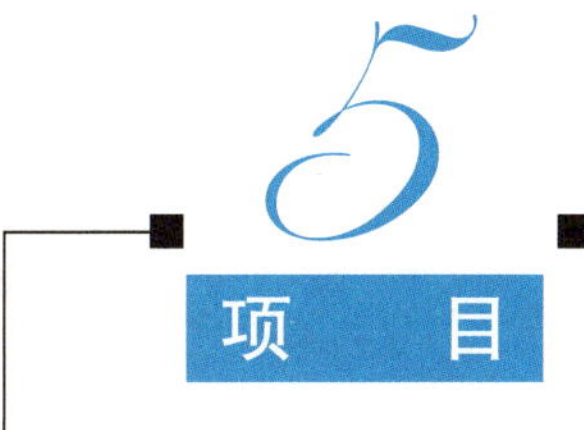

项目 5 给水排水模型创建

内容导读

给水排水系统是为人们的生活、生产、市政和消防提供用水和废水排除设施的总称，是任何建筑都必不可少的重要组成部分。一般建筑物的给水排水系统包括生活给水系统、生活排水系统和消防系统等。给水排水系统建模属于 Revit 建模过程中的一个重要部分，包括建立给水模型、排水模型、消防模型、凝结水模型等内容。

学习目标

知识目标

1）了解给水系统、排水系统、消防系统、凝结水系统的功能与组成。

2）掌握给水系统、排水系统、消防系统、凝结水系统管道管件及管道附件的连接方法。

3）掌握使用 Revit 2021 中的绘制线、延伸等命令创建管道的方法

4）掌握在绘制图层调整链接图纸位置的方法

5）掌握载入族、修改结构管及配件的属性信息的方法

能力目标

1）能正确识读给水系统、排水系统、消防系统、凝结水系统的施工图。

2）能按图纸绘制给水系统、排水系统、消防系统、凝结水系统的管道及管件。

素养目标

1）培养全局思维，强化团队协作意识，勇于创新。

2）培养凝神聚力、精益求精、追求极致的职业品质。

任务 5.1 创建给水模型

微课：创建给水管道

任务描述

汽车实训室给水系统主要集中在地下一层和一层、夹层、二层盥洗室及卫生间中。

本任务要求识读汽车实训室给水系统施工图“水施 01：设计说明”“水施 02：地下一层给排水消火栓平面图”“水施 03：一层给排水消火栓平面图”“水施 04：二层给排水消火栓平面图”“水施 05：给排水消火栓系统图”，创建给水系统模型并设置给水管道和给水系统参数。

识读“水施 05：给排水消火栓系统图”，可以找出各楼层给水支管的管径和标高；在“水施 02”“水施 03”“水施 04”各楼层给排水消火栓平面图中可以找出各楼层给水水平支管的位置。

任务目标

1）了解给水系统的功能与组成。

2）掌握给水管道的建立方法，以及管件和管道附件的连接方法。

3）能正确识读给水系统图纸。

4）能正确设置给水管道参数。

5）能正确绘制给水管道和添加管道附件。

5.1.1 准备工作

1. 拆分图纸

在将图纸导入 Revit 软件中之前，首先要对图纸进行拆分处理，即把图纸按照专业和楼层进行拆分。以给水排水专业为例，将“图纸：给排水平面图”按照楼层进行拆分，经整理，拆分后的给水排水专业图纸如图 5-1-1 所示。

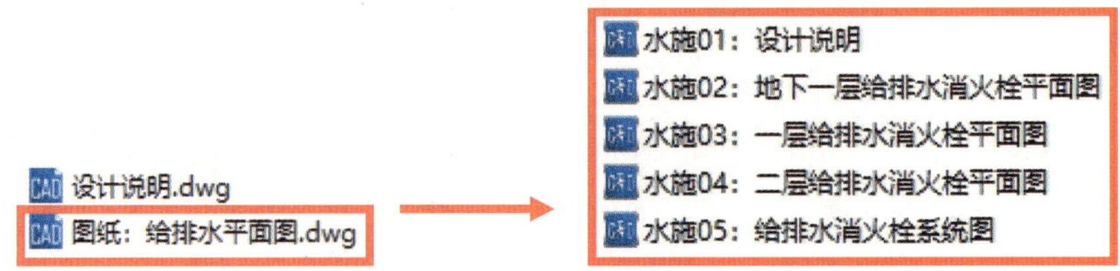

图 5-1-1 给水排水图纸拆分与处理

2. 打开土建模型文件

双击打开建好的土建模型文件，打开土建模型。双击打开“项目浏览器”中的“楼层平面”→“1F”楼层平面，然后单击“视图”选项卡“图形”选项组中的“可见性/图形”按钮，如图 5-1-2 所示。在打开的对话框中选中“过滤器列表”下拉列表中的“建筑”和“结构”复选框，然后单击“全选”按钮选中全部模型类别；再单击任意一种类别，取消选中所有的复选框后，单击“全部不选”按钮，如图 5-1-3 所示。选择“导入的类别”选项卡，取消选中之前导入的土建图纸的“可见性”复选框，如图 5-1-4 所示，最后单击“确定”按钮。依次打开其余-1F、2F、3F 楼层平面，完成上述相同的操作，隐藏土建模型。

图 5-1-2　“可见性/图形”按钮

图 5-1-3　隐藏土建模型

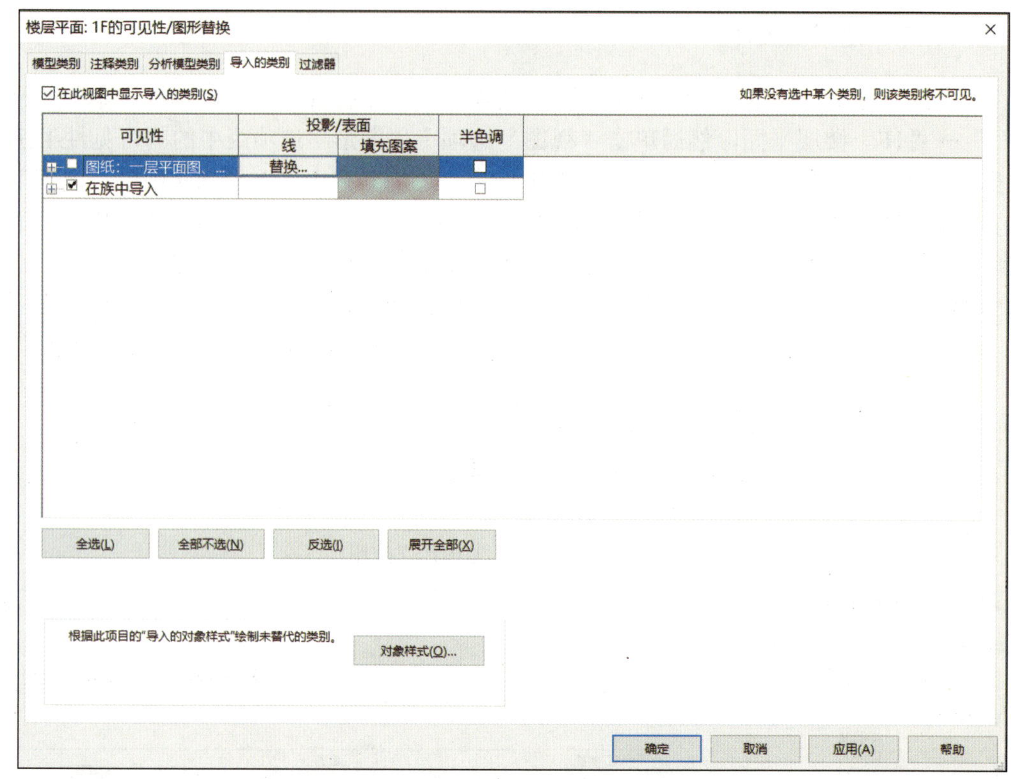

图 5-1-4　隐藏土建图纸

3. 导入图纸

选择“项目浏览器”中的“楼层平面”→“-1F”选项，如图 5-1-5 所示，打开-1F 楼层平面视图。

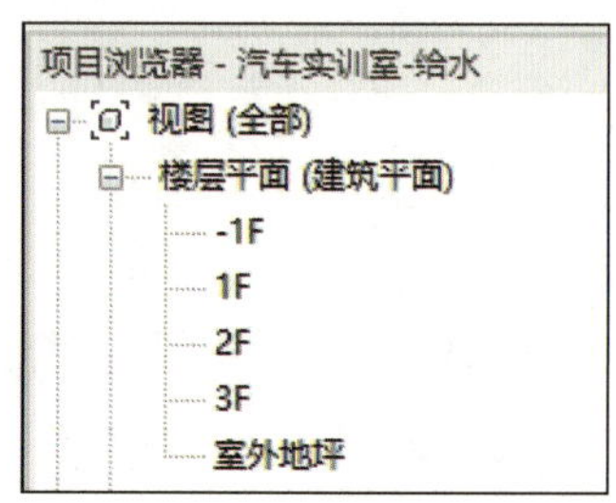

图 5-1-5　打开-1F 楼层平面视图

将之前拆分出的“水施 02：地下一层给排水消火栓平面图”导入上述打开的平面视图中，单击“插入”选项卡“导入”选项组中的“导入 CAD”按钮，在打开的“导入 CAD 格式”对话框中选择“水施 02：地下一层给排水消火栓平面图”，选中“仅当前视图”复选框，设置“颜色”为“保留”，“定位”为“自动中心到中心”，“导入单位”为“毫米”，如图 5-1-6 所示，设置完成后单击“打开”按钮完成操作。

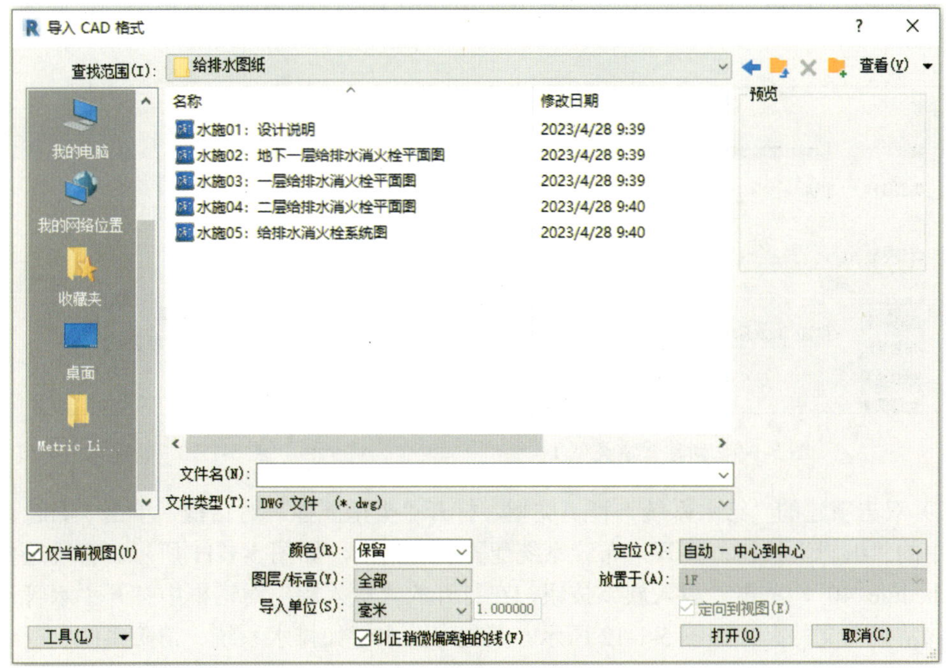

图 5-1-6　导入 CAD 图纸

导入 Revit 的图纸后，其初始默认为锁定状态，所以首先要将其解锁，方法如下：单击选中图纸，再单击“解锁”按钮，如图 5-1-7 所示，将图纸解锁。然后使用移动或“对齐”命令将 CAD 图纸与楼层平面中的轴网对齐，如图 5-1-8 所示。

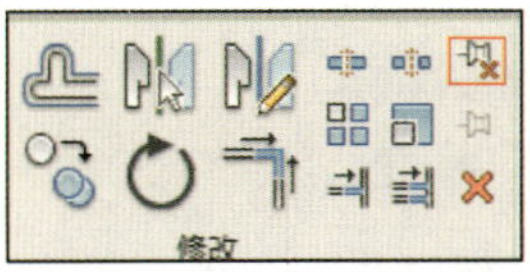

图 5-1-7　解锁 CAD 图纸

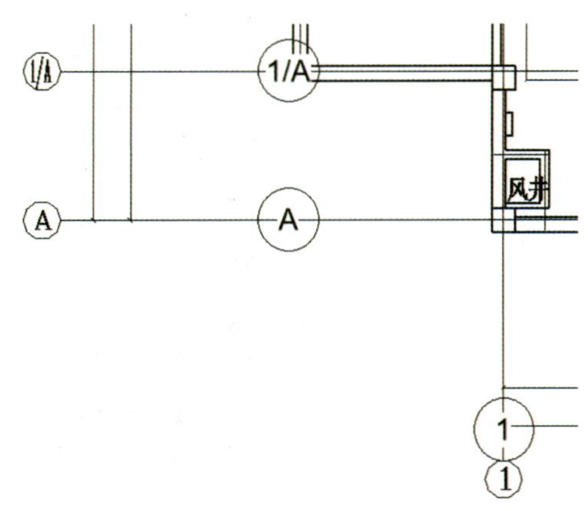

图 5-1-8　将 CAD 图纸与轴网对齐

5.1.2　设置给水管道参数

1）在“项目浏览器”中的“族”→“管道”→“管道类型”中，右击“默认”管道类型，在弹出的快捷菜单中选择“类型属性”选项，在打开的“类型属性”对话框中单击“复制”按钮，在打开的“名称”对话框中设置“名称”为“给水系统”，如图 5-1-9 所示，依次单击“确定”按钮。此时，“项目浏览器”中新增了“给水系统”管道类型，如图 5-1-10 所示。

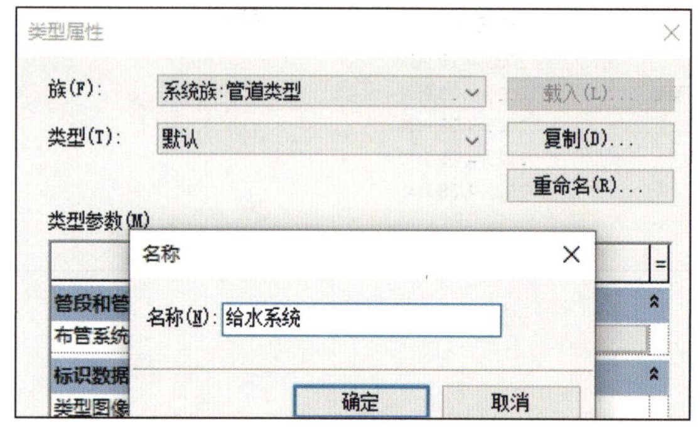

图 5-1-9　新建管道类型 1

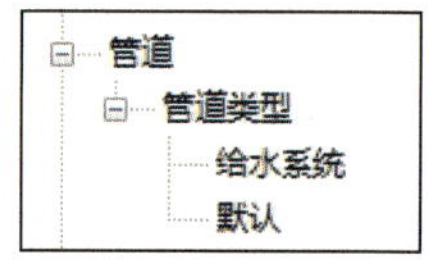

图 5-1-10　新建管道类型 2

2）双击新建的“给水系统”管道类型，打开“类型属性”对话框，单击“布管系统配置”中的“编辑”按钮，打开“布管系统配置”对话框，如图 5-1-11 所示。管段选择“碳钢-Schedule 40”，单击“载入族”按钮，在打开的“载入族”对话框中打开“水管管件”中的“常规”文件夹，如图 5-1-12 所示。其他专业水管如排水系统、消防系统、凝结水系统等布管系统的配置方法均与上述相同，这里不再赘述。

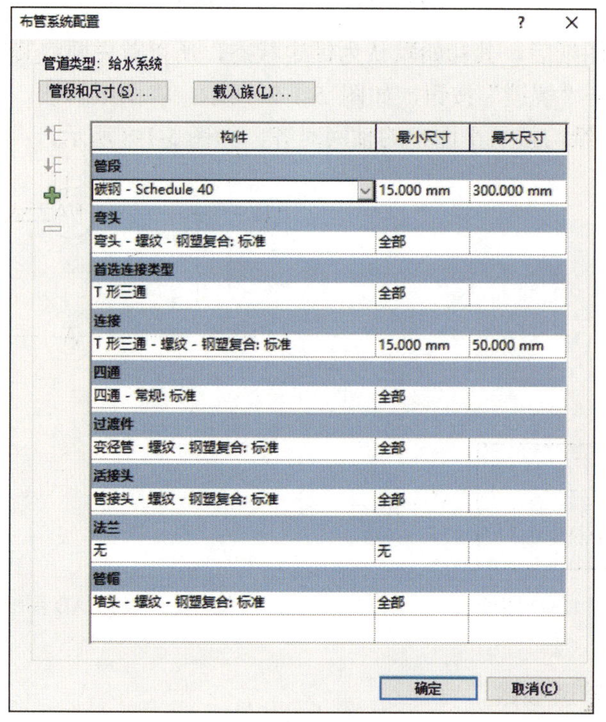

图 5-1-11　载入所需管件族

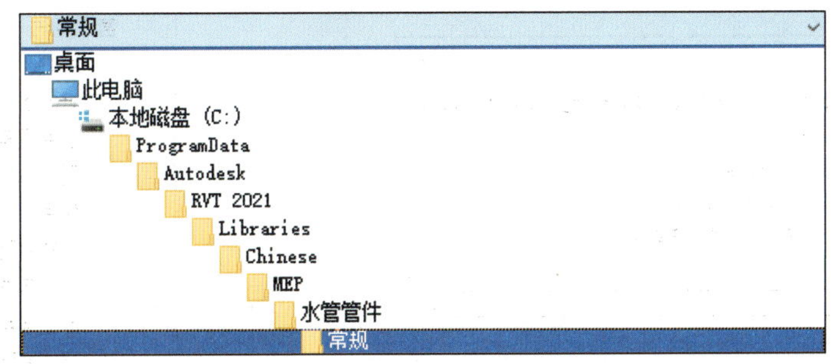

图 5-1-12　“常规”文件夹的路径

3）双击“项目浏览器”中的“管道”→“管道类型”→“给水管道”选项，打开“类型属性”对话框，单击“布管系统配置”中的“编辑”按钮。在打开的“布管系统配置”对话框中单击“管段和尺寸”按钮，打开“机械设置”对话框，单击“新建管段”按钮，新建管段，如图 5-1-13 所示。

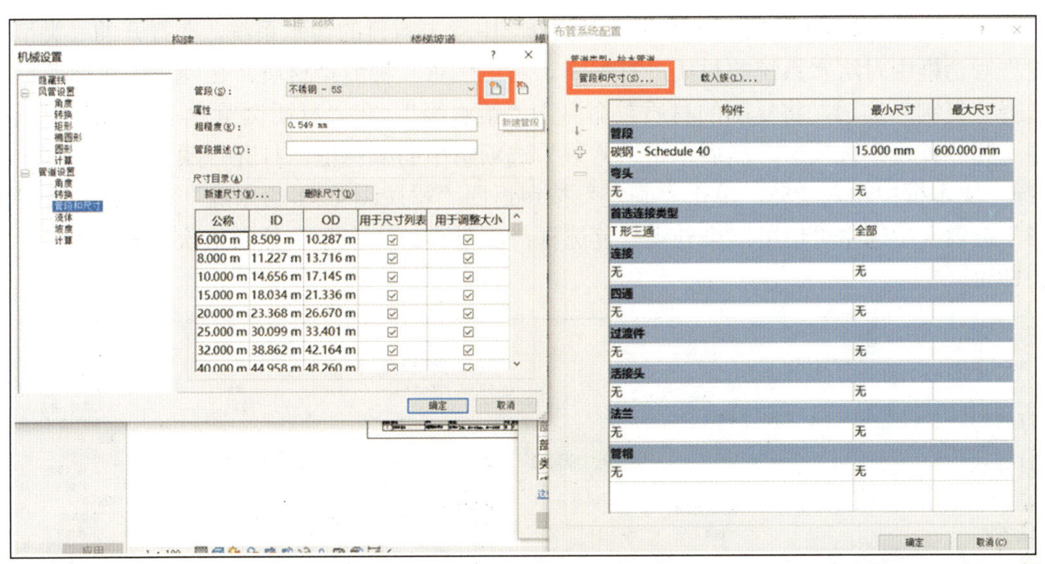

图 5-1-13　新建管段

4）在打开的“新建管段”对话框的“新建”选项组中选中“材质和规格/类型”单选按钮，按照给水排水设计说明给出的材质，在“规格/类型”文本框中输入“塑钢”，如图 5-1-14 所示，然后依次单击“确定”按钮即可。

5）在绘制管道之前，需要新建管道系统。在“项目浏览器”中右击“管道系统”→“家用冷水”，在弹出的快捷菜单中选择“复制”选项，复制系统。右击新复制的给水系统，在弹出的快捷菜单中选择“重命名”选项，在打开的对话框中将其重命名为“给水系统”，如图 5-1-15 所示。使用相同的方法，可创建“消火栓系统”“排水系统”“凝结水系统”。

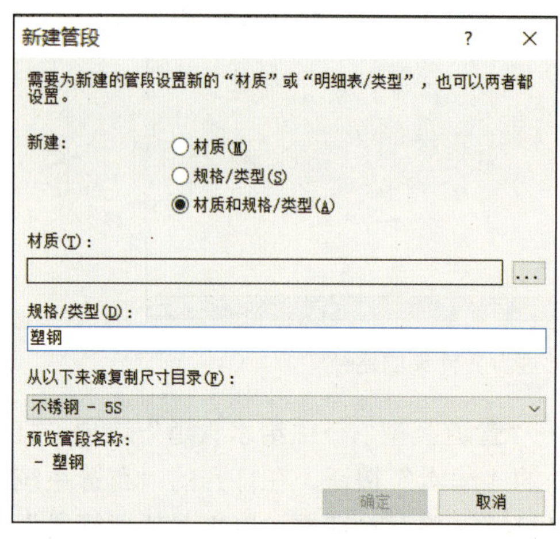

图 5-1-14　新建管段材质

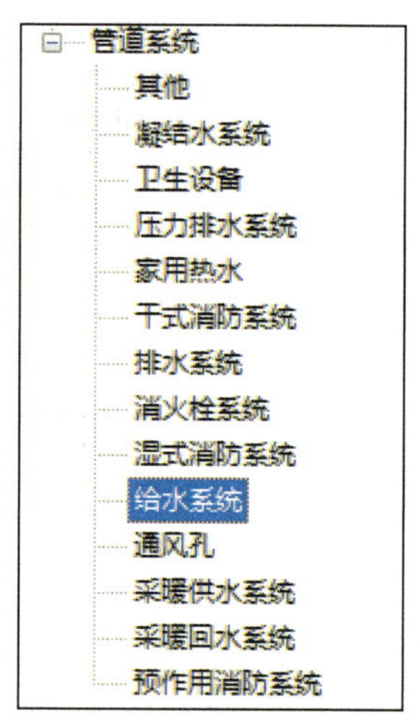

图 5-1-15　新建给水系统

6）设置给水系统材质。在“项目浏览器”中双击新建的给水系统，在打开的“类型属性”对话框中对给水系统的材质进行编辑。右击任意一种渲染材质，在弹出的快捷菜单中选择“复制”选项，将复制的材质重命名为“给水绿”。在“材质浏览器-给水绿”对话框中选择“外观”选项卡，然后单击“常规”选项组中的颜色框，打开“颜色”对话框。在“绿”文本框中输入 255，单击“确定”按钮返回“材质浏览器-给水绿”对话框。在“图形”选项卡中选中“使用渲染外观”复选框，如图 5-1-16 所示，然后依次单击“确定”按钮即可。

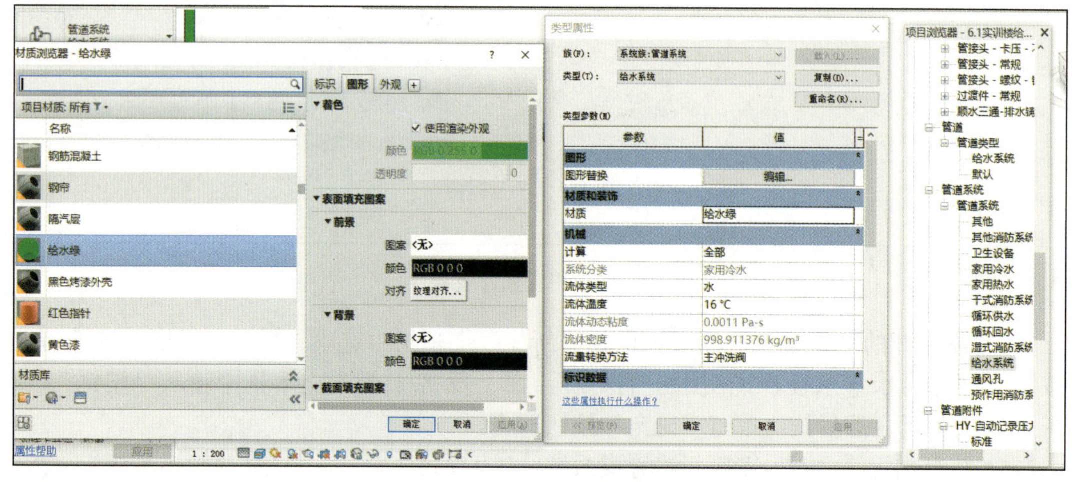

图 5-1-16　设置给水系统的材质

5.1.3　绘制给水管道

给水管道的绘制顺序为由下层至上层，首先绘制地下一层给水管道。

1）打开“楼层平面：-1F”视图。地下一层给水系统管道主要由引入管、给水干管、给水立管等组成，其中引入管、给水干管为水平方向管道，给水立管为垂直方向管道。根据给水排水设计说明，给水管道材质选用钢塑管，管径为 DN65、DN50、DN32、DN25 等。

2）载入所需管道的附件族。单击“插入”选项卡中的“载入族”按钮，在打开的“载入库”对话框中将给水管道所需的管道附件“蝶阀”“过滤器-Y 型”“给水管截止阀”“室内水表”“给水止回阀”族文件载入项目中，如图 5-1-17 所示，然后单击“打开”按钮。

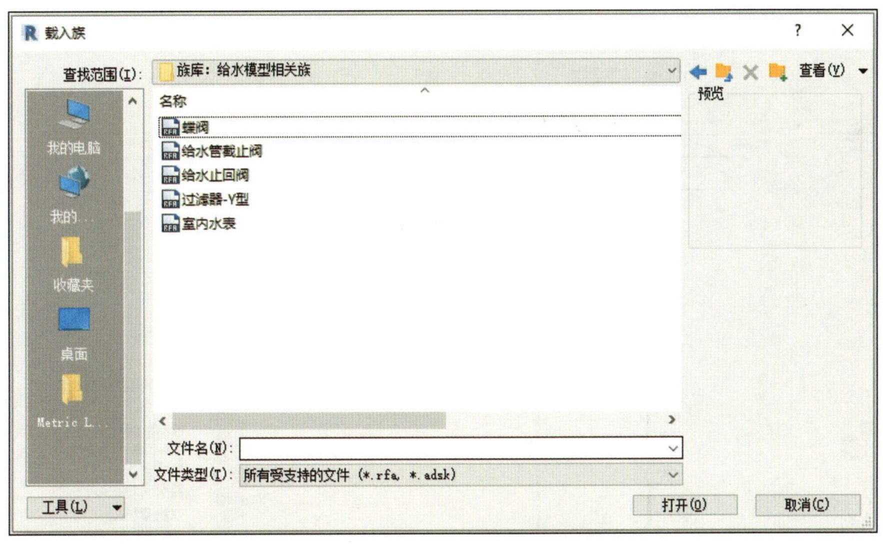

图 5-1-17　载入所需管路附件

3）绘制水平横管。首先从地下一层给水引入管开始绘制。单击“系统”选项卡“卫浴和管道”选项组中的“管道”按钮（快捷命令为 PI），进入管道绘制模式。

4）选择“给水管道”类型。在管道“属性”面板中设置“管道类型”为“给水管道”，如图 5-1-18 所示。

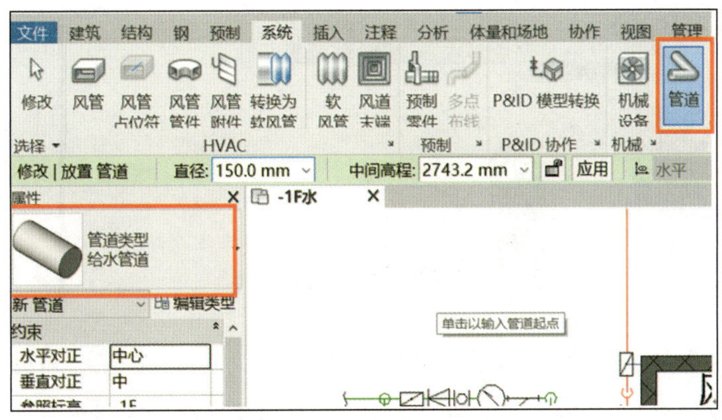

图 5-1-18　设置管道类型

5）设置“给水管道”属性。在“属性”面板中，设置所绘制给水管道的属性，设置“水平对正”为“中心”，“垂直对正”为“中”，“参照标高”为“1F”，“系统类型”为“给水系统”，在选项栏中设置“中间高程”为-1450mm，“直径”为 65mm，如图 5-1-19 所示。设置完成后，在导入的图纸上找到给水管线的起点，单击，拖动鼠标沿着给水管线方向移动，当遇到立管符号“0”时单击，完成其余水平横管的绘制。

6）绘制给水立管。以给水引入管进入室内后的一段给水立管（位置位于地下一层 A 轴与 1 轴、2 轴之间）为例进行介绍。单击刚才绘制的水平横管，在水平横管的端点右击水平管尾部的拖拽点，在弹出的快捷菜单中选择“绘制管道”选项，如图 5-1-20 所示，即可指定给水立管的起点。

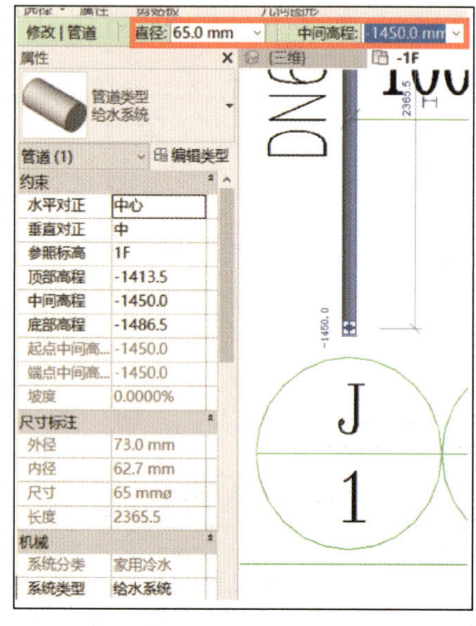

图 5-1-19　设置“给水管道”的属性

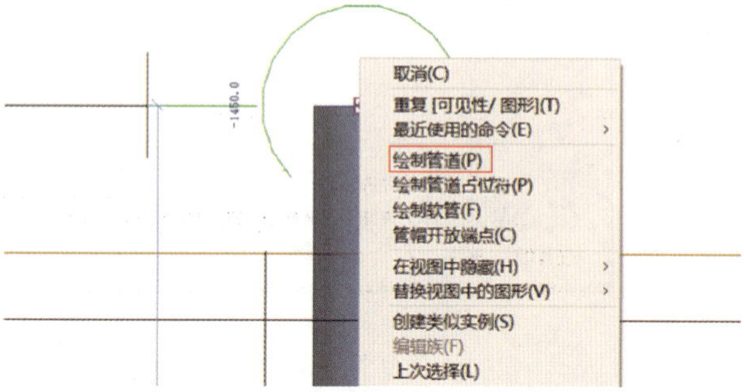

取消(C)
重复 [可见性/ 图形](T)
最近使用的命令(E)
绘制管道(P)
绘制管道占位符(P)
绘制软管(F)
管帽开放端点(C)
在视图中隐藏(H)
替换视图中的图形(V)
创建类似实例(S)
编辑族(F)
上次选择(L)

图 5-1-20　确定给水立管的绘制起点

7）将选项栏中的“中间高程”设置为-3000mm，然后单击“应用”按钮，即可完成立管的绘制，如图 5-1-21 所示。绘制完成后的给水立管的三维效果如图 5-1-22 所示。

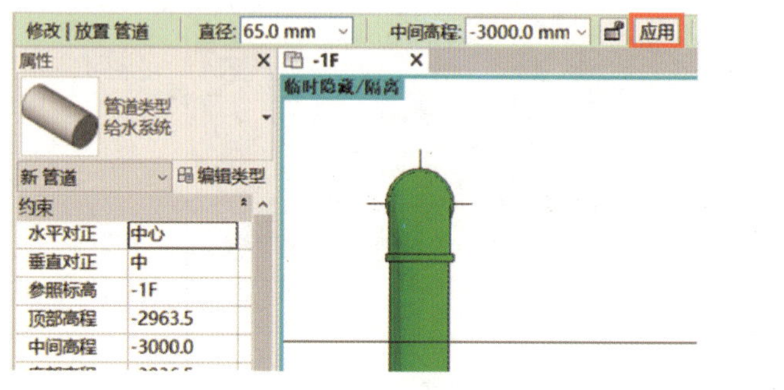

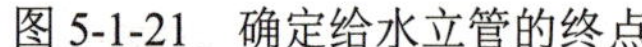
图 5-1-21　确定给水立管的终点

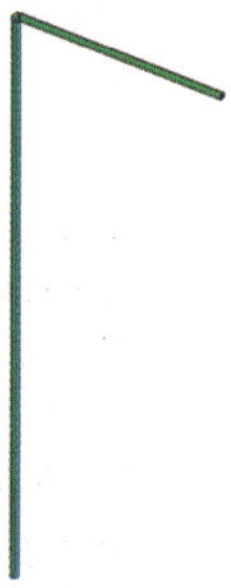

图 5-1-22　给水立管的三维效果

8）绘制给水立管下方的给水横管。因为在平面中无法捕捉到立管下端点，所以需要在给水立管旁建立剖面来找到立管下端点。单击快速访问工具栏中的“剖面”按钮，在立管下侧绘制剖切面，如图 5-1-23 所示。

9）右击剖切符号，在弹出的快捷菜单中选择“转到视图”选项，如图 5-1-24 所示，即可进入该剖面视图。

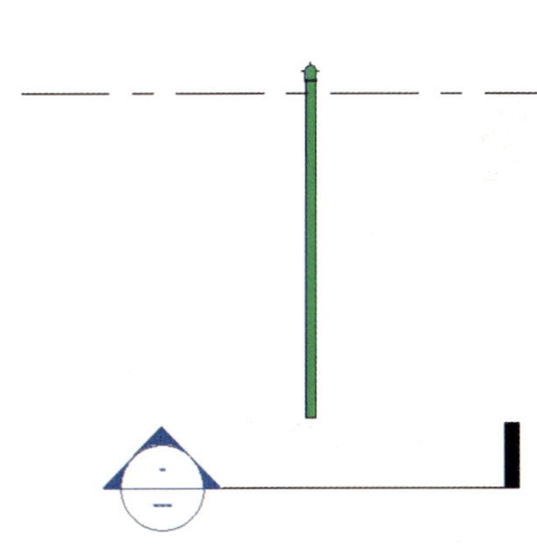

图 5-1-23　建立剖切面

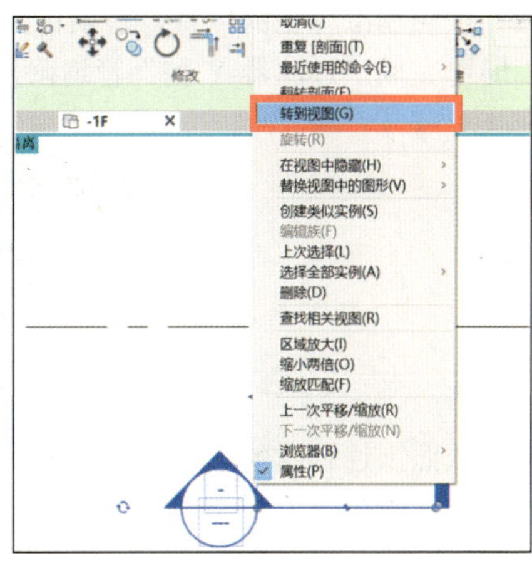

图 5-1-24　转至剖面视图界面

10）在剖面视图中，单击给水立管，右击立管下端点，在弹出的快捷菜单中选择“绘制管道”选项，水平移动鼠标指针，单击完成立管下方水平横管的绘制，如图 5-1-25 所示，完成效果如图 5-1-26 所示。

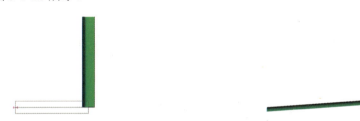

图 5-1-25　绘制给水立管下端的给水横管　　　　图 5-1-26　给水管道（局部）的三维效果

11）给水管道附件的添加。前面已经将管道附件载入项目中，现将管道附件按照图纸要求布置在相应的位置。下面以管道附件“过滤器”为例进行介绍，其余管道附件的添加方法与之相同，这里不再赘述。单击“系统”选项卡“卫浴和管道”选项组中的“管路 附件”按钮，在其“属性”面板中选择“过滤器-Y 型”管道附件，如图 5-1-27 所示。

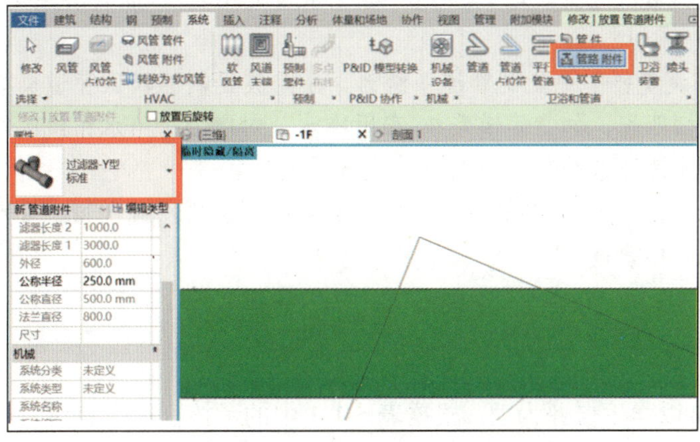

图 5-1-27　选择“过滤器-Y 型”管道附件

12）按照图纸标记的位置，将鼠标指针移动至所需添加管道附件的给水管道中心线上单击，即可完成“过滤器-Y 型”管道附件的添加，如图 5-1-28 所示。

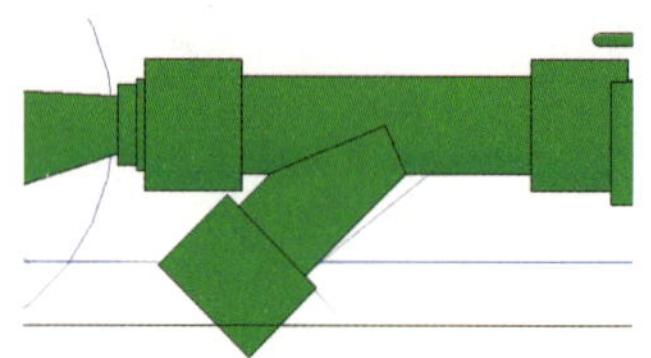

图 5-1-28　将“过滤器-Y 型”管道附件添加至管道上

13）依照上述管道的绘制步骤，依次完成汽车实训室其他给水管道的绘制，完成后的给水管道的三维效果如图 5-1-29 所示。

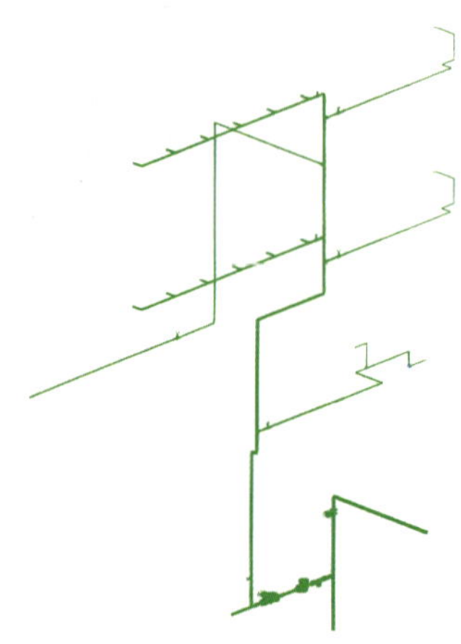

图 5-1-29　给水管道的三维效果

温馨提示

1）在 Revit 中导入图纸的命令有两个，分别为“链接 CAD”和“导入 CAD”；两者相似但有一定的区别。“链接 CAD”是指将 CAD 图纸等其他文件作为外部参照放到 Revit 文件中使用，它以路径链接的形式存在，而“导入 CAD”可以将参照文件保存在 Revit 文件中。

2）在“项目浏览器”中复制管道系统时，注意被复制的默认管道类型须与所需新建的管道系统类型相匹配，如“管道系统-家用冷水”对应为“给水系统”“排水系统”“凝结水系统”，“其他消防系统”对应为“消火栓系统”。

3）建立剖面视图时，注意需要连接的管道须在剖面视图范围内，否则无法通过剖面视图观察所需的连接管道。

任务考评

任务考核评价以学生自评为主，根据表 5-1-1 中的考核评价内容对学习成果进行客观评价。

交互模型：给水模型

表 5-1-1　任务考评表

序号	考核点	考核内容	分值	得分
1	识读给水系统图纸	能正确导入给水系统平面图	5	
		能正确识读给水系统平面图中的所有信息	5	
		能正确识读给水系统立面图中的所有信息	5	
2	设置给水系统管道参数	能正确设置给水系统管道参数	10	
3	绘制给水系统管道	能使用管道命令正确绘制给水系统水平管道	20	
		能使用管道命令正确绘制给水系统立管管道	20	
		能使用管件命令正确绘制给水系统管道管件	20	
4	添加管道附件	能正确添加给水系统管道附件	15	
合计			100	

总结反思：

签字：

任务拓展　连接支管与干管

在给水管道系统中，按照管道所处位置的不同可分为支管和干管两大类，支管是给水管道系统的管道分支。下面介绍如何将支管与干管连接。

1）单击“修改”选项卡“修改”选项组中的“修剪/延伸单个图元”按钮，如图 5-1-30 所示。

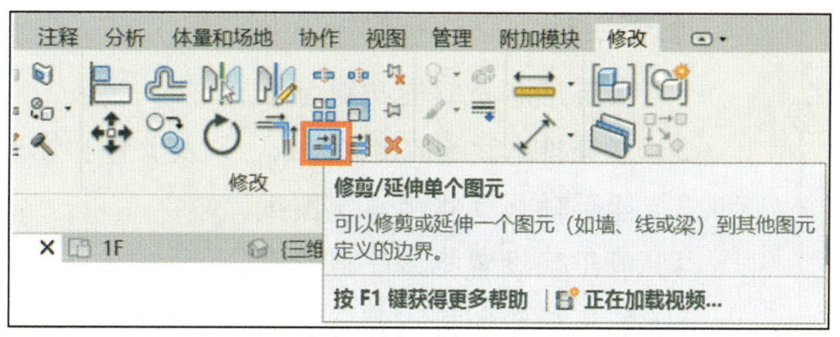

图 5-1-30　“修剪/延伸单个图元”按钮

2）依次单击需要连接的两根水管（注意：需要先单击干管后单击支管），两根需要连接的干管管道和支管管道将完成连接，如图 5-1-31 和图 5-1-32 所示。

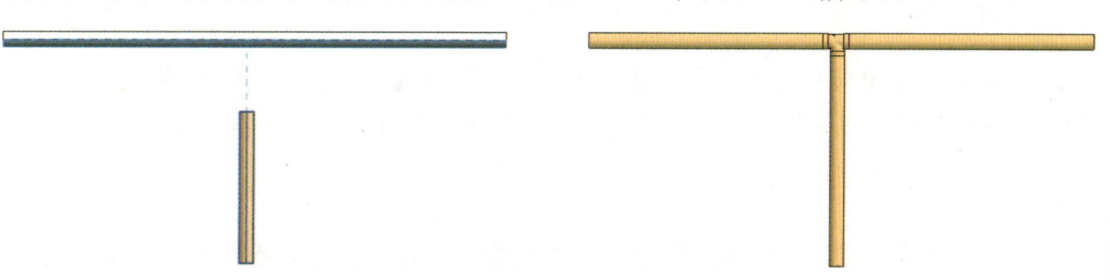

图 5-1-31　依次单击需要连接的干管和支管

图 5-1-32　干管和支管连接完成

任务 5.2 创建排水模型

微课：放置与连接管道泵

任务描述

汽车实训室排水系统主要集中在地下一层集水坑、一层、夹层，二层盥洗室及卫生间中。

本任务要求识读汽车实训室排水系统施工图“水施 01：设计说明”“水施 02：地下一层给排水消火栓平面图”“水施 03：一层给排水消火栓平面图”“水施 04：二层给排水消火栓平面图”“水施 05：给排水消火栓系统图”，创建汽车实训室排水系统模型，并正确设置排水管道和排水系统参数。

识读“水施 05：给排水消火栓系统图”，可以找出各楼层排水支管的管径和标高；在“水施 02”“水施 03”“水施 04”各楼层给排水消火栓平面图中可以找出各楼层排水水平支管的位置。

任务目标

1）了解排水系统的功能与组成。

2）掌握排水管道的建立方法，以及管件和管道附件的连接方法。

3）能正确识读排水系统图纸。

4）能正确设置排水管道参数。

5）能正确绘制排水管道和添加管道附件。

5.2.1 准备工作

1. 拆分图纸

在将图纸导入 Revit 之前，首先要对图纸进行拆分处理，即把图纸按照专业和楼层进行拆分。使用与任务 5.1 中同样的方法对排水图纸进行拆分，这里不再赘述。

2. 建立过滤器

为了便于独立显示不同专业的模型，下面以建立给水系统过滤器为例进行介绍。

1）双击打开建好的给水模型文件，并打开给水模型。双击打开“项目浏览器”中的“楼层平面”→“-1F”楼层平面，然后单击“视图”选项卡“图形”选项组中的“可见性/图形”按钮，如图 5-1-1 所示，在打开的对话框中单击“过滤器”选项卡中的“编辑/新建”

按钮，如图 5-2-1 所示。

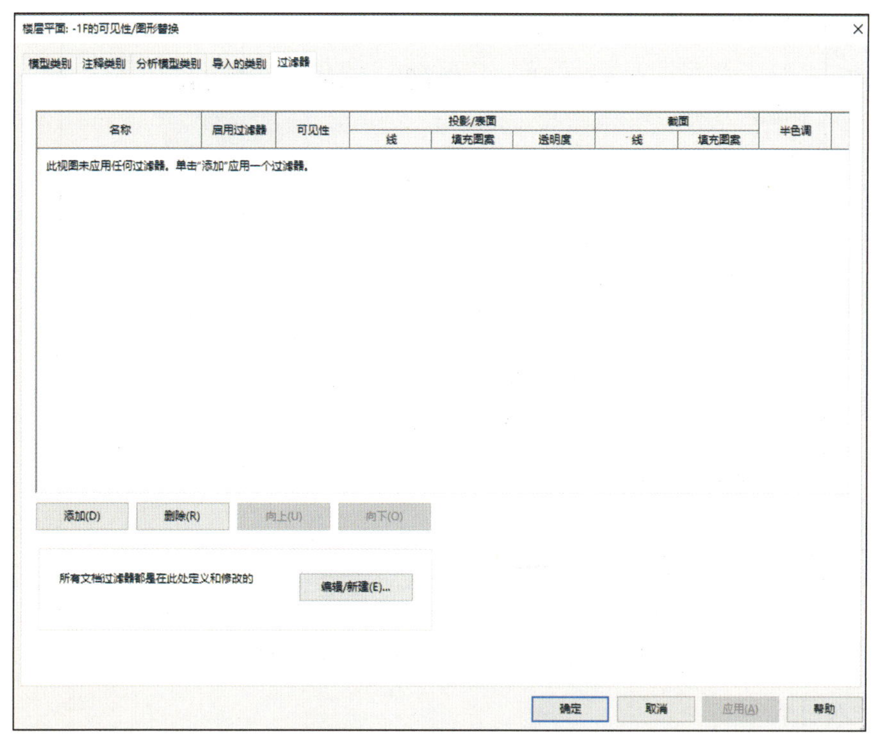

图 5-2-1　“过滤器”选项卡

2）在打开的“过滤器”对话框中单击“新建”按钮，输入过滤器名称“给水系统”，在“过滤器列表”下拉列表中选择“管道”选项，在下方的列表框中，选中“管件”“管道”“管道占位符”“管道附件”“管道隔热层”复选框，然后在右侧的“过滤器规则”选项组中设置“所有选定类别”为“系统类型”，“等于”为“给水系统”，如图 5-2-2 所示，然后单击“确定”按钮。

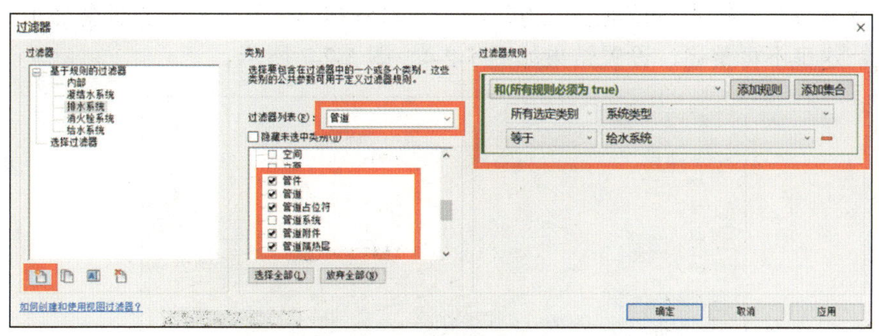

图 5-2-2　建立“给水系统”过滤器

3）按照上述方法，依次建立“排水系统”“消火栓系统”“凝结水系统”过滤器，因为该任务要建立排水系统，所以只显示排水系统即可，故在“可见性”选项中只选中“排水系统”复选框，其他系统不需要选中，如图 5-2-3 所示。

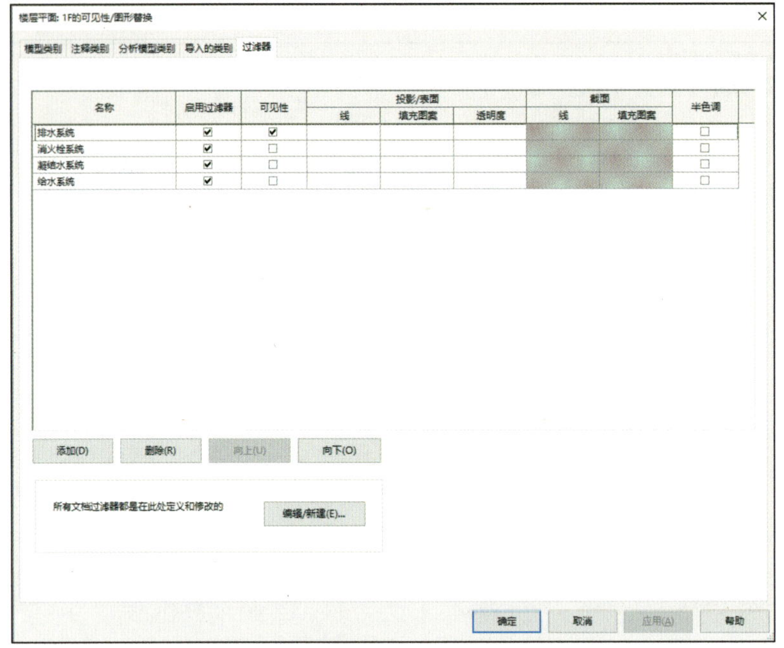

图 5-2-3　设置过滤器排水系统的可见性

3. 导入图纸

在任务 5.1 中，由于已经将“水施 02：地下一层给排水消火栓平面图”图纸导入-1F 楼层平面中（操作方法见任务 5.1“导入图纸”部分的介绍，这里不再赘述），所以在建立排水模型时不用再导入相同的图纸。后面的任务 5.3 和任务 5.4 的情况相同，均不用再导入图纸至相应平面。

5.2.2 设置排水管道参数

排水管道参数与排水系统的建立方法与给水系统相同，具体方法见任务 5.1 中的相关内容介绍，这里不再赘述，设置结果如图 5-2-4～图 5-2-7 所示。

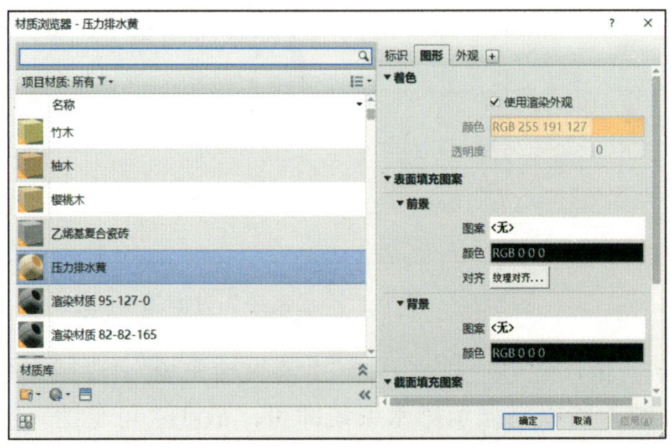

图 5-2-4　设置压力排水系统的材质

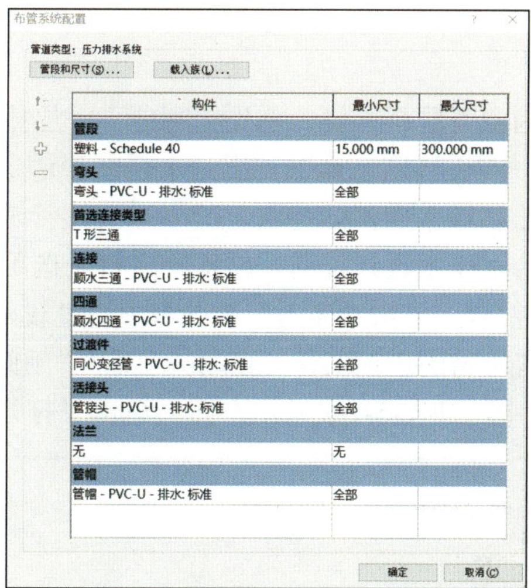

图 5-2-5　配置压力排水布管系统

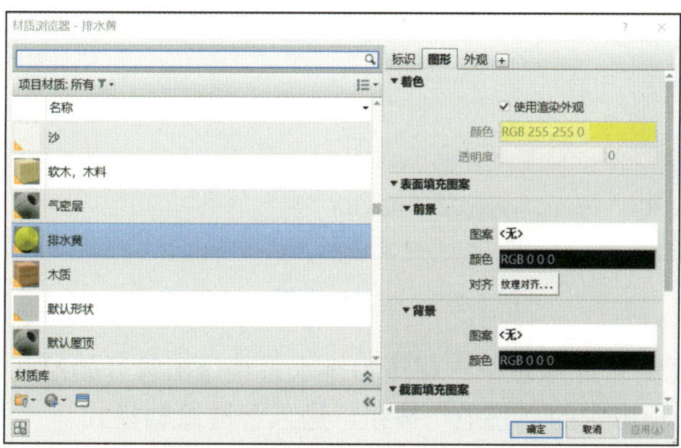

图 5-2-6　设置排水系统的材质

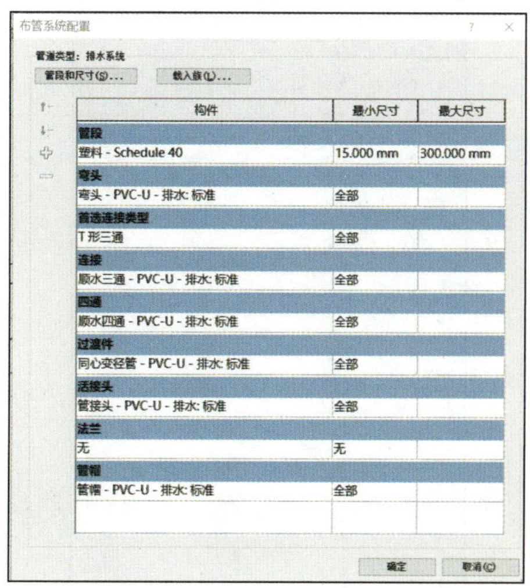

图 5-2-7　配置排水布管系统

5.2.3 绘制排水管道

排水管道的绘制顺序为由下层至上层，首先绘制地下一层排水管道。

1）打开“楼层平面：-1F”视图。地下一层排水系统管道主要由压力排水系统组成，压力排水系统的功能为换热站排水兼消防排水。其中，连接管道泵的排出管有水平方向管道和垂直方向管道。根据给水排水设计说明，排水管道材质选用 PVC-U，管径为 DN100。

2）载入所需的管道附件族。单击“插入”选项卡中的“载入族”按钮，在打开的“载入族”对话框中将排水管道所需的管道附件“自动排气阀”“闸阀”“自动记录压力表”“通气帽”“管道泵”载入项目中，如图 5-2-8 所示，然后单击“打开”按钮即可。

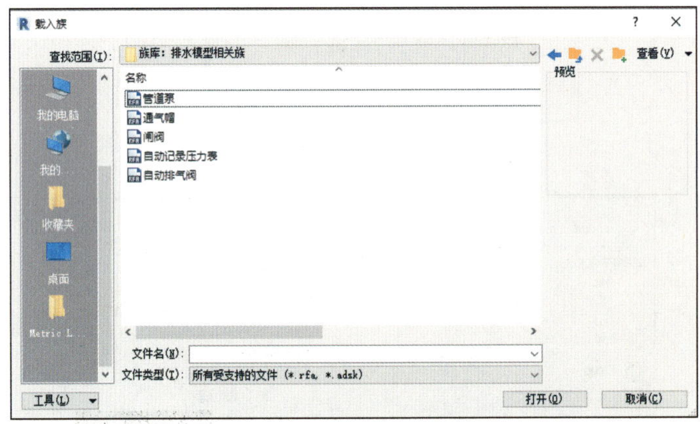

图 5-2-8 载入排水系统所需族

3）绘制水平横管。首先从地下一层压力排水系统排出管开始绘制。单击“系统”选项卡“卫浴和管道”选项组中的“管道”按钮，进入管道绘制模式。

4）选择“排水系统”类型。在管道的“属性”面板中设置管道类型为“排水系统”，并设置“系统类型”为“排水系统”，如图 5-2-9 所示。

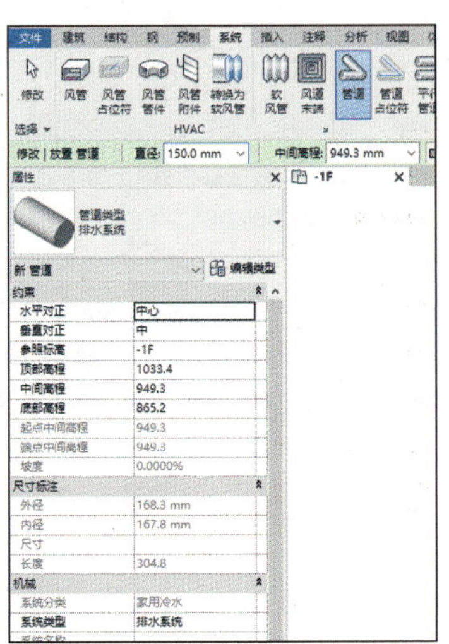

图 5-2-9 设置“排水系统”的管道类型与系统类型

5）设置排水管道的属性。在“属性”面板中，设置所绘制排水管道的属性，设置“水平对正”为“中心”，“垂直对正”为“中”，“参照标高”为“-1F”，“系统类型”为“排水系统”，在选项栏中设置“中间高程”为-1050mm，“直径”为 160mm，如图 5-2-10 所示。将鼠标指针移动到底图排水管道端点处单击，水平向左移动鼠标指针至水平管道末端单击，完成水平排水管道的绘制。使用同样的方法，完成其余排水系统水平横管的绘制。

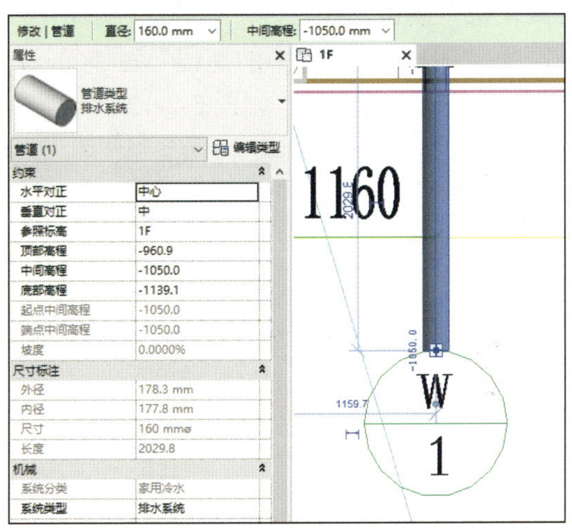

图 5-2-10　设置排水管道的属性

6）绘制排水立管。排水系统立管的绘制方法与任务 5.1 中给水系统立管的绘制方法完全相同，这里不再赘述。按照图纸要求，完成排水系统的立管绘制。

7）绘制排水立管下方的给水横管。按照图纸要求，绘制与排水立管连接的横管部分，绘制方法与给水模型中的绘制方法类似，这里不再赘述。

8）添加排水管道附件。完成全部的排水系统管道的绘制后，需要在排水系统管道上添加“通气帽”管道附件，在排水系统管道上添加“止回阀”“闸阀”“HY-自动记录压力表”“管道泵”“通气帽”等管道附件，按照图纸要求添加到排水系统管道的相应位置，添加方法与给水管道附件的添加方法相同，这里不再赘述。排水管道附件的添加效果如图 5-2-12 所示。

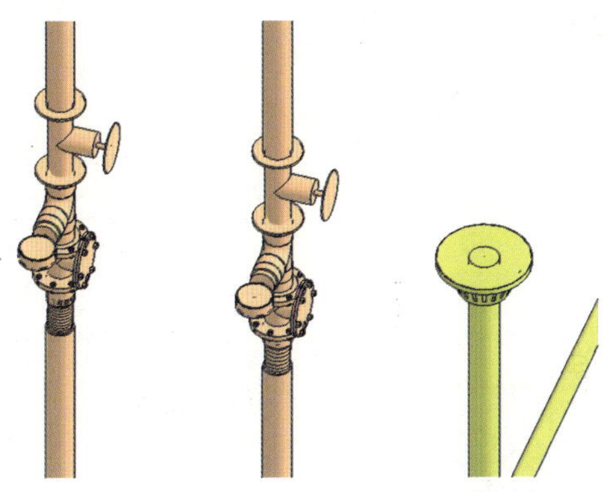

图 5-2-11　排水管道附件的添加效果

9）添加排水系统管道泵。在压力排水系统中，有两台压力排水设备——管道泵，在前文我们已经将管道泵与排水管道附件一并载入项目中，下面介绍管道泵的放置方法，以及其与排水管道的连接方法。

10）放置管道泵。由压力排水系统轴测图可知，管道泵安装高度在-1F 地面以下-900mm的位置。打开-1F 楼层平面，可以看到管道泵布置在压力排水管道排出管位置附近。单击“系统”选项卡中的“机械设备”按钮，在左侧“属性”面板中选择前文载入的“管道泵”机械设备，并设置“标高”为“-1F”，“标高中的高程”为-900。在平面图中找到管道泵的位置单击，管道泵即放置在相应的位置上了，如图 5-2-12 所示。

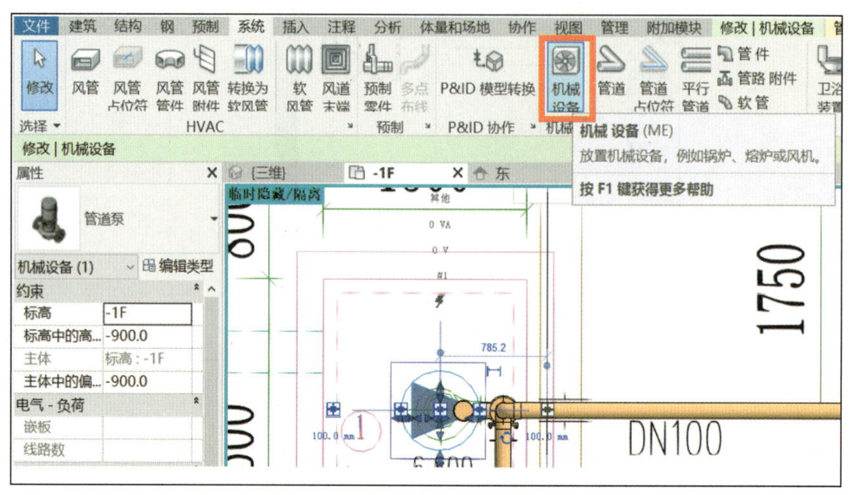

图 5-2-12　放置管道泵

11）连接管道泵与排水管道。排水管道与管道泵的连接，在立面中操作比较方便，因此在管道泵的上方建立剖面。单击“剖面”按钮，再在绘图区单击，并从右至左拖动鼠标指针，建立剖面，如图 5-2-13 所示。

12）右击新建好的剖面，在弹出的快捷菜单中选择“转到视图”选项，如图 5-2-14 所示。右击设备端点处，在弹出的快捷菜单中选择“绘制管道”选项，如图 5-2-15 所示。

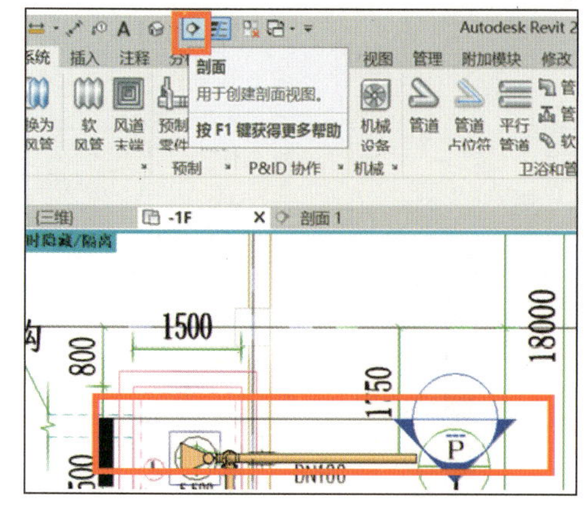

图 5-2-13　在管道泵上方建立剖面

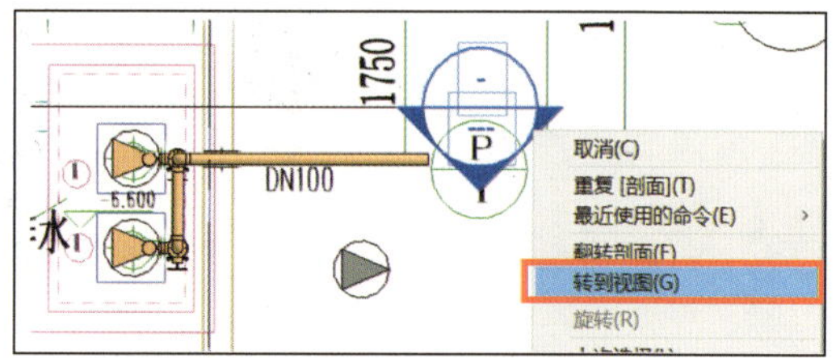

图 5-2-14　选择“转到视图”选项

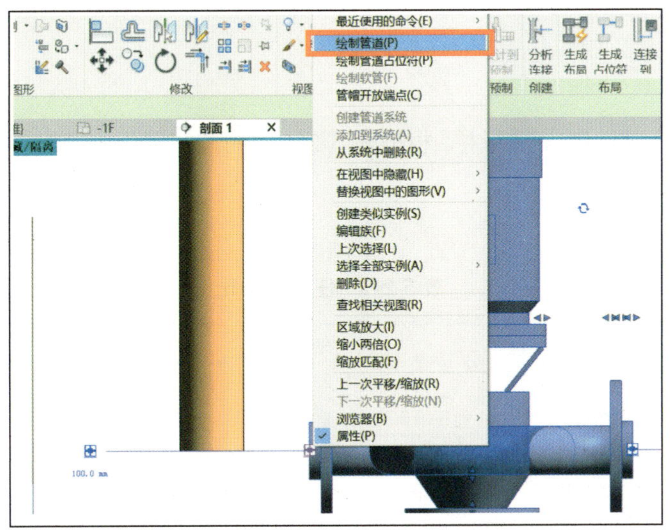

图 5-2-15　选择“绘制管道”选项

13）将鼠标指针水平移动至左侧排水立管中心线处单击，即可完成排水系统管道与管道泵的连接，如图 5-2-16 所示。

14）依照上述管道的绘制步骤，依次完成汽车实训室所有排水管道及设备的建模，完成后的排水系统模型的三维效果如图 5-2-17 所示。

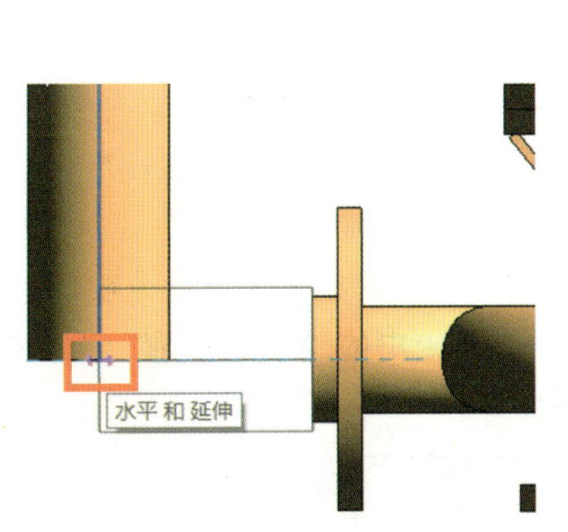

图 5-2-16　连接管道泵水平管道与排水立管

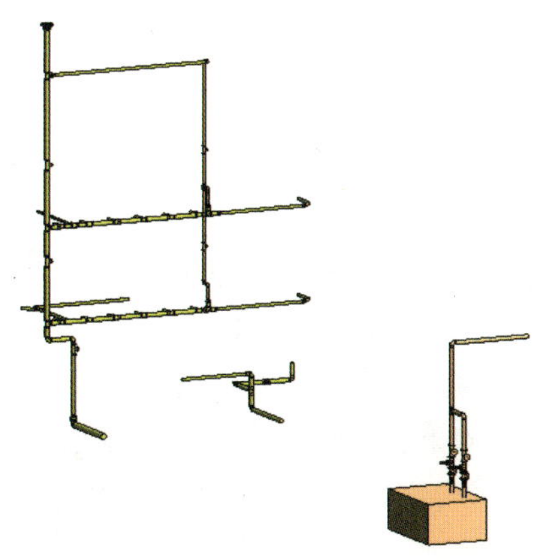

图 5-2-17　排水系统管道的三维效果

温馨提示

1）在连接管道时，当需要精准捕捉管线中心线或端点等位置时，可将“视觉样式”切换为“线框”，这样更容易找到相应的位置。

2）管道的连接在平面视图或三维视图均可完成，视具体情况选择方便的视图进行建模即可。

3）放置排水泵时，注意水泵的约束标高是否为水泵所应放置的楼层标高。

任务考评

交互模型：排水模型

任务考核评价以学生自评为主，根据表5-2-1中的考核评价内容对学习成果进行客观评价。

表5-2-1 任务考评表

序号	考核点	考核内容	分值	得分
1	识读排水系统图纸	能正确导入排水系统平面图	5	
		能正确识读排水系统平面图中的所有信息	5	
		能正确识读排水系统立面图中的所有信息	5	
2	设置排水系统管道参数	能正确设置排水系统管道参数	10	
3	绘制排水系统管道	能使用管道命令正确绘制排水系统水平管道	20	
		能使用管道命令正确绘制排水系统立管管道	20	
		能使用管件命令正确绘制排水系统管道管件	20	
4	添加管道附件	能正确添加管道泵	15	
合计			100	

总结反思：

签字：

任务拓展 设置坡度

所谓“水往低处流”，水要想顺利排走，必须要有高差，即“坡度”，因此坡度对于排水系统至关重要。Revit可以设置水管管道的坡度，这样可以增加建模的精度，提高模型的还原度与准确度。下面介绍如何在Revit中给管道设置坡度。

1）添加坡度值。Revit中有一些默认的管道坡度值，当这些坡度值不是我们想要设置的数值时，需要添加所需的坡度值。单击“管理”选项卡中的“MEP设置”下拉按钮，在弹出的下拉列表中选择“机械设置”选项，如图5-2-18所示。

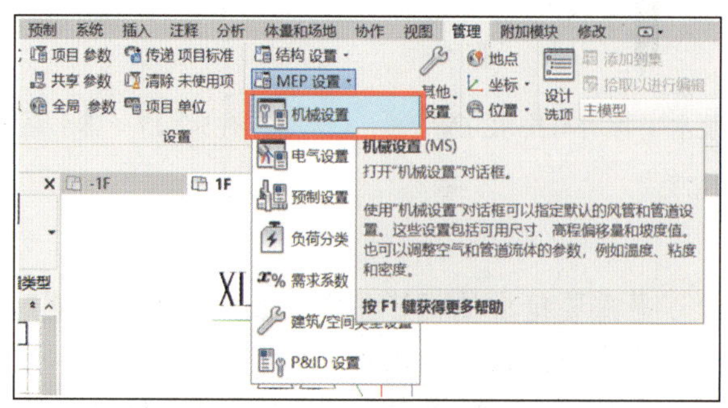

图5-2-18 选择“机械设置”选项

2）在打开的“机械设置”对话框中选择“管道设置”→“坡度”选项，打开坡度设置界面，如图5-2-19所示。

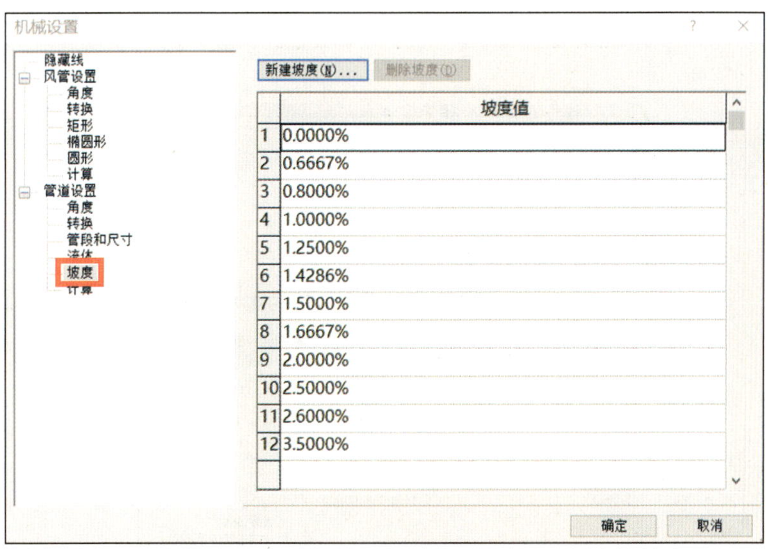

图 5-2-19　“机械设置”对话框

3）单击“新建坡度”按钮，打开“新建坡度”对话框，在“坡度值”文本框中输入需要的坡度，如“1.2”，如图 5-2-20 所示，然后依次单击“确定”按钮即可。

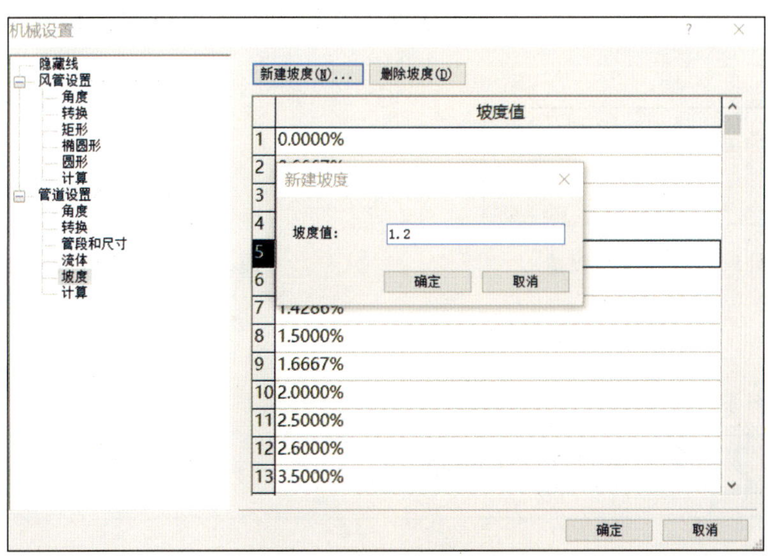

图 5-2-20　添加所需坡度

4）设置管道坡度。既可以在管道绘制前设置好管道坡度，也可以对绘制好的管道进行坡度设置，下面以对绘制好的管道进行坡度设置为例进行介绍。选中要设置坡度的排水管道，如图 5-2-21 所示，然后单击“编辑”选项组中的“坡度”按钮，如图 5-2-22 所示。

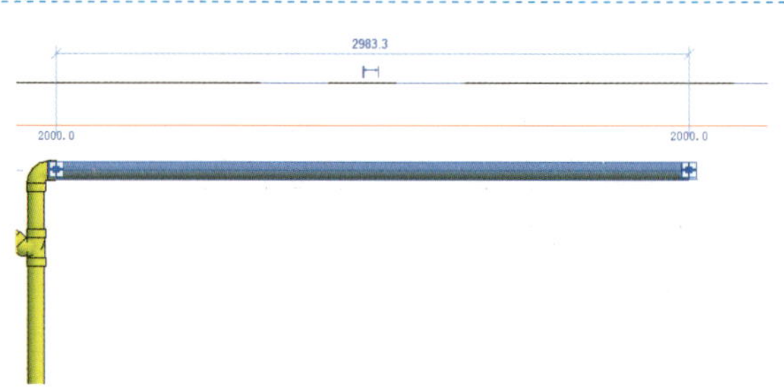

图 5-2-21　选中所需设置坡度的排水管道

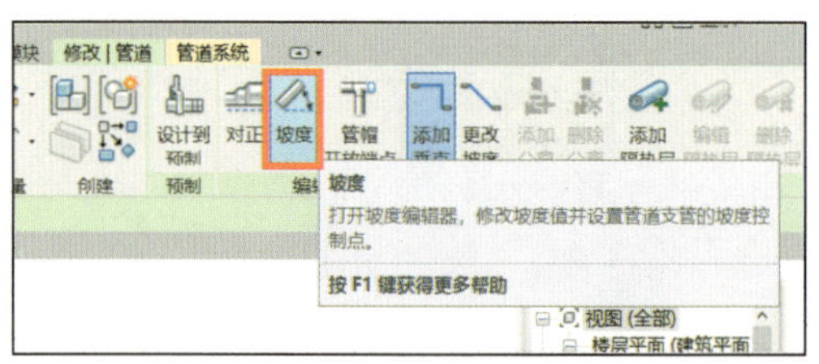

图 5-2-22　“坡度”按钮

5）在选项栏的“坡度值”下拉列表中选择刚才新建的坡度值“1.2000%”，然后单击“完成”按钮，完成选中管段坡度的设置，如图 5-2-23 所示。

设置好坡度值的管段，会在管段上方出现坡度值符号，如图 5-2-24 所示。

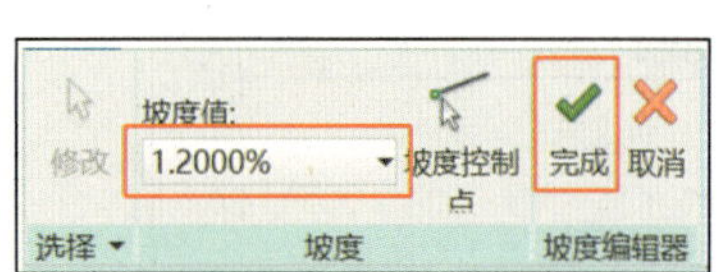

图 5-2-23　设置坡度值

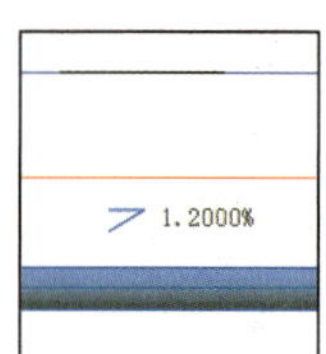

图 5-2-24　设置好坡度的管段

任务 5.3 创建消防模型

微课：添加消火栓箱与灭火器

任务描述

汽车实训室消防系统主要由消火栓系统组成，其中消火栓系统分布在地下一层、一层、二层房间内。本任务要求识读汽车实训室消防系统施工图“水施 01：设计说明”“水施 02：地下一层给排水消火栓平面图”“水施 03：一层给排水消火栓平面图”“水施 04：二层给排水消火栓平面图”“水施 05：给排水消火栓系统图”，创建汽车实训室消防系统模型，并正确设置消防管道和消防系统参数。

识读汽车实训室“水施 05：给排水消火栓系统图”，可以找出各楼层消火栓支管的管径和标高；在“水施 02”“水施 03”“水施 04”各楼层排水消火栓平面图中可以找出各楼层消火栓水平支管的布置位置及消火栓箱的位置。

任务目标

1）了解消防系统的功能与组成。

2）能正确识读消防系统图纸。

3）能正确设置消防管道参数。

4）能正确绘制消防系统管道模型和添加管道附件。

5.3.1　准备工作

1. 拆分图纸

在将图纸导入 Revit 之前，首先要对图纸进行拆分处理，即把图纸按照专业和楼层进行拆分。使用与任务 5.1 中同样的方法对图纸进行拆分，这里不再赘述。

2. 设置过滤器

双击打开建好的排水模型文件，并打开排水模型。双击打开“项目浏览器”中的“楼层平面”→“1F”楼层平面。由于我们在任务 5.2 中已经建立好了过滤器，这里不需要重复建立过滤器，只显示消火栓系统即可，所以在“可见性”选项中只选中“消火栓系统”复选框即可，如图 5-3-1 所示。

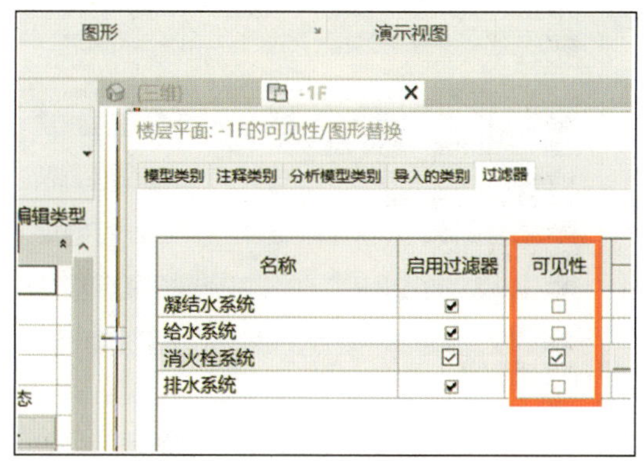

图 5-3-1　设置过滤器消火栓系统的可见性为可见

3. 导入图纸

在任务 5.1 中，由于已经将“水施 02：地下一层给排水消火栓平面图”图纸导入“-1F”楼层平面中（操作方法见任务 5.1 给水模型“导入图纸”部分介绍，这里不再赘述），所以在建立消防模型时不用再导入相同的图纸。

5.3.2 设置消火栓管道参数

消火栓管道参数与消火栓系统的建立方法与给水系统和排水系统均相同，具体方法见任务 5.1 中的相关内容介绍，这里不再赘述，设置结果如图 5-3-2 和图 5-3-3 所示。

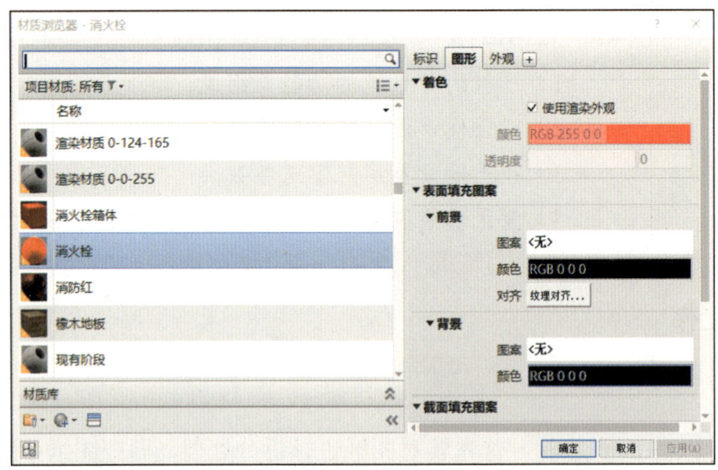

图 5-3-2 设置消火栓系统的材质

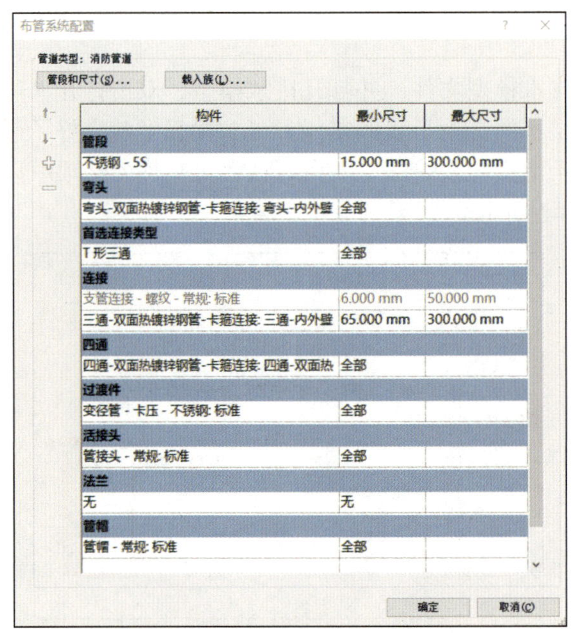

图 5-3-3 配置消防管道布管系统

5.3.3 绘制消防管道

消防管道的绘制顺序为由下层至上层，首先绘制地下一层消火栓管道。

1）打开“楼层平面：-1F”视图。地下一层消防系统管道主要由消火栓系统组成，其中连接消火栓箱的消防支管有水平方向管道和垂直方向管道。

2）载入消防管道所需的管道附件族。单击“插入”选项卡中的“载入族”按钮，在打开的“载入库”对话框中将消火栓管道所需管道附件“蝶阀”“自动记录压力表”及设备“单栓室内消火栓箱”和“灭火器”载入项目中，如图 5-3-4 所示，然后单击“打开”按钮即可。

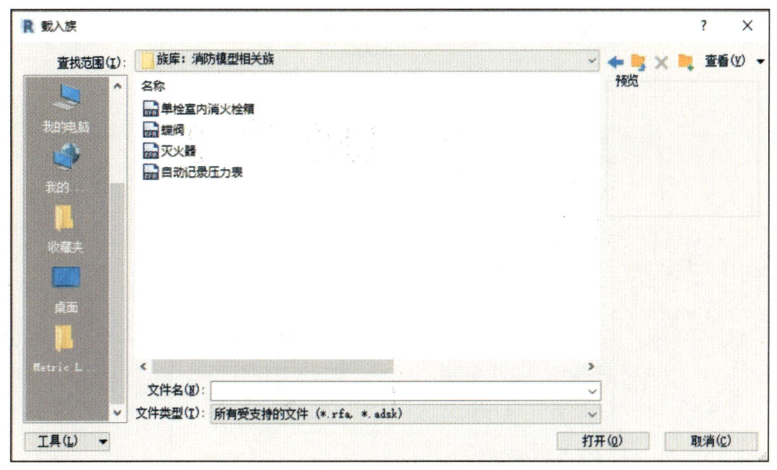

图 5-3-4　载入消火栓系统所需族

3）绘制水平横管。首先从地下一层消火栓系统引入管（位置位于地下一层 A 轴与 1 轴、2 轴之间）开始绘制。单击“系统”选项卡“卫浴和管道”选项组中的“管道”按钮，进入管道绘制模式。

4）选择管道类型。在管道的“属性”面板中设置管道类型为“消防管道”，如图 5-3-5 所示。

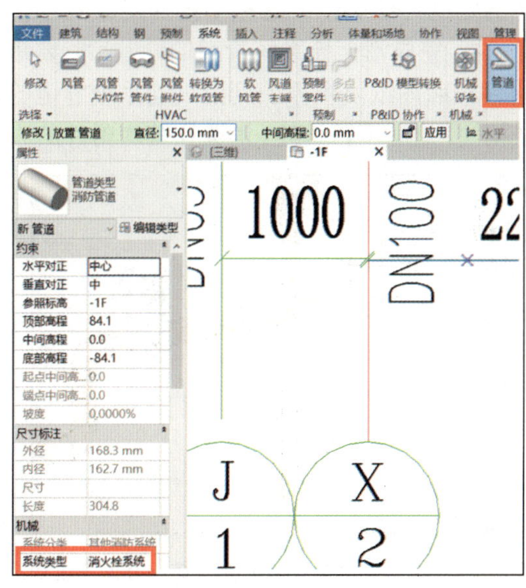

图 5-3-5　设置“消防管道”的管道类型

5）设置消火栓管道的属性。在“属性”面板中，设置所绘制消火栓管道的属性，设置“水平对正”为“中心”，“垂直对正”为“中”，“参照标高”为“1F”，“中间高程”为-1450mm，“直径”为100mm，“系统类型”为“消火栓系统”，如图 5-3-6 所示。将鼠标指针移动到底图压力排水管道端点处单击，水平向上移动鼠标指针至水平管道末端单击，完成水平消火栓管道的绘制。使用同样的方法，完成其余消火栓系统水平横管的绘制。

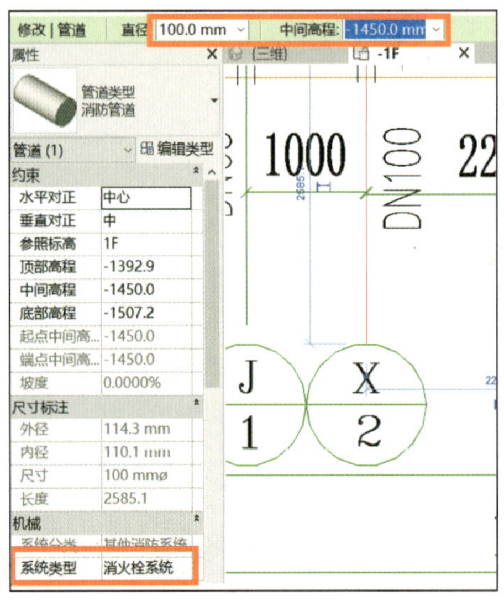

图 5-3-6　绘制消火栓系统的水平管道

6）绘制消火栓立管。消火栓系统立管的绘制方法与任务 5.1 给水系统立管的绘制方法完全相同，这里不再赘述。按照图纸要求，完成消火栓系统的立管绘制。

7）绘制消火栓立管下方的给水横管。按照图纸要求，绘制与消火栓立管连接的横管部分，绘制方法与给水模型的绘制方法类似，这里不再赘述。

8）添加消火栓管道附件。完成消火栓系统管道的绘制后，要进行消火栓管道附件的添加。将已经载入的管道附件按照图纸要求添加到消火栓系统管道的相应位置，添加方法与给水管道附件的添加方法相同，这里不再赘述。消火栓管道附件的添加效果如图 5-3-7 所示。

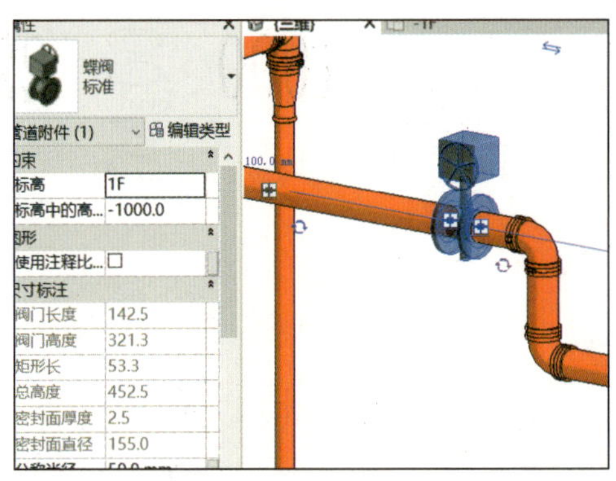

图 5-3-7　消火栓管道连接附件（蝶阀）的三维效果

9）添加消火栓箱及灭火器。在地下一层、一层、二层均布有消火栓箱及灭火器，在前文，我们已经将消火栓箱和灭火器族与排水管道附件一并载入项目中，下面介绍消火栓箱及灭火器的放置方法及与消火栓管道的连接方法。

10）放置消火栓箱。下面以地下一层消火栓箱的放置为例进行介绍，其他楼层消火栓箱的放置方法与此相同，不再赘述。由消火栓系统轴测图可知，消火栓箱安装高度在距-1F 地面 1100mm 高度的位置。打开-1F 楼层平面，由底图所示可知，地下一层有两个消火栓箱，其在平面中的位置分别在 1 轴与 C 轴交点附近和 2 轴与 1/A 轴交点附近，贴墙安装。单击“系统”选项卡中的“机械设备”按钮，在左侧的“属性”面板中选择前文载入的“单栓室内消火栓箱”机械设备，并设置“标高”为“-1F”，“标高中的高程”为 1100。在平面图中找到消火栓箱的位置，单击，消火栓箱即可放置在相应的位置，如图 5-3-8 所示。

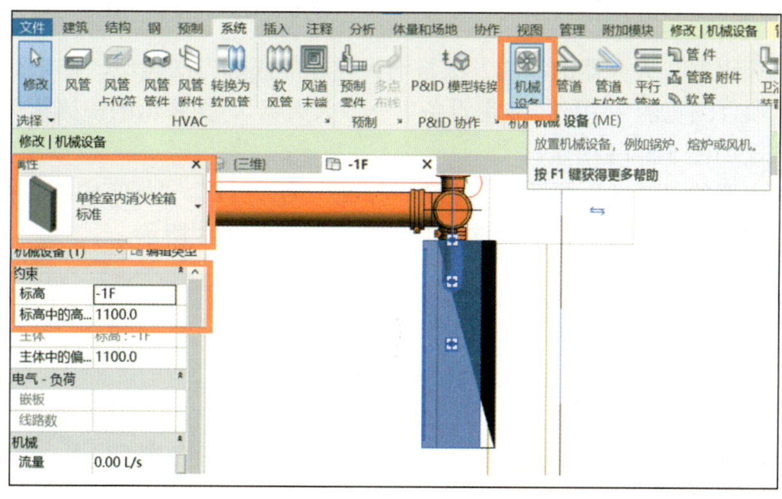

图 5-3-8　放置消火栓箱

11）连接消火栓箱与消火栓管道。消火栓管道与消火栓箱的连接，在立面中操作比较方便，因此在消火栓箱的右侧建立剖面。剖面建立的方法在任务 5.2 中有相关的介绍，这里不再赘述，建立好的剖面如图 5-3-9 和图 5-3-10 所示。

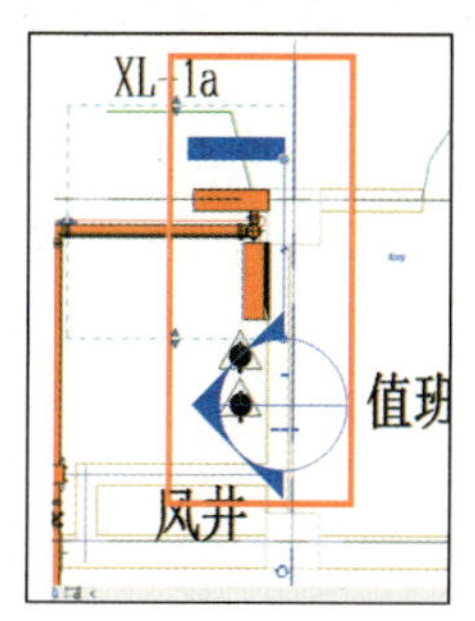

图 5-3-9　在消火栓箱右侧建立剖面

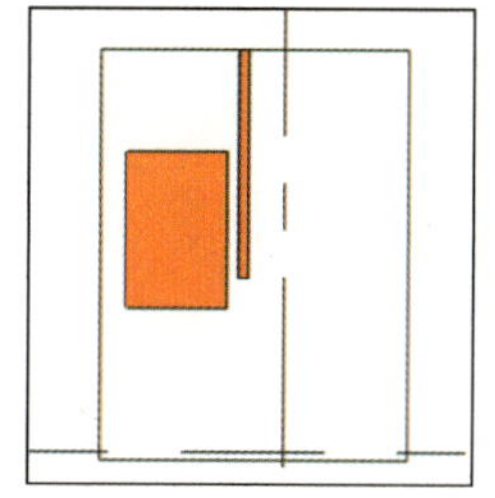

图 5-3-10　转到新建的剖面视图

12）右击设备端点处，在弹出的快捷菜单中选择“绘制管道”选项，如图 5-3-11 所示。

13）将鼠标指针水平移动至右侧消防立管中心线处单击，即可完成消火栓系统管道与消火栓箱的连接，如图 5-3-12 所示。

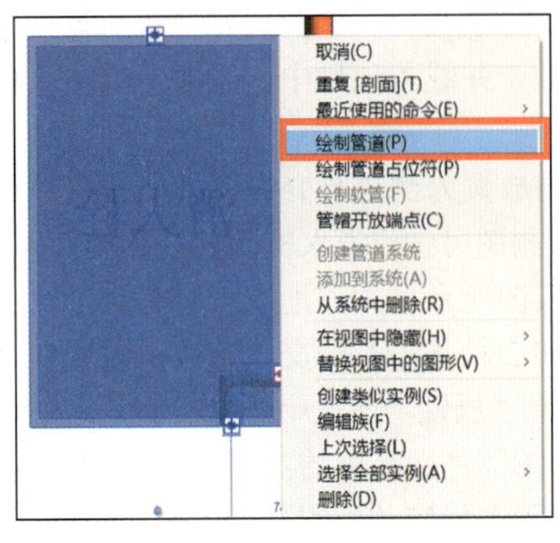

图 5-3-11　绘制连接消火栓箱的管道

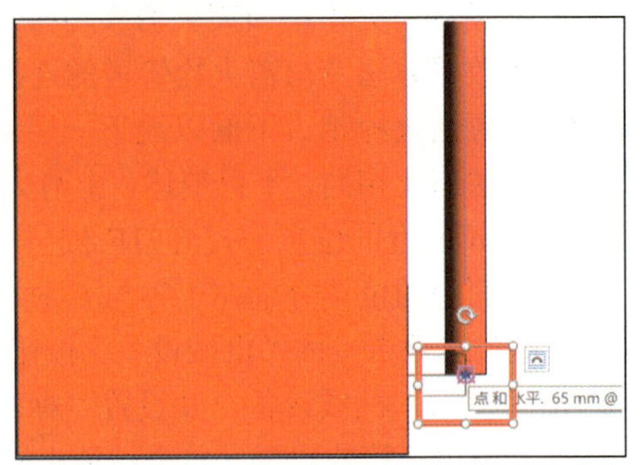

图 5-3-12　连接消火栓箱与消火栓管道

14）添加灭火器。灭火器的添加方法与消火栓箱的添加方法类似，首先打开-1F 楼层平面，右击“项目浏览器”中的“专用设备”→“灭火器”，在弹出的快捷菜单中选择“创建实例”选项，如图 5-3-13 所示。

15）在灭火器的“属性”面板中，设置“标高”为“-1F”，“标高中的高程”为 0，按照底图位置，将灭火器放置在正确的位置上即可，如图 5-3-14 所示。

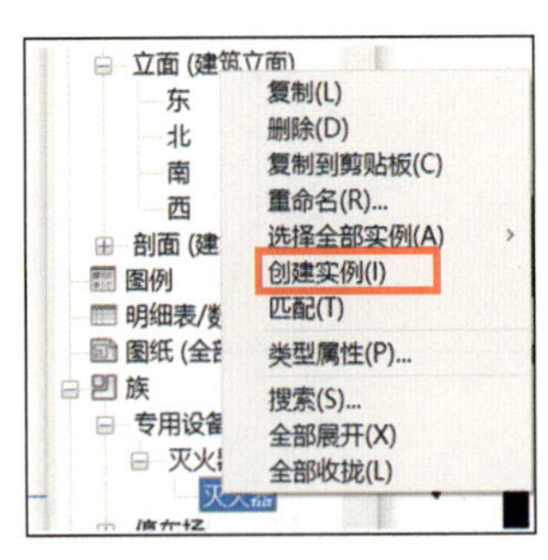

图 5-3-13　创建“灭火器”实例

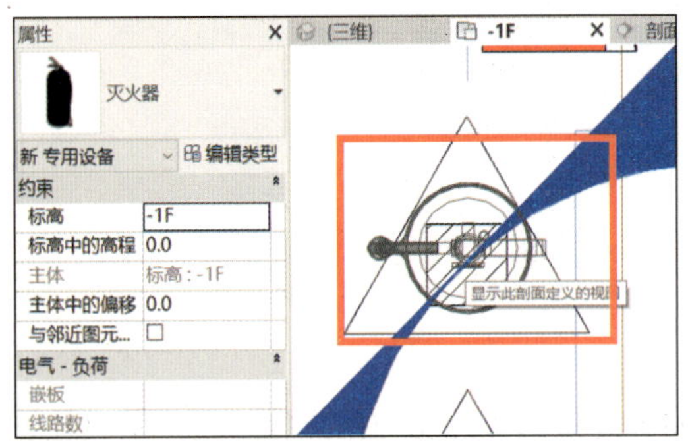

图 5-3-14　将灭火器摆放至正确的位置

16）依照上述管道的绘制步骤，依次完成汽车实训室所有消火栓管道及设备的建模，完成后的消火栓系统模型的三维效果如图 5-3-15 所示。

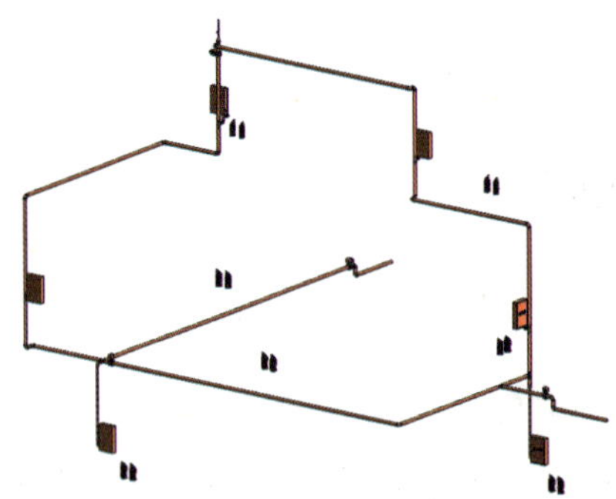

图 5-3-15　消火栓系统模型的三维效果

交互模型：消防模型

任务考评

任务考核评价以学生自评为主，根据表 5-3-1 中的考核评价内容对学习成果进行客观评价。

表 5-3-1　任务考评表

序号	考核点	考核内容	分值	得分
1	识读消防系统图纸	能正确导入消防系统平面图	5	
		能正确识读消防系统平面图中的所有信息	5	
		能正确识读消防系统立面图中的所有信息	5	
2	设置消防系统管道参数	能正确设置消防系统管道参数	10	
3	绘制消防系统管道	能使用管道命令正确绘制消防系统水平管道	20	
		能使用管道命令正确绘制消防系统立管管道	20	
		能使用管件命令正确绘制消防系统管道管件	20	
4	添加管道附件	能正确添加消火栓	15	
合计			100	

总结反思：

签字：

知识窗

消火栓的分类

消火栓按照使用场所的不同可分为室外消火栓（图 5-3-16）及室内消火栓（图 5-3-17）两大类。

图 5-3-16　室外消火栓

图 5-3-17　室内消火栓

室外消火栓是指设置在建筑物外墙以外的消火栓，其以供消防救援队使用为主，供单位志愿消防队使用为辅。当发生火灾时，室外消火栓可直接与消防水带、水枪连接进行灭火。

室内消火栓是指设置在建筑物内的消火栓。室内消火栓是一种应用最为广泛的灭火设施，通常安装在消火栓箱内，与水带、水枪等消防器材配合使用。

任务 5.4 创建凝结水模型

微课：绘制凝结水立管与支管

任务描述

汽车实训室凝结水系统为建筑外排水系统，建筑外排水系统是指屋面不设雨水斗，建筑物内部没有雨水管道的雨水排放系统。

本任务要求识读汽车实训室凝结水施工图“水施 01：设计说明”“水施 02：地下一层给排水消火栓平面图”“水施 03：一层给排水消火栓平面图”“水施 04：二层给排水消火栓平面图”“水施 05：给排水消火栓系统图”，创建汽车实训室凝结水系统模型，并正确设置凝结水管道和凝结水系统参数。

本任务中的凝结水系统主要由水平雨水管与凝结水管组成，其中管道主要分布在一层、夹层、二层外墙外。识读汽车实训室“水施 05”中的冷凝水系统图，可以找出各楼层凝结水管的管径和标高；在“水施 02”“水施 03”“水施 04”各楼层给水消火栓平面图中可以找出各楼层凝结水水平支管的布置位置。

任务目标

1）了解凝结水系统的功能与组成。

2）能正确识读凝结水系统图纸。

3）正确设置凝结水系统管道参数。

4）能正确绘制凝结水系统管道和管件。

5.4.1 准备工作

1. 拆分图纸

在将图纸导入 Revit 之前，首先要对图纸进行拆分处理，即把图纸按照专业和楼层进行拆分。使用与任务 5.1 中同样的方法对图纸进行拆分，这里不再赘述。

2. 设置过滤器

双击打开建好的排水模型文件，并打开排水模型。双击打开“项目浏览器”中的“楼层平面”→“-1F”楼层平面。由于我们在任务 5.2 中已经建立好了过滤器，这里不需要重复建立过滤器，只显示凝结水系统即可，所以在“可见性”选项中只选中“凝结水系统”复选框即可，如图 5-4-1 所示。

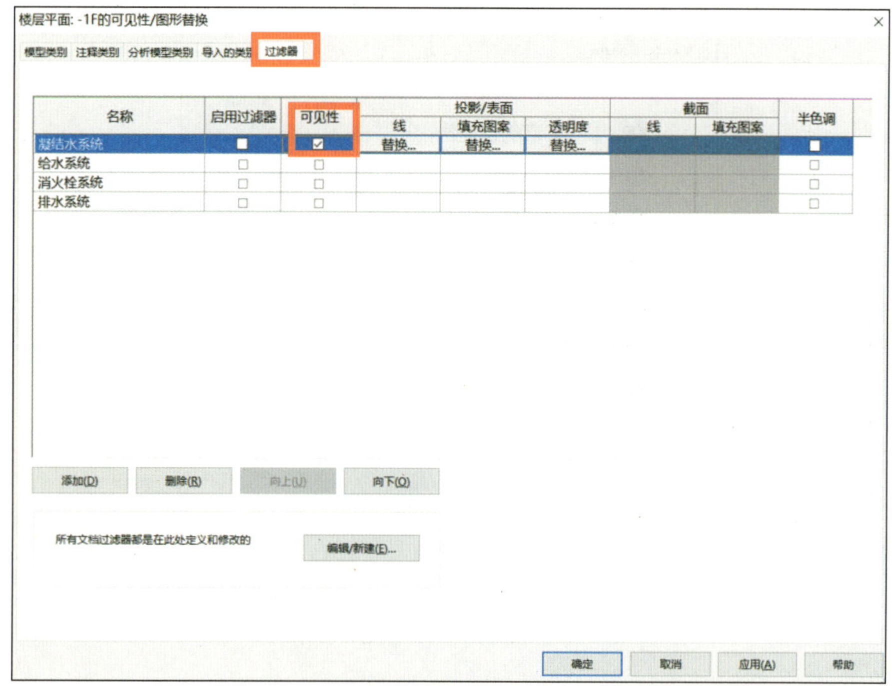

图 5-4-1　设置过滤器凝结水系统的可见性为可见

3. 导入图纸

在任务 5.1 中，已将所需图纸导入相应的楼层平面中了，所以此时建立模型时不用再导入相同的图纸。

5.4.2　设置凝结水管道参数

凝结水管道参数与凝结水系统的建立方法与给水系统、排水系统和消火栓系统均相同，具体方法见任务 5.1 中的相关内容介绍，这里不再赘述，设置结果如图 5-4-2 和图 5-4-3 所示。

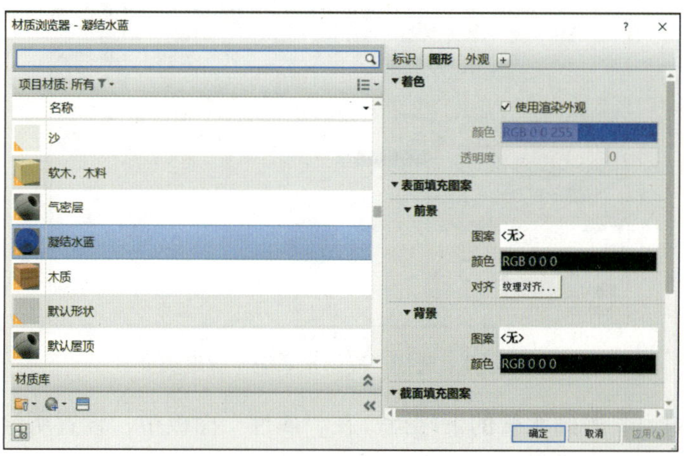

图 5-4-2　设置凝结水系统的材质

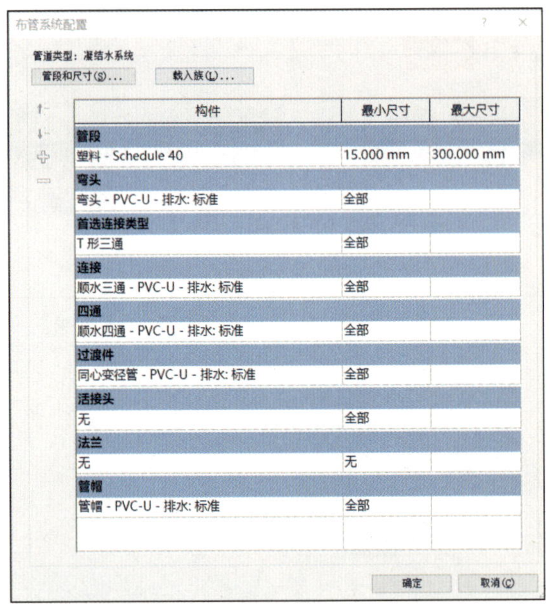

图 5-4-3　配置凝结水管道布管系统

5.4.3　绘制凝结水管道

凝结水管道的绘制顺序为由下层至上层，首先绘制一层凝结水管道。

1）打开“楼层平面：1F”视图。一层凝结水系统管道主要由凝结水管组成。

2）绘制凝结水管。本项目中的凝结水管一共有 5 组，图纸上分别标记为“NL-1”、“NL-2”、“NL-3”、“NL-4”和“NL-5”，5 组凝结水管的绘制方法相同，故此处以“NL-1”为例进行介绍。“NL-1”凝结水管位于 B 轴与 1 轴交点附近。单击“系统”选项卡“卫浴和管道”选项组中的“管道”按钮，进入管道绘制模式。

3）选择管道类型。在“管道”的“属性”面板中设置管道类型为“凝结水系统”，如图 5-4-4 所示。

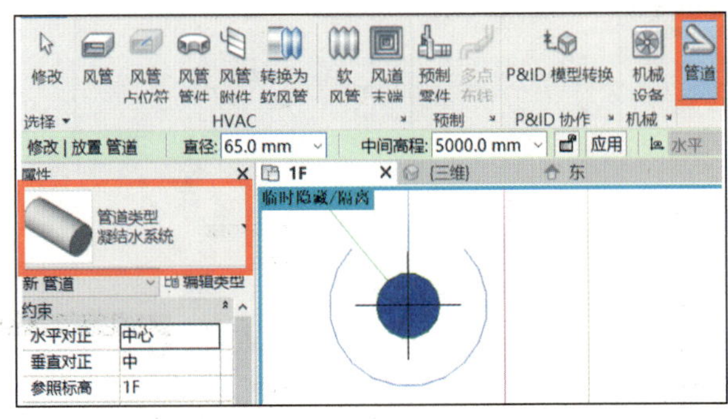

图 5-4-4　选择“凝结水系统”管道类型

4）确定“NL-1”凝结水管的下端点。在“属性”面板中，设置所绘制凝结水管管道的属性，设置“水平对正”为“中心”，“垂直对正”为“中”，“参照标高”为“1F”，“底部高程”为-350，“系统类型”为“凝结水系统”，然后在底图中找到“NL-1”凝结水管的位置，捕捉到立管圆心处时单击，确定凝结水管的下端点，如图 5-4-5 所示。

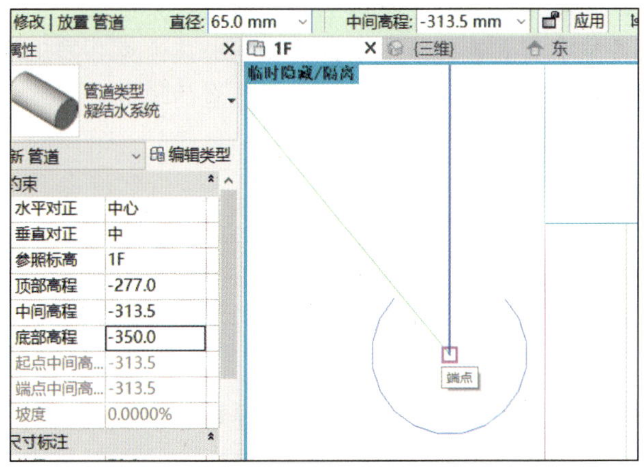

图 5-4-5　确定“NL-1”凝结水管的下端点

5）确定凝结水管的上端点。在“修改/放置 管道”选项栏中设置管道直径为 50mm，“中间高程”为 5000mm，然后双击右侧的“应用”按钮，如图 5-4-6 所示，“NL-1”凝结水管即绘制完成。

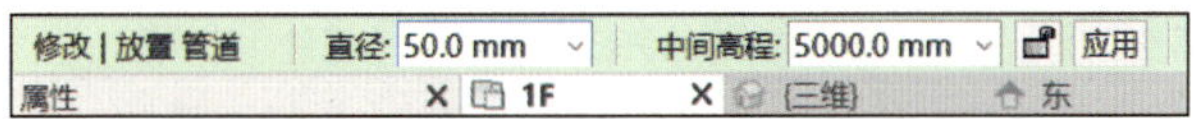

图 5-4-6　确定“NL-1”凝结水管的上端点

6）绘制凝结水管上方的横支管。按照图纸要求，绘制与凝结水管立管连接的横管部分，绘制方法与给水模型的绘制方法类似，这里不再赘述。

7）依照上述管道的绘制步骤，依次完成汽车实训室其余所有凝结水管道的建模，完成后的凝结水系统的三维效果如图 5-4-7 所示。

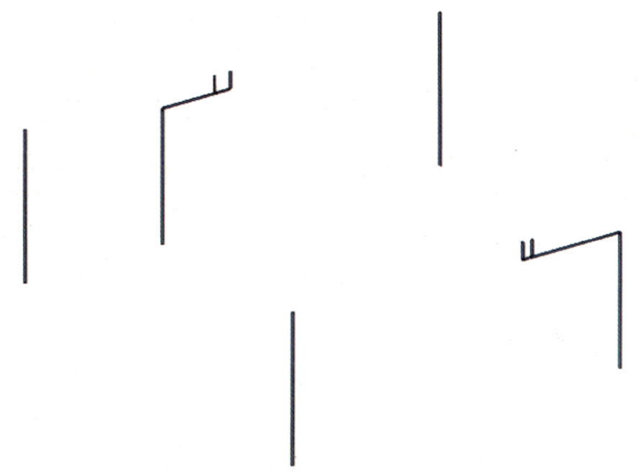

图 5-4-7　凝结水系统的三维效果

温馨提示

1）绘制管道时，注意管道类型应正确选择“凝结水系统”。
2）由于凝结水系统中的立管较多，所以在识图时应注意分辨正确的立管。
3）在绘制凝结水系统立管时，应注意与底图位置的准确对应。

任务考评

交互模型：凝结水模型

任务考核评价以学生自评为主，根据表5-4-1中的考核评价内容对学习成果进行客观评价。

表5-4-1 任务考评表

序号	考核点	考核内容	分值	得分
1	识读凝结水系统图纸	能正确导入凝结水系统平面图	5	
		能正确识读凝结水系统平面图中的所有信息	5	
		能正确识读凝结水系统立面图中的所有信息	5	
2	设置凝结水系统管道参数	能正确设置凝结水系统管道参数	10	
3	绘制凝结水系统管道	能使用管道命令正确绘制凝结水系统水平管道	25	
		能使用管道命令正确绘制凝结水系统立管管道	25	
		能使用管件命令正确绘制凝结水系统管道管件	25	
合计			100	

总结反思：

签字：

任务拓展 管道的连接

有时为了方便，我们会先单独画出若干水管，然后根据图纸信息，将需要连接的水管管道依次连接。下面介绍一种两根管道连接的方法，具体操作如下。

1）单击“修改”选项卡中的“修剪/延伸为角”按钮，如图5-4-8所示。

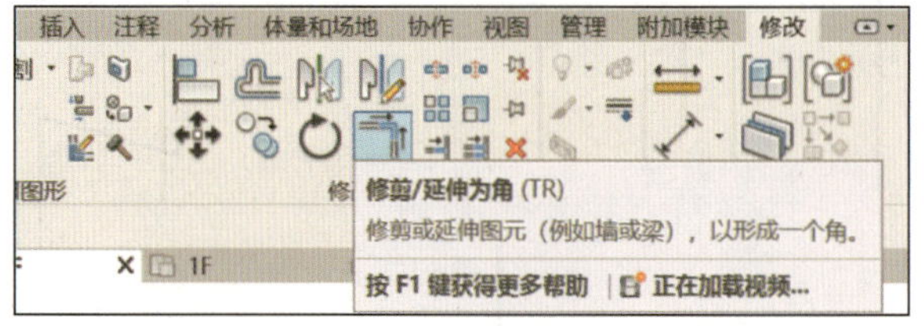

图5-4-8 “修剪/延伸为角”按钮

2）依次单击需要连接的两根水管，两根需要连接的管道将完成连接，如图5-4-9所示。连接后的管道如图5-4-10所示。

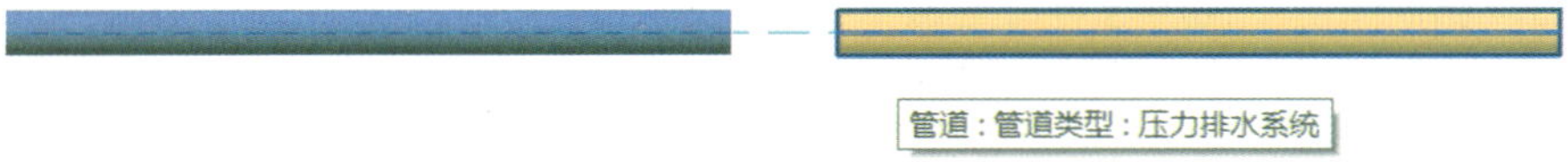

管道：管道类型：压力排水系统

图 5-4-9　依次单击需要连接的管道

图 5-4-10　连接后的管道

项 目 考 评

项目考核评价以学生自评和小组评价为主，教师根据表 5-x-1 中的考核评价的要素对学习成果进行综合评价。

表 5-x-1　项目考评表

班级：　　　　第（　）小组　　姓名：　　　　　时间：

评价模块	评价内容	分值	自我评价	小组评价
理论知识	1）掌握使用 Revit 2021 中的绘制线、延伸等命令创建管道的方法	10		
	2）掌握在绘制图层调整链接图纸位置的方法	10		
	3）掌握载入族、修改结构管及配件的属性信息的方法	10		
操作技能	1）能绘制给水系统管道及管件	20		
	2）能绘制排水系统管道及管件	20		
	3）能绘制消防系统管道及管件	10		
	4）能绘制凝结水系统管道及管件	10		
职业素养	1）具有团队意识和创新精神	5		
	2）具有一丝不苟、精益求精的工作态度	5		

综合评价：

签字：

直 击 工 考

一、选择题

1. 下列绘制竖向消防管道的方式中，正确的是（　　）。

A. 使用管道命令，首先单击第一点，其次修改偏移量，最后双击选项栏中的“应用”即可

B．在剖面图中使用管道命令从下往上绘制管道

C．使用管道命令，连接两段偏移量高差较大的风管的端部连接件时，会自动生成竖向管道

D．以上均正确

2．为已创建无坡度的管道添加坡度时，在坡度编辑器中设定好坡度值之后，会在管道端点显示一个箭头，则关于该箭头，下列说法正确的是（　　）。

A．该端点为选定管道部分的最高点

B．该端点为选定管道部分的最低点

C．无法切换该箭头位置

D．以上说法都不对

3．下列构件为系统族的是（　　）。

A．风管　　B．风管附件　　C．风道末端　　D．机械设备

4．（多选）在绘制消防管道时，下列选项中可以在选项栏中调整的是（　　）。

A．材质　　B．对齐方式　　C．直径

D．偏移量　　E．管道类型

5．（多选）【2021 年 1+X“建筑信息模型（BIM）职业技能等级证书”考试真题】在三维视图中，给不同的管道系统进行颜色区分的方法是（　　）。

A．添加隔热层　　B．使用颜色图例

C．添加材质颜色　　D．设置视图选项卡中的过滤器

E．添加防热层

二、实训题

根据如图 5-z-1 所示的某公园卫生间排水的大样图，建立项目卫生间排水模型，最终结果以“卫生间排水”命名。

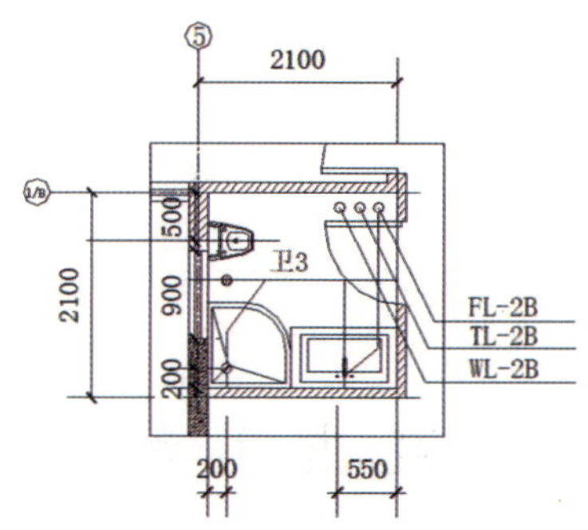

图 5-z-1　某公园卫生间排水的大样图

项目6 采暖与通风模型创建

内容导读

采暖系统是为了维持室内所需要的空气温度，向室内供给相应的热量的工程设备。通风是借助换气稀释或通风排除等手段，控制空气污染物的传播与危害，实现室内外空气环境质量保障的一种建筑环境控制技术。通风系统用于实现通风这一功能，包括进风口、排风口、送风管道、风机、降温及采暖、过滤器、控制系统，以及其他附属设备在内的一整套装置。采暖与通风系统建模属于 Revit 建模过程中的一个重要部分，包括建立采暖模型和通风模型等内容。

学习目标

知识目标

1）了解采暖系统、通风系统的功能与组成。

2）掌握采暖管道、通风管道的建立方法，以及管件及管道附件的连接方法。

能力目标

1）会按照图纸创建和修改采暖管道、通风管道。

2）会设置采暖系统、通风系统类型。

素养目标

1）培养科学、严谨、务实的工作作风和专注、认真、负责的工作态度。

2）树立节约意识、环保意识，自觉践行以人为本的设计理念和绿色发展观念。

任务 6.1 创建采暖模型

微课：放置散热器

任务描述

汽车实训室案例采暖系统主要集中在一层、二层盥洗室及卫生间、教室、办公室等房间中。本任务要求识读汽车实训室采暖系统施工图（“暖施 01：采暖设计说明”“暖施 02：采暖施工说明”“暖施 04：一层采暖通风平面图”“暖施 05：二层采暖通风平面图”“暖施 06：采暖系统图”），创建汽车实训室采暖系统模型，并正确设置采暖管道和采暖系统参数。

识读汽车实训室“暖施 06：采暖系统图”，可以找出各楼层采暖系统支管的管径、标高和散热器片数，在“暖施 04”“暖施 05”的一层、二层采暖平面图中可以找出各楼层采暖水平支管和散热器的布置位置。

任务目标

1）了解采暖系统的功能与组成。

2）掌握采暖管道的建立方法，以及管件及管道附件的连接方法。

3）能正确识读采暖系统图纸。

4）能正确设置采暖系统管道系统。

5）能正确绘制采暖系统管道和添加管道附件。

6.1.1 准备工作

1. 拆分图纸

在将图纸导入 Revit 之前，首先要对图纸进行拆分处理，即把图纸按照专业和楼层进行拆分。经整理，拆分后的采暖、通风专业图纸如图 6-1-1 所示。

2. 打开 1F 楼层平面

双击打开任一建好的机电模型文件，然后选择“项目浏览器”中的“楼层平面”→“1F”选项，如图 6-1-2 所示。

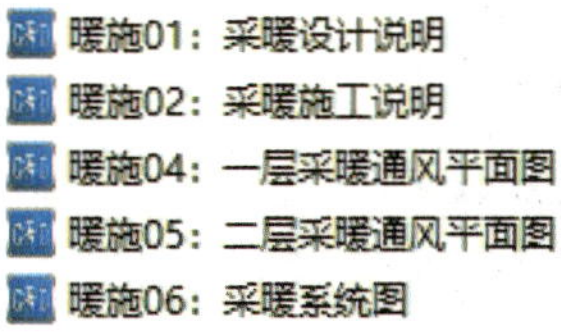

暖施01：采暖设计说明
暖施02：采暖施工说明
暖施04：一层采暖通风平面图
暖施05：二层采暖通风平面图
暖施06：采暖系统图

图 6-1-1　拆分后的采暖、通风专业图纸

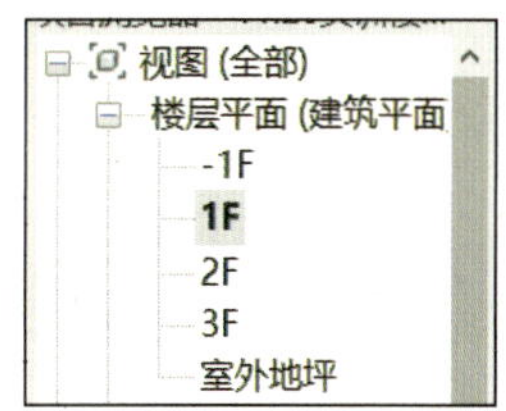

图 6-1-2　1F 楼层平面

3. 设置过滤器

在任务 5.1 中已经建立好过滤器的基础上新建采暖系统的过滤器，新建过滤器的方法在任务 5.1 中有详细介绍，这里不再赘述。新建好采暖系统过滤器后，在“可见性”选项中只选中“采暖系统”复选框，如图 6-1-3 所示。

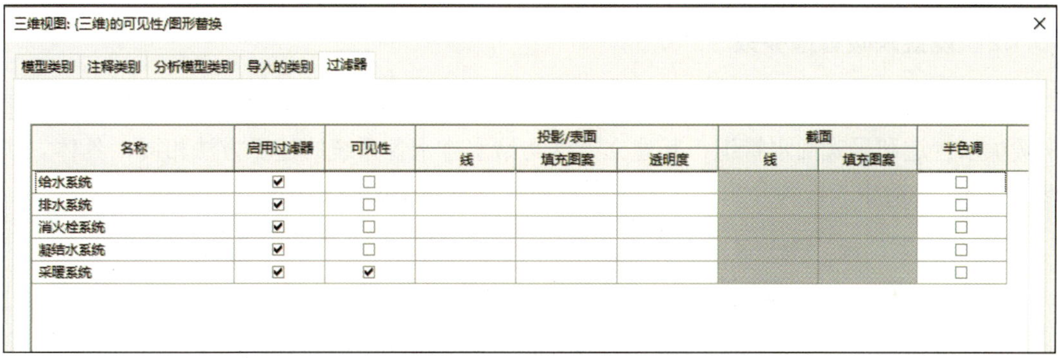

三维视图: {三维}的可见性/图形替换

模型类别　注释类别　分析模型类别　导入的类别　过滤器

名称	启用过滤器	可见性	投影/表面			截面		半色调
			线	填充图案	透明度	线	填充图案	
给水系统	☑	☐						☐
排水系统	☑	☐						☐
消火栓系统	☑	☐						☐
凝结水系统	☑	☐						☐
采暖系统	☑	☑						☐

图 6-1-3　设置过滤器“采暖系统”的可见性为可见

4. 导入图纸

在任务 5.1 中，由于已经将地下“水施 02：一层给排水消火栓平面图”图纸导入-1F 楼层平面中，此时需要先将导入的图纸的可见性关闭，操作如下：按两次键盘上的 V 键，打开可见性编辑窗口，选择“导入的类别”选项卡，取消选中之前导入的图纸左侧的复选框，然后导入新图纸，如图 6-1-4 所示。将图纸轴网与软件创建的轴网进行对齐，局部效果如图 6-1-5 所示（图纸导入与对齐轴网的操作方法见任务 5.1 中的相关内容介绍）。

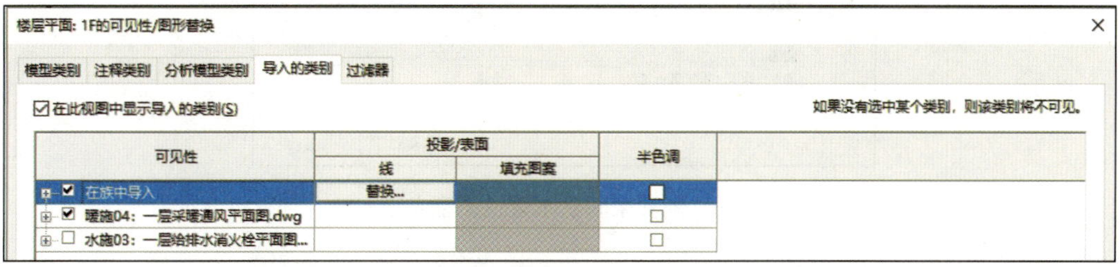

楼层平面: 1F的可见性/图形替换

模型类别　注释类别　分析模型类别　导入的类别　过滤器

☑在此视图中显示导入的类别(S)　　如果没有选中某个类别，则该类别将不可见。

可见性	投影/表面		半色调
	线	填充图案	
☑ 在族中导入	替换...		☐
☑ 暖施04：一层采暖通风平面图.dwg			☐
☐ 水施03：一层给排水消火栓平面图...			☐

图 6-1-4　关闭之前导入图纸的可见性并导入采暖图纸

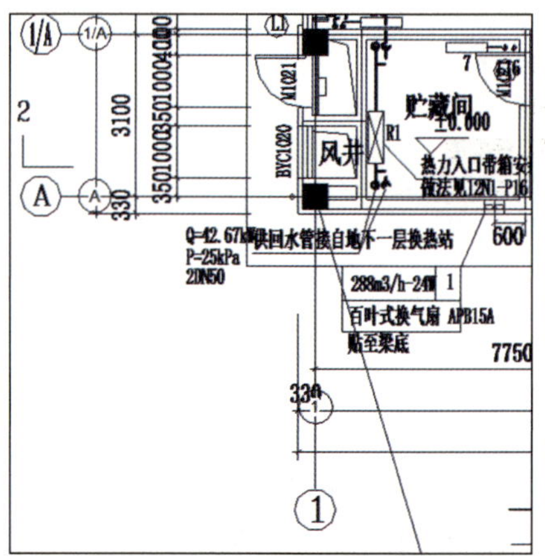

图 6-1-5　将新导入的采暖图纸与轴网对齐

6.1.2　设置采暖管道参数

采暖管道参数与采暖系统需要建立采暖供水系统和采暖回水系统，管道类型需要新建采暖供水管道和采暖回水管道，其建立方法与给水排水各系统的建立方法相同，具体方法见任务 5.1 中的相关内容介绍，这里不再赘述，设置结果如图 6-1-6～图 6-1-9 所示。

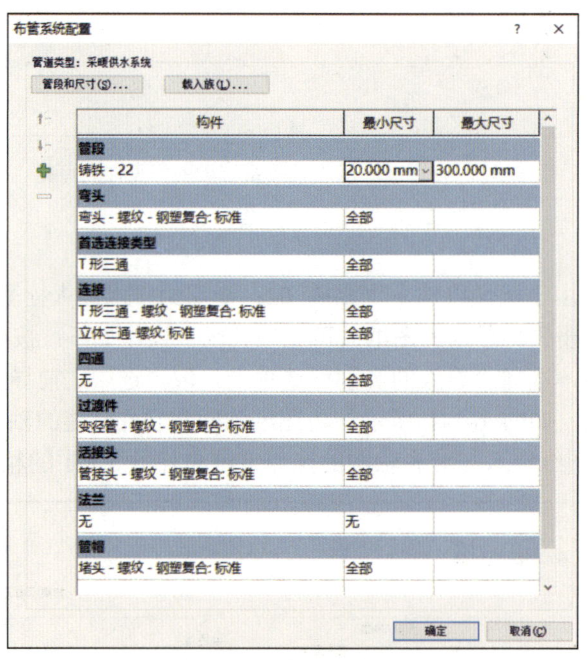

图 6-1-6　配置采暖供水管道类型布管系统

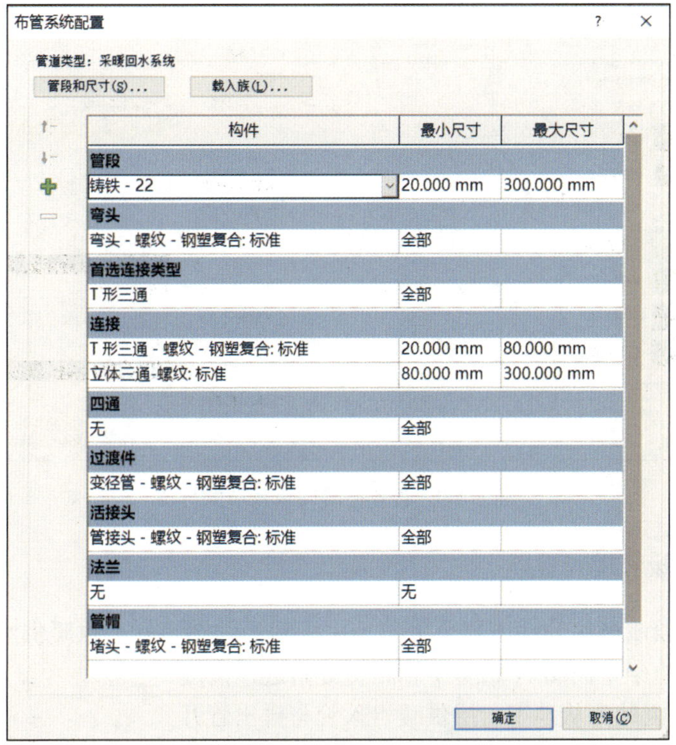

图 6-1-7　配置采暖回水管道类型布管系统

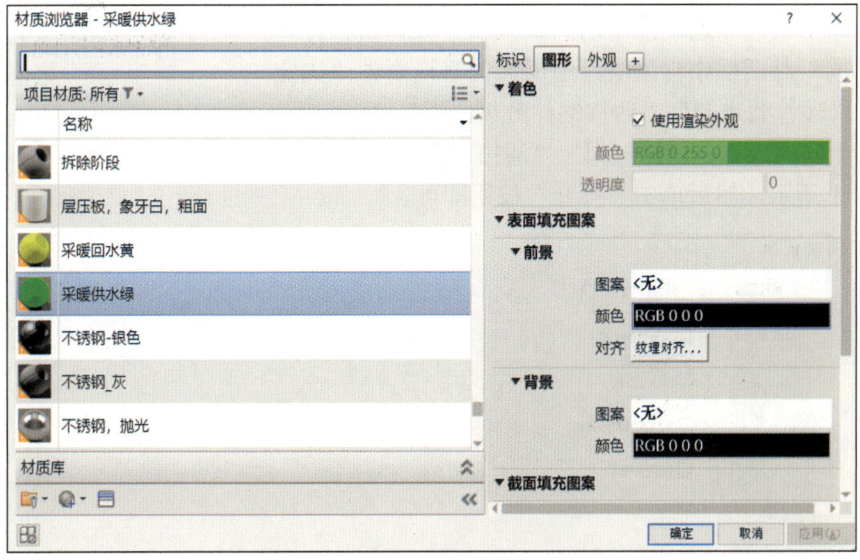

图 6-1-8　设置采暖供水系统的材质

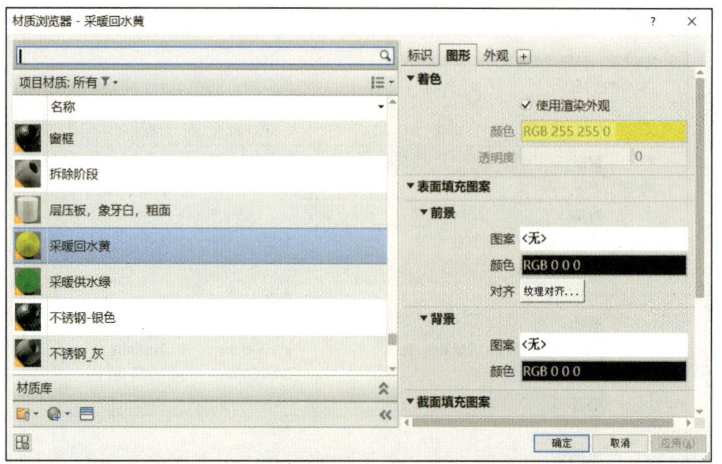

图 6-1-9 设置采暖回水系统的材质

6.1.3 绘制供暖管道

供暖管道的绘制顺序为由下层至上层。由采暖系统图可知，供暖供水引入管与供暖排水排出管的位置位于平面图 A 轴与 1 轴相交处附近，高度位于-750mm 处，因此先从地下一层供暖引入管与排出管开始绘制，具体位置如图 6-1-10 所示。

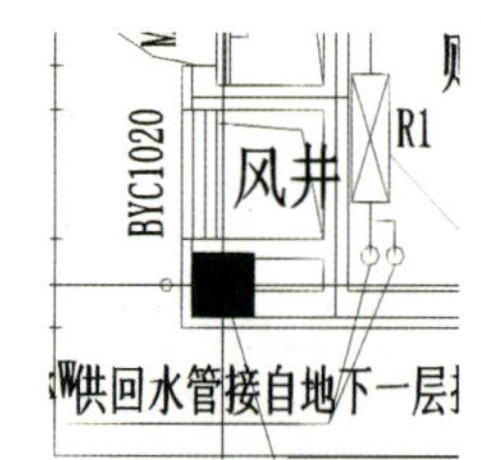

图 6-1-10 采暖系统供回水干管所在位置

1）载入采暖管道所需的管道附件族。单击“插入”选项卡“从库中载入”选项组中的“载入族”按钮，在打开的“载入族”对话框中将采暖管道所需的管道附件“固定支架”、“采暖管截止阀”、“四柱钢柱散热器组”、“温控阀”和“排水止回阀”、“自动排气阀”、“清扫口”载入项目中，如图 6-1-11 所示，然后单击“打开”按钮即可。

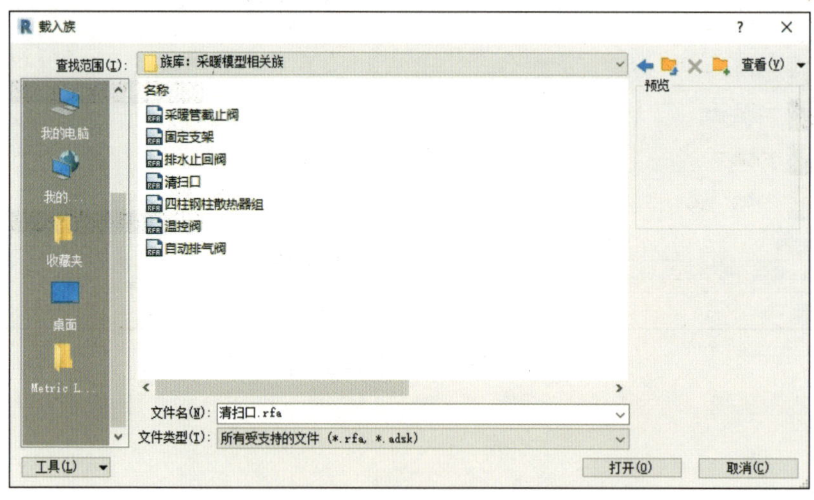

图 6-1-11 载入供暖管道所需的管道附件族

2）绘制采暖水平横干管。由采暖系统图可知，供水引入干管位于-750mm 的位置。单击“系统”选项卡“卫浴和管道”选项组中的“管道”按钮，进入管道绘制模式。

① 选择“采暖供水系统”类型。在管道的“属性”面板中设置管道类型为“采暖供水系统”，“系统类型”为“采暖供水系统”，如图 6-1-12 所示。

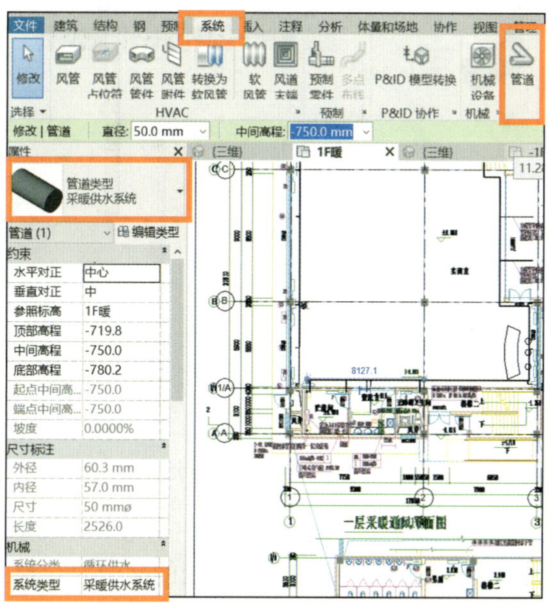

图 6-1-12 设置采暖供水管道的管道类型与系统类型

② 绘制供暖干管。以供暖供水干管为例进行介绍，回水干管的绘制方法与之相同。由一层采暖通风平面图可知，供暖供水干管的管径为 DN50，管道中心的标高为-0.750m，因此在“属性”面板中，设置所绘制供暖干管管道的属性，设置“水平对正”为“中心”，“垂直对正”为“中”，“参照标高”为“1F 暖”，“中间高程”为-750mm，如图 6-1-13 所示。

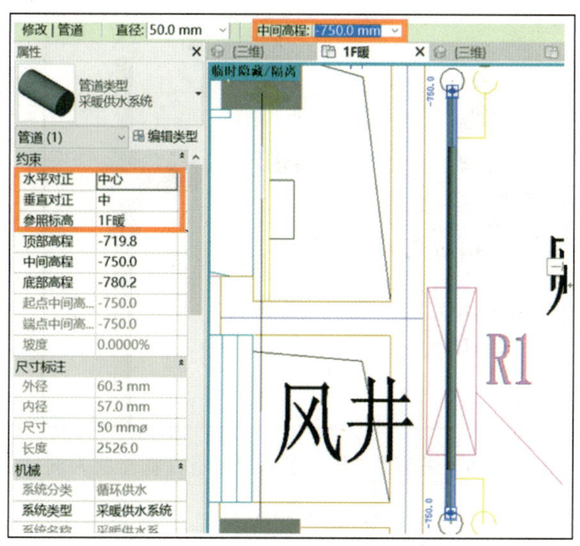

图 6-1-13 设置采暖供水管道的属性

③ 将鼠标指针移动到底图采暖干管管道的端点处单击，水平向上移动鼠标指针至水平管道末端单击，完成水平供暖干管管道的绘制，如图 6-1-14 所示。使用同样的方法，完成其余采暖供水管道与采暖回水管道的绘制。

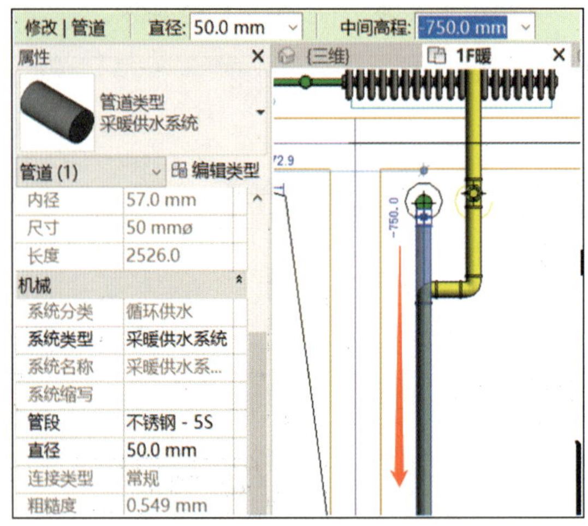

图 6-1-14　绘制采暖供水干管

3）绘制采暖立管。采暖系统立管的绘制方法与任务 5.1 给水系统立管的绘制方法完全相同，这里不再赘述。按照图纸要求，完成采暖系统的立管的绘制。

4）绘制采暖立管下方的给水横管。按照图纸要求，绘制与采暖立管连接的横管部分，绘制方法与给水模型中的绘制方法类似，这里不再赘述。

5）添加采暖系统附件。完成采暖系统管道的绘制后，要进行采暖管道附件的添加。将前文我们已经载入的管道附件“固定支架”、“截止阀”、“四柱钢柱散热器组”、“温控阀”和“自动排气阀”，按照图纸要求添加到采暖系统管道的相应位置，添加方法与给水管道附件的添加方法相同，这里不再赘述。采暖管道附件的放置效果如图 6-1-15 所示。

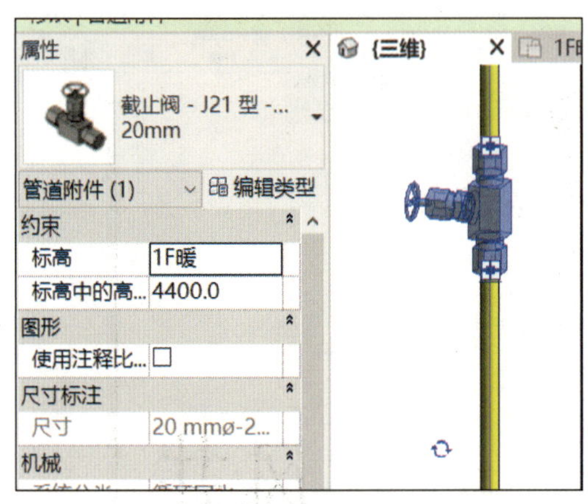

图 6-1-15　采暖系统附件的效果示意（截止阀为例）

6）添加采暖系统散热器。本项目中的采暖系统是以散热器为供热单元进行散热的，在前文，我们已经将散热器与采暖管道附件一并载入项目中，下面介绍散热器的放置和与采暖管道的连接。

① 放置散热器。由于-1F 没有散热器，打开 1F 楼层平面，从导入的平面图可以看出，散热器布置在四面墙附近。在“项目浏览器”中右击位于“常规模型”中的“散热器”，如图 6-1-16 所示，在弹出的快捷菜单中选择“创建实例”选项。然后在其“属性”面板中设置“标高”为“1F 暖”，“标高中的高程”为 0。在平面图中找到散热器的位置单击，散热器即可放置在相应的位置上，如图 6-1-17 所示。

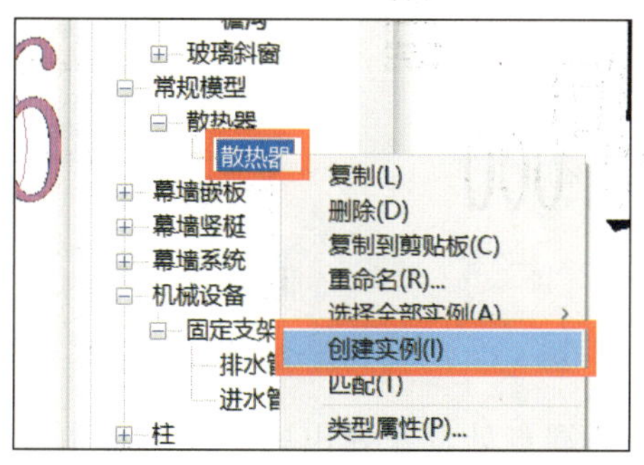

图 6-1-16　创建“散热器”实例

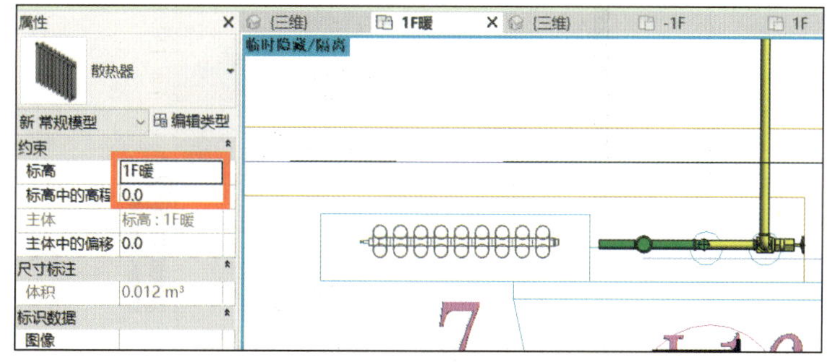

图 6-1-17　放置散热器

② 连接散热器与采暖管道。采暖管道与散热器的连接，在立面中操作比较方便，因此在散热器的上方建立剖面。单击“剖面”按钮，再在绘图区单击，并从右至左拖动鼠标指针，建立剖面，如图 6-1-18 所示。

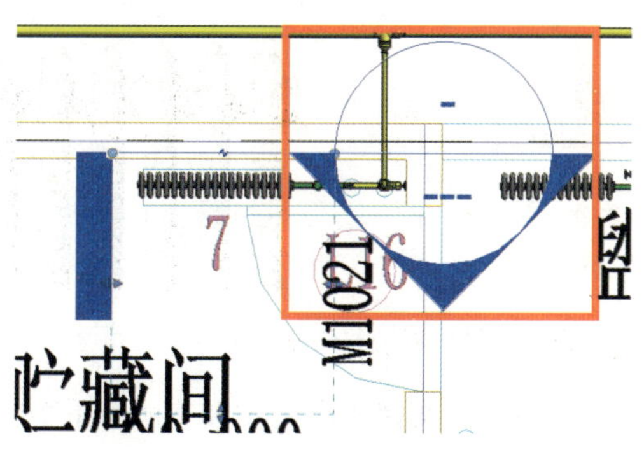

图 6-1-18　在散热器上方创建剖面

③ 右击新建好的剖面，在弹出的快捷菜单中选择“转到视图”选项，如图 6-1-19 所示。

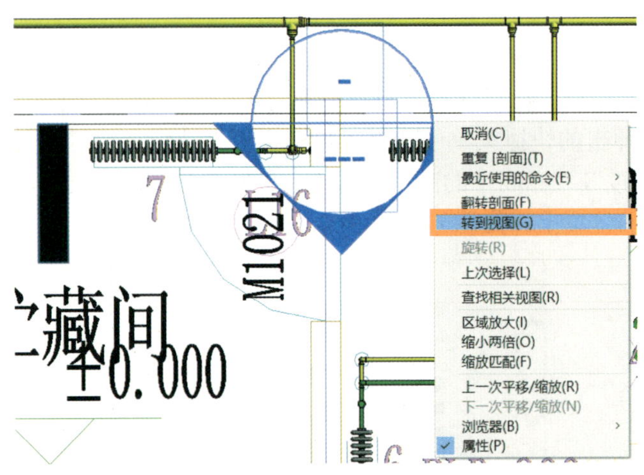

图 6-1-19 转到新建好的剖面视图

④ 右击散热器进水口的端点处，在弹出的快捷菜单中选择“绘制管道”选项，如图 6-1-20 所示。

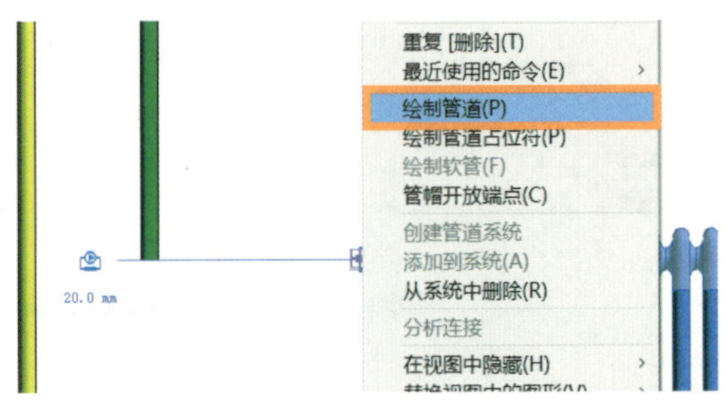

图 6-1-20 从散热器端点开始绘制管道

⑤ 将鼠标指针水平移动至左侧采暖进水立管中心线处单击，即可完成采暖系统管道与散热器的连接，如图 6-1-21 所示。

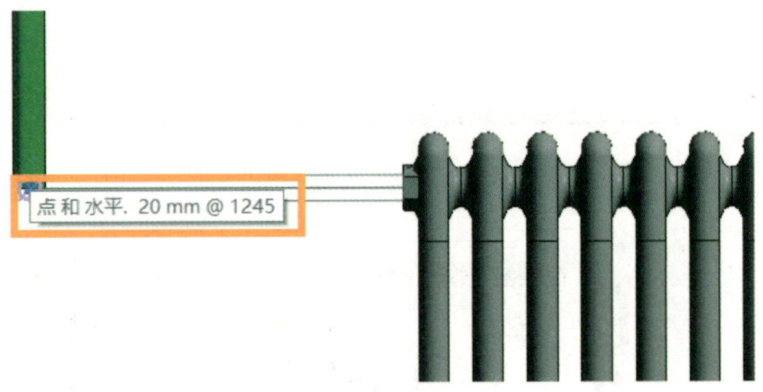

图 6-1-21 连接散热器与采暖系统管道

7）按照上述管道的绘制步骤，依次完成汽车实训室所有采暖管道及散热器等设备的建模，完成后的采暖管道系统的三维效果如图 6-1-22 所示。

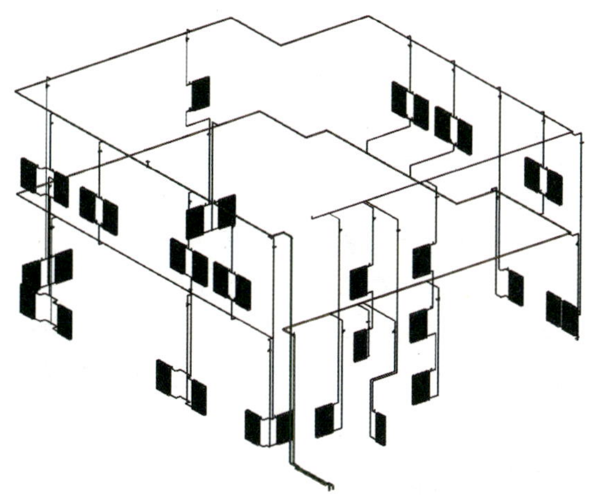

图 6-1-22　采暖管道系统的三维效果

温馨提示

1）在放置散热器时，须注意正确设置楼层平面与标高。

2）散热器与采暖管道连接时，须注意散热器进水口和出水口与采暖管道供水管和回水管一一对应。

3）散热器片数信息要按照图纸设置正确。

任务考评

交互模型：采暖模型

任务考核评价以学生自评为主，根据表 6-1-1 中的考核评价内容对学习成果进行客观评价。

表 6-1-1　任务考评表

序号	考核点	考核内容	分值	得分
1	识读采暖系统图纸	能正确导入采暖系统平面图	5	
		能正确识读采暖系统平面图中的所有信息	5	
		能正确识读采暖系统立面图中的所有信息	5	
2	设置采暖系统管道参数	能正确设置采暖系统管道参数	10	
3	绘制采暖系统管道	能使用管道命令正确绘制采暖系统水平管道	20	
		能使用管道命令正确绘制采暖系统立管管道	20	
		能使用管件命令正确绘制采暖系统管道的管件	20	
4	添加管道附件	能正确添加散热器	15	
合计			100	
总结反思： 签字：				

知识窗

散热器的种类

散热器根据材质不同可分为铸铁散热器、钢制散热器和铝合金散热器等种类。

铸铁散热器根据形状可分为柱形散热器及翼形散热器，而翼形散热器又有圆翼形和长翼形之分。柱形散热器多用于工厂车间内，如图 6-1-23 所示；翼形散热器多用于民用建筑，如图 6-1-24 所示。铸铁散热器具有耐腐蚀的优点，但承受压力一般不宜超过 0.4MPa，且质量大，组装不便，适用于工作压力小于 0.4MPa 的采暖系统，或不超过 400m 高的建筑物内。

图 6-1-23　铸铁柱形散热器

图 6-1-24　铸铁翼形散热器

钢制散热器与铸铁散热器相比具有金属耗量少、耐压强度高、外形美观整洁、体积小、占地少、易于布置等优点，但易受腐蚀、使用寿命短，多用于高层建筑和高温水采暖系统中，不能用于蒸汽采暖系统中，也不宜用于湿度较大的采暖房间内，如图 6-1-25 所示。

铝合金散热器是近年来逐渐广泛应用的一种散热器，铝合金散热器具有耐压、外观雅致、装饰性和观赏性较强、体积小、质量小、结构简单、便于运输安装、耐腐蚀、寿命长等优点。铝合金散热器主要有翼型和闭合式等形式，如图 6-1-26 所示。

图 6-1-25　钢制散热器

图 6-1-26　铝合金散热器

任务 6.2　创建通风模型

微课：创建通风管道

任务描述

本任务要求识读汽车实训室通风系统施工图（“暖施 01：采暖设计说明”“暖施 02：采暖施工说明”“暖施 03：地下一层通风平面图”“暖施 04：一层采暖通风平面图”“暖施 05：二层采暖通风平面图”“暖施 06：采暖系统图”），创建汽车实训室通风系统模型并正确设置通风管道和采暖系统参数。汽车实训室案例通风系统主要集中在地下一层、一层、二层盥洗室及卫生间、教室、办公室等房间中。

由通风系统设计说明可知，换热站设独立的送、排风系统；储藏间、盥洗室采用机械排风系统；卫生间采用机械排风系统；教室设机械排风系统；办公室设壁挂式全热交换器；机械通风风管采用镀锌钢板。识读汽车实训室“暖施 03”～“暖施 05”各楼层通风平面图，可以找出各楼层通风系统风管的管径、标高及风口、风机的尺寸和位置等信息。

任务目标

1）了解通风系统的功能与组成。

2）掌握通风管道的建立方法，以及管件及管道附件的连接方法。

3）能正确识读通风系统图纸。

4）能正确设置通风系统管道参数。

5）能正确绘制通风系统管道和添加管道附件。

6.2.1　准备工作

1. 拆分图纸

在将图纸导入 Revit 之前，首先要对图纸进行拆分处理，即把图纸按照专业和楼层进行拆分。具体拆分结果如图 6-1-1 所示。

2. 打开-1F 楼层平面

双击打开任一建好的模型文件，如打开排水模型。选择“项目浏览器”中的“楼层平面”→“-1F”选项，如图 6-2-1 所示。

图 6-2-1　打开-1F 楼层平面

3. 设置过滤器

在任务 5.1 中已经建立好过滤器的基础上新建通风系统的过滤器，新建过滤器的方法在任务 5.1 中有详细介绍，这里不再赘述。按照前述方法新建好通风系统过滤器以后，在“可见性”选项中只选中“通风系统”复选框，如图 6-2-2 所示。

模型类别 注释类别 分析模型类别 导入的类别 过滤器

名称	启用过滤器	可见性	投影/表面			截面		半色调
			线	填充图案	透明度	线	填充图案	
凝结水系统	☑	☐						☐
通风系统	☑	☑	替换...	替换...	替换...			☐
采暖系统	☑	☐						☐
给水系统	☑	☐						☐
消火栓系统	☑	☐						☐
排水系统	☑	☐						☐

图 6-2-2 设置过滤器通风系统可见性为可见

4. 导入图纸

将通风平面图纸导入相应的平面中，并将原排水平面图隐藏，具体操作见任务 6.1，这里不再赘述。

6.2.2 设置通风管道参数

通风管道参数与通风系统需要建立送风系统和排风系统，风管类型需要新建排风风管和送风风管两种，其建立方法与给水排水各系统的建立方法相同，具体方法见任务 5.1 中的相关内容介绍，这里不再赘述，设置结果如图 6-2-3～图 6-2-6 所示。

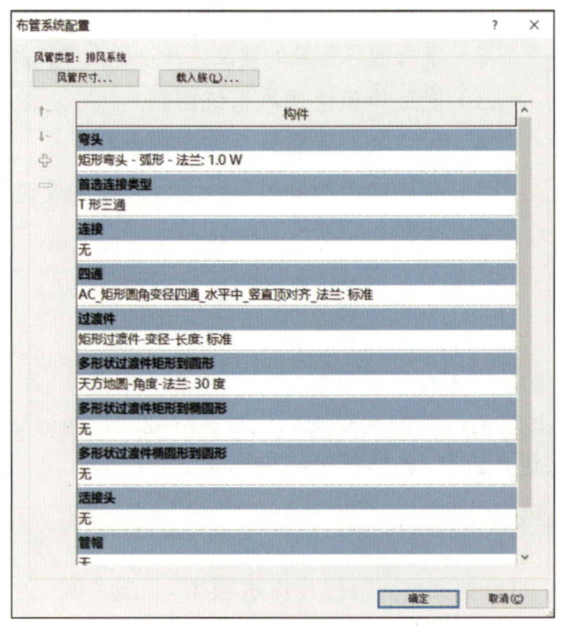

图 6-2-3 配置排风系统管道类型布管系统

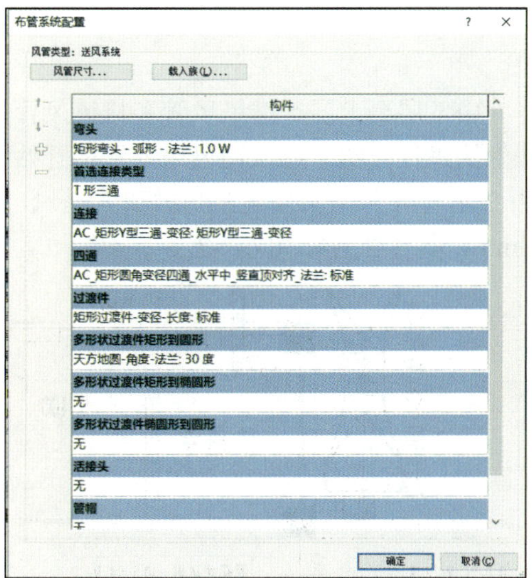

图 6-2-4　配置送风系统管道类型布管系统

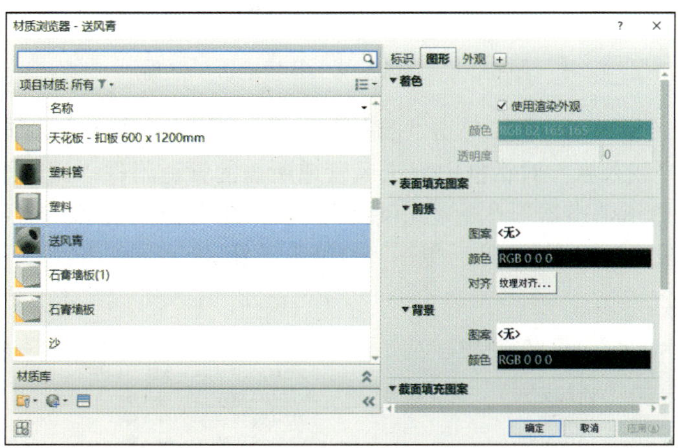

图 6-2-5　设置送风系统的材质

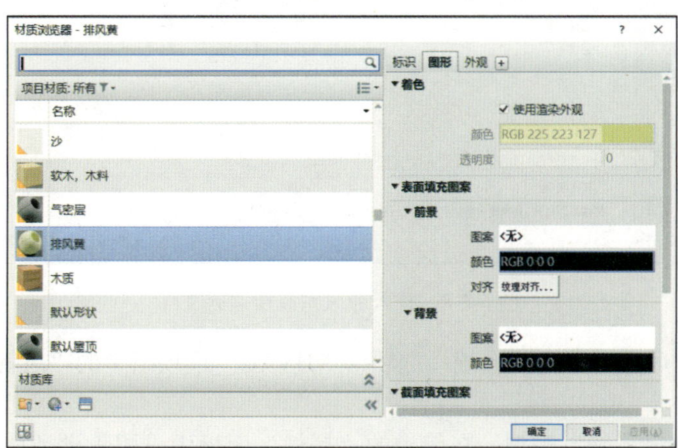

图 6-2-6　设置排风系统的材质

6.2.3 绘制通风管道

通风管道的绘制顺序为由下层至上层。送风风管和排风风管的绘制方法相同，故此处将以送风风管的绘制方法为例进行介绍。先从通风引入管道开始绘制，由“地下一层通风平面图”可知，送风管道由 2 轴与 A 轴交点附近的风井引入送风，风管管顶标高为-800mm，管道尺寸为 1250mm×500mm，具体位置如图 6-2-7 所示。

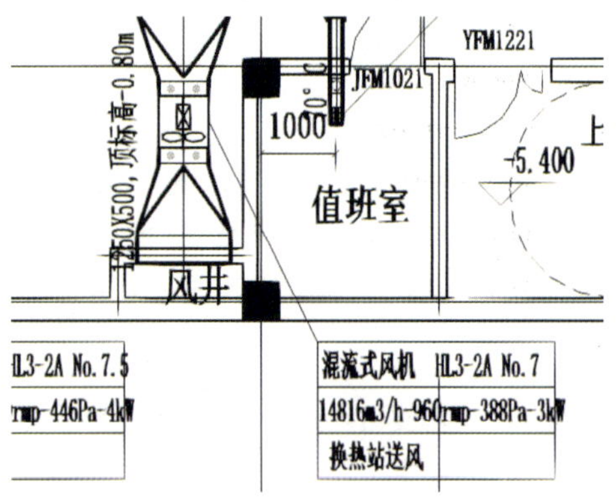

图 6-2-7　通风系统干管管道所在位置

1）载入所需的管道附件族。单击“插入”选项卡“从库中载入”选项组中的“载入族”按钮，在打开的“载入族”对话框中将送风管道所需的管道附件“调节阀”、“百叶风口”、“方形换气扇”、“管道消声器”、“混流式风机”、“矩形防火调节阀”、“排风机”和“送风口”载入项目中，如图 6-2-8 所示，然后单击“打开”按钮。

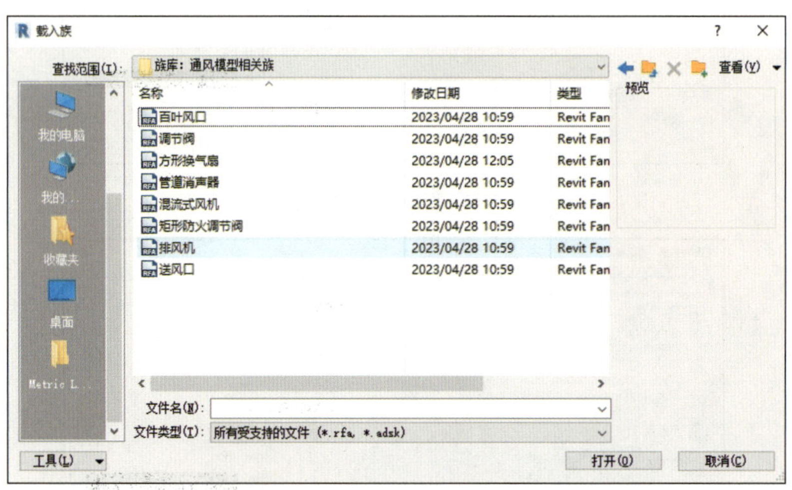

图 6-2-8　载入通风系统所需族文件

2）绘制水平风管。单击“系统”选项卡“HVAC”选项组中的“风管”按钮，进入管道绘制模式。

① 选择“送风系统”类型。在管道的“属性”面板中设置管道类型为“矩形风管/送风系统”，“系统类型”选择“送风系统”，如图 6-2-9 所示。

图 6-2-9　设置“送风系统”管道类型与系统类型

② 绘制送风风管。在“属性”面板中，设置所绘制通风干管管道的属性，设置“水平对正”为“中心”，“垂直对正”为“中”，“参照标高”为“1F 风”，“顶部高程”为-800mm，在选项栏分别设置“宽度”和“高度”为 1250mm 和 500mm，如图 6-2-10 所示。

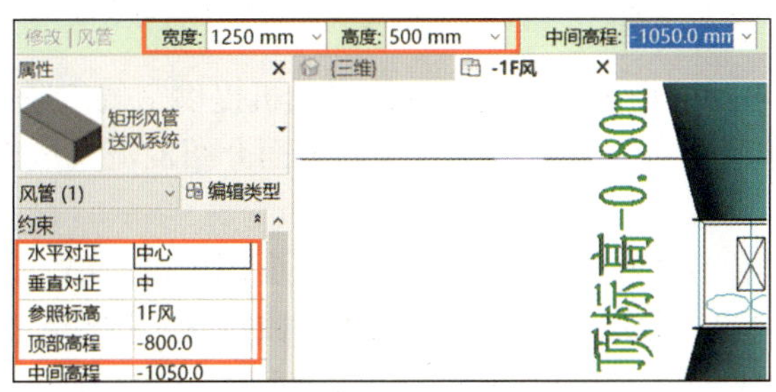

图 6-2-10　设置“送风系统”的管道属性

③ 将鼠标指针移动到风井边沿处单击，水平向上移动鼠标指针至水平管道末端单击，完成水平送风管道的绘制，如图 6-2-11 所示。使用同样的方法，完成其他送风管道与排风管道的绘制。

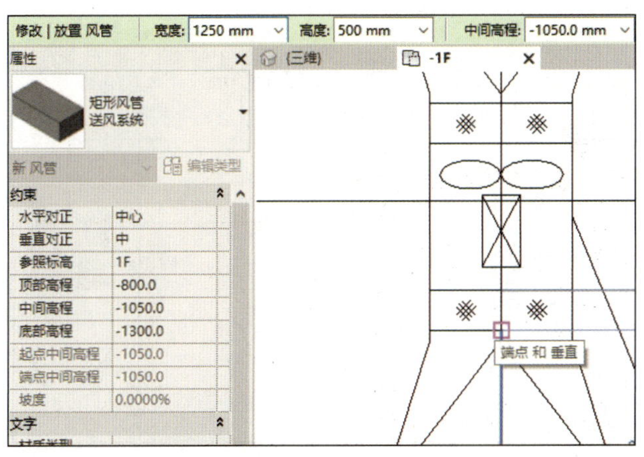

图 6-2-11　绘制送风管道

3）添加风管附件。完成通风风管的绘制后，要进行风管附件的添加。将已经载入的管道附件“调节阀”和“矩形防火调节阀”，按照图纸要求添加到通风系统管道的相应位置，添加方法与给水管道附件的添加方法相同，这里不再赘述。通风管道附件的放置效果示意如图 6-2-12 所示。

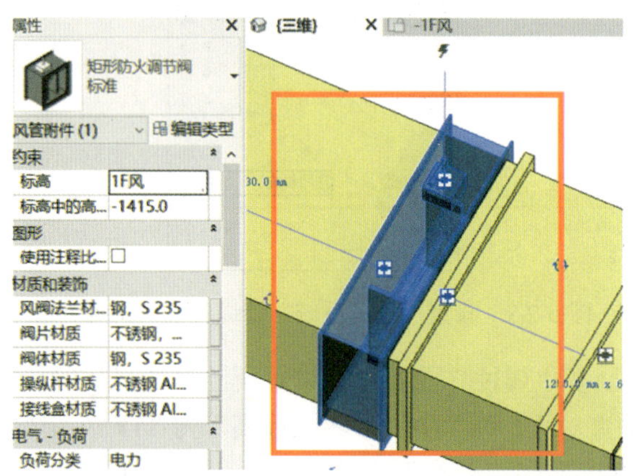

图 6-2-12　通风系统附件的放置效果示意（以防火阀为例）

4）添加风机。本项目的通风系统是由混流式风机提供空气流通动力的，在前文，我们已经将混流式风机与风管附件一并载入项目中，下面介绍混流式风机的放置方法及其与风管的连接方法。

① 放置风机。打开-1F 楼层平面，从导入的平面图可以看出，混流式风机布置在 2 轴与 1/A 轴交点附近。单击“系统”选项卡中的“机械设备”按钮，然后在左侧的“属性”面板中设置管道类型为“混流式风机/送风风机”，“标高”为“1F 风”，“标高中的高程”为-1450mm。在平面图中找到风机的位置单击，风机即可放置在相应的位置上，如图 6-2-13 所示。

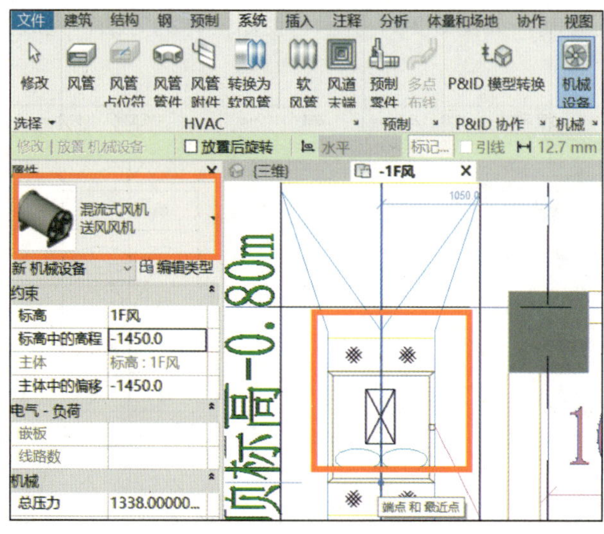

图 6-2-13　放置风机

② 拆分风机附近的风管。单击“风管系统”选项卡“修改”选项组中的“拆分图元”按钮，如图 6-2-14 所示，将风机所在位置的风管拆分为两段。

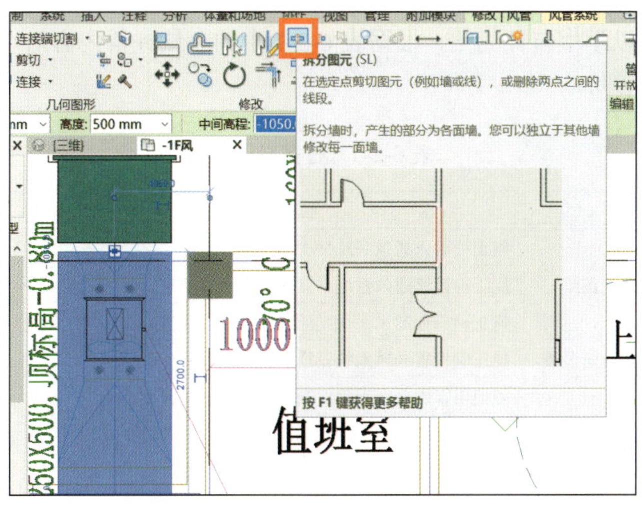

图 6-2-14　将风管拆分为两段

③ 连接风机与风管。拖动风管端点至风机相对应的端点处，风管与风机将自动连接，如图 6-2-15 所示。

5）依照上述风管系统的绘制步骤，依次完成汽车实训室所有送风系统及排风系统风管及风机等设备的建模，完成后的通风系统的三维效果如图 6-2-16 所示。

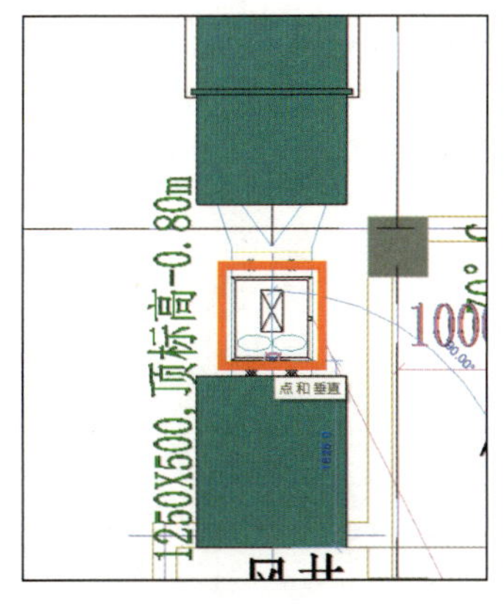

图 6-2-15　风机与风管端点连接

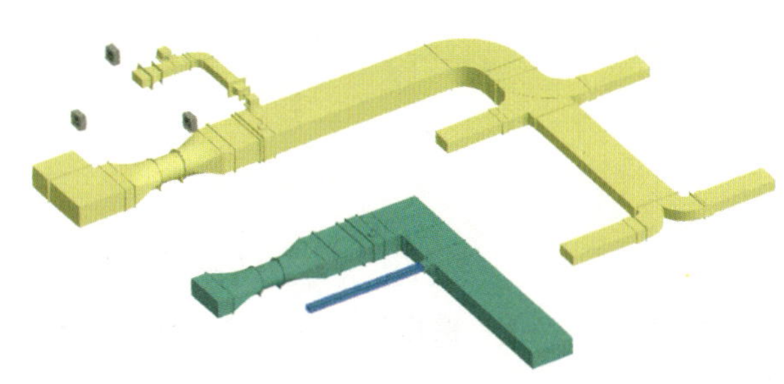

图 6-2-16　通风系统的三维效果

温馨提示

1）风管管件注意要正确载入项目中，否则无法完成风管管件的自动生成。

2）放置送风风机时，应注意正确设置所在楼层平面和标高。

3）在进行风管与风管或风管与设备连接的操作时，可将视觉样式切换为线框模式，以方便操作。

交互模型：通风模型

任务考评

任务考核评价以学生自评为主，根据表6-2-1中的考核评价内容对学习成果进行客观评价。

表6-2-1 任务考评表

序号	考核点	考核内容	分值	得分
1	识读通风系统图纸	能正确导入通风系统平面图	5	
		能正确识读通风系统平面图中的所有信息	5	
		能正确识读通风系统立面图中的所有信息	5	
2	设置通风系统管道参数	能正确设置通风系统管道参数	10	
3	绘制通风系统管道	能使用管道命令正确绘制通风系统水平管道	20	
		能使用管道命令正确绘制通风系统立管管道	20	
		能使用管件命令正确绘制通风系统管道管件	20	
4	添加管道附件	能正确添加风机	15	
合计			100	

综合评价：

导师或师傅签字：

任务拓展 绘制风管三通

在绘制通风系统风管的过程中，经常会遇到绘制三通的情况，这是在绘制风管过程中的一个较难的环节，下面以Y形三通为例来介绍风管三通的绘制方法。

1）先绘制干管与支管，注意保持干管与支管的尺寸与标高相同，如图6-2-17所示。

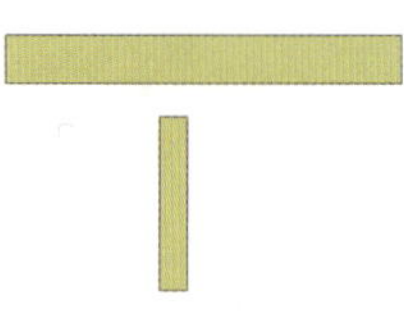

图6-2-17 绘制干管和支管

2）单击“修改”选项卡“修改”选项组中的“修剪/延伸单个图元”按钮，如图6-2-18所示。

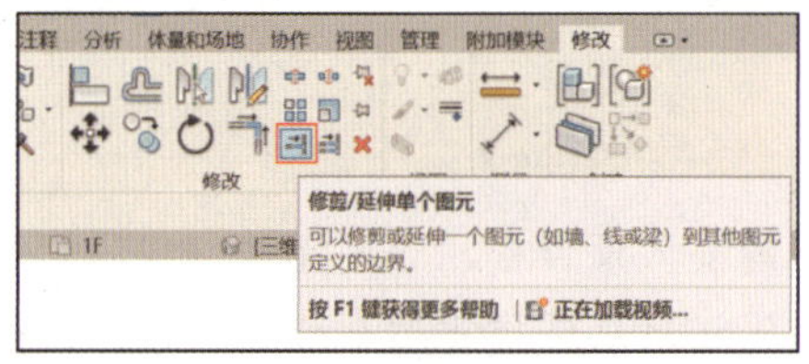

图6-2-18 “修剪/延伸单个图元”按钮

3）依次单击需要连接的两根风管，注意需要先单击干管后单击支管，如图6-2-19

所示，两根需要连接的管道将完成连接。连接后的风管管道如图 6-2-20 所示。

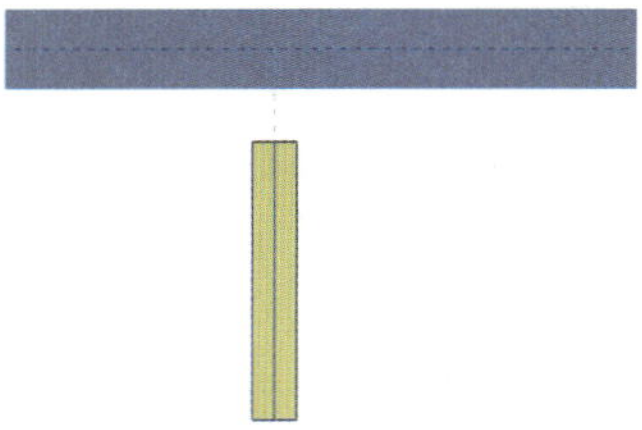

图 6-2-19　依次单击需要连接的管道

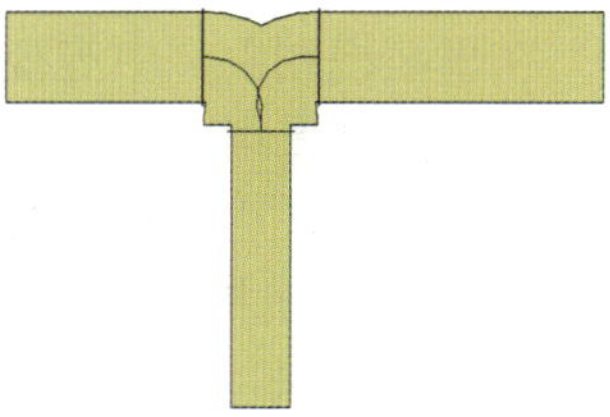

图 6-2-20　连接后的风管管道

项 目 考 评

项目考核评价以学生自评和小组评价为主，教师根据表 6-x-1 中的考核评价的要素对学习成果进行综合评价。

表 6-x-1　项目考评表

班级：　　　　第（　）小组　　姓名：　　　　时间：

评价模块	评价内容	分值	自我评价	小组评价
理论知识	1）了解采暖系统的功能与组成，掌握采暖系统管道建立的方法，以及管件及管道附件的连接方法	15		
	2）了解通风系统的功能与组成，掌握通风系统管道建立的方法、管件及管道附件的连接方法	15		
操作技能	1）能按照图纸创建、修改采暖系统管道，设置采暖系统类型	30		
	2）能按照图纸创建、修改通风系统管道，设置通风系统类型	30		
职业素养	1）具有科学、严谨、务实的工作作风	5		
	2）具有节约意识和环保意识	5		

综合评价：

签字：

直 击 工 考

一、选择题

1．在风管设备族中设置连接件的系统分类，下列类型中错误的是（　　）。

A．送风　　B．回风　　C．新风　　D．管件

2．下列关于消防管显示的说法中不正确的是（　　）。

A．在平面视图中，粗略视图的情况下，风管默认的是单线显示

B．在平面视图中，中等视图的情况下，风管默认的是单线显示

C．在平面视图中，中等视图的情况下，风管默认的是双线显示

D．在平面视图中，精细视图的情况下，风管默认的是双线显示

3．在项目中创建机械排风系统的方法是（　　）。

A．复制“回风”系统后重命名　　B．复制“排风”系统后重命名

C．复制“送风”系统后重命名　　D．以上均可

4．在绘制矩形风管时，下列选项中不可以在选项栏中调整的是（　　）。

A 宽度　　B．对齐方式　　C．高度　　D．偏移量

5．【2021 年 1+X“建筑信息模型（BIM）职业技能等级证书”考试真题】在机电系统建模中，不属于正确避让的是（　　）。

A．电让水　　B．水让风　　C．有压让无压　　D．大管让小管

二、实训题

根据如图 6-z-1 所示的某办公楼卫生间通风的大样图，建立办公楼卫生间通风模型，模型结果以“卫生间通风”命名。

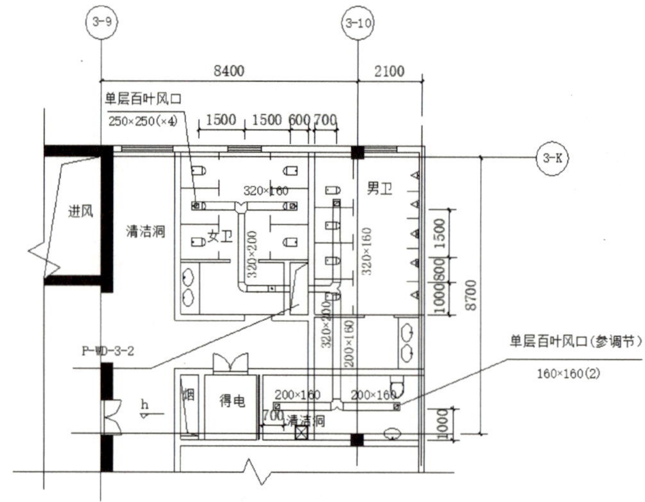

图 6-z-1　某办公楼卫生间通风的大样图

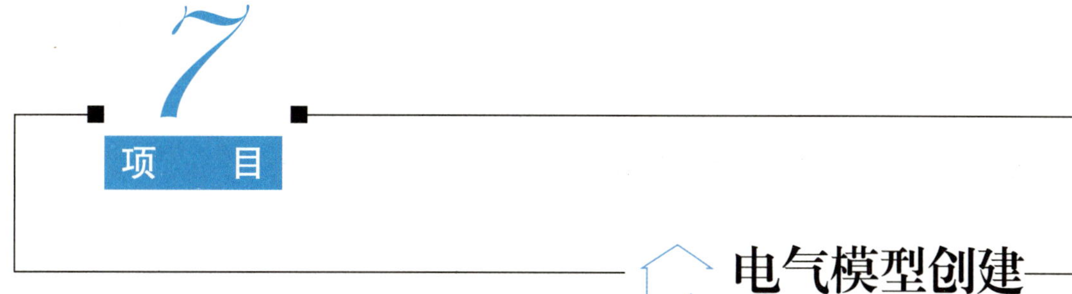

电气模型创建

项目导读

电气专业因其设备众多、型号不一、安装方式不同，成为安装工程中识图和建模比较难的一个专业。Revit 软件添加构件时以“族”为前提，软件自带的族库包含了常见设备的族，如果族库没有对应的构件族，就无法添加此类构件，解决方法是创建族。本项目以汽车实训室为案例介绍点式构件的添加，但不涉及如何创建族。

学习目标

知识目标

1）了解配电箱、强电系统元件和弱电系统元件的类别和组成。
2）掌握配电箱、强电系统元件和弱电系统元件的创建方法。

能力目标

1）能准确识读图纸中的配电箱、强电系统元件和弱电系统元件信息。
2）能准确绘制配电箱、强电系统元件和弱电系统元件。

素养目标

1）树立安全意识、规范意识，严格按照安全规程进行操作。
2）培养一丝不苟的工作态度和吃苦耐劳的职业素养。

任务 7.1 创建配电箱

微课：创建配电箱

任务描述

识读汽车实训室电气施工图“电施 01：电气设计说明图例材料表”“电施 02：电气系统图（一）”“电施 03：电气系统图（二）”“电施 04：地下一层电力平面图”“电施 06：一层电力平面图（一）”“电施 10：二层电力平面图（二）”，确定所有配电箱的位置、尺寸及安装要求等建模参数，添加一层配电箱 1ALz，并完成其余各配电箱的放置。

可以得到如下信息。

配电箱名称	尺寸	安装要求	位置
01APhr	600mm×1600mm×400mm	落地安装，基础高 200mm	地下一层
01APpw	600mm×800mm×250mm	明装，下皮距地 1.3m	地下一层
01APfj	600mm×800mm×250mm	明装，下皮距地 1.3m	地下一层
1ALz	500mm×600mm×200mm	暗装，下皮距地 1.3m	一层
1AL	500mm×600mm×150mm	暗装，下皮距地 1.3m	一层
2AL	500mm×600mm×150mm	暗装，下皮距地 1.3m	二层
1AP	500mm×600mm×150mm	明装，下皮距地 1.3m	一层

任务目标

1）了解配电箱的类别及用途。

2）掌握 Revit 软件中配电箱的创建方法。

3）能正确识读图纸中的配电箱信息。

4）能载入需要的族文件。

5）能准确绘制配电箱。

7.1.1 新建项目

双击桌面上的 R 图标，打开 Revit 2021 软件，单击“模型”选项卡中的“新建”按钮，打开“新建项目”对话框，样板文件选择“电气样板”，选中“新建”选项组中的“项目”单选按钮，如图 7-1-1 所示，然后单击“确定”按钮。保存文件，在打开的“另存为”对话框中将文件名改为“汽车实训室-电气”，然后单击“保存”按钮，如图 7-1-2 所示。

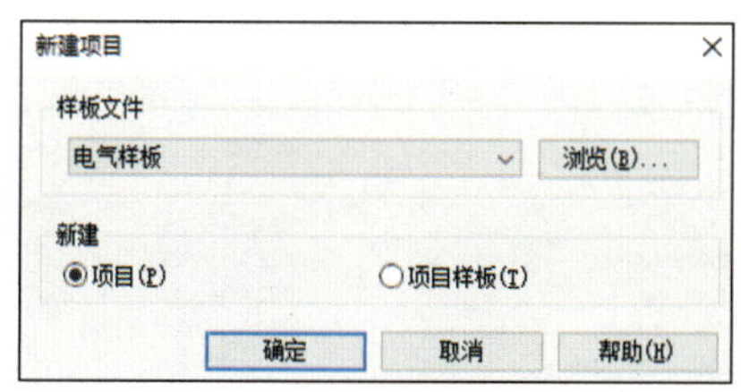

图 7-1-1 新建项目

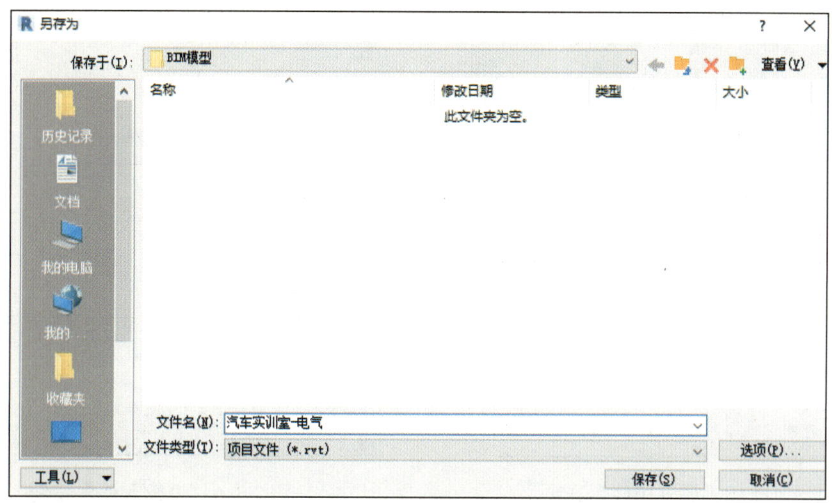

图 7-1-2 保存文件

7.1.2 载入族

根据电气专业构件类别载入需要的族文件，载入方式有以下两种。

1）单击“插入”选项卡“从库中载入”选项组中的“载入族”按钮，如图 7-1-3 所示，打开“载入族”对话框，如图 7-1-4 所示，选择需要载入的族文件。

2）单击“系统”选项卡中的“构件”下拉按钮，在弹出的下拉列表中选择“放置构件”选项，如图 7-1-5 所示。此时功能区出现“修改|放置 构件”选项卡，单击“模式”选项组中的“载入族”按钮，如图 7-1-6 所示，打开“载入族”对话框，如图 7-1-4 所示，在该对话框中选择需要载入的族文件。

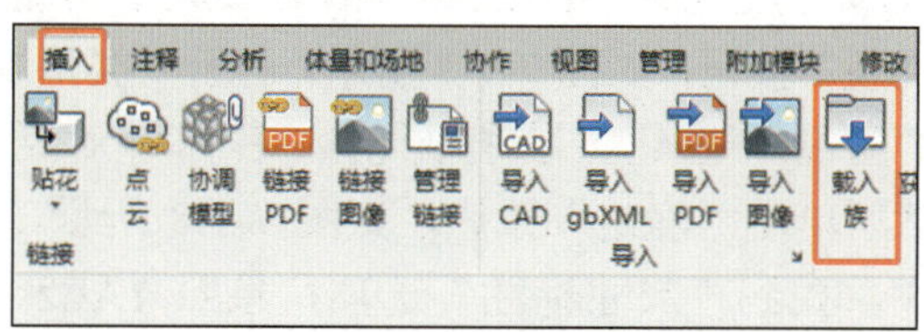

图 7-1-3 “载入族”按钮

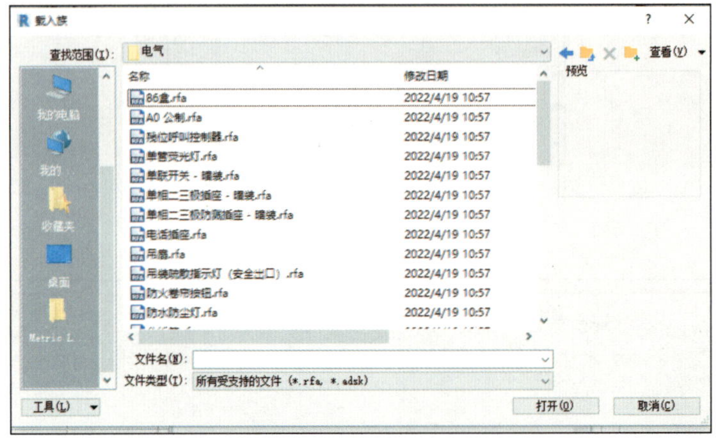

图 7-1-4 “载入族”对话框

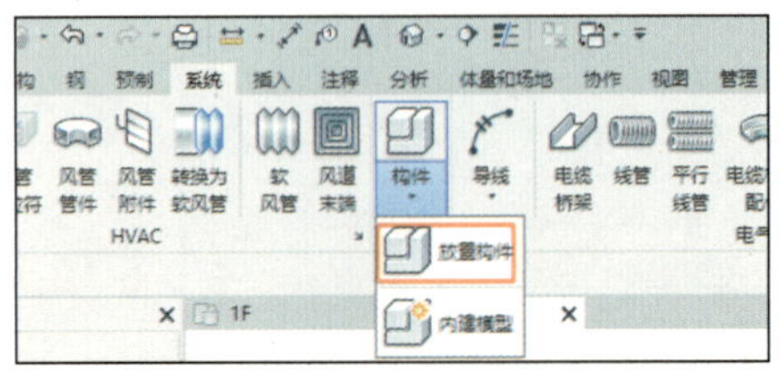

图 7-1-5 选择“放置构件”选项

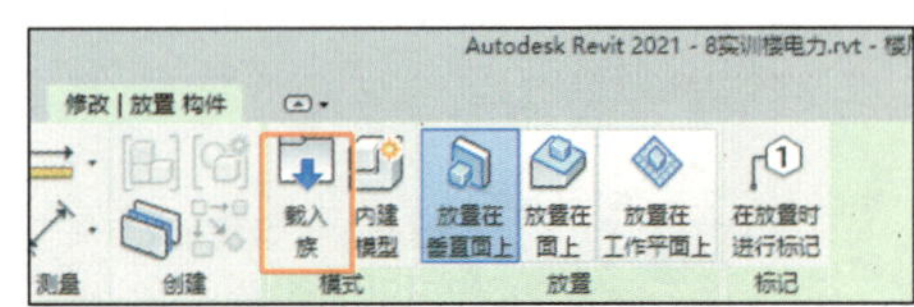

图 7-1-6 “载入族”按钮

7.1.3 放置配电箱

下面以一层配电箱 1ALz 的放置为例进行介绍，其余各配电箱的放置参照此完成，不再赘述。

（1）导入 CAD 图纸

进入 1F 楼层平面视图，导入“一层电力平面图”文件。导入之后，将 CAD 底图与项目轴网对齐，然后锁定底图、调整视图范围。

（2）放置配电箱 1ALz

1）在 1F 楼层平面视图中，载入项目所需的配电箱族。

2）在导入的族基础上新建配电柜“1ALz-500×600×200”，并修改尺寸参数，然后单击“属性”面板中的“编辑类型”按钮，如图 7-1-7 所示，打开“类型属性”对话框。单击“类型属性”对话框中的“复制”按钮，在打开的“名称”对话框中输入配电箱名称“1ALz-500×600×200”，然后单击“确定”按钮，如图 7-1-8 所示。在“类型属性”对话框的“类型参数”列表框中，找到“尺寸标注”选项，按照 1ALz 尺寸修改对应尺寸，如图 7-1-9 所示，然后单击“确定”按钮完成设置。

3）直接将构件放置到 CAD 图对应的位置上，并在“属性”面板中编辑配电箱的高度，如图 7-1-10 所示。进入“南”立面视图，检查配电箱下皮与一层地面的距离是否为 1300，若不符合，则可以直接单击对应的尺寸进行修改。

4）按照上述步骤和要求，放置其余配电箱。

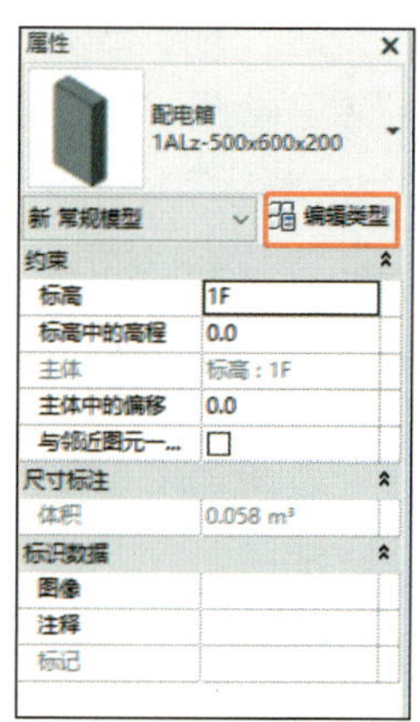

图 7-1-7　新建配电箱

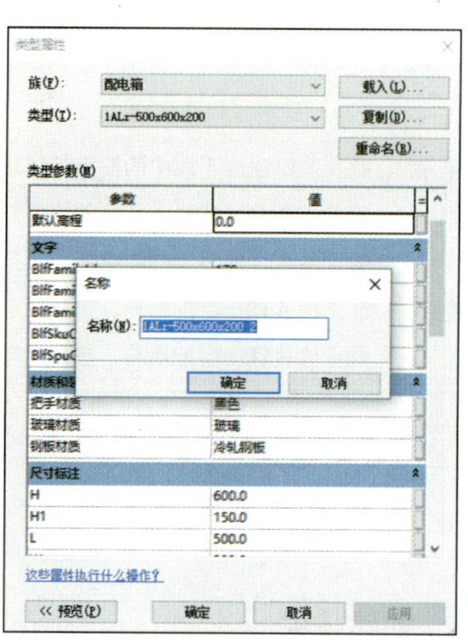

图 7-1-8　设置配电箱类型属性

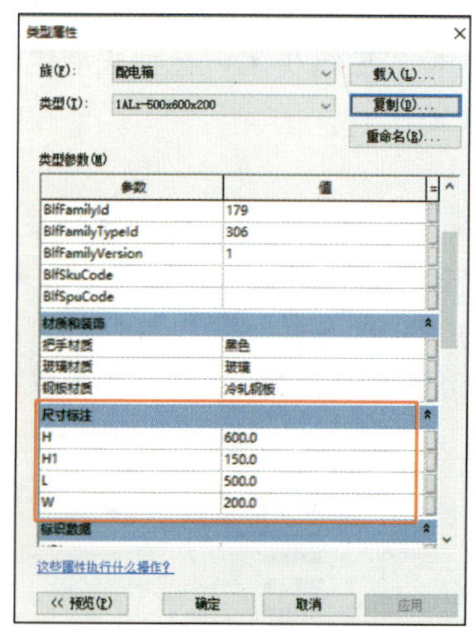

图 7-1-9　修改配电箱的尺寸

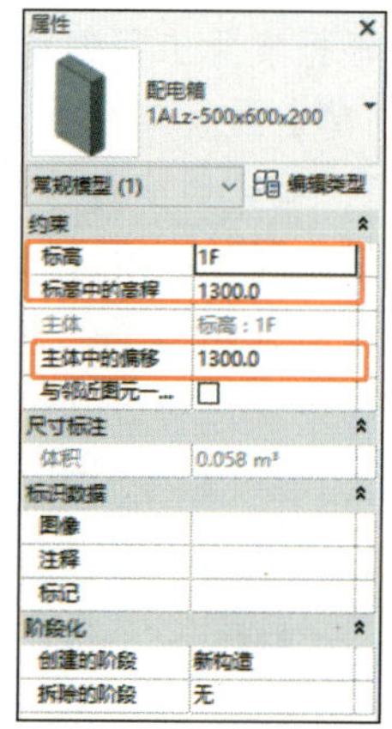

图 7-1-10　调整配电箱的高度

温馨提示

1）电气构件的立面高度与族的创建有关，通常情况指的是构件中心的距地高度，而图纸给定的高度是底边距地高度，所以若想精确地设置构件高度，需要借助立面视图进行调整。

2）配电箱族的立面高度是箱子顶边距地高度，而图纸给定的高度是箱子底边距地高度，也需要在立面视图进行调整。

任务考评

任务考核评价以学生自评为主，根据表 7-1-1 中的考核评价内容对学习成果进行客观评价。

表 7-1-1　任务考评表

序号	考核点	考核内容	分值	得分
1	识读配电箱	能正确识读施工图中的配电箱信息	30	
2	载入族	能采用两种方式载入需要的族文件	10	
3	放置配电箱	能正确放置地下一层配电箱，包括配电箱的尺寸、平面位置、放置高度等	20	
		能正确放置一层配电箱，包括配电箱的尺寸、平面位置、放置高度等	20	
		能正确放置二层配电箱，包括配电箱的尺寸、平面位置、放置高度等	20	
合计			100	

总结反思：

签字：

任务拓展　创建桥架

电气专业除了点式构件，还包括桥架、线管等线式构件。工程中常用到的桥架往往按系统类型的不同细分为强电金属桥架、弱电金属桥架、消防金属桥架、照明金属桥架等；按桥架的型号还可以细分为梯级式电缆桥架、槽式电缆桥架、托盘式电缆桥架等。因此需要根据实际工程创建各种桥架并对其进行设置。

1. 创建电缆桥架类型

1）在“项目浏览器”中选择“族”→“电缆桥架”→“带配件的电缆桥架”→“实体底部电缆桥架”选项，如图 7-1-11 所示，然后右击，在弹出的快捷菜单中选择“复制”选项，选择新复制的桥架选项右击，将其重命名为“强电金属桥架”，如图 7-1-12 所示。使用同样的方法，可分别创建“弱电金属桥架”“消防金属桥架”“照明金属桥架”。

图 7-1-11　选择“实体底部电缆桥架”选项

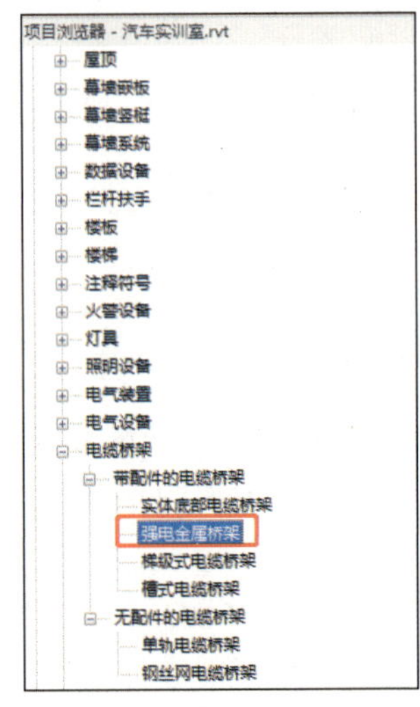

图 7-1-12　重命名为“强电金属桥架”

2）双击“强电金属桥架”选项，打开“类型属性”对话框，可对其电气、管件、标识数据等参数进行设置，如图 7-1-13 所示。

3）在“类型属性”对话框中，还可以通过单击“复制”按钮创建以该类型为模板的其他类型的电缆桥架，效果与在“项目浏览器”中创建的效果相同，如图 7-1-14 所示。

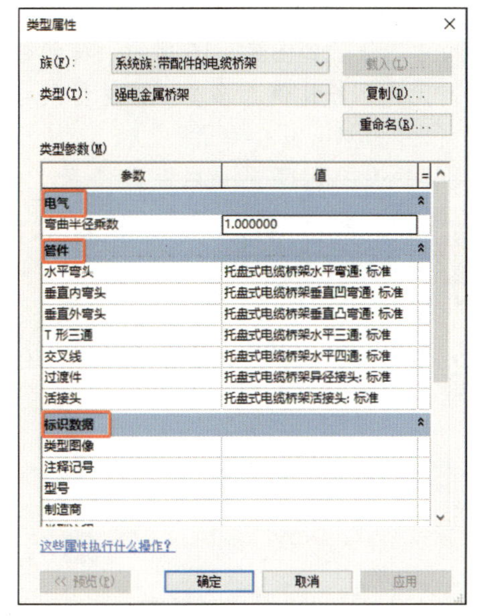

图 7-1-13　强电金属桥架的“类型属性”对话框

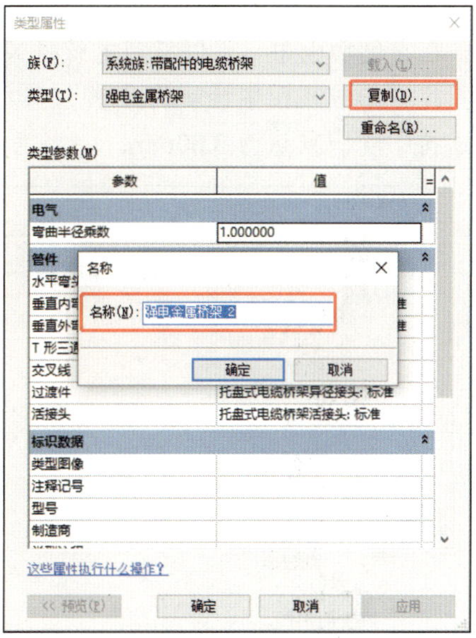

图 7-1-14　复制桥架

2. 设置电缆桥架

（1）设置参数

在绘制电缆桥架前，先按照设计要求对桥架进行设置。在“电气设置”对话框中定义“电缆桥架设置”。在“管理”选项卡中，单击“MEP 设置”选项组中的“电气设置”按钮，即可打开“电气设置”对话框，在“电气设置”对话框的左侧面板中，选择“电缆桥架设置”选项，如图 7-1-15 所示，在其中进行相关参数的设置即可。

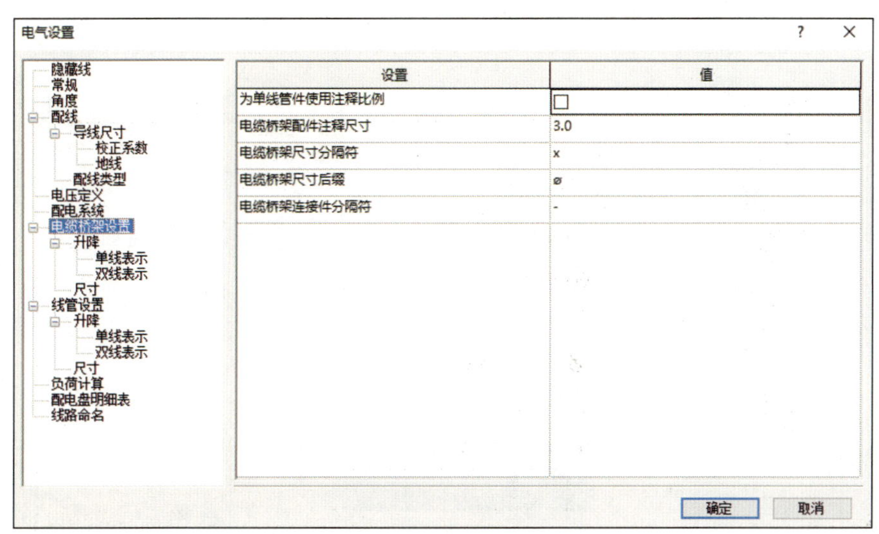

图 7-1-15　设置电缆桥架参数

（2）设置“升降”和“尺寸”选项

展开“电缆桥架设置”选项并设置“升降”和“尺寸”选项。

在左侧面板中，“升降”选项用来控制电缆桥架标高变化时的显示。选择“升降”选项，在右侧面板中，可以指定电缆桥架升/降注释尺寸的值，如图 7-1-16 所示。该参数用于指定在单线视图中绘制的升/降注释的出图尺寸。无论图纸比例为多少，该注释尺寸始终保持不变，默认为 3.00mm。

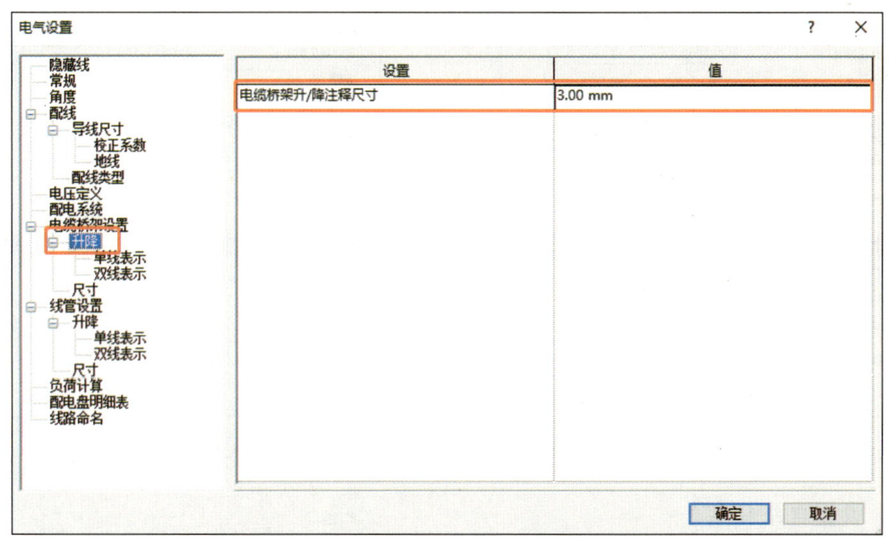

图 7-1-16　指定电缆桥架升/降注释尺寸的值

在左侧面板中，展开“升降”选项，选择“单线表示”选项，可以在右侧面板中定义在单线图纸中显示的升符号、降符号。单击相应“值”列并单击⋯按钮，在打开的“选择符号”对话框中选择相应的符号，如图 7-1-17 所示。可以使用同样的方法设置“双线表示”，定义在双线图纸中显示的升符号、降符号。

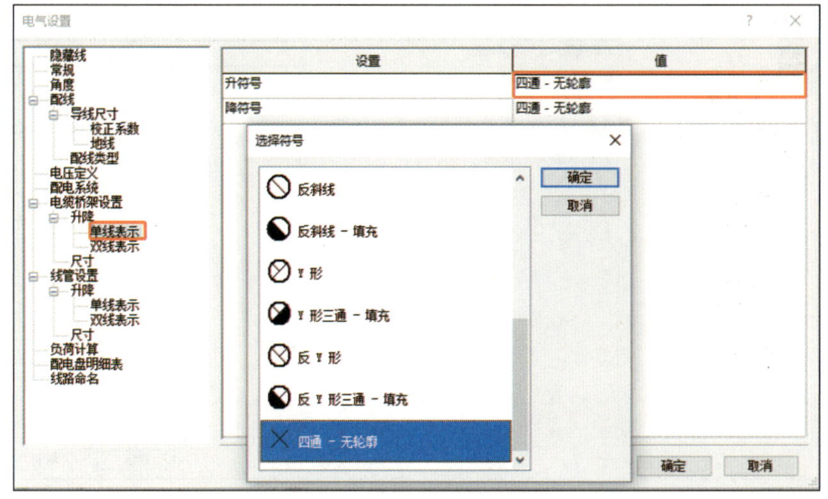

图 7-1-17　设置升符号

选择“尺寸”选项，在右侧面板中会显示可在项目中使用的电缆桥架尺寸表，在表中可以进行查看、新建、删除和修改操作，如图 7-1-18 所示。

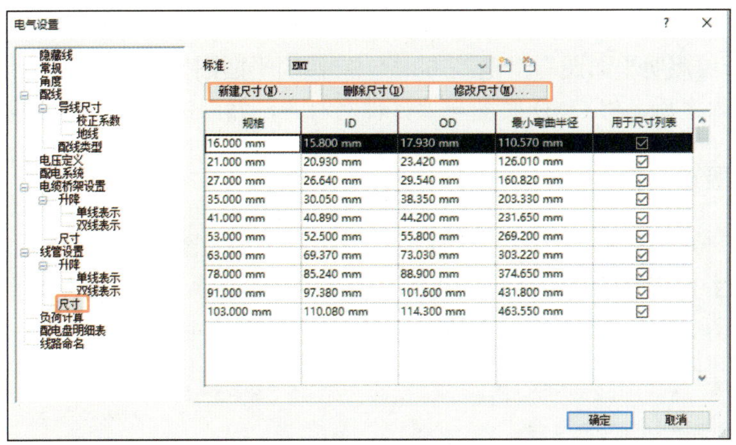

图 7-1-18　设置尺寸

用户可以选择特定尺寸并选中“用于尺寸列表”复选框，所选尺寸将在电缆桥架尺寸列表中显示。

任务 7.2　创建强电系统元件

微课：创建强电系统元件

任务描述

本任务要求识读汽车实训室电气施工图“电施 01：电气设计说明图例材料表”“电施 05：地下一层照明平面图”“电施 08：一层照明平面图”“电施 12：二层照明平面图”，确定各元件的安装方式和位置，载入族并添加吸顶元件和附墙元件。

按照安装方式，强电系统元件分为吸顶元件和附墙元件，本任务中的吸顶元件包括防水防尘灯、节能荧光灯和双管荧光灯，附墙元件包括疏散指示灯、应急灯、开关及插座、MEB、86 盒。

任务目标

1）了解强电系统元件的类别和组成。

2）掌握 Revit 软件中强电系统元件的创建方法。

3）能准确识读图纸中的强电系统元件信息。

4）能准确绘制强电系统元件。

7.2.1 导入 CAD 图纸

进入-1F、1F、2F 楼层平面视图，取消对应楼层电力平面图的可见性，分别导入“电施 05：地下一层照明平面图”、“电施 08：一层照明平面图”和“电施 12：二层照明平面图”文件。导入之后，将 CAD 底图与项目轴网对齐，然后锁定底图、调整视图范围。

7.2.2 添加吸顶元件

进入“南”立面视图，在“属性”面板中选择“可见性/图形替换”选项，在打开的“立面：南的可见性/图形替换”对话框中选择“注释类别”选项卡，选中“参照平面”复选框，如图 7-2-1 所示，然后单击“确定”按钮。

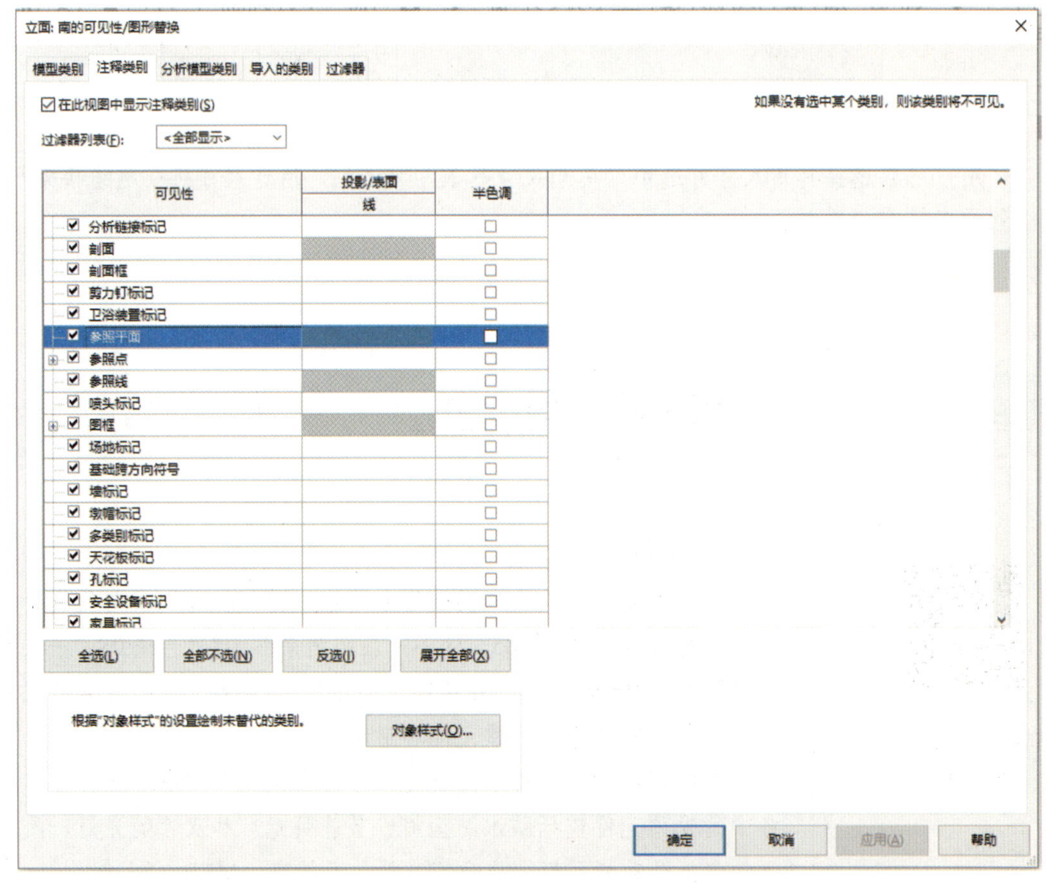

图 7-2-1 “立面：南的可见性/图形替换”对话框

添加一层的吸顶元件。

1. 添加节能荧光灯

由照明平面图可知，节能荧光灯的安装方式为吸顶安装。绘制操作如下。

1）单击“系统”选项卡“工作平面”选项组中的“参照平面”按钮，然后在南立面绘制参照平面，如图 7-2-2 所示，修改参照平面距离 2F 为 150，并将其命名为“1F 天花板”。

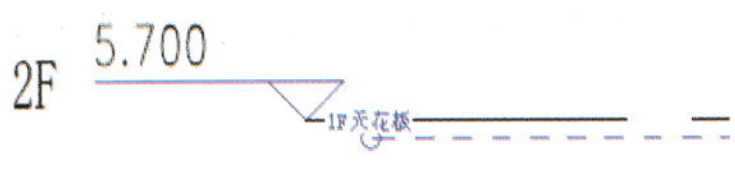

图 7-2-2　绘制参照平面“1F 天花板”

2）进入 1F 楼层平面视图，载入节能荧光灯，图 7-2-3 所示。选择“系统”选项卡中的“构件”→“放置构件”选项，如图 7-2-4 所示，再单击“修改/放置 构件”选项卡“放置”选项组中的“放置在工作平面上”按钮，选择参照平面为“1F 天花板”，如图 7-2-5 所示，将灯具放在 CAD 图纸中的节能荧光灯位置，即可完成节能荧光灯的添加。可进入南立面检查放置位置是否准确，并进行调整。

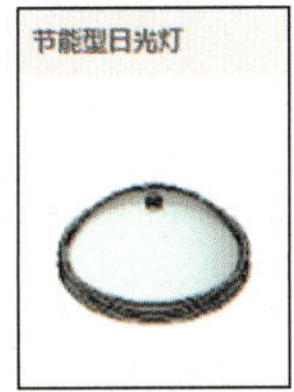

图 7-2-3　载入的节能荧光灯

图 7-2-4　选择“放置构件”选项

注：图中“日光灯”的规范术语为“荧光灯”。

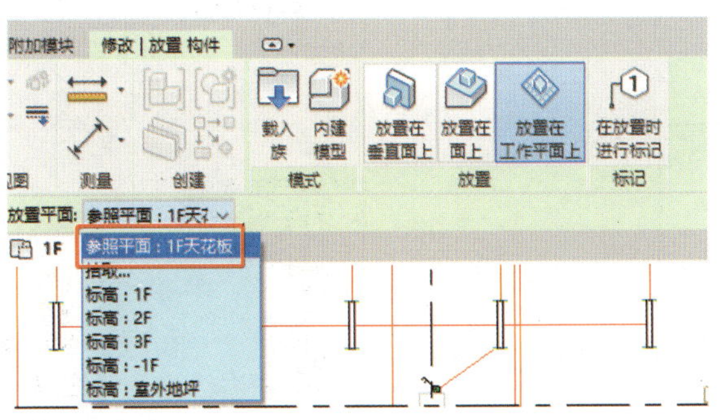

图 7-2-5　选择参照平面“1F 天花板”

2. 添加防水防尘灯

由照明平面图可知，防水防尘灯的安装方式为吸顶安装。绘制操作如下。

进入 1F 楼层平面视图，载入防水防尘灯，如图 7-2-6 所示。选择“系统”选项卡中的“构件”→放置构件”选项，再单击“修改/放置 构件”选项卡“放置”选项组中的“放置在工作平面上”按钮，选择参照平面为“1F 天花板”，将灯具放在 CAD 图纸中的防水防尘灯位置，即可完成防水防尘灯的添加。

3. 添加双管荧光灯

由照明平面图可知，双管荧光灯的安装方式为距地 3.5m 吊装。绘制操作如下。

1）单击“系统”选项卡“工作平面”选项组中的“参照平面”按钮，在南立面绘制参照平面，修改参照平面距离 1F 为 3500，并将其命名为“距 1F 地面 3500”，如图 7-2-7 所示。

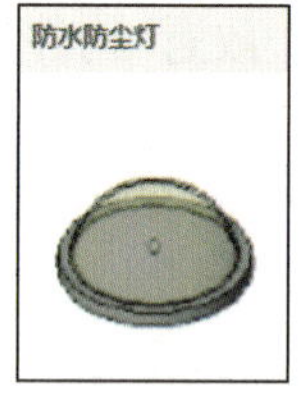

图 7-2-6　载入防水防尘灯

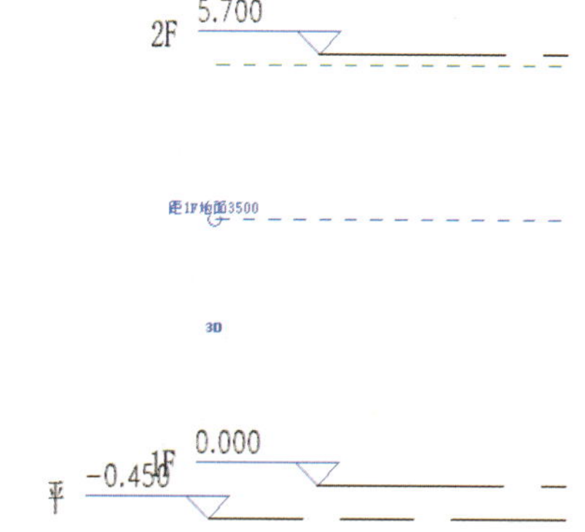

图 7-2-7　绘制参照平面“距 1F 地面 3500”

2）进入 1F 楼层平面视图，载入的双管荧光灯如图 7-2-8 所示。选择“系统”选项卡中的“构件”→“放置构件”选项，再单击“修改/放置 构件”选项卡“放置”选项组中的“放置在工作平面上”按钮，选择参照平面为“距 1F 地面 3500”，如图 7-2-9 所示。将灯具放在 CAD 图纸中的双管荧光灯位置，即可完成双管荧光灯的添加。

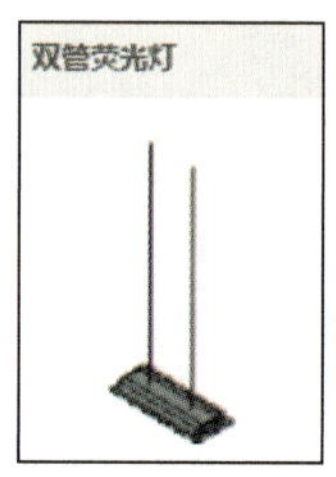

图 7-2-8　载入的双管荧光灯

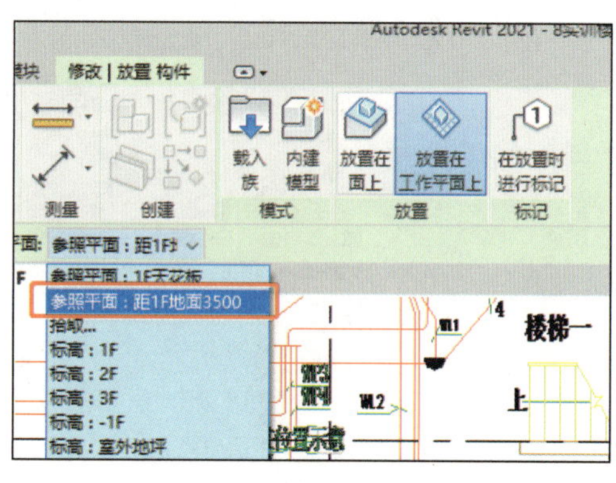

图 7-2-9　选择参照平面“距 1F 地面 3500”

检查吊杆和灯具的位置是否在两个参照平面（“1F 天花板”和“距 1F 地面 3500”）之间，如果不是，则需要修改灯具的类型。方法如下：选中该灯具，单击“属性”面板中的“编辑类型”按钮，在打开的“类型属性”对话框中修改“类型参数”列表框中的“链长”的数值（等于两个参照平面之间的距离）即可，如图 7-2-10 所示。

需要注意的是，一层和二层的双管荧光灯的链长数值不同，绘制时应注意修改。

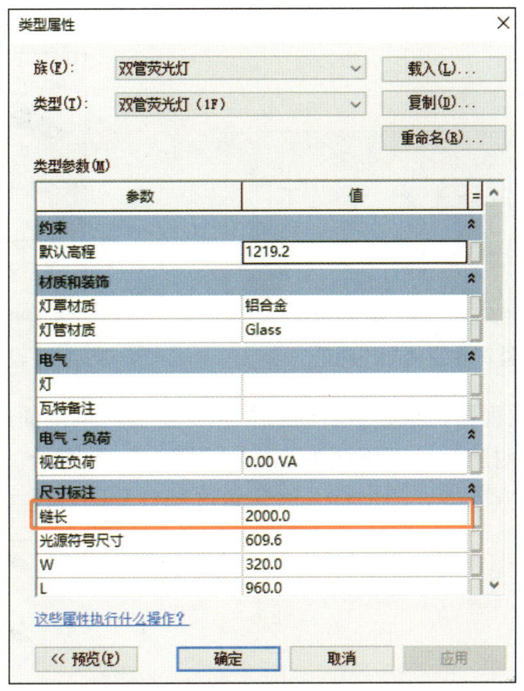

图 7-2-10　修改灯具的链长

7.2.3　添加附墙元件

添加一层的附墙元件。

1. 添加疏散指示灯

由照明平面图可知，疏散指示灯的安装方式为距地 0.5m 明挂。绘制操作如下。

1）在 1F 楼层平面视图，单击“系统”选项卡“工作平面”选项组中的“参照平面”按钮，然后沿 D 轴墙体的下边线由左至右绘制参照平面，如图 7-2-11 所示。

2）载入“疏散指示灯”族文件，如图 7-2-12 所示。

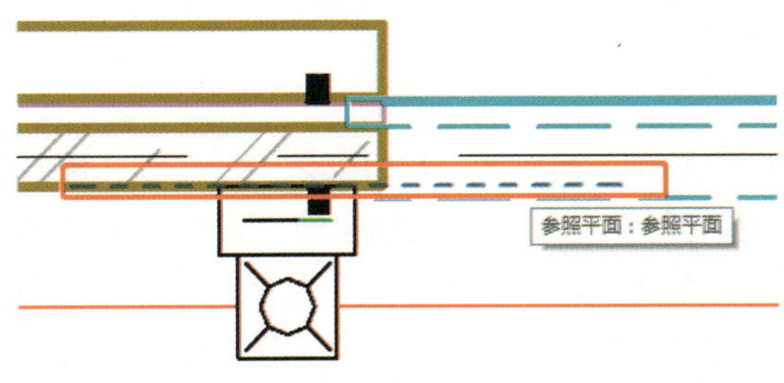

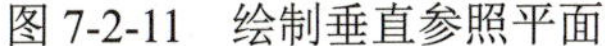

图 7-2-11　绘制垂直参照平面

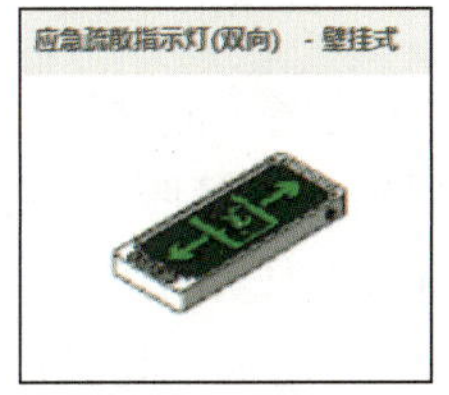

图 7-2-12　载入的疏散指示灯

3）单击“系统”选项卡“电气”选项组中的“照明设备”按钮，然后单击“修改|放置 设备”选项卡“放置”选项组中的“放置在垂直面上”按钮，如图 7-2-13 所示。选择“疏散指示灯”，修改立面高度为 500，如图 7-2-14 所示，然后将灯具放在参照平面疏散指

示灯的位置。

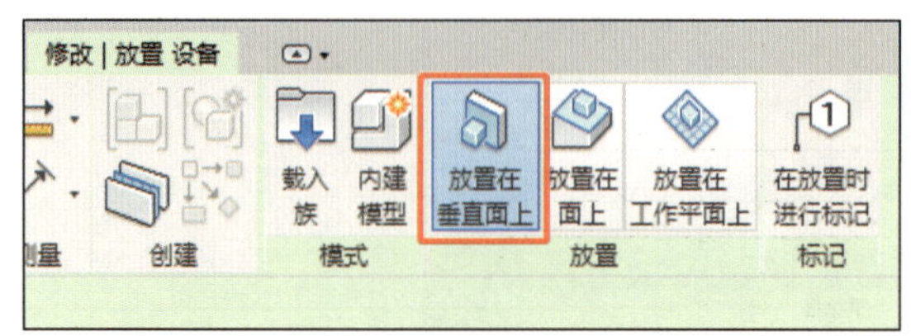

图 7-2-13 “放置在垂直面上”按钮

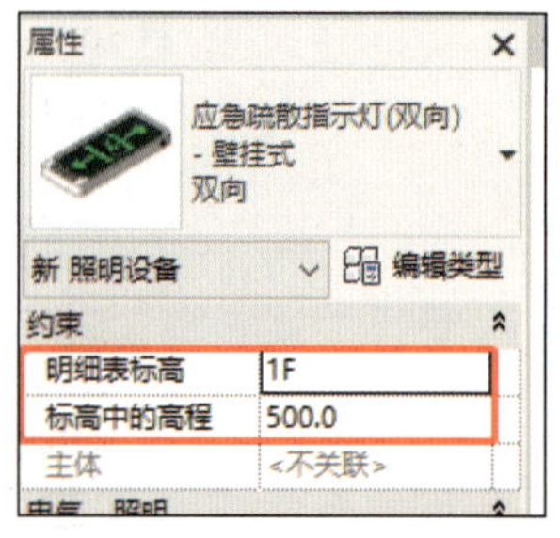

图 7-2-14 设置疏散指示灯的立面高度

4）进入“西”立面视图，检查放置疏散指示灯距离一层地面的距离是否为 500，若不符合，则可以直接单击对应尺寸，修改为 500，如图 7-2-15 所示。

因为疏散指示灯有方向性，添加灯具时注意选择灯具的合适类型，如图 7-2-16 所示。

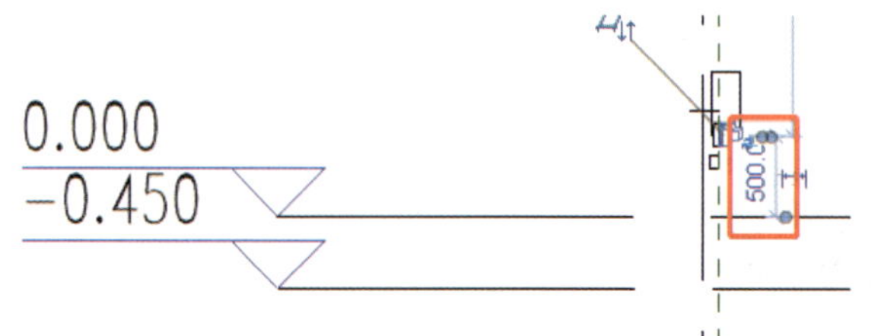

图 7-2-15 修改疏散指示灯的立面高度

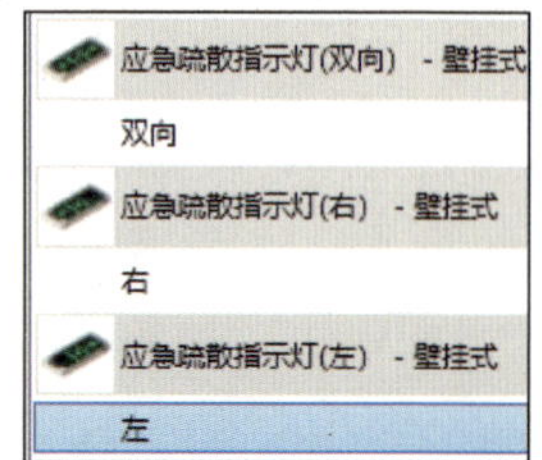

图 7-2-16 疏散指示灯的类别

2. 添加应急壁灯

由照明平面图可知，应急壁灯的安装方式为距地 2.4m 壁装。绘制操作如下。

载入“应急壁灯”族文件，如图 7-2-17 所示。应急壁灯和疏散指示灯的添加和调整方法是类似的，也是基于立面放置，这里不再赘述。

图 7-2-17 载入的应急壁灯

3. 添加开关、插座、MEB、86 盒

在 1F 楼层平面视图，载入项目所需的开关族、插座族、MEB 族、86 盒族。添加构件前，绘制构件的参照立面。选择“系统”选项卡“电气”选项组中的“设备”→“照明”选项，将开关放在相应的参照平面上；选择“系统”选项卡“电气”选项组中的“设备”→“电气装置”选项，将插座、86 盒放在相应的参照平面上；选择“系统”选项卡“电气”选项组中的“设备”→“数据”选项，将 MEB 放在相应的参照平面上，方法同灯具类似。

参照平面的绘制有方向性，以房间中心为轴心，逆时针为正向，顺时针为反向。参照平面的绘制方向不同，放置构件后构件的显示样式也不同。下面以 D 轴为例，介绍绘制不同方向的参照平面时构件的区别。

在 D 轴柱的左侧绘制正向参照平面，在柱右侧绘制反向参照平面。将单相二三极插座分别放置到两个参照平面上。在右侧的反向参照平面放置插座时，需要按 Space 键进行翻转。“东”立面视图的效果如图 7-2-18 所示，不难发现，在正向参照面上的插座符合实际安装的插座。

图 7-2-18　不同方向参照平面上的插座

温馨提示

强电系统元件种类较多，软件自带的族库并不能完全满足项目的应用，可以自己创建必需的设备族。

任务考评

任务考核评价以学生自评为主，根据表 7-2-1 中的考核评价内容对学习成果进行客观评价。

表 7-2-1　任务考评表

序号	考核点	考核内容	分值	得分
1	识读强电系统元件	能准确全面获取所有强电元件的信息	5	
2	导入 CAD、载入族	导入对应的施工平面图，并选择合适的族文件	5	
3	添加吸顶元件	能通过工作平面准确放置节能荧光灯，包括平面位置、放置高度等	15	
		能通过工作平面准确放置防水防尘灯，包括平面位置、放置高度等	15	
		能通过工作平面准确放置双管荧光灯，包括平面位置、放置高度、链条长度等	15	
4	添加附墙元件	能通过工作平面准确放置疏散指示灯，包括距地高度、指示灯类型	15	
		能通过工作平面准确放置应急壁灯，包括距地高度、应急壁灯正反面	15	
		能通过工作平面准确放置开关、插座、MEB、86 盒	15	
合计			100	

总结反思：

签字：

任务拓展　绘制竖向桥架

某工程电缆井布置大样图如图 7-2-19 所示，由图纸可知，电缆井中分别有竖向照明桥架和弱电桥架，规格均为 200mm×200mm；桥架边缘距墙边 50mm，假设竖向桥架起点标高为-300mm，终点标高为 3600mm，其绘制方法如下。

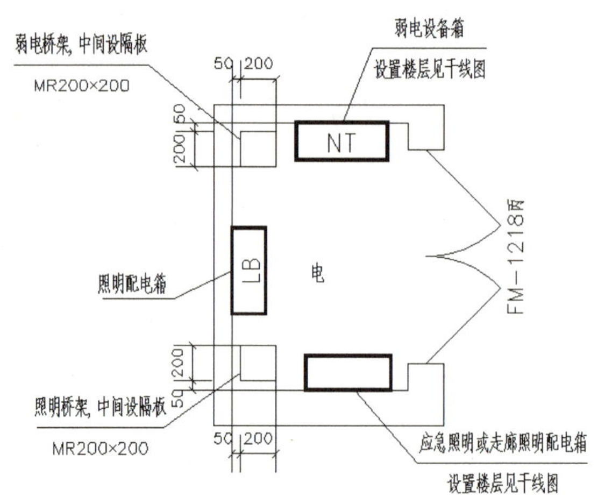

图 7-2-19　某工程电缆井布置大样图

1）在 1F 楼层平面视图，插入“某工程电缆井布置大样图”，定位后锁定。单击“系统”选项卡“电气”选项组中的“电缆桥架”按钮，如图 7-2-20 所示，然后在“属性”面板中选择“带配件的电缆桥架槽式电缆桥架”类型，在“修改|放置 电缆桥架”选项栏中设置“宽度”为 200mm，“高度”为 200mm，“中间高程”为-300mm。然后在软件绘图区的 CAD 底图桥架位置单击，再次设置“中间高程”为 3600mm，并单击“应用”按钮，如图 7-2-21 所示。

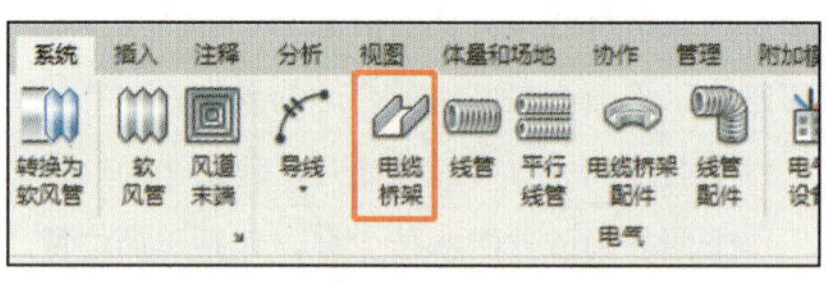

图 7-2-20　“电缆桥架”按钮

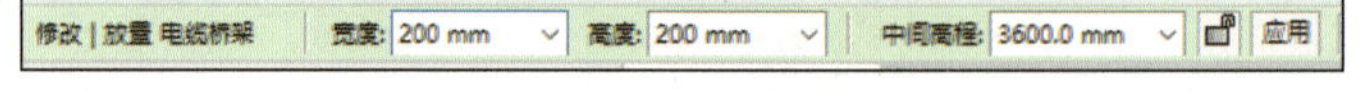

图 7-2-21　竖向桥架参数

2）在 CAD 底图桥架位置绘制竖向桥架，桥架顶部的标高可以在立面视图进行调整。强电和弱电竖向桥架的平面视图和三维视图效果如图 7-2-22 和图 7-2-23 所示。

图 7-2-22　竖向桥架（平面视图）　　图 7-2-23　竖向桥架（三维视图）

任务 7.3 创建弱电系统元件

微课：创建弱电系统元件

任务描述

弱电一般是指直流电路或音频、视频线路、网络线路、电话线路，交流电压一般在 36V 以内。家用电器中的电话、计算机、电视机的信号输入（有线电视线路）、音响设备（输出端线路）等家用电器均为弱电电气设备。本任务中的弱电系统元件包括电话/网络双孔插座、弱电进线/分线箱、消火栓按钮。

本任务要求识读汽车实训室电气施工图中的“电施 01：电气设计说明图例材料表”“电施 09：一层弱电平面图”“电施 13：二层弱电平面图”，确定各元件的安装方式和位置，完成弱电系统元件的绘制。

任务目标

1）了解弱电系统元件。

2）掌握 Revit 软件中弱电系统元件的创建方法。

3）能准确识读图纸中的弱电系统元件信息。

4）能准确绘制弱电系统元件。

7.3.1　导入 CAD 图纸

进入 1F、2F 楼层平面视图，取消对应照明平面图的可见性，分别导入“电施 09：一层弱电平面图”“电施 13：二层弱电平面图”文件。导入之后，将 CAD 底图与项目轴网对齐，然后锁定底图并调整视图范围。

7.3.2　添加弱电系统元件

进入 1F 楼层平面视图，添加一层弱电系统元件。

（1）添加电话/网络双孔插座

由弱电平面图可知，电话/网络双孔插座安装方式为下皮距地 0.3m 暗装，为附墙安装。

1）在 1F 楼层平面视图，单击“系统”选项卡“工作平面”选项组中的“参照平面”按钮，然后沿 1/A 轴墙体的下边线由左至右绘制参照平面，如图 7-3-1 所示。

2）载入电话/网络双孔插座，如图 7-3-2 所示。

3）单击“系统”选项卡“电气”选项组中的“设备”按钮，然后单击“修改|放置 设备”选项卡“放置”选项组中的“放置在垂直面上”按钮，如图 7-3-3 所示。在“属性”

面板中选择“电话/网络双孔插座”类型，设置立面高度即“主体中的偏移”为 300，如图 7-3-4 所示，然后将灯具放在参照平面电话/网络双孔插座的位置。

4）进入“南”立面视图，检查放置电话/网络双孔插座与一层地面的距离是否为 300，若不是则进行修改。

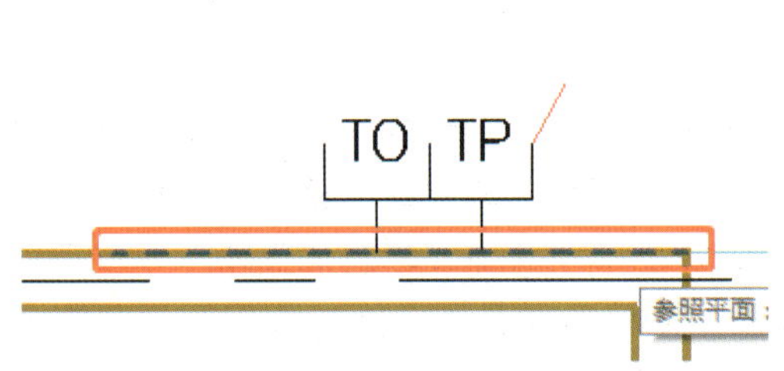

图 7-3-1　绘制垂直参照平面

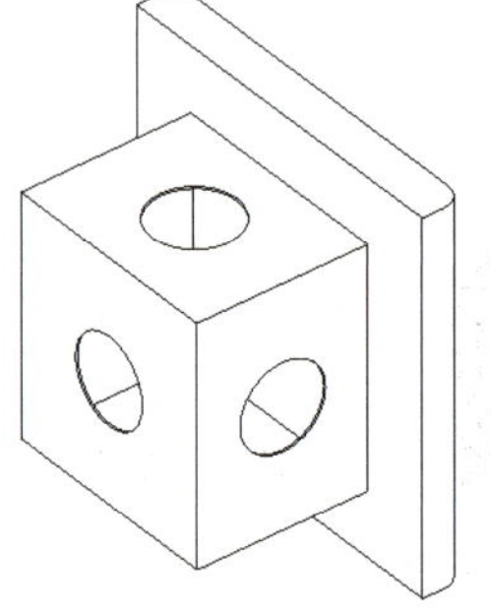
图 7-3-2　电话/网络双孔插座

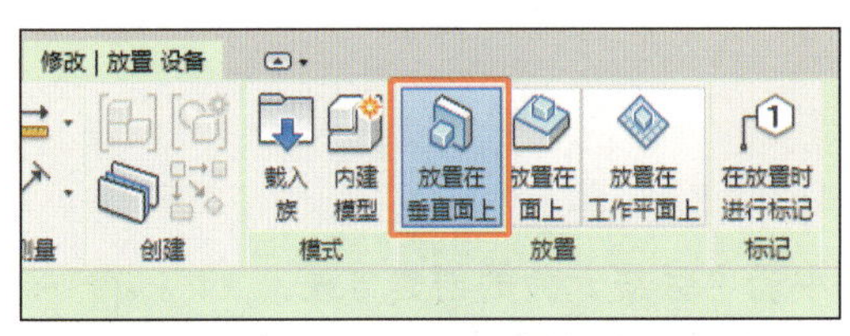

图 7-3-3　“修改|放置 设备”选项卡

图 7-3-4　设置电话/网络双孔插座立面的高度

（2）添加弱电进线/分线箱

由弱电平面图可知，弱电进线/分线箱尺寸为 W（400）×H（400）×D（180），安装方式为下皮距地 0.5m 暗装，为附墙安装。

1）载入分线箱族文件，如图 7-3-5 所示。

2）导入分线箱族文件后，需要修改尺寸参数，单击“属性”面板中的“编辑类型”按钮，如图 7-3-6 所示，打开“类型属性”对话框。在“类型属性”对话框中的“类型参数”列表框中，设置“尺寸标注”，按照弱电进线/分线箱的尺寸进行修改，然后单击“确定”按钮完成设置，如图 7-3-7 所示。直接将构件放置到 CAD 图纸中的对应位置上，并在“属性”面板中编辑弱电进线/分线箱的距地高度为 500，如图 7-3-8 所示。

图 7-3-5　弱电进线/分线箱族文件

图 7-3-6　单击“编辑类型”按钮

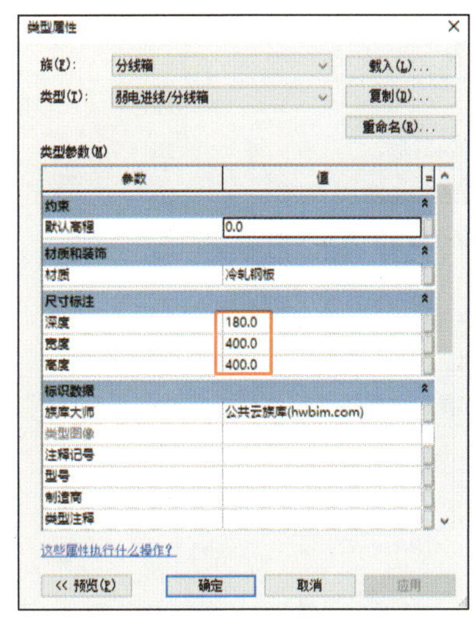

图 7-3-7　设置弱电进线/分线箱的尺寸

图 7-3-8　设置弱电进线/分线箱的距地高度

（3）添加消火栓按钮

由弱电平面图可知，消火栓按钮的安装方式为消火栓箱内安装，由于消火栓箱底距离地面 1.1m，所以消火栓按钮宜取 1.4m 安装。

1）载入手动报警按钮族文件，如图 7-3-9 所示，在其“类型属性”对话框中设置消火栓按钮的安装高度为 1400mm。

2）单击“系统”选项卡“电气”选项组中的“设备”按钮，然后在“属性”面板中选择“手动报警按钮”类型，在“约束”选项组中设置“标高”为“1F”、“主体中的偏移”为 0.0，如图 7-3-10 所示，然后将消火栓按钮放置在 CAD 图中对应的位置上。

3）进入“东”立面视图，检查消火栓按钮的放置位置是否符合要求。

图 7-3-9　手动报警按钮族文件

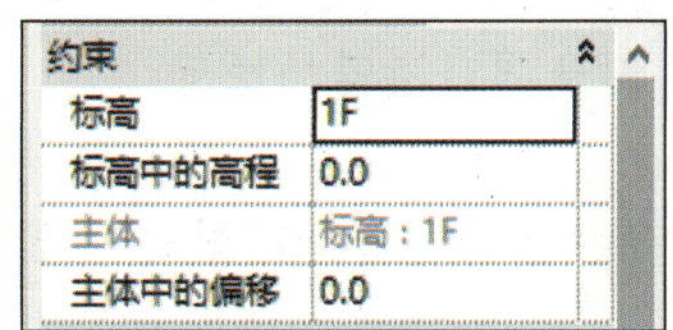

图 7-3-10　消火栓按钮的约束设置

温馨提示

弱电系统元件的种类较多，软件自带的族库并不能完全满足项目的应用，可以自己创建必需的设备族。

任务考评

任务考核评价以学生自评为主，根据表 7-3-1 中的考核评价内容对学习成果进行客观评价。

交互模型：电气模型

表 7-3-1 任务考评表

<table>
<tr><th>序号</th><th>考核点</th><th>考核内容</th><th>分值</th><th>得分</th></tr>
<tr><td>1</td><td>识读弱电系统元件</td><td>能准确全面地获取所有弱电系统元件的信息</td><td>20</td><td></td></tr>
<tr><td>2</td><td>导入 CAD、载入族</td><td>导入对应的施工平面图，并选择合适的族文件</td><td>20</td><td></td></tr>
<tr><td rowspan="3">3</td><td rowspan="3">添加弱电系统元件</td><td>能通过工作平面准确放置电话/网络双孔插座，包括平面位置、放置高度等</td><td>20</td><td></td></tr>
<tr><td>能准确放置弱电进线/分线箱，包括平面位置、放置高度等，同时修改弱电进线/分线箱的尺寸</td><td>20</td><td></td></tr>
<tr><td>能准确放置消火栓按钮，包括平面位置、放置高度等</td><td>20</td><td></td></tr>
<tr><td colspan="3">合计</td><td>100</td><td></td></tr>
</table>

总结反思：

签字：

任务拓展 绘制线管

识读某工程一层插座平面图和照明平面图，绘制一层照明配电箱 1AL1 各回路的线管。本工程一层进线间照明配电箱 1AL1 有 4 个回路，其中照明回路沿墙或顶棚暗敷设，插座回路沿墙或地板暗敷设，挂机空调回路沿墙或地板暗敷设，教室配电箱回路沿墙或地板暗敷设。

1. 绘制电气线管

绘制电气线管的方法有两种，一种是直接绘制线管，单击“系统”选项卡“电气”选项组中的“线管”按钮，在线管的起点处单击，移动鼠标指针至线管的终点再单击，即可完成；第二种方法是选中已有的线管，在拖动点右击，在弹出的快捷菜单中选择“绘制线管”选项，即可继续绘制线管。

2. 创建项目所需的线管

单击“管理”选项卡“MEP 设置”选项组中的“电气设置”按钮，在打开的“电气设置”对话框中，选择左侧的“线管设置”→“尺寸”选项，如图 7-3-11 所示。

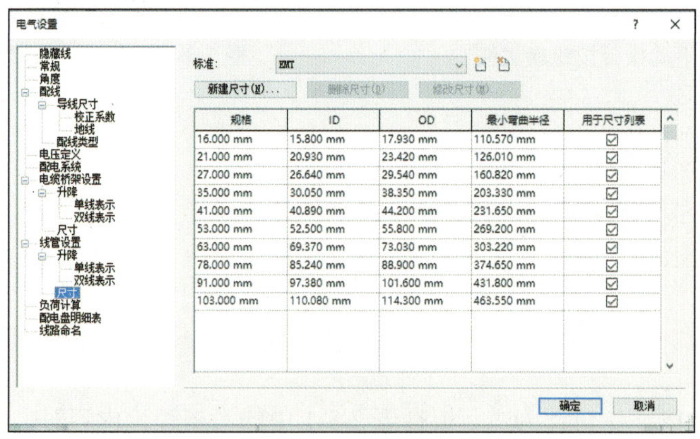

图 7-3-11 设置尺寸

在当前尺寸列表中，可以通过新建、删除和修改来编辑尺寸；ID 表示线管的内径，OD 表示线管的外径；最小弯曲半径是指弯曲线管时所允许的最小弯曲半径（软件中弯曲半径是指圆心到线管中心的距离）。新建的尺寸“规格”和现有列表不允许重复。如果在绘图区域已绘制了某尺寸的线管，则该尺寸将不能被删除，需要先删除项目中的管道，然后才能删除尺寸列表中的尺寸。

3. 绘制办公室照明回路的线管

1）在 1F 楼层平面视图，单击“系统”选项卡“电气”选项组中的“线管”按钮，再单击“属性”面板中的“编辑类型”按钮，在打开的“类型属性”对话框中的“带配件的线管”族下复制一个新的线管——“电气配管-PC 管”，如图 7-3-12 所示。

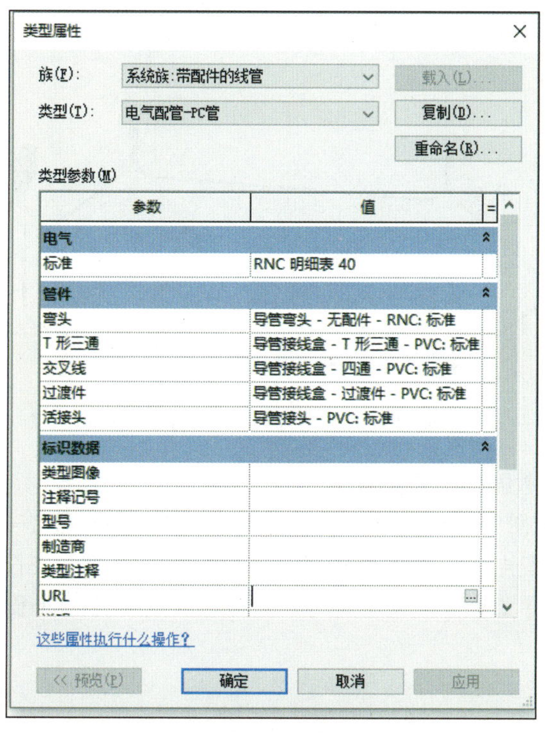

图 7-3-12　设置类型属性

2）在其选项栏中设置管径为 16，偏移量为 3500，从配电箱到插座，从开关到荧光灯绘制顶棚上的水平线管。两个线管交叉时会自动形成接线盒。

3）绘制开关上方的立管时，先在平面视图绘制一段立管，再转到立面视图将立管拖拽到开关即可。

4）同样的，绘制配电箱上方的立管时，也是先在平面视图绘制一段立管，再转到立面视图调整。在“东”立面，将立管的底部拖动到配电箱后，单击如图 7-3-13 所示的“完成连接”按钮即可。

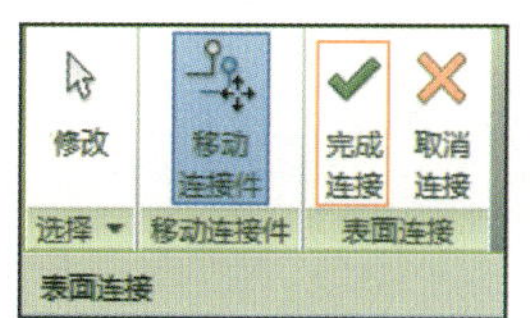

图 7-3-13　“完成连接”按钮

4. 绘制插座回路和挂机空调回路的线管

在 1F 楼层平面视图，单击“系统”选项卡“电气”选项组中的“线管”按钮，然后设置线管类型为“电气配管-PC 管”，管径为 20，偏移量为-100，在 D 轴上沿底图绘制插座回路的水平线管。在插座处，设置偏移量为 300，然后单击“应用”按钮两次完成立管的绘制，三维效果如图 7-3-14 所示。

图 7-3-14　插座回路的线管

配电箱下的立管与配电箱的连接和照明回路的相同。完整的插座回路的三维效果如图 7-3-15 所示。挂机空调回路的线管的绘制方法与插座回路的绘制方法相同，这里不再赘述。

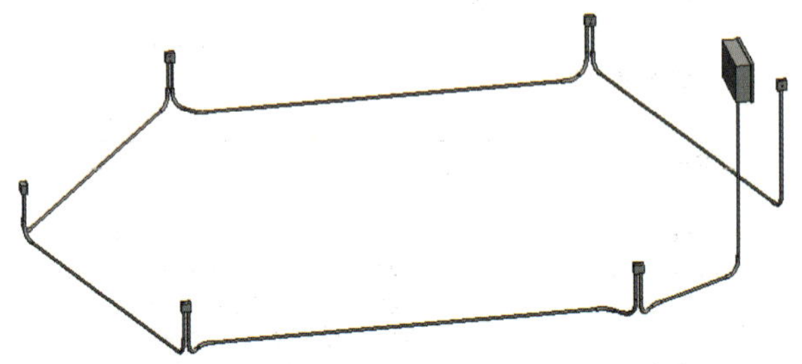

图 7-3-15　完整的插座回路的三维效果

5. 绘制 1AL1 至教室配电箱的线管

在 1F 楼层平面视图中，设置线管类型为“电气配管-PC 管”，管径为 32，偏移量为-100，在 1AL1 照明配电箱与教室配电箱之间绘制水平线管，在配电箱处绘制立管，然后切换到立面视图，将立管与配电箱进行表面连接。完成后的平面视图效果如图 7-3-16 所示。

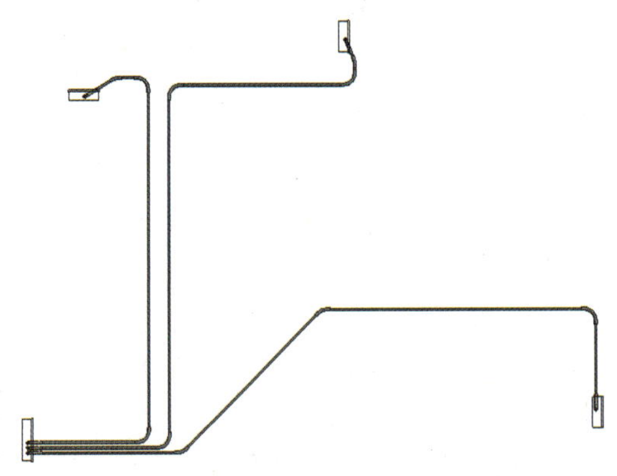

图 7-3-16　1AL1 至教室配电箱的线管（平面视图效果）

项 目 考 评

考核评价以自我评价和小组评价相结合的方式进行，教师根据表 7-x-1 中的考核评价要素对学生学习成果进行综合评价。

表 7-x-1　项目考评表

班级：　　　　　第（　）小组　　姓名：　　　　　时间：

评价模块	评价内容	分值	自我评价	小组评价
理论知识	1）了解配电箱的类别和用途，掌握 Revit 软件中配电箱的创建方法	10		
	2）了解强电系统元件的类别和组成，掌握 Revit 软件中强电系统元件的创建方法	10		
	3）了解弱电系统元件，掌握 Revit 软件中弱电系统元件的创建方法	10		
操作技能	1）能准确识读图纸中的配电箱信息，并准确绘制配电箱	20		
	2）能准确识读图纸中的强电系统元件信息，并准确绘制强电系统元件	20		
	3）能准确识读图纸中的弱电系统元件信息，并准确绘制弱电系统元件	20		
职业素养	1）具有安全意识和规范意识	5		
	2）具有认真细致、一丝不苟的工作态度	5		

综合评价：

签字：

直 击 工 考

一、选择题

1. 下列关于创建配电箱模型的操作流程的说法中，正确的是（　　）。
   A. 首先单击“系统”命令栏，接着选择“电气”选项卡，最后单击“电缆桥架”按钮
   B. 首先选择“系统”选项卡，接着单击“电气”命令栏，最后单击“电气设备”按钮
   C. 首先单击“系统”，接着选择“HVAC”选项卡，最后单击“设备”命令栏
   D. 首先单击“系统”命令栏，接着单击“电气”，最后选择“照明设备”选项卡
2. 下列关于创建开关插座模型的操作流程的说法中，正确的是（　　）。
   A. 首先单击“系统”命令栏，接着选择“电气”选项卡，最后单击“电缆桥架”按钮

B．首先选择“系统”选项卡，接着单击“电气”命令栏，最后单击“照明设备”按钮

C．首先单击“系统”，接着选择“HVAC”选项卡，最后单击“设备”命令栏

D．首先单击“系统”命令栏，接着单击“电气”，最后选择“设备”选项卡

3．Revit 使用“规程”用于控制各类图元的显示，默认“规程”的种类有（　　）。

①建筑　②结构　③给水排水　④暖通　⑤电气　⑥机械　⑦卫浴　⑧协调

A．①②③④⑤⑥　　B．①②⑤⑥⑦⑧

C．①②③④⑤　　D．①②③④⑤⑥⑦⑧

4．（多选）下列元件中属于强电系统元件的是（　　）。

A．电话网络双孔插座　　B．防水防尘灯

C．应急壁灯　　D．消火栓按钮

E．86 盒

5．（多选）下列元件中属于弱电系统元件的是（　　）。

A．吸顶灯　　B．86 盒

C．弱电进线/分线箱　　D．电话网络双孔插座

E．开关

二、实训题

【2022 年第二期 1+X“建筑信息模型（BIM）职业技能等级证书”考试真题改编】创建视图名称为“电气平面图”的平面视图，规程为“电气”，子规程为“照明”，并根据“某工程电气平面图”（图 7-z-1）创建电气模型，照明配电箱为明装，立面标高为 1.2m，照明配电箱尺寸类型自定。

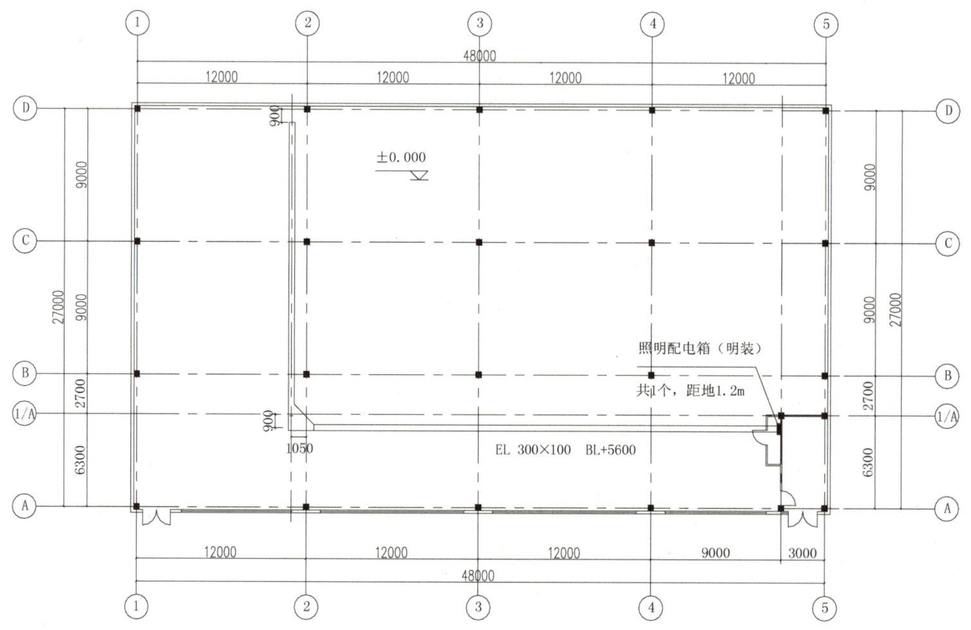

图 7-z-1　某工程电气平面图

模型协同与管理

项目导读

模型协同与管理是模型应用的重要环节，涉及建筑工程项目的多个专业，有效的 BIM 协同管理模式可以辅助建设单位、设计单位、施工单位和监理单位等参建方之间的高效沟通和协同工作。为解决工程需要，Revit 软件提供了统一的三维设计 BIM 数据平台，本项目将从碰撞检查、制作漫游动画、创建明细表，以及布置、打印与导出图纸等方面介绍模型协同管理的相关知识。

学习目标

知识目标

1）掌握碰撞检查的操作方法。
2）掌握漫游路径的调整方法。
3）掌握明细表属性的设置方法。
4）掌握图纸的布置方法。

能力目标

1）能进行 BIM 的碰撞检查，查看碰撞点和导出报告。
2）能创建漫游动画并进行导出。
3）能根据工程需要，创建明细表或关键字明细表。
4）能根据工程需要进行图纸的打印或导出。

素养目标

1）培养团结协作、密切配合的职业精神。
2）培养设计理念、开放思维和对构件材料管理的全局统筹意识。

任务 8.1 碰撞检查

微课：碰撞检查

任务描述

汽车实训室 BIM 模型根据类别划分了 9 个部分，包括结构模型、建筑模型、消防模型、给水模型、排水模型、凝结水模型、采暖模型、通风模型和电气模型，由于传统图纸的设计大多采用 CAD 软件来完成，均为二维平面状态，而且各专业在设计时，是否会对其他专业造成施工影响，考虑并不充分，所以在图纸设计完成后，往往会出现各专业间相互碰撞的问题。当无法正常施工时，便产生设计变更，导致工程成本增加。

为了将设计变更工作提前到施工之前，节约工程成本，Revit 软件提供了碰撞检查功能，该功能可全面检查出模型中各构件和设备之间的碰撞，发现碰撞后，应及时向设计单位反馈，对图纸中的错误进行修改，修改方案通过后同步修改模型，最终使用正确模型指导项目施工，实现模型成果落地。

本任务要求以全专业模型为基础，合成整体模型，并对整体模型进行碰撞检查。

任务目标

1）掌握合成全专业整体模型的流程。

2）能绑定链接模型并进行解组。

3）能进行碰撞检查并导出冲突报告。

8.1.1 合成全专业整体模型

1. 打开主体模型

双击桌面上的 R 图标，打开 Revit 2021 软件，单击“模型”选项卡中的“打开”按钮，打开“打开”对话框，找到存储所有模型的文件夹，如图 8-1-1 所示，选择建筑模型文件，然后单击“打开”按钮即可（或直接双击建筑模型文件）。

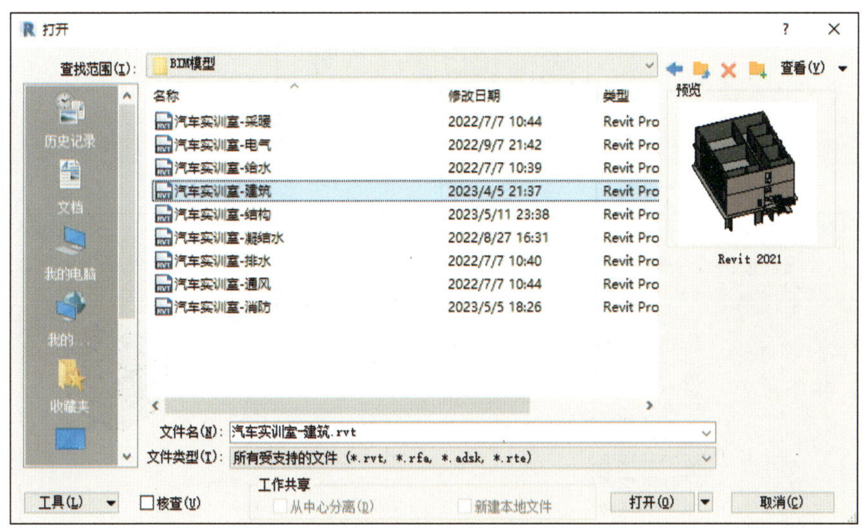

图 8-1-1 “打开”对话框

2. 切换三维视图

打开模型后，可单击“视图”选项卡“创建”选项组中的“三维视图”按钮，方便查看模型，建筑模型的三维视图如图 8-1-2 所示。

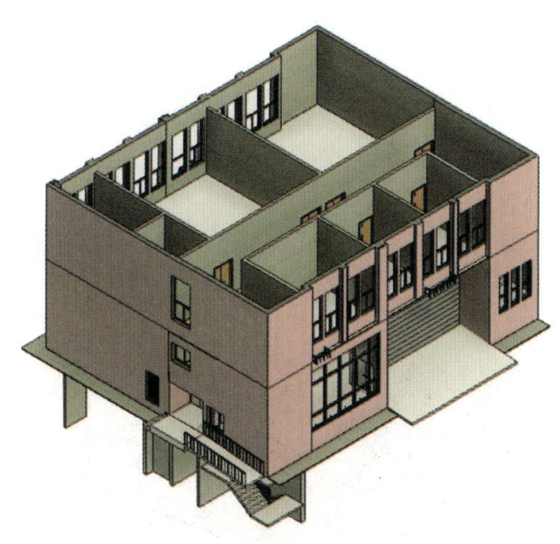

图 8-1-2 建筑模型的三维视图

3. 链接 Revit 模型

单击“插入”选项卡“链接”选项组中的“链接 Revit”按钮，如图 8-1-3 所示。打开“导入/链接 RVT”对话框，路径默认为建筑模型文件所在的位置，选择结构模型文件，设置“定位”为“自动-内部原点到内部原点”，然后单击“打开”按钮（或直接双击结构模型文件），如图 8-1-4 所示。加载完毕后，建筑和结构两个模型文件链接为一体，链接完成后的 BIM 如图 8-1-5 所示。

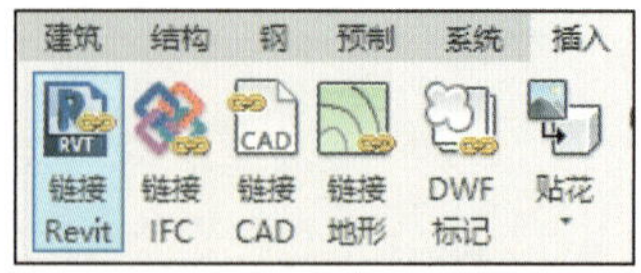

图 8-1-3 “链接 Revit”按钮

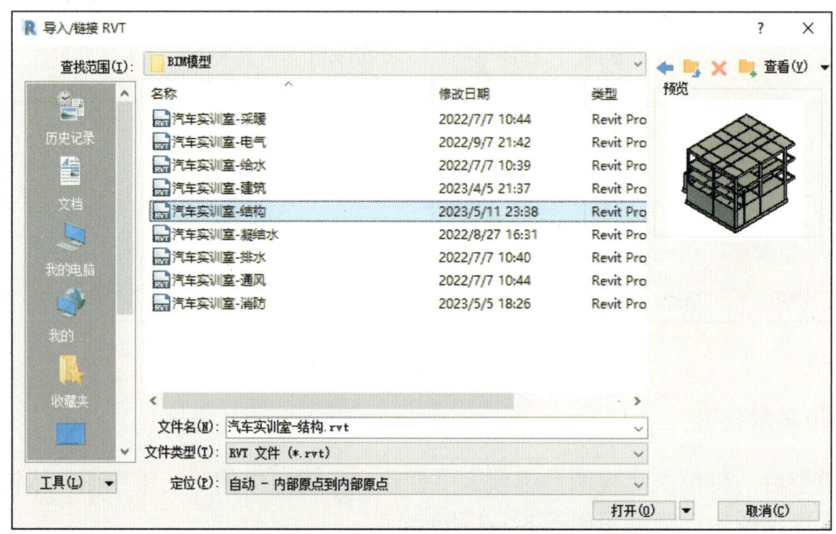

图 8-1-4 “导入/链接 RVT”对话框

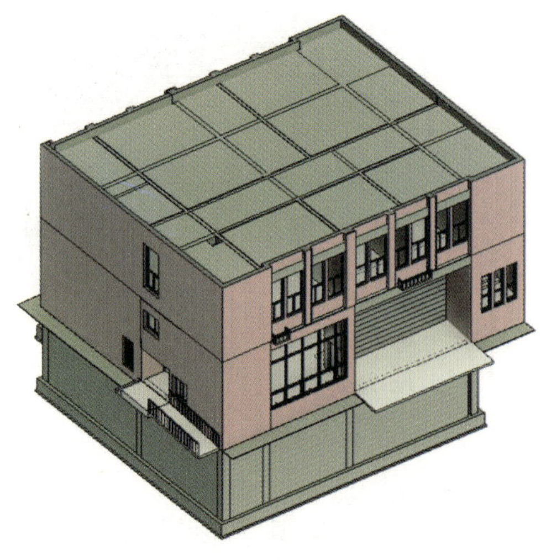

图 8-1-5 链接完成后的 BIM

4. 合成整体模型

按照上述操作步骤，依次将其他类别的模型链接到建筑模型中，合成后的整体模型如图 8-1-6 所示。

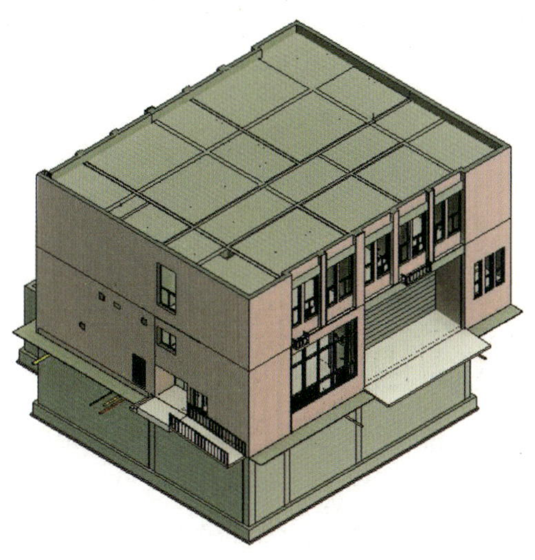

图 8-1-6　合成后的整体模型

5. 保存整体链接模型

选择“文件”→“另存为”→“项目”选项，打开“另存为”对话框，如图 8-1-7 所示，在“文件名”文本框中输入模型名称，然后单击“保存”按钮即可。

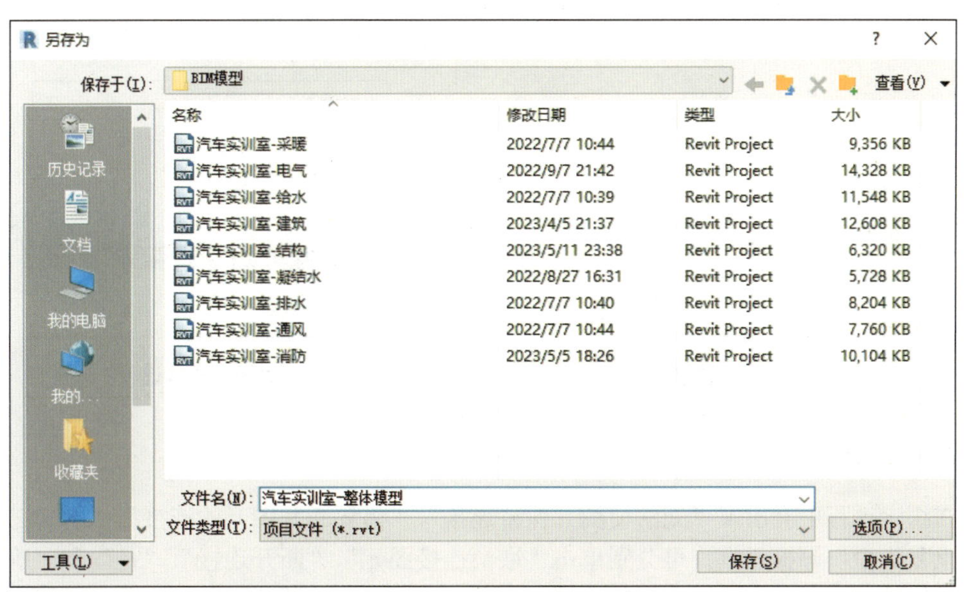

图 8-1-7　“另存为”对话框

8.1.2　绑定链接与解组

1. 选中链接模型

依次选中单个链接模型，对其进行绑定，绑定完成后，整体模型将不再受链接模型相对路径的影响。以结构为例，单击结构模型的任意构件，选中链接后的结构模型，此时模型将变为半透明的蓝色状态，如图 8-1-8 所示。

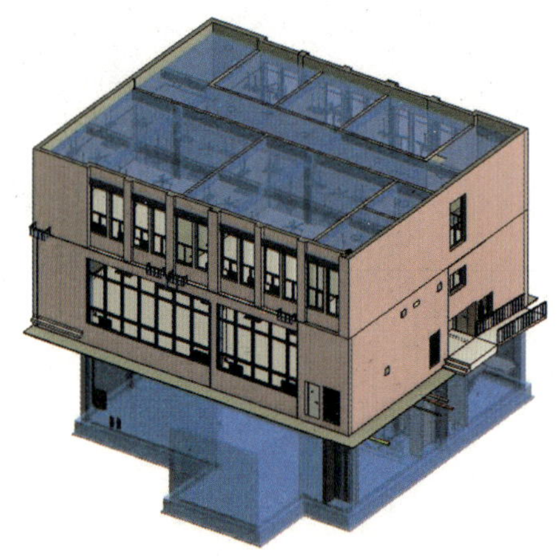

图 8-1-8 选中状态的结构链接模型

2. 绑定链接

选中链接模型后，在功能区自动加载“修改|RVT 链接”选项卡，单击“链接”选项组中的“绑定链接”按钮，如图 8-1-9 所示。打开“绑定链接选项”对话框，如图 8-1-10 所示，选中“附着的详图”、“标高”和“轴网”复选框，然后单击“确定”按钮。

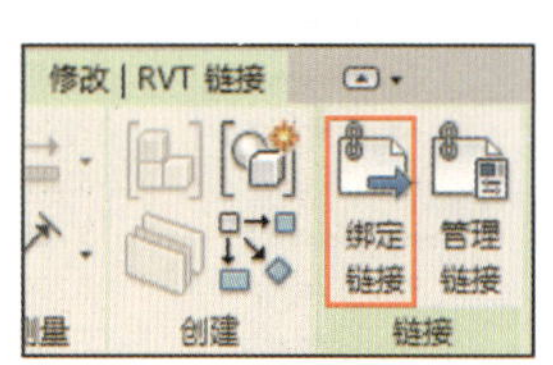

图 8-1-9 “绑定链接”按钮

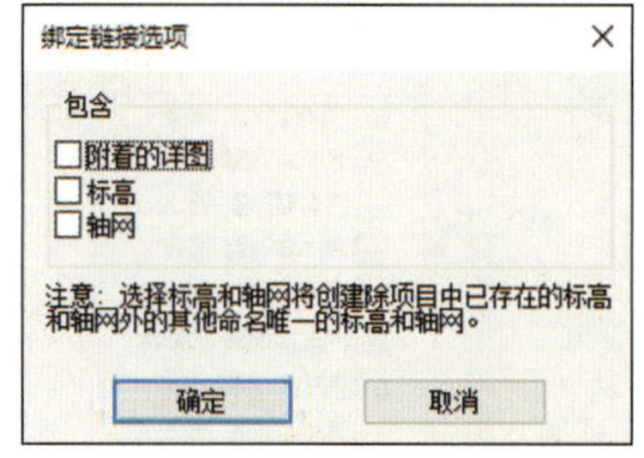

图 8-1-10 “绑定链接选项”对话框

3. 绑定链接提示框

在绑定过程中会出现“无法使图元保持连接”、“需要断开图元的连接”、“绑定链接”和“重复类型”等提示框，可分别单击“取消连接图元”、“断开连接”、“是”和“确定”按钮，继续绑定。绑定链接完成后，“项目浏览器”中的“族”下会载入结构的所有实例，且所有实例（如结构基础、结构柱、结构框架、楼板等）均可进行二次编辑。

4. 选中模型组

结构链接模型绑定完成后，会以模型组的形式进行显示，选中结构模型组，模型组变为半透明的蓝色状态，且在周围出现虚线框，如图 8-1-11 所示。

5. 解组

选中模型组后，在功能区自动加载“修改|模型组”选项卡，单击“成组”选项组中的“解组”按钮对其进行解组，如图 8-1-12 所示。

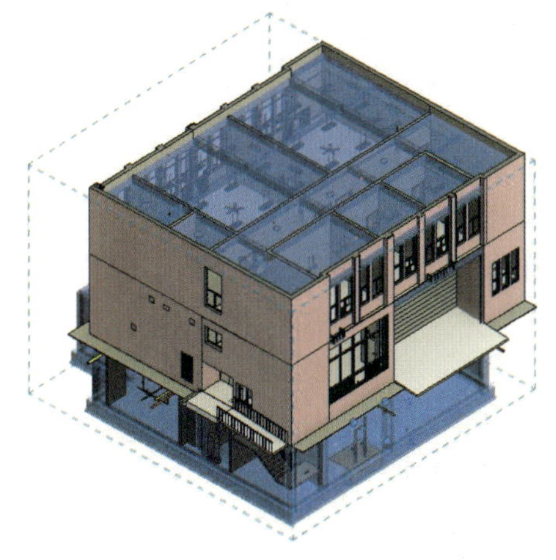

图 8-1-11　选中状态的结构模型组

图 8-1-12　“解组”按钮

6. 保存整体解组模型

按照上述操作步骤，依次将其他类别模型绑定链接和解组，解组后，链接模型中的全部构件会成为单个图元，解组后的整体模型如图 8-1-13 所示。最后选择“文件”→“保存”选项，对整体模型进行保存。

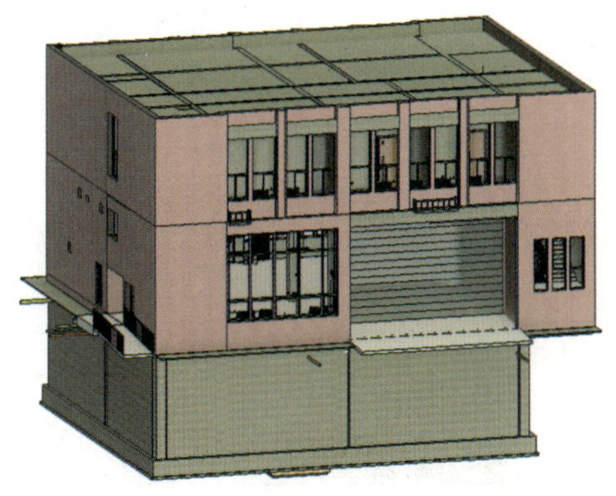

图 8-1-13　解组后的整体模型

8.1.3　运行碰撞检查

1. 碰撞类别

单击“协作”选项卡“坐标”选项组中的“碰撞检查”下拉按钮，在弹出的下拉列表中选择“运行碰撞检查”选项，如图 8-1-14 所示，打开“碰撞检查”对话框。从中可以看出，左右两边内容均相同，分别代表需要检查碰撞的两种类别，以全部类别均需进行碰撞检查为例，单击左侧的“全选”按钮，选中其中任意一个类别，即选中所有类别。右侧类别的选择操作方法与左侧相同，然后单击“确定”按钮，如图 8-1-15 所示。此时在软件界面左下角出现“正在检查冲突”进度条，如图 8-1-16 所示。

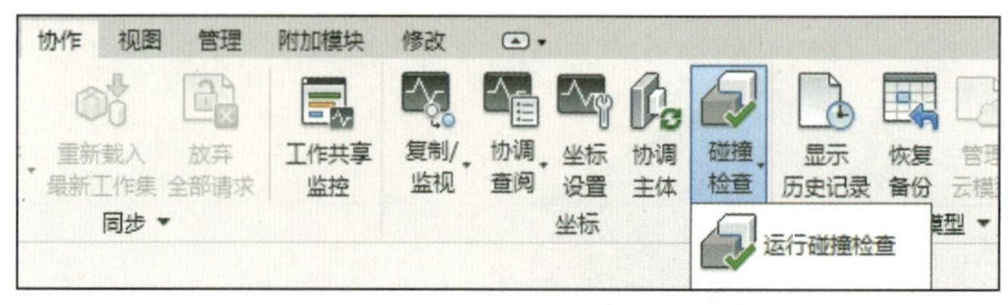

图 8-1-14　“运行碰撞检查”选项

图 8-1-15　“碰撞检查”对话框

图 8-1-16　“正在检查冲突”进度条

2. 显示碰撞点

碰撞检查完成后，打开“冲突报告”对话框，如图 8-1-17 所示。单击“显示”按钮，可以对发生碰撞的构件进行定位。以“窗和管道”的碰撞结果为例，选择“窗”→“管道类型”→“凝结水系统”选项，单击“显示”按钮，软件会自动切换视图，并转换至最佳视角，同时对发生碰撞的构件进行高亮显示，以方便查看，如图 8-1-18 所示。

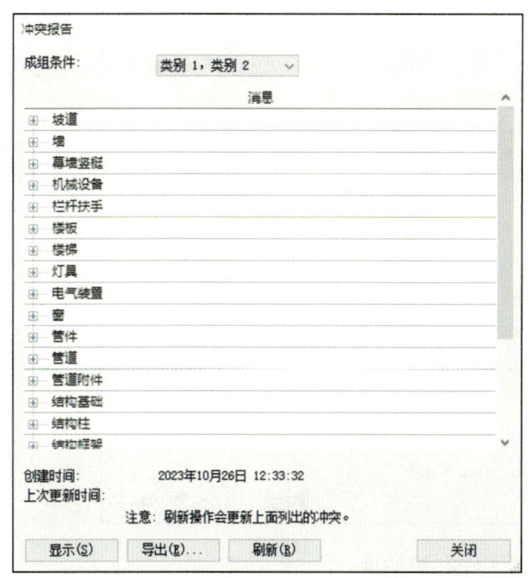

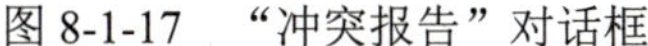
图 8-1-17　“冲突报告”对话框

图 8-1-18　“窗和管道”的碰撞结果

3. 导出碰撞图像

找到碰撞点后，可将碰撞点以图像的形式进行导出。选择“文件”→“导出”→“图像和动画”→“图像”选项，如图 8-1-19 所示。

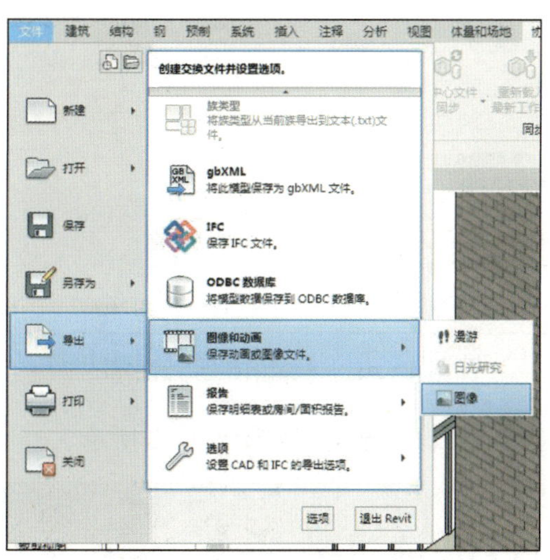

图 8-1-19　选择“图像”选项

打开“导出图像”对话框，单击“修改”按钮，打开“指定文件”对话框，可自定义输出路径和图像名称，完成后单击“保存”按钮，如图 8-1-20 所示。此时，“导出图像”对话框中的“名称”文本框中自动加载输出路径和图像名称，将导出范围设置为“当前窗口可见部分”，选项可根据需要自行选择，图像像素可根据需要自行设置，方向为水平，设置完成后，单击“确定”按钮即可，如图 8-1-21 所示。

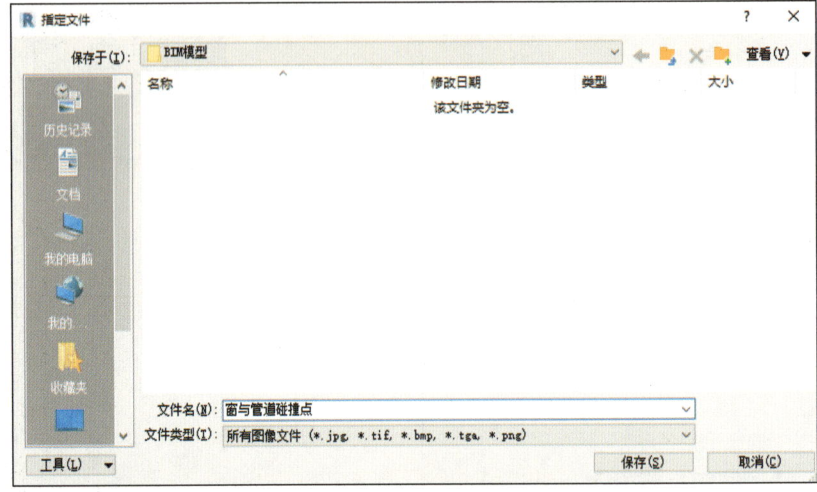

图 8-1-20 “指定文件”对话框

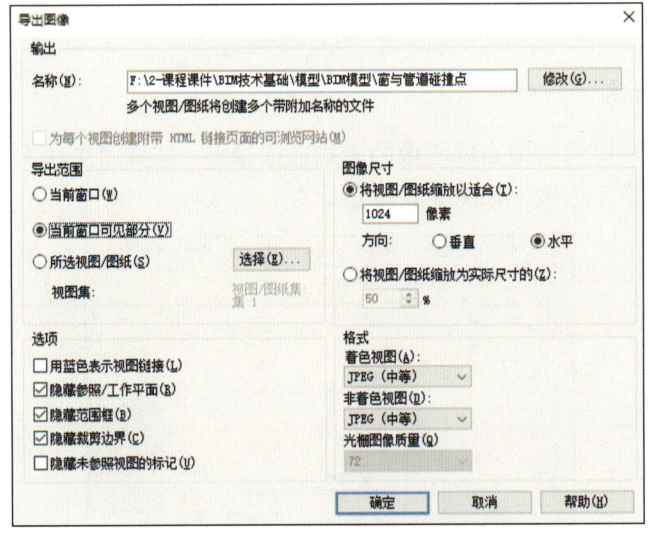

图 8-1-21 “导出图像”对话框

在输出路径下找到碰撞点图像，预览图如图 8-1-22 所示。

图 8-1-22 碰撞点图像的预览图

8.1.4　导出冲突报告

单击“导出”按钮，打开“将冲突报告导出为文件”对话框，在“文件名”文本框中输入冲突报告名称，选择保存路径后，单击“保存”按钮，将冲突报告进行导出，报告格式为.html，如图 8-1-23 所示。导出后，单击“冲突报告”对话框中的“关闭”按钮。该报告可使用浏览器进行预览，如图 8-1-24 所示。

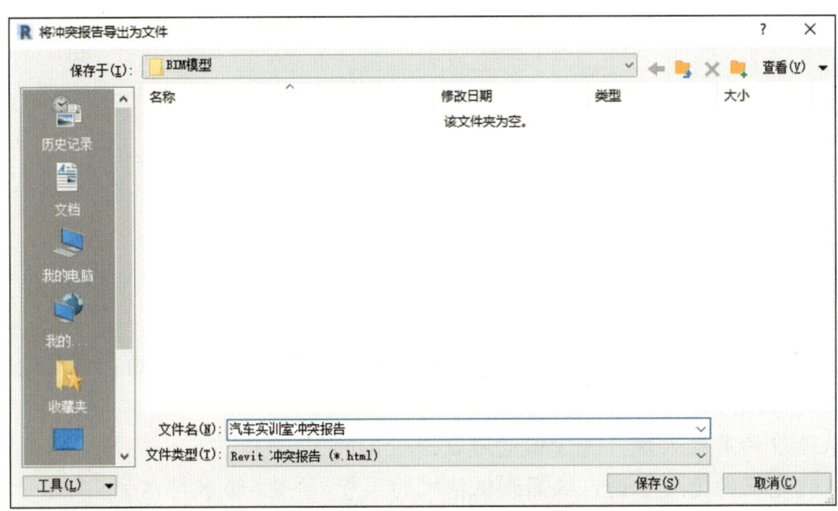

图 8-1-23　“将冲突报告导出为文件”对话框

冲突报告

冲突报告项目文件: F:\2-课程课件\BIM技术基础\模型\BIM模型\汽车实训室-整体模型.rvt
创建时间: 2023年10月26日 12:33:32
上次更新时间:

	A	B
1	墙 : 基本墙 : 建筑外墙_250 : ID 212363	坡道 : 坡道 : 坡道 1 : ID 304060
2	墙 : 基本墙 : 建筑外墙_250 : ID 212363	栏杆扶手 : 栏杆扶手 : 900mm 矩形 : ID 304067
3	墙 : 基本墙 : 建筑外墙_250 : ID 212363	结构柱 : 混凝土_矩形_柱 : KZ3-500X500mm : ID 319229
4	墙 : 基本墙 : 建筑外墙_250 : ID 212363	结构框架 : 混凝土 - 矩形梁 : KL9-250X600mm : ID 319280
5	墙 : 基本墙 : 建筑外墙_250 : ID 212363	墙 : 基本墙 : 挡土墙_400 : ID 319702
6	墙 : 基本墙 : 建筑外墙_250 : ID 212363	结构柱 : 混凝土_矩形_柱 : KZ1-500X500mm : ID 319750

图 8-1-24　冲突报告

温馨提示

1）在进行碰撞检查前，需要将全专业模型进行绑定，在不绑定链接的情况下，只能进行两个链接模型的碰撞检查，也会造成碰撞结果的不完整。

2）如果链接模型体量过大，则绑定链接过程会消耗较长的时间，需要耐心等待。

3）在进行碰撞优化前，应充分与设计方确定避让原则，这并非一成不变。

任务考评

任务考核评价以学生自评为主，根据表 8-1-1 中的考核评价内容对学习成果进行客观评价。

表 8-1-1　任务考核评价表

序号	考核点	考核内容	分值	得分
1	整体模型	能正确合成全专业整体模型	10	
2	绑定链接	能正确将各专业链接模型进行绑定	30	
		能对各专业模型组进行解组	15	
3	碰撞检查	能对整体模型进行碰撞检查	15	
		能查看各专业间的碰撞检查结果	20	
		能导出碰撞检查报告	10	
合计			100	

总结反思：

签字：

避 让 原 则

在找出碰撞位置后，应对碰撞点进行优化调整，调整时应尽量遵循经验避让原则，主要包括以下内容。

1）从造价的角度来说，造价低的避让造价高的。

2）从优先级的角度来说，从高到低依次为风管>桥架>给水排水管>采暖管>消防管，优先级低的避让优先级高的。

3）从管径的角度来说，应遵循小直径管道避让大直径管道。

4）从管道所受压力角度来说，有压管道避让无压管道。

5）有坡度要求的管道不得翻弯，如果必须避让，则应整体上偏或下偏。

6）桥架应始终位于有水管道上方（除灭火用水管道外），以免管道漏水，发生漏电。

7）避让距离应满足施工要求。

8）当设计要求有特别说明时，应优先考虑。

经验避让原则有时会出现相互冲突的情况，因此，优化方法应结合构件间的空间关系和用户需求综合进行考虑，并非一成不变。

任务 8.2 制作漫游动画

微课：制作漫游动画

任务描述

漫游动画是指沿着事先定义好的路径移动相机对现场或建筑的模拟浏览。建筑从施工图纸、效果图到动画漫游，从二维演示到三维漫游，展示效果越来越逼真、形象。在漫游动画应用中，BIM 工程师可以利用专业软件制作虚拟的环境，以动态交互的方式对未来的建筑物进行观察。近几年，漫游动画在国内外得到了广泛应用，如三维地势仿真、人机交互、真实修建空间等特性，都是传统方式所不能实现的。

本任务要求通过调整相机的辐射范围和视口广角，确定合理的漫游视角；通过设置漫游帧参数，导出漫游视频。

任务目标

1）掌握创建漫游路径的方法。

2）能创建和编辑漫游路径。

3）能导出漫游视频。

8.2.1　模型准备

为方便漫游路径的创建，首先同时打开 1F 平面图和东立面图，分别双击“项目浏览器”中的“视图”→“楼层平面”→“1F”和“视图”→“立面”→“东”，然后单击“视图”选项卡“窗口”选项组中的“平铺视图”按钮，将东立面图和 1F 平面图进行平铺，方便漫游编辑操作，模型平铺后的软件界面如图 8-2-1 所示。

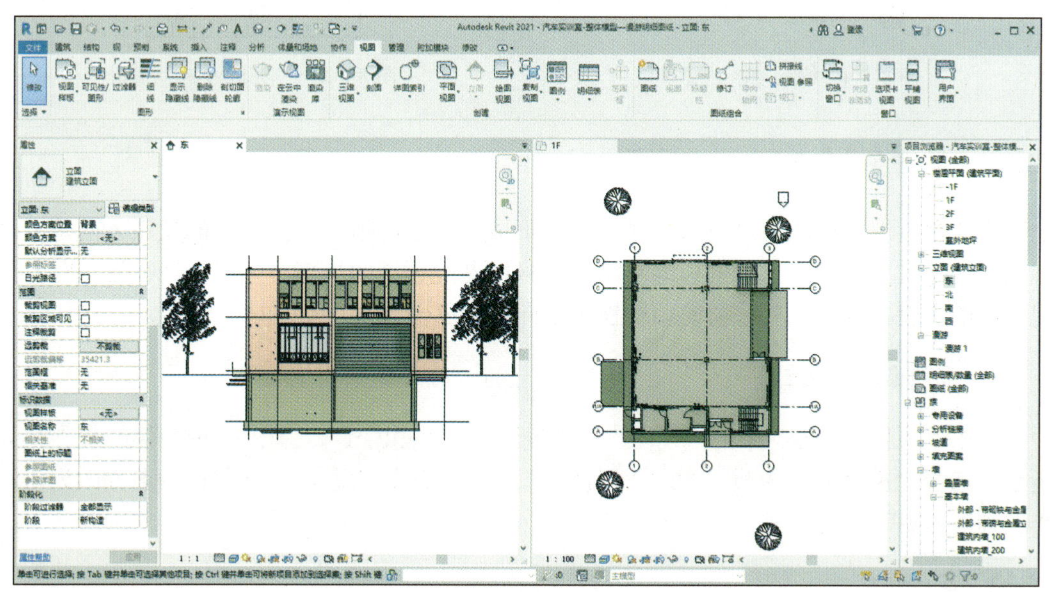

图 8-2-1　模型平铺后的软件界面

8.2.2　创建漫游路径

选择“视图”选项卡“创建”选项组中的“三维视图”→“漫游”选项，如图 8-2-2 所示。此时，在选项卡下方会出现“修改|漫游”选项栏，如图 8-2-3 所示，默认偏移量为

自 1F 向上偏移 1750mm，该偏移量的含义是相机的标高位置。在 1F 平面图中，在模型周围单击画线，绘制漫游路径，如图 8-2-4 所示，绕行模型一圈后，单击“修改|漫游”选项卡“漫游”选项组中的“完成漫游”按钮，如图 8-2-5 所示，完成漫游路径的创建。

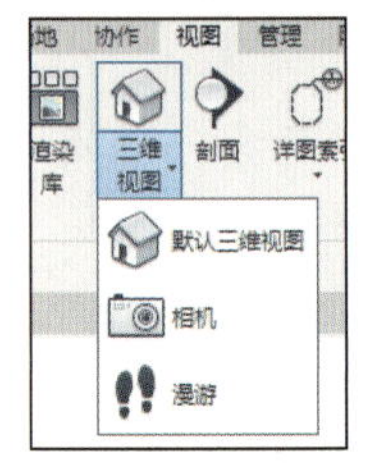

图 8-2-2　选择“漫游”选项

图 8-2-3　“修改|漫游”选项栏

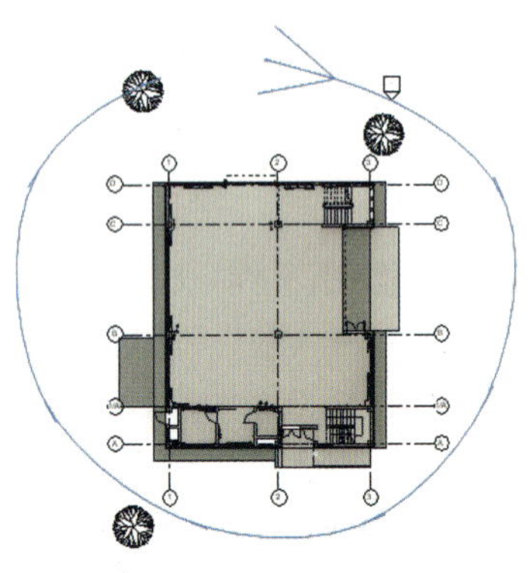

图 8-2-4　绘制漫游路径

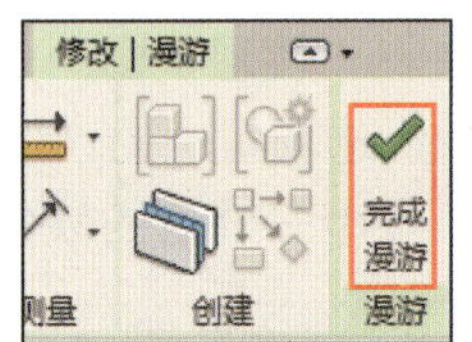

图 8-2-5　“完成漫游”按钮

8.2.3　编辑漫游路径

在绘制漫游路径时，每单击一次，便会形成一个关键帧，而且相机的默认方向是沿画线路径的前进方向，但此时的模型漫游动画只能看到模型的局部。为了实现在漫游时看到建筑物的全貌，需要对关键帧的相机视角方向进行逐一调整。

1. 重命名漫游视图

右击“项目浏览器”中的“视图”→“漫游”→“漫游 1”，弹出的快捷菜单如图 8-2-6 所示，选择“重命名”选项，此时“漫游 1”变为可编辑状态，将漫游视图名称改为“汽车实训室漫游”即可。

2. 显示相机

右击“项目浏览器”中的“视图”→“漫游”→“汽车实训室漫游”，选择“显示相机”选项，此时，模型周围会显示出之前绘制完成的漫游路径，在最后一个关键帧位置会出现一个以关键帧为角点的三角形，如图 8-2-7 所示。单击“修改|相机”选项卡“漫游”选项组中的“编辑漫游”按钮，如图 8-2-8 所示。此时漫游路径上的关键帧位置会以红点（图中的实心点）显示，如图 8-2-9 所示。

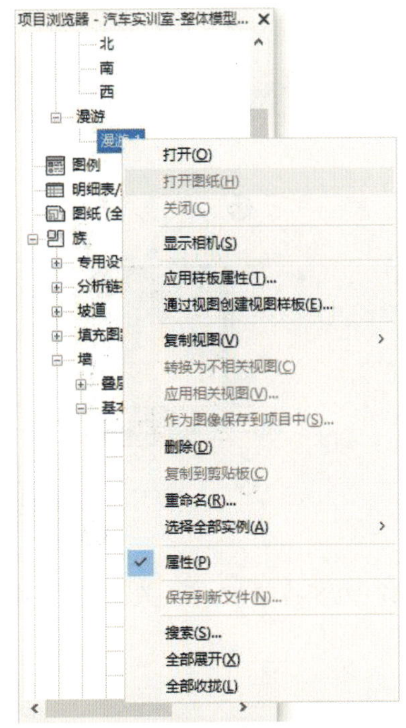

图 8-2-6　漫游右键快捷菜单

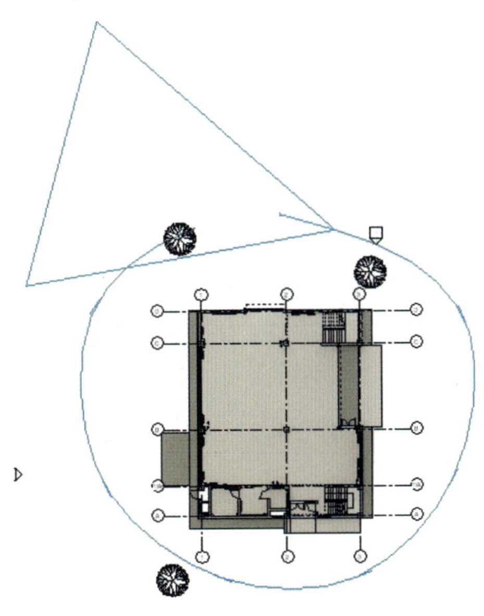

图 8-2-7　显示相机

图 8-2-8　“编辑漫游”按钮

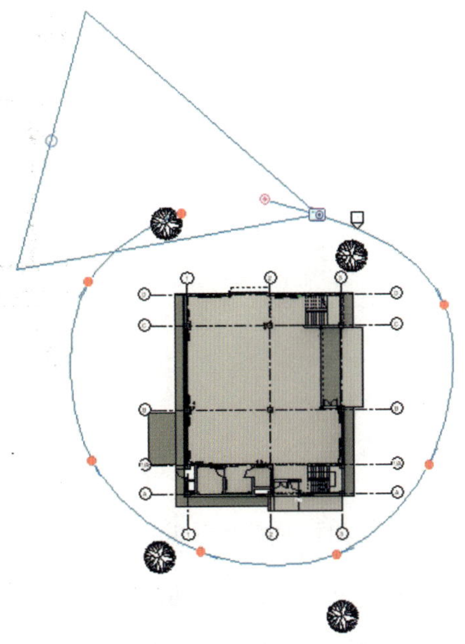

图 8-2-9　漫游路径关键帧

3. 定位关键帧

重复单击“编辑漫游”选项卡“漫游”选项组中的“上一关键帧”按钮，直到“上一关键帧”按钮（图 8-2-10）变为灰色不可用状态，此时相机将定位到第一关键帧位置处，如图 8-2-11 所示。

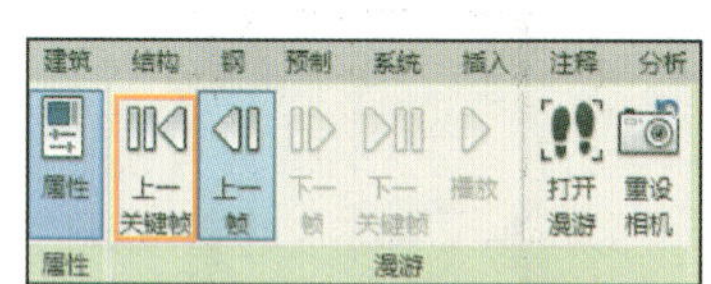

图 8-2-10 “上一关键帧”按钮

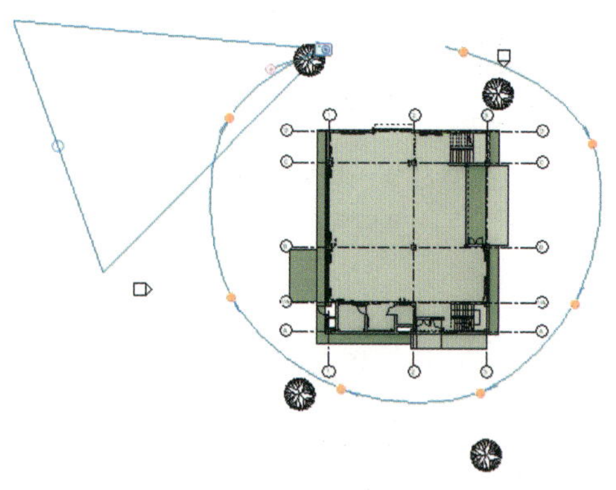

图 8-2-11 相机将定位到第一关键帧位置处

4. 调整相机的方向

向前滚动鼠标滑轮，放大模型，拖动“漫游：移动目标点”图标，调整相机的方向，将相机朝向模型，如图 8-2-12 所示。

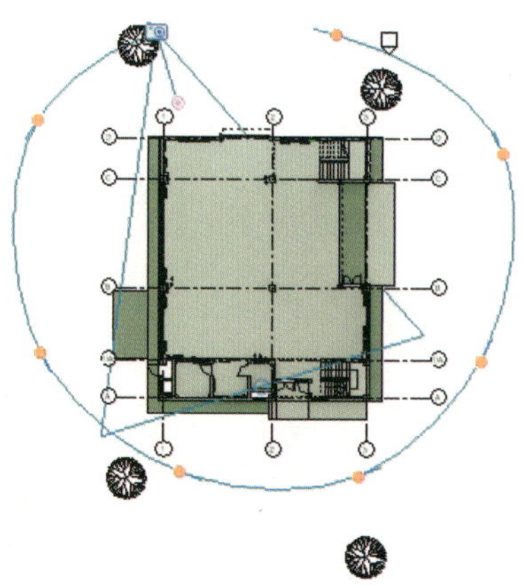

图 8-2-12 调整相机水平辐射的方向

5. 调整相机的水平辐射范围

在 1F 平面图中，拖动相机范围底边中点处的小圆圈，可放大相机的水平辐射范围，以覆盖整个建筑范围为最佳，或者选中漫游“属性”面板中“范围”选项组中的“远剪裁激活”复选框，如图 8-2-13 所示，当为取消选中状态时，则表示视距无穷远。“远剪裁激活”复选框选中前后的对比图如图 8-2-14 所示。

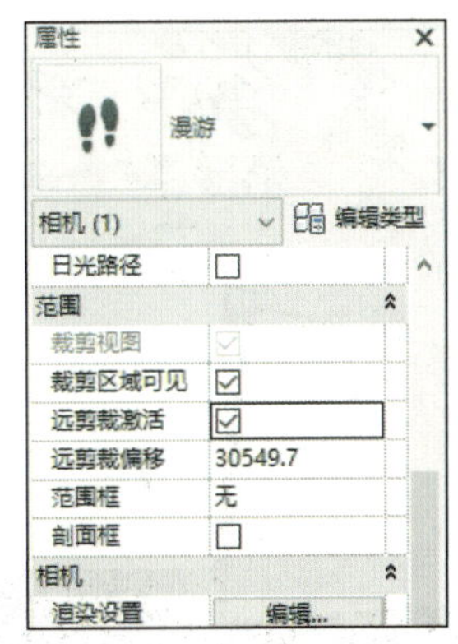

图 8-2-13　选中“远剪裁激活”复选框

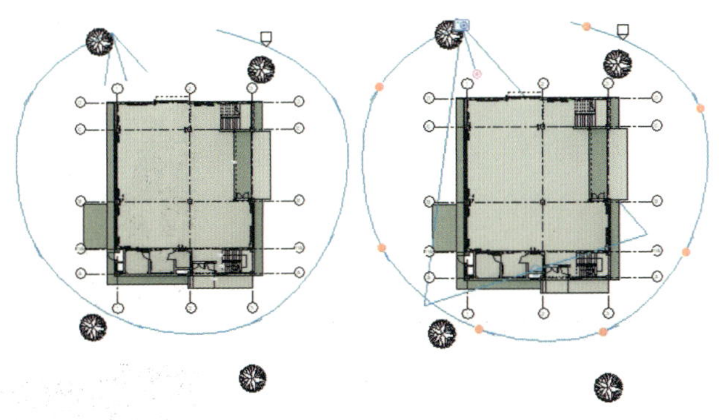

图 8-2-14　“远剪裁激活”复选框选中前后的对比图

6. 调整相机的立面辐射范围

切换到东立面视图，再次拖动“漫游：移动目标点”图标调整相机的立面辐射范围，使其尽可能覆盖整个建筑物，调整后的模型如图 8-2-15 所示。

图 8-2-15　调整相机的立面辐射方向

7. 调整相机的视口广角

单击“编辑漫游”选项卡“漫游”选项组中的“打开漫游”按钮，如图 8-2-16 所示，打开透视图窗口，调整详细程度为“精细”，视觉样式为“真实”，调整相机的视口广角，使其覆盖整个建筑物，如图 8-2-17 所示。然后单击窗口右上角的“关闭”按钮，关闭漫游透视图窗口。单击“编辑漫游”选项卡“漫游”选项组中的“播放”按钮，即可实现场景漫游预览。

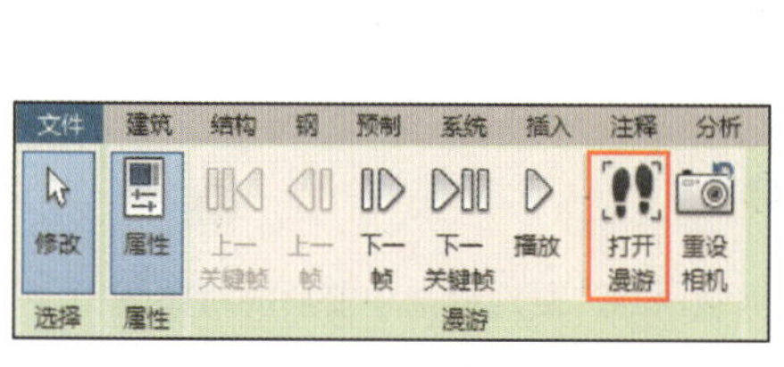

图 8-2-16 “打开漫游”按钮

图 8-2-17 调整相机的视口广角

8．调整其他关键帧

再次单击“视图”选项卡“窗口”选项组中的“平铺视图”按钮，将汽车实训室漫游、东立面图和 1F 平面图进行平铺，如图 8-2-18 所示。单击“编辑漫游”选项卡“漫游”选项组中的“下一关键帧”按钮，如图 8-2-19 所示，切换到第二个关键帧，按照编辑第一关键帧的方法重复操作，调整相机的方向、辐射范围和视口广角。

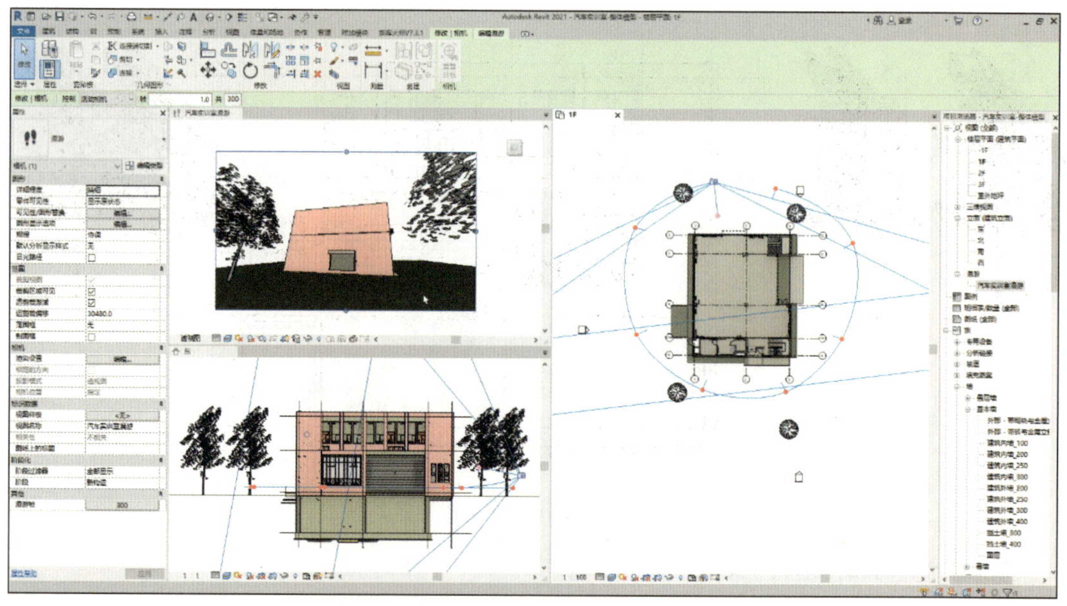

图 8-2-18 平铺视图

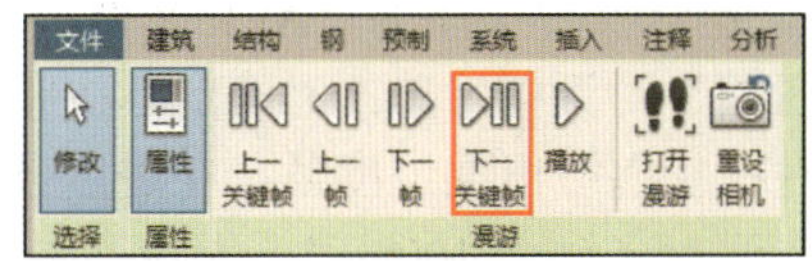

图 8-2-19　“下一关键帧”按钮

8.2.4　设置漫游帧

打开漫游视图，单击“修改|相机”选项卡“漫游”选项组中的“编辑漫游”按钮，在“修改|相机”选项栏中单击“帧设置”按钮，如图 8-2-20 所示，打开“漫游帧”对话框，如图 8-2-21 所示。在该对话框中，可以对漫游总帧数、帧率等参数进行修改，需要注意的是，不能对帧的总时间进行直接修改。另外，在修改漫游帧参数的过程中，总帧数、帧率（帧/秒）与总时间三者始终满足关系式：总帧数=帧率×总时间。其中，总帧数的优先级最高，帧率次之。当修改总帧数或帧率时，总时间会按照上式进行反算，并自动更新。

图 8-2-20　设置帧

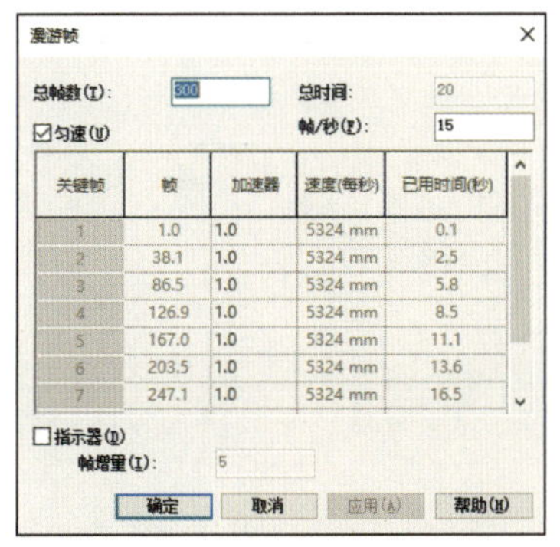

图 8-2-21　“漫游帧”对话框

8.2.5　导出漫游

导出漫游是指将编辑好的漫游帧以视频或图片格式进行导出的过程，视频格式相对单一，只有.avi 一种格式。图片格式较多，有.jpg、.tif、.bmp、.gif 和.png 5 种格式。当以图片格式导出时，导出文件将以每帧一个图片文件的形式出现，具体操作方法如下。

双击“项目浏览器”中的“视图”→“漫游”→“汽车实训室漫游”，打开漫游视图，选择“文件”→“导出”→“图像和动画”→“漫游”选项，如图 8-2-22 所示，打开“长度/格式”对话框，如图 8-2-23 所示。在“输出长度”选项组中可选择全部帧或自定义帧范围，在帧范围中改变帧率时，总时间会自动更新。在“格式”选项组中可对视觉样式、尺寸标注和缩放为实际尺寸的比例进行修改，另外还可以设置包含时间和日期戳，设置完成后，单击“确定”按钮。打开“导出漫游”对话框，选择保存路径后，在“文件名”文本框中输入“汽车实训室漫游”，确认文件类型为“AVI 文件”，然后单击“保存”按钮，如图 8-2-24 所示。打开“视频压缩”对话框，单击“确定”按钮即可，如图 8-2-25 所示。此时，漫游视频开始导出，同时在状态栏出现进度条，在进度条右侧，会显示当前导出的图像名称，如图 8-2-26 所示，当进度条到达 100%时，漫游即导出成功。

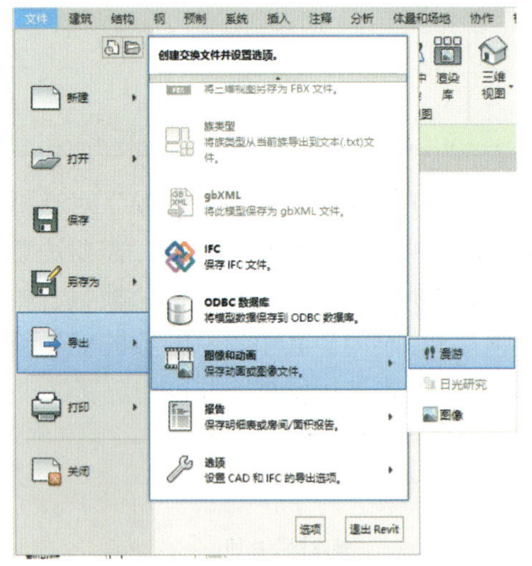

图 8-2-22　选择“漫游”选项

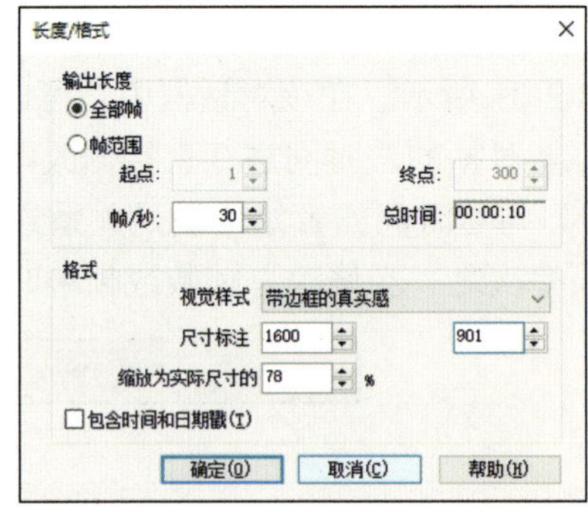

图 8-2-23　“长度/格式”对话框

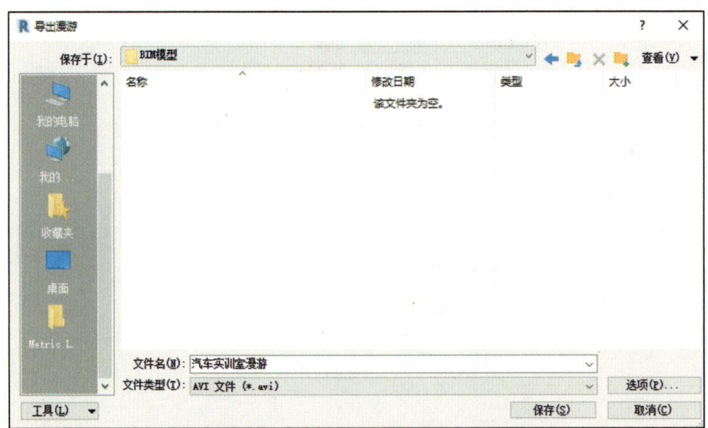

图 8-2-24　“导出漫游”对话框

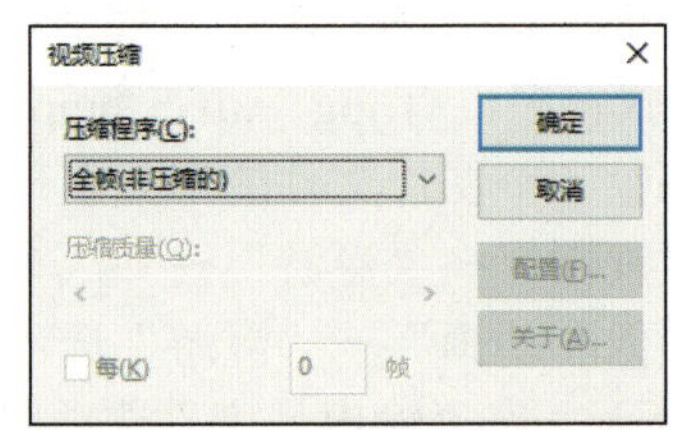

图 8-2-25　“视频压缩”对话框

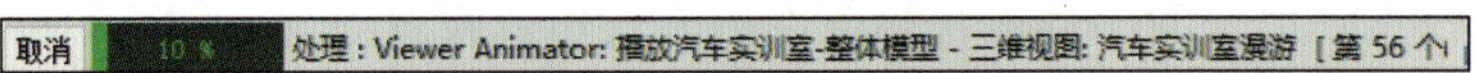

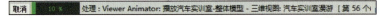

图 8-2-26　导出漫游进度条

8.2.6　打开漫游视频

在保存路径下，双击“汽车实训室漫游”文件，使用视频播放器将其打开，如图 8-2-27 所示。

视频：汽车实训室漫游

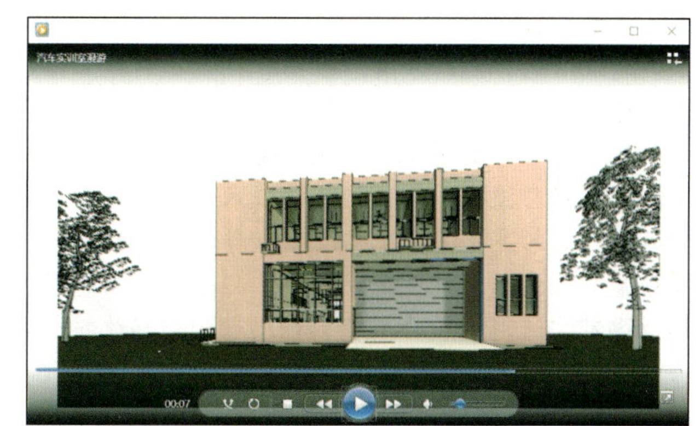

图 8-2-27　汽车实训室漫游视频

温馨提示

1）相机的调整必须综合考虑标高、方向、辐射范围和视口广角。
2）总帧数、帧率和总时间始终满足函数关系，且总时间不可修改。
3）漫游动画只有 AVI 格式为视频格式，其他均为图片格式。
4）创建轴网后，应注意检查全部楼层平面是否均能看到轴网体系。

任务考评

任务考核评价以学生自评为主，根据表 8-2-1 中的考核评价内容对学习成果进行客观评价。

表 8-2-1　任务考评表

序号	考核点	考核内容	分值	得分
1	创建漫游路径	能创建漫游路径	10	
2	编辑漫游路径	能重命名漫游视图名称	5	
		能定位关键帧	5	
		能调整相机的水平辐射范围	20	
		能调整相机的立面辐射范围	20	
		能调整相机的视口广角	20	
3	设置漫游帧	能合理设置漫游帧参数	10	
4	导出漫游	能调整漫游参数，并导出视频	10	
合计			100	
总结反思： 签字：				

知识窗

BIM 施工动画

BIM 施工动画是三维动画中的另一个重要分支，与一般漫游动画相比，制作人员既要熟悉施工技术，又要熟练地使用计算机三维建模技术来模拟真实的施工方案数字环境，同时要了解建筑结构和施工方案，根据客户制作的施工方案和施工说明，施工动画制作团队必须能够把它转化为数字化产品，并用动画的形式将客户的要求和意图进行展示。

BIM 施工动画可以直观地展示施工部署、施工方案、施工进度、资源管理等内容，让业主在最短时间内捕捉到投标单位的技术优势，在演示的过程中可以详细和全面地展现各类数据、施工部署、施工工艺重难点等细节，能够与进度同步体现建造过程相关的日期、工程量、人、机、材各项费用等工程数据的动态增长，更直观地展示建造过程。BIM 施工动画可广泛用于展会展览、辅助营销、网络推广、内部培训、大型建筑维护、专利技术申报、项目投标等领域。

目前常用的 BIM 施工动画软件包括 Navisworks、Lumion、Fuzor、BIM-FILM 等，特点如下。

1）Navisworks 与 Revit 同样来自 Autodesk 公司，可以利用 Revit 模型实现碰撞检查、漫游、测量、进度模拟等操作。软件最大的亮点是轻量化，可以用较低的配置运行大体量 Revit 文件。软件可以导出碰撞检查的报表，可同屏显示进度横道图和模型生长动画，很适合展示进度模拟。

2）Lumion 的主要优点就在于它界面清晰、操作简便，可以最大程度地减轻设计师的工作量，快速高效地完成逼真的景观场景模拟，并能够得到照片级的效果图和高清动画，软件的最大优势就在于浏览者能够直接预览而节省时间。另外，Lumion 可以从 SketchUP、3ds Max 等三维建模软件中导入模型，并对场景进行天气、季节、时段、材质等的仿真模拟。软件自身还带有丰富的材质库，可以在场景中直接添加人物、动植物、建筑、地形、水体、交通工具、街道家具和景观小品等。

3）Fuzor 除是一款专业的施工动画软件外，还实现了 VR 技术与 4D 施工模拟技术的深度结合。在施工模拟方面，它内置了大量设备模型，很多设备还自带动作，可以快速制作施工动画。在 VR 表现上，软件可以直接连接设备，让人在身临其境的虚拟环境中对模型进行漫游浏览，还能利用手持设备对模型进行修改，并且和 Revit 模型实现双向联动，这是这款软件的特色功能，还可以实现多人连线操作，在精装修方案设计比选展示上有不错的应用效果。

4）BIM-FILM 是一款对标 Fuzor 的国产软件，它基于 BIM 技术、结合游戏级引擎技术和 3D 动画编辑技术，整合了建设工程行业通用的“施工模板”“素材库”，可以添加标注，支持常用构件和材料的自定义模型编辑，并且可以导入 VBIM、FBX、OBJ、DAE、SKP 等行业软件常用模型文件格式，以及导入图片、视频、图纸等平面型文件，同时支持输出效果图、录制播放器、录制编辑器、录制全景视频，快速输出多种格式多种类型的电影级别的视频，能够快速制作建设工程 BIM 施工动画的可视化工具系统，可用于建设工程领域招投标技术方案可视化展示、施工方案评审可视化展示、施工安全技术可视化交底、教育培训课程制作等领域，其简洁的界面、丰富的素材库、内置 15 种动画形式，支持自定义动画、实时渲染输出等功能，使系统具备易学性、易用性、专业性的特点。

任务 8.3 创建明细表

微课：创建明细表

任务描述

明细表统计是项目施工采购或工程概预算的基础，明细表统计结果是否正确主要取决于模型的准确性。明细表以表格的形式显示图元信息，这些信息是从项目中的图元属性中提取的。明细表可以分别统计图元数量、材质数量、图纸列表、视图列表和注释块列表等内容，或根据明细表的成组标准将多个实例压缩到一行中，是 Revit 软件的重要组成部分。

本任务要求使用“明细表/数量”工具按对象类别统计并列表显示项目中各类模型图元的信息；通过明细表的属性设置，使明细表更加美观、方便和实用。

任务目标

1）能新建和编辑明细表，并进行属性设置。

2）能新建和使用关键字明细表。

3）能导出明细表并进行 Excel 格式转换。

8.3.1 新建明细表

选择“视图”选项卡“创建”选项组中的“明细表”→“明细表/数量”选项，如图 8-3-1 所示，打开“新建明细表”对话框。由于门构件属于建筑专业，为便于查找，取消选中“过滤器列表”下拉列表中的“结构”、“机械”、“电气”、“管道”和“基础设施”复选框，如图 8-3-2 所示。在“类别”列表框中查找“门”并选择，修改名称为“门明细表”，如图 8-3-3 所示，然后单击“确定”按钮。打开“明细表属性”对话框，如图 8-3-4 所示。

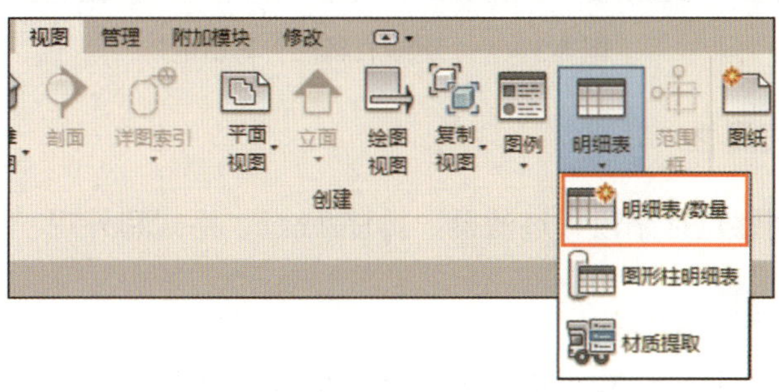

图 8-3-1 选择“明细表/数量”选项

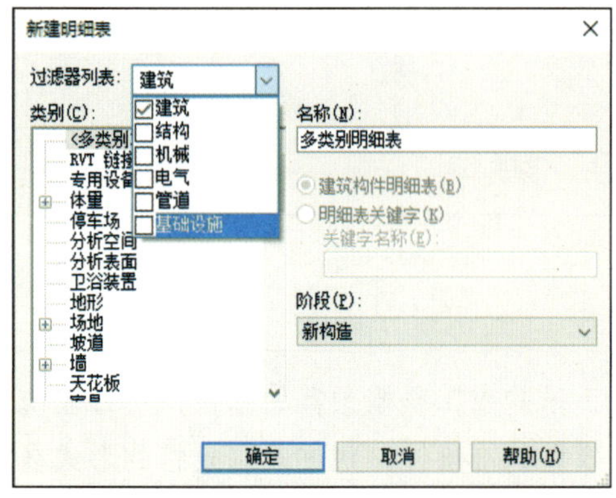

图 8-3-2 “新建明细表”对话框

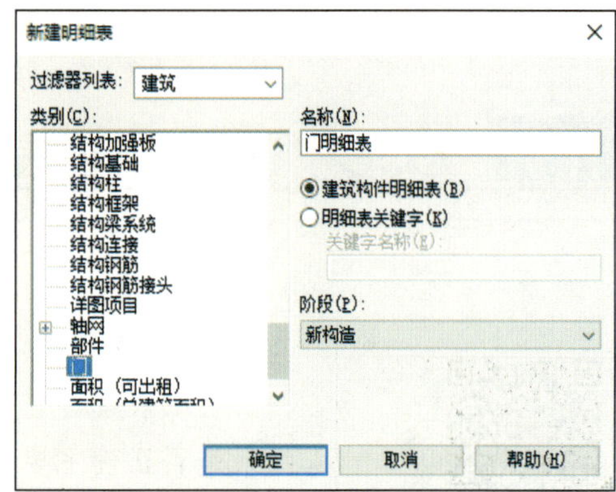

图 8-3-3 创建明细表

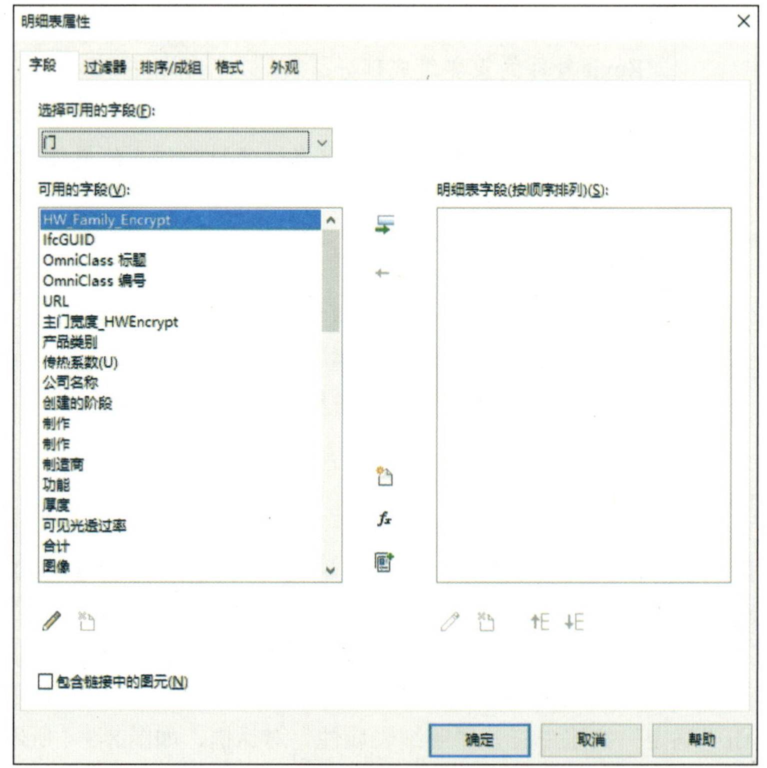

图 8-3-4 “明细表属性”对话框

8.3.2 设置明细表属性

明细表的主要属性包括字段、过滤器、排序/成组、格式和外观。

1. 字段

字段是明细表的列标题，应根据需要选择相应的字段名，对于门构件，明细表字段可依次选择“类型”、“宽度”、“高度”和“合计”，添加方法如下。

以字段“类型”为例，在“可用的字段”列表框中选中“类型”字段，单击“添加参数”按钮，此时字段“类型”移至右侧的“明细表字段（按顺序排列）”列表框中，使用同样的方法，依次添加其他字段。添加完成后，可使用“上移参数”和“下移参数”按钮调整参数的顺序，字段设置如图 8-3-5 所示。在添加参数的过程中，如果发生误加操作，可在“明细表字段（按顺序排列）”列表框中选择误加的参数，单击“移除参数”按钮进行退选。另外，软件还提供了多选功能，可按住 Ctrl 键，一次性选中多项参数，当参数连续时，还可以先选中一个参数，再按住鼠标左键，向下或向上进行拖动，实现连续选择。

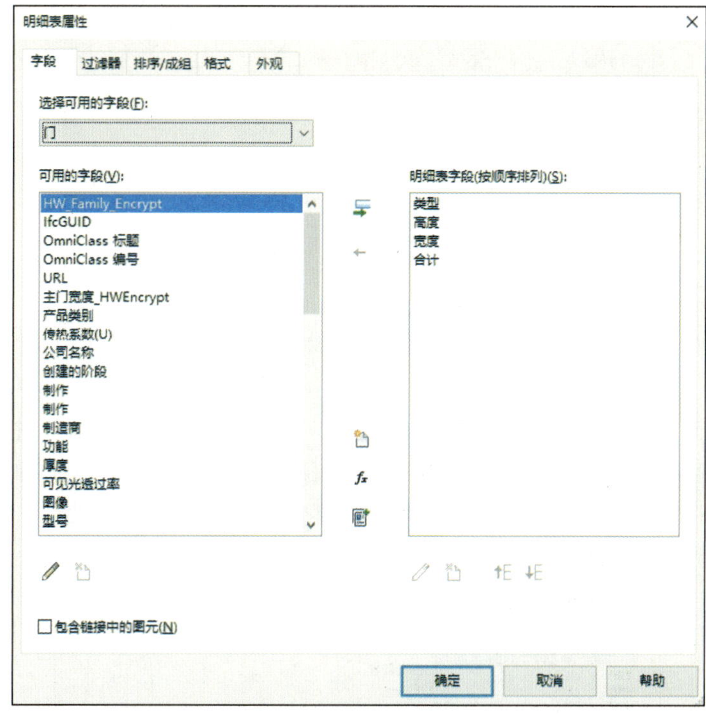

图 8-3-5　门构件的字段设置

2. 过滤器

过滤器的主要作用是设置构件的筛选条件，设置后，满足筛选条件的构件将不再被统计，也不会在明细表中出现。对于门构件，此项可根据需要进行设置。

3. 排序/成组

排序/成组是对统计内容排列方式的设置。对于门构件，首选排序方式可选择“类型”，升序排列。需要注意的是，在排序/成组中，还有一项重要设置，即“逐项列举每个实例”，选中该复选框后，构件合计列的数值将全部显示为“1”，相同类别的构件将会逐一显示。若不选中该复选框，相同类别的构件会进行合并，合计列显示同类构件的总量，对于选择合计字段的构件，通常将构件以总数的形式显示，默认状态为选中。此处设置为不选中，排序/成组设置如图 8-3-6 所示。

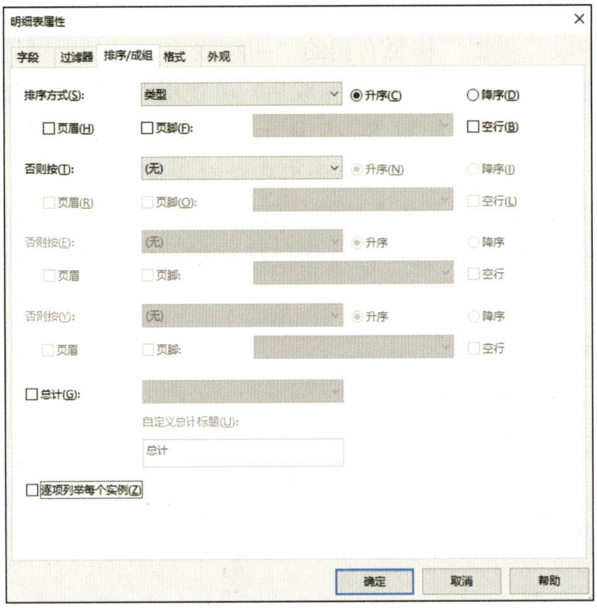

图 8-3-6　门构件的排序/成组设置

4. 格式

格式属性可对各字段的标题内容、标题方向、对齐方式、是否隐藏等进行设置，此项中的对齐方式设置为“中心线”。需要强调的是，该项需要对全部参数均进行设置，选择方式可参考“字段”中的相关介绍，这里不再赘述，其他设置可使用默认设置，如图 8-3-7 所示。

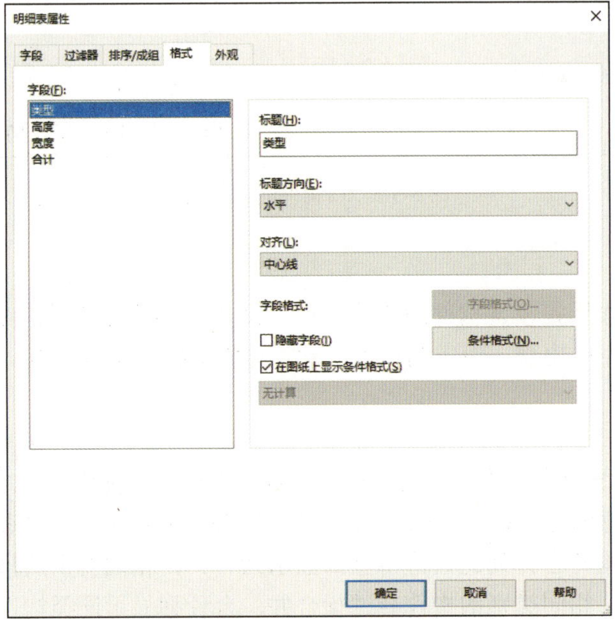

图 8-3-7　门构件的格式设置

5. 外观

外观属性可对明细表的网格线、轮廓线、斑马纹、标题和页眉的显隐、标题文本、标题、正文字体进行设置，此项中的轮廓线选择“中粗线”，其他选项自行设置，如图 8-3-8 所示。

图 8-3-8　门构件的外观设置

设置完成后，单击“确定”按钮，软件可按指定字段建立“汽车实训室-门明细表”，并自动切换至“修改|明细表/数量”选项卡，同时显示明细表视图，如图 8-3-9 所示。在“项目浏览器”中的“明细表/数量（全部）”中会自动加载“汽车实训室-门明细表”。

汽车实训室-门明细表

<汽车实训室-门明细表>

A	B	C	D
类型	高度	宽度	合计
FDM1021	2100	1000	2
FDM1521	2100	1500	2
FJL-3824	2400	3800	1
JFM1021	2100	1000	1
JFM1221	2100	1200	1
JLM8351	5050	8300	1
M1021	2100	1000	6
M1024	2400	1000	3
M1524	2400	1500	4

图 8-3-9　“汽车实训室-门明细表”视图

8.3.3 明细表成组

为方便对相同类别的字段统一进行管理，在明细表生成后，需要对其进行“成组”操作。对于门构件而言，高度和宽度均属于尺寸信息，为使明细表分类清晰，需要对宽度和高度两列进行成组，具体操作如下。

同时选中宽度和高度两个单元格，然后单击“修改明细表/数量”选项卡“标题和页眉”选项组中的“成组”按钮，如图 8-3-10 所示。此时，在“高度”和“宽度”两列顶部，新增一个空白的单元格，在空白单元格中输入“尺寸”，如图 8-3-11 所示。

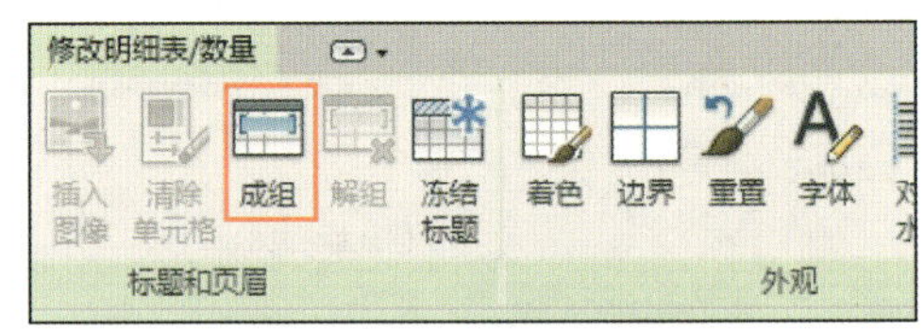

图 8-3-10 “成组”按钮

汽车实训室-门明细表

<汽车实训室-门明细表>

A	B	C	D
	尺寸		
类型	高度	宽度	合计
FDM1021	2100	1000	2
FDM1521	2100	1500	2
FJL-3824	2400	3800	1
JFM1021	2100	1000	1
JFM1221	2100	1200	1
JLM8351	5050	8300	1
M1021	2100	1000	6
M1024	2400	1000	3
M1524	2400	1500	4

图 8-3-11 成组后的“汽车实训室-门明细表”

8.3.4 明细表关键字

使用明细表/数量命令，除可以创建构件明细表外，还可以创建“明细表关键字”明细表。“明细表关键字”通过新建“关键字”控制构件图元的其他参数值。通过创建“关键字”可以达到完善构件明细表的目的，下面使用“明细表关键字”对“汽车实训室-门明细表”进行完善。

1. 新建明细表

选择“视图”选项卡“创建”选项组中的“明细表”→“明细表/数量”选项，打开“新建明细表”对话框。在“类别”列表框中查找“门”并选择，再选中“明细表关键字”单选按钮。此时关键字名称由灰色变为可输入状态，在“关键字名称”文本框中输入“门样式”，如图 8-3-12 所示，然后单击“确定”按钮即可。

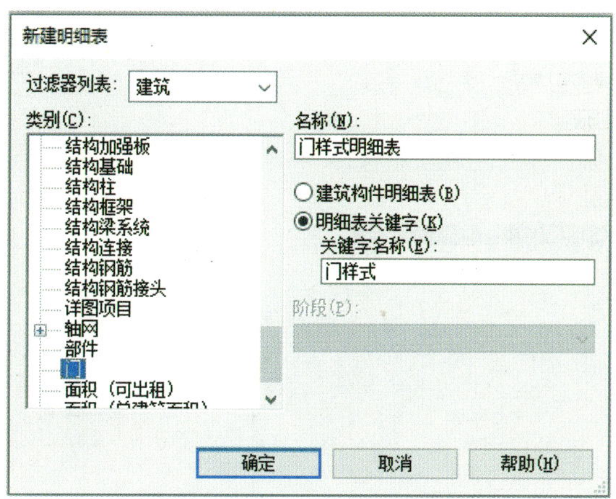

图 8-3-12　新建明细表关键字

2. 新建参数

单击图 8-3-12 中的“确定”按钮后，打开“明细表属性”对话框，单击“新建参数”按钮，打开“参数属性”对话框。“参数类型”默认选择“项目参数”，且不可更改。在“参数数据”选项组中的“名称”文本框中输入“门构造样式”，设置“参数类型”为“文字”，“参数分组方式”为“标识数据”，如图 8-3-13 所示，单击“确定”按钮，返回“明细表属性”对话框。此时在“明细表字段（按顺序排列）”列表框中自动添加“门构造样式”参数，如图 8-3-14 所示，再单击“确定”按钮，软件自动切换到“门样式明细表”视图。

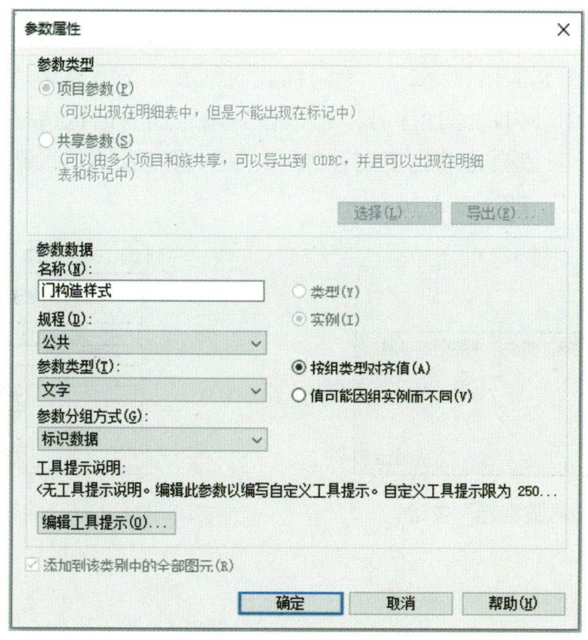

图 8-3-13　设置参数属性

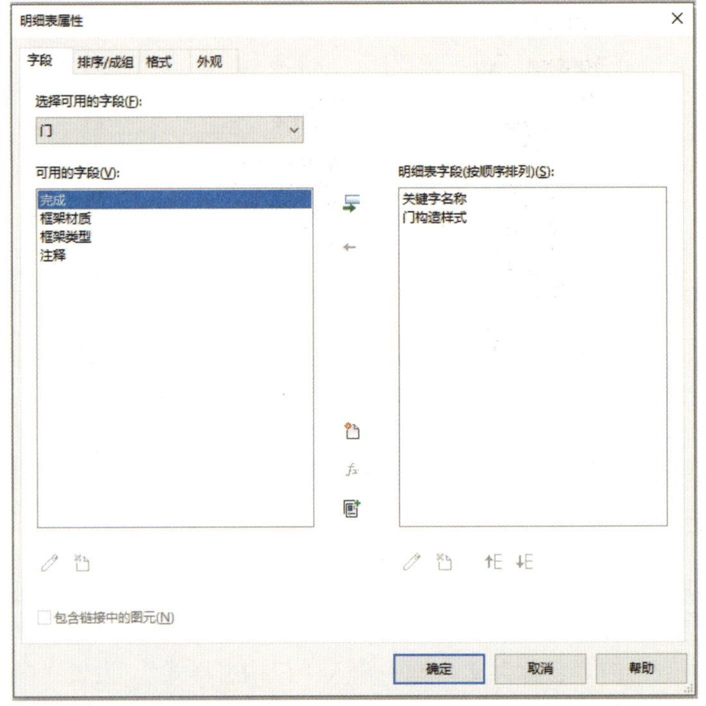

图 8-3-14 “明细表属性”对话框

3. 编辑关键字

在“门样式明细表”视图中，单击“修改明细表/数量”选项卡“行”选项组中的“插入数据行”按钮，如图 8-3-15 所示，在“门样式明细表”下方新增一行明细表数据，此时在“关键字名称”列中会自动添加序号“1”，在新增行的“门构造样式”列中输入“普通门”。使用同样的方法，依据建筑施工图建施 12 中的门窗表，依次新增关键字“防火门”、“防盗门”和“卷帘门”，如图 8-3-16 所示。

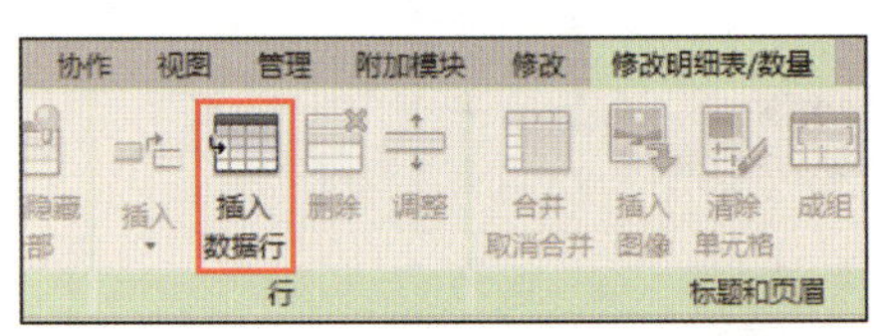

图 8-3-15 “插入数据行”按钮

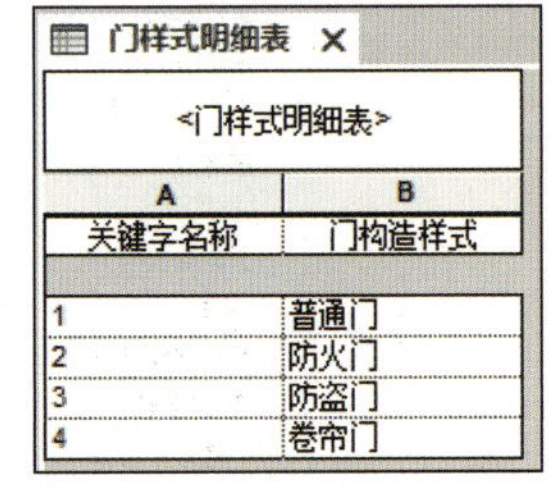

图 8-3-16 编辑门样式明细

4. 添加字段

单击“项目浏览器”中的“明细表/数量（全部）”→“门样式明细表”，选中“D 列”，单击“修改明细表/数量”选项卡“列”选项组中的“插入”按钮，如图 8-3-17 所示。或单击“属性”面板中“其他”选项组中的“字段”右侧的“编辑”按钮，如图 8-3-18 所示，打开“明细表属性”对话框，并切换至“字段”选项卡。在“可用的字段”列表框中选择“门样式”和“门构造样式”两个字段，单击“添加参数”按钮，将其添加到“明细表字段（按顺序排列）”列表框中，如图 8-3-19 所示，确认字段无误后，单击“确定”按钮。

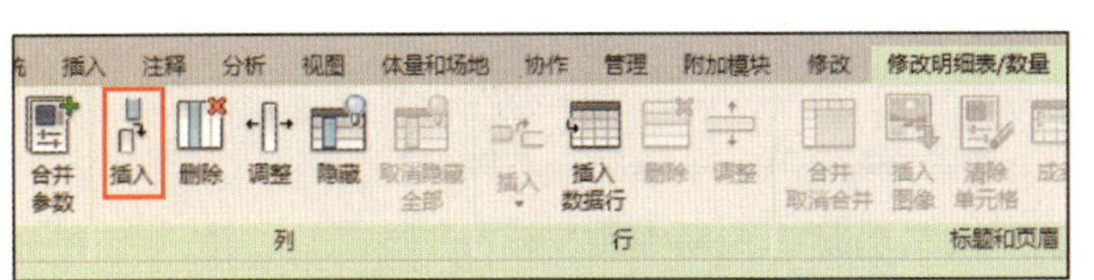

图 8-3-17　“插入”按钮

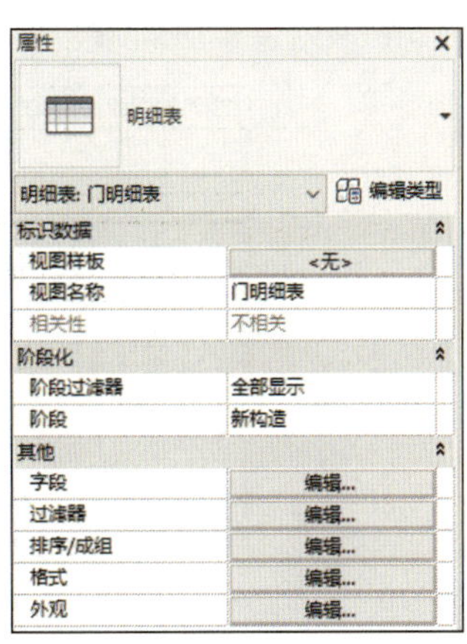

图 8-3-18　“字段”右侧的“编辑”按钮

图 8-3-19　添加关键字

5. 驱动关联明细表

单击图 8-3-19 中的“确定”按钮后，“汽车实训室-门明细表”中的“合计”列后新增“门样式”和“门构造样式”两列，按照“门”的族和类型，修改“门样式”的值，实现以关键字驱动相关联的参数值。以“FDM1021”为例，识读建筑施工图建施 12 中的门窗表，可知“FDM1021”属于防盗门，单击该行对应的“门样式”单元格，此时单元格右侧会出现下拉按钮，单击该下拉按钮，在弹出的下拉列表中选择“3”选项，“门构造样式”列将自动加载“防盗门”。其他门的构造样式可依据门窗表，按照上述方法依次操作。完善后的“汽车实训室-门明细表”如图 8-3-20 所示。

汽车实训室-门明细表

<汽车实训室-门明细表>

A	B	C	D	E	F
	尺寸				
类型	高度	宽度	合计	门样式	门构造样式
FDM1021	2100	1000	2	3	防盗门
FDM1521	2100	1500	2	3	防盗门
FJL-3824	2400	3800	1	4	卷帘门
JFM1021	2100	1000	1	2	防火门
JFM1221	2100	1200	1	2	防火门
JLM8351	5050	8300	1	2	防火门
M1021	2100	1000	6	1	普通门
M1024	2400	1000	3	1	普通门
M1524	2400	1500	4	1	普通门

图 8-3-20　完善后的“汽车实训室-门明细表”

8.3.5　导出明细表

明细表完成后，为了方便查看和编辑，通常需要将明细表进行导出，Revit 软件提供了明细表的导出功能，下面以“汽车实训室-门明细表”为例进行介绍，操作方法如下。

1. 保存明细表

选择“文件”→“导出”→“报告”→“明细表”选项，如图 8-3-21 所示，打开“导出明细表”对话框，在“文件名”文本框中自动加载名称“汽车实训室-门明细表”，选择保存路径后，单击“保存”按钮即可，如图 8-3-22 所示。

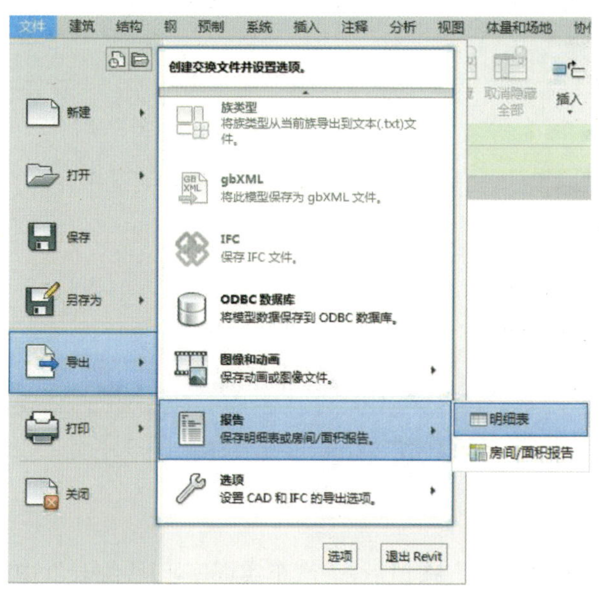

图 8-3-21　选择“明细表”选项

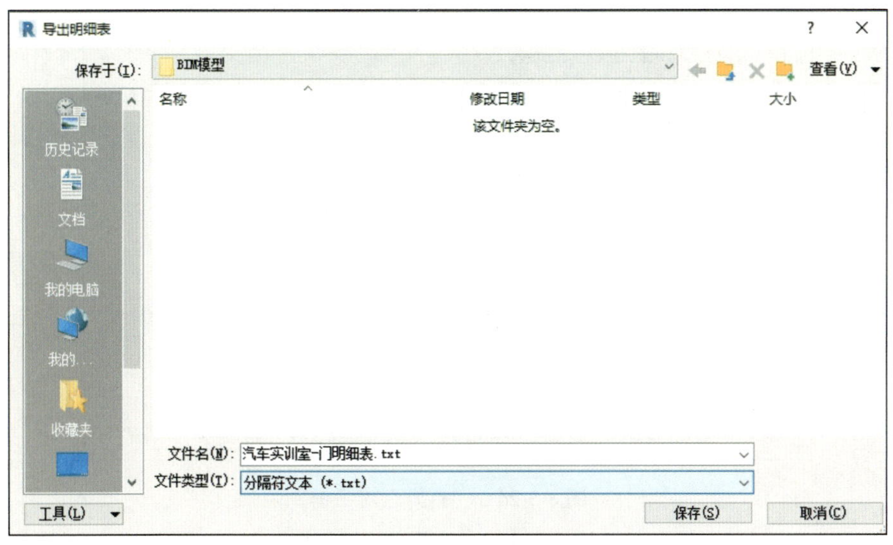

图 8-3-22　“导出明细表”对话框

2. 导出设置

单击图 8-3-22 中的“保存”按钮后，打开“导出明细表”对话框，可根据需要进行设置，如图 8-3-23 所示。

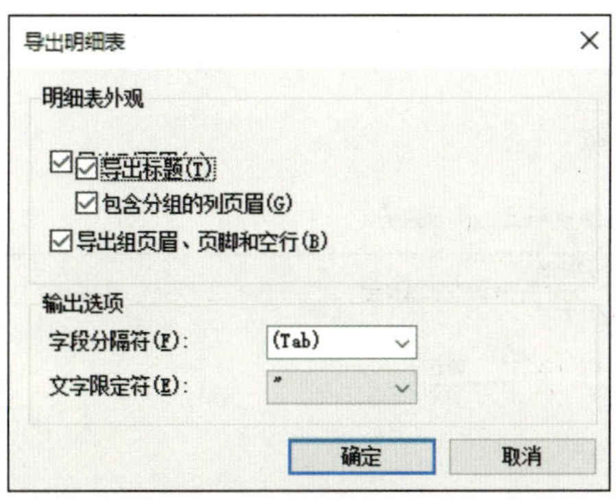

图 8-3-23　“导出明细表”对话框

3. 明细表格式转换

需要注意的是，明细表的导出格式只有“.txt”，无法导出 Excel 文件，但是可以通过导出文本文件来间接进行转换，操作方法如下。

首先新建一个 Excel 工作表，选择“文件”→“打开”选项，打开“打开”对话框，设置文件格式为“文本文件”，选择“汽车实训室-门明细表.txt”文件，如图 8-3-24 所示。单击“打开”按钮，打开“文本导入向导-第 1 步，共 3 步”对话框，如图 8-3-25 所示，再单击“完成”按钮，完成转换，如图 8-3-26 所示，最后保存文件即可。

图 8-3-24 “打开”对话框

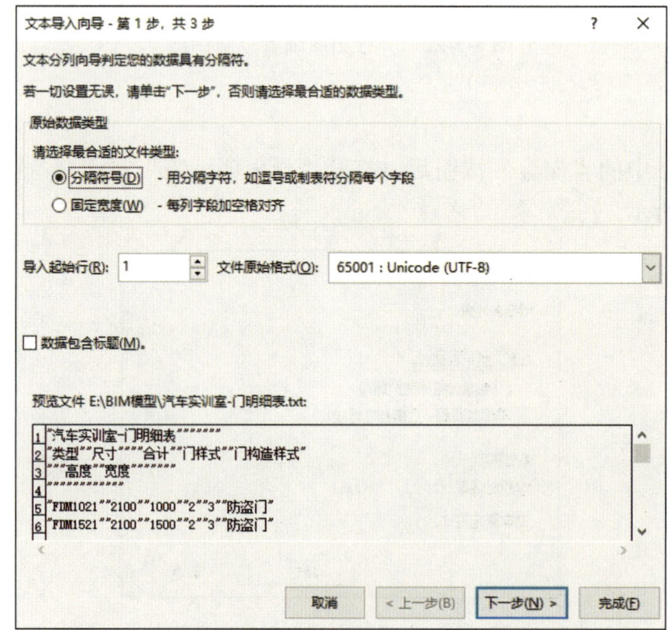

图 8-3-25 “文本导入向导-第 1 步，共 3 步”对话框

	A	B	C	D	E	F
1	汽车实训室-门明细表					
2	类型	尺寸		合计	门样式	门构造样式
3		高度	宽度			
4	FDM1021	2100	1000	2	3	防盗门
5	FDM1521	2100	1500	2	3	防盗门
6	FJL-3824	2400	3800	1	4	卷帘门
7	JFM1021	2100	1000	1	2	防火门
8	JFM1221	2100	1200	1	2	防火门
9	JLM8351	5050	8300	1	2	防火门
10	M1021	2100	1000	6	1	普通门
11	M1024	2400	1000	3	1	普通门
12	M1524	2400	1500	4	1	普通门

图 8-3-26 Excel 格式的“汽车实训室-门明细表”

温馨提示

1）明细表功能除可以统计门和墙体外，还可以统计结构柱、风管、管道管件、灯具等类别。

2）“分析”→“报告和明细表”→“明细表/数量”命令与“视图”→“创建”→“明细表”→“明细表/数量”命令所实现的功能相同。

3）明细表编辑除成组外，还包括插入、删除、调整、隐藏等命令，请读者自行练习。

任务考评

任务考核评价以学生自评为主，根据表 8-3-1 中的考核评价内容对学习成果进行客观评价。

表 8-3-1　任务考评表

序号	考核点	考核内容	分值	得分
1	新建明细表	能新建明细表	10	
2	编辑明细表	能设置明细表字段、过滤器、排序/成组、格式和外观等属性	20	
3	明细表成组	能对同类字段信息进行成组	5	
4	明细表关键字	能创建明细表关键字	15	
		能新建关键字参数	20	
		能新增关键字数据	15	
5	导出明细表	能导出明细表并进行 Excel 格式转换	15	
合计			100	

总结反思：

签字：

任务拓展　创建“材质提取”明细表

软件除可以提供构件的数量统计外，还可以统计构件的材质信息，以墙体的材质统计为例，具体操作如下。

1）选择“视图”选项卡“创建”选项组中的“明细表”→“材质提取”选项，如图 8-3-27 所示，打开“新建材质提取”对话框。在“类别”列表框中选择“墙”类别，修改名称为“墙体材质统计表”，然后单击“确定”按钮，如图 8-3-28 所示。打开“材质提取属性”对话框，如图 8-3-29 所示。

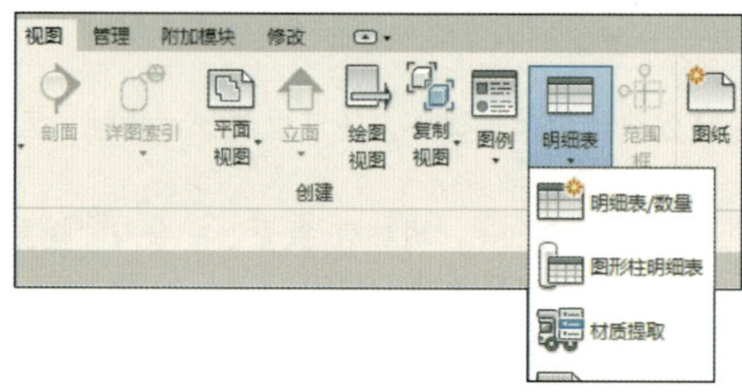

图 8-3-27　选择“材质提取”选项

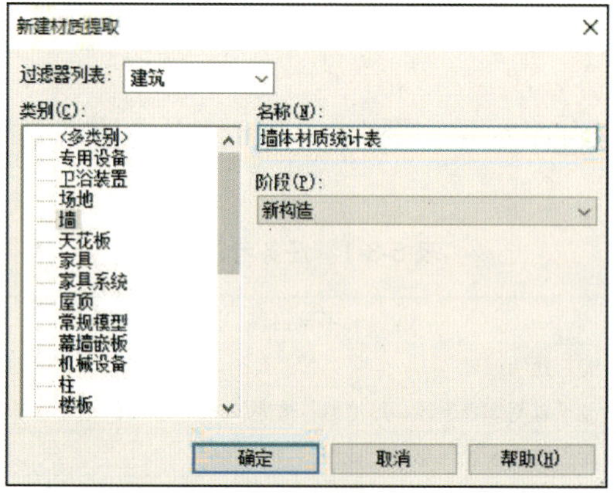

图 8-3-28　“新建材质提取”对话框

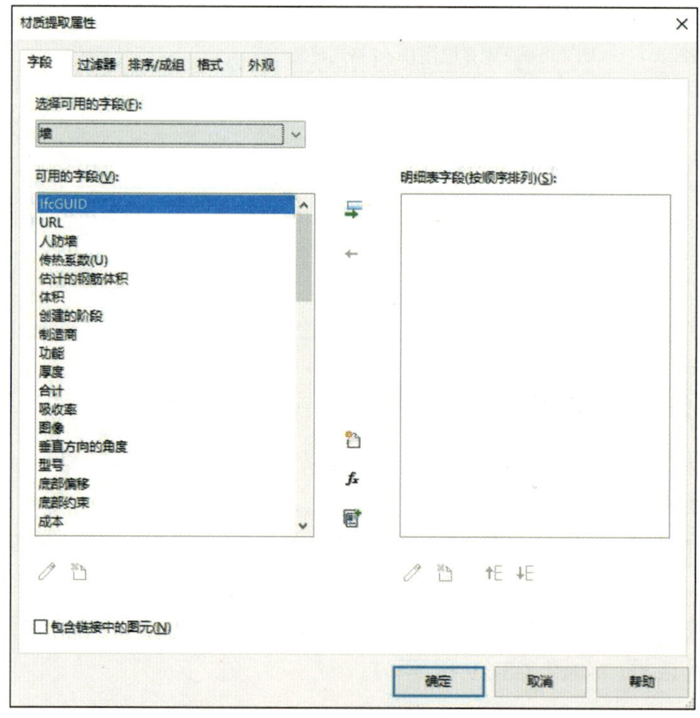

图 8-3-29　“材质提取属性”对话框

2）选择“材质：名称”、“类型”、“材质：体积”和“合计”4个字段并依次添加到右侧的列表框中，如图 8-3-30 所示。

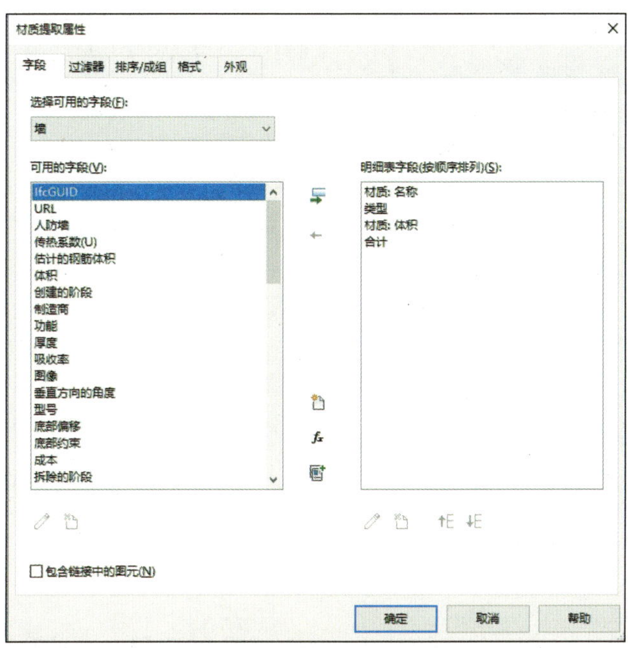

图 8-3-30　墙体材质统计表中的字段

3）在“过滤器”选项卡中“过滤条件”分别选择“材质：名称”和“等于”，条件内容输入“混凝土砌块”，如图 8-3-31 所示。

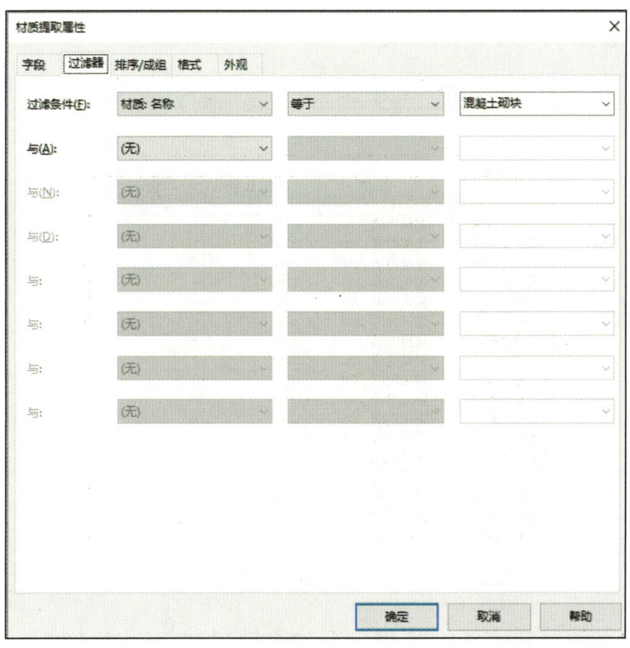

图 8-3-31　设置墙体材质统计表的过滤器

4）在“排序/成组”选项卡中，“排列方式”首先按“材质：名称”升序排列，否则按“类型”升序排列，设置如图8-3-32所示。

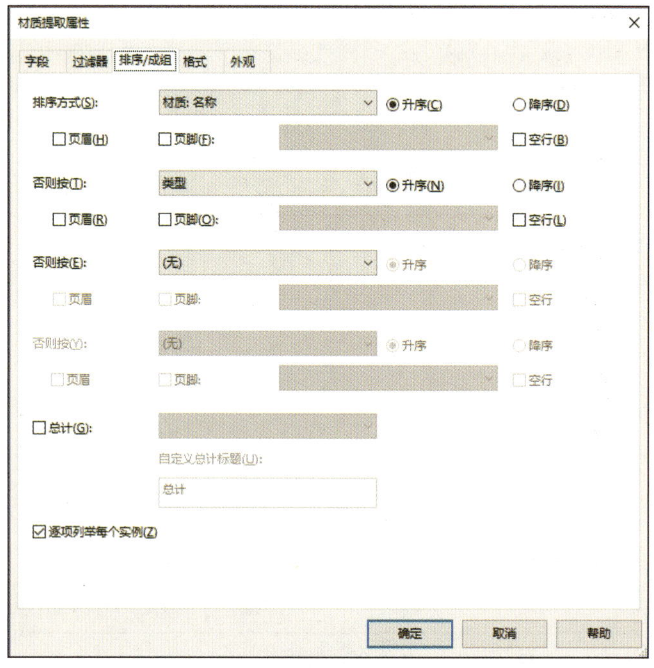

图8-3-32　墙体材质统计表的排序/成组设置

5）其他设置根据工程需要自行设置，不再展开介绍。设置完成后单击“确定”按钮，建立名称为“墙体材质统计表”的明细表，并自动显示墙体材质提取明细表视图，部分明细表内容如图8-3-33所示。

墙体材质提取

<墙体材质提取>

A	B	C	D
材质: 名称	类型	材质: 体积	合计
混凝土砌块	建筑内墙_100	0.47 m³	1
混凝土砌块	建筑内墙_200	1.04 m³	1
混凝土砌块	建筑内墙_200	0.95 m³	1
混凝土砌块	建筑内墙_200	2.30 m³	1
混凝土砌块	建筑内墙_200	4.38 m³	1
混凝土砌块	建筑内墙_200	1.26 m³	1
混凝土砌块	建筑内墙_200	1.68 m³	1
混凝土砌块	建筑内墙_200	1.26 m³	1
混凝土砌块	建筑内墙_200	1.28 m³	1
混凝土砌块	建筑内墙_200	3.31 m³	1
混凝土砌块	建筑内墙_200	3.13 m³	1
混凝土砌块	建筑内墙_200	1.77 m³	1
混凝土砌块	建筑内墙_200	0.80 m³	1
混凝土砌块	建筑内墙_200	0.81 m³	1
混凝土砌块	建筑内墙_200	1.71 m³	1
混凝土砌块	建筑内墙_200	2.10 m³	1
混凝土砌块	建筑内墙_200	0.77 m³	1

图8-3-33　部分“墙体材质统计表”的内容

墙体材质统计表的编辑方法、成组、新建关键字和导出方法均与前述内容相同，这里不再赘述。

任务 8.4　布置、打印与导出图纸

任务描述

基于 BIM 技术进行施工方案的设计时，除可以向客户提供一个包含各种信息的建筑信息模型外，还可以从模型中直接输出二维平面图纸，实现二维图纸绘制的自动化。建模完成后，软件可以将不同的视图放置在同一张图纸中，从而形成用于打印和发布的施工图纸，与其他软件进行数据交换。图纸输出不仅提高了设计出图的效率，而且增强了图纸间的关联性。

本任务要求通过指定图纸图框为项目创建图纸视图，形成最终施工图档，打印 PDF 图纸和导出 DWG 图纸。

任务目标

1）掌握添加图纸视图、修改属性和项目信息的方法。

2）会进行图纸布置，并能修改图纸的属性。

3）会打印 PDF 图纸和导出 DWG 图纸。

8.4.1　布置图纸

使用 Revit 软件可以通过指定图纸图框为项目创建图纸视图，形成最终施工图档，下面以一层平面图为例，详细介绍图纸布置的操作方法。

1. 载入标题栏族

标题栏是图纸的一个样板，定义了图纸的大小和外观，单击“视图”选项卡“图纸组合”选项组中的“图纸”按钮，如图 8-4-1 所示，打开“新建图纸”对话框，如图 8-4-2 所示。在“选择标题栏”列表框中默认选择“A0 公制”族，但该族尺寸与项目图纸不符，需要重新载入，单击“载入”按钮，打开“载入族”对话框。选择“标题栏”文件夹中的“A2 公制”族，单击“打开”按钮将该族载入（或直接双击“A2 公制”族，直接载入），如图 8-4-3 所示。载入后，“新建图纸”对话框中的“选择标题栏”列表框中会加载“A2 公制：A2”和“A2 公制：A2 L”族，已载入“A2 公制”族的“新建图纸”对话框如图 8-4-4 所示。选择“A2 公制：A2”族，单击“确定”按钮。此时，Revit 软件切换到“图纸”视图，并在“项目浏览器”中的“图纸”中加载“A101-未命名”，如图 8-4-5 所示。

图 8-4-1 “图纸”按钮

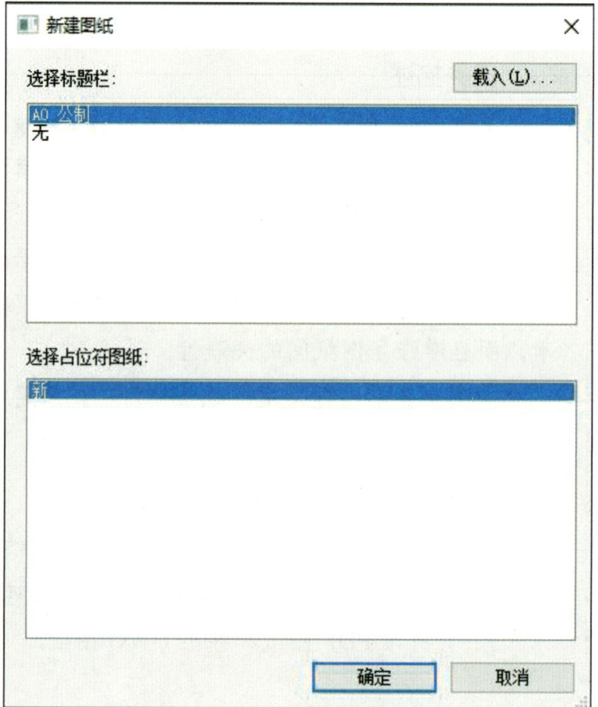

图 8-4-2 “新建图纸”对话框

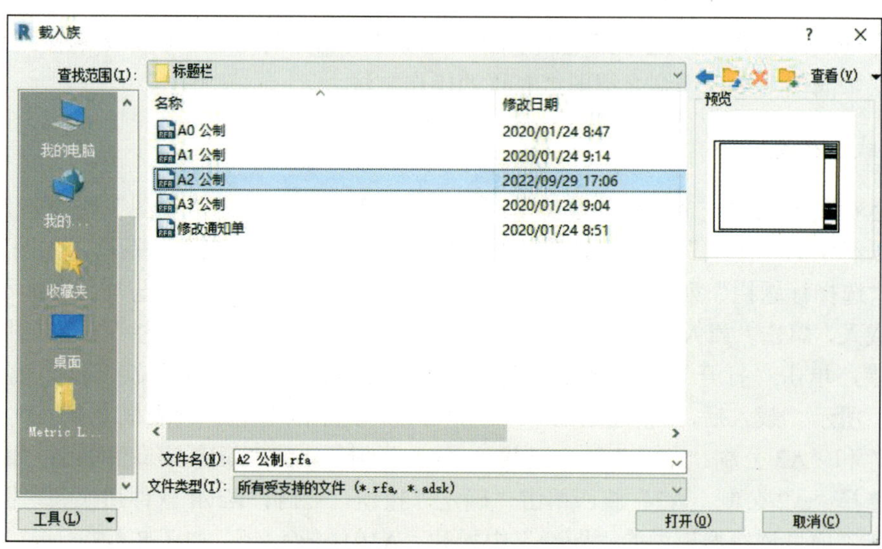

图 8-4-3 “载入族”对话框

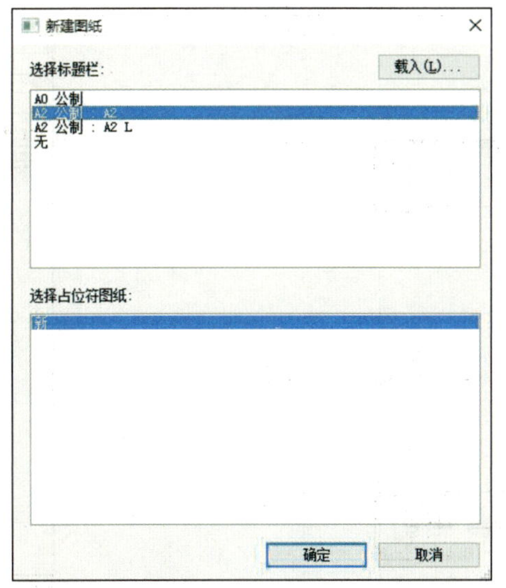

图 8-4-4 已载入“A2 公制”族的“新建图纸”对话框

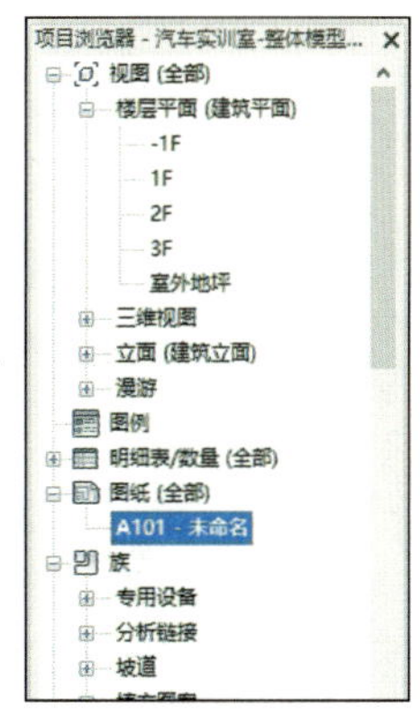

图 8-4-5 “A101-未命名”

2. 添加图纸视图

单击“视图”选项卡“图纸组合”选项组中的“视图”按钮，如图 8-4-6 所示，打开“视图”对话框，如图 8-4-7 所示。从列表框中选择“楼层平面：1F”选项，然后单击“在图纸中添加视图”按钮（或单击选中“项目浏览器”中的“楼层平面”→“1F”，按住鼠标左键拖拽至视图框），Revit 会显示出 1F 楼层平面视图范围的预览，且鼠标指针位于预览范围的中心点，确认选项卡中的“在图纸上旋转”为“无”，当显示视图范围完全位于标题栏范围内时，单击放置该视图，如图 8-4-8 所示。同时，在视图底部添加视口标题，默认以该视图的视图名称命名，即“1F”，如图 8-4-9 所示，另外，在标题栏会自动加载图纸比例，如图 8-4-10 所示。

图 8-4-6 “视图”按钮

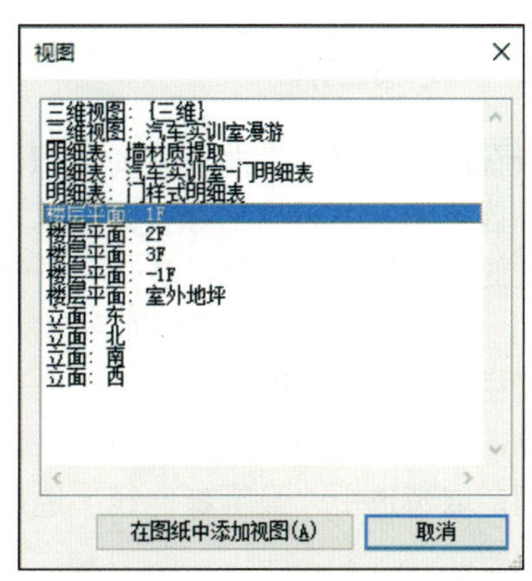

图 8-4-7 “视图”对话框

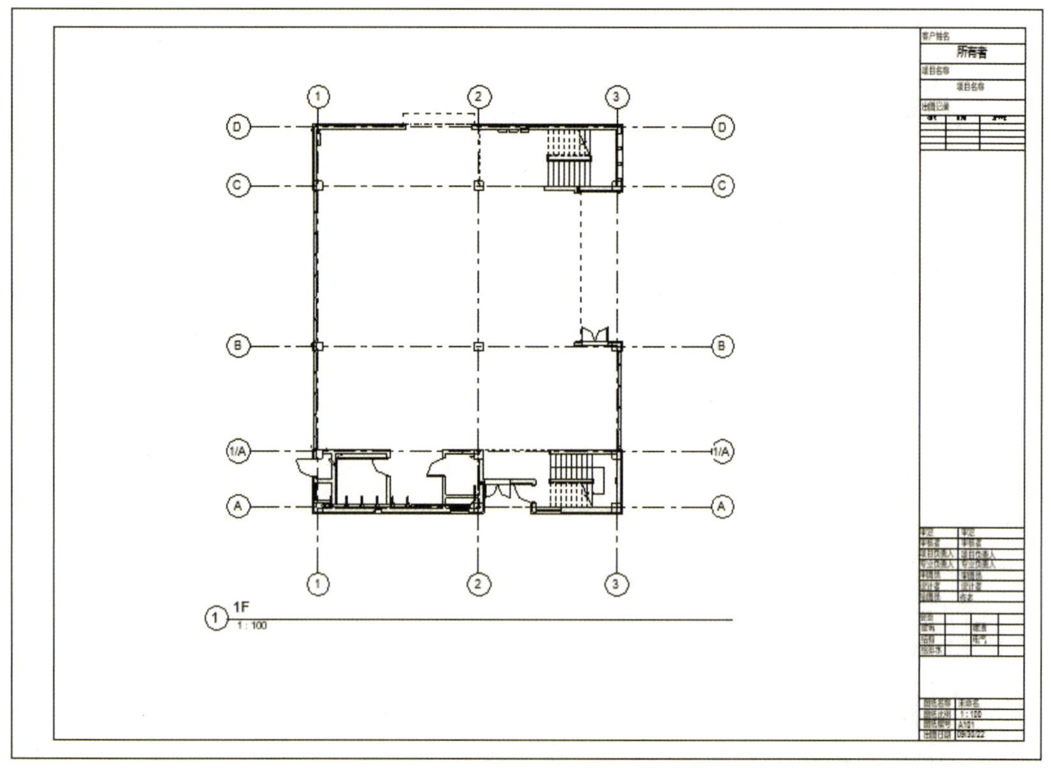

图 8-4-8　放置完成后的图纸视图

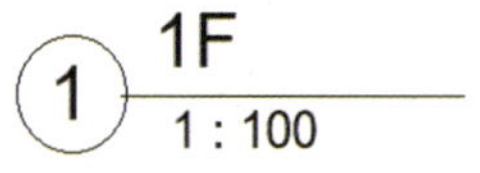

图 8-4-9　视口标题

图纸名称	一层平面图
图纸比例	1:100
图纸编号	建施06

图 8-4-10　图纸比例

3. 修改图纸属性

查看图纸“属性”面板中的标识数据，包含审核者、设计者、审图员、绘图员等属性信息，该类信息可根据工程实际输入，另外还包含图纸编号、图纸名称、图纸发布日期和图纸上的修订等属性信息。以一层平面图为例，结合工程 CAD 图纸，可知图纸编号为“建施 06”，图纸名称为“一层平面图”，图纸发布日期为“2022 年 9 月”，图纸信息修改完成后标题栏也会同步修改，如图 8-4-11 所示。

单击“视口标题”，再单击其“属性”面板中的“编辑类型”按钮，打开“类型属性”对话框，取消选中“显示延伸线”选项右侧的复选框，如图 8-4-12 所示，完成后单击“确定”按钮。

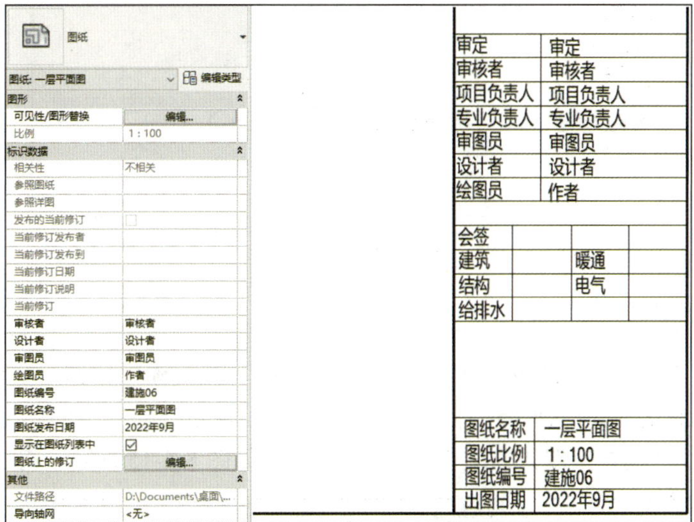

图 8-4-11　修改后的图纸属性信息

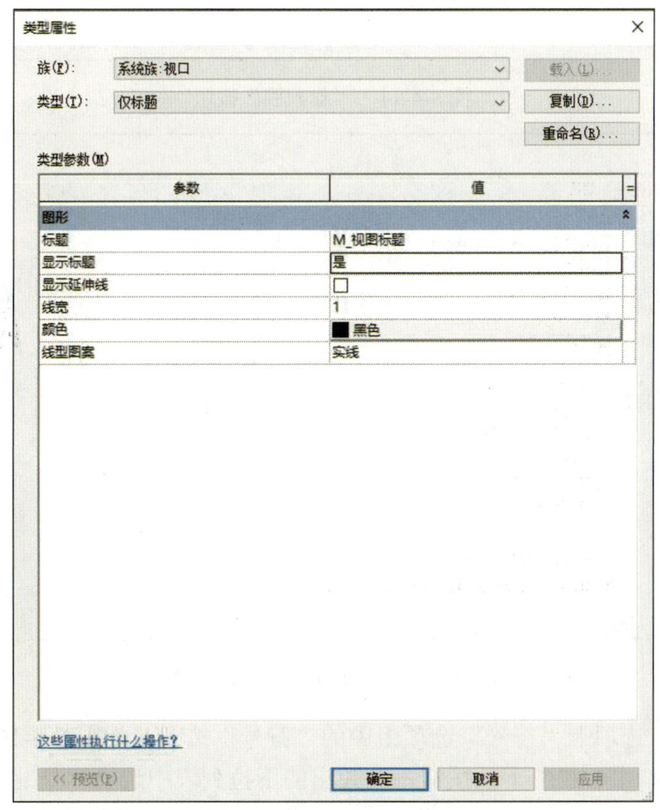

图 8-4-12　“类型属性”对话框

单击“视口标题”，查看其“属性”面板中的“标识数据”，其中的图纸编号和图纸名称已自动加载当前视图所在的图纸信息，另外在“图纸上的标题”右侧输入“一层平面图”，此时视口标题中的“1F”修改为“一层平面图”，如图 8-4-13 所示。

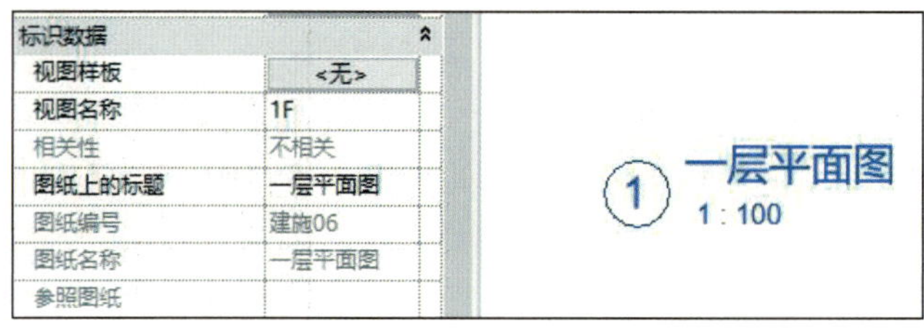

图 8-4-13　视口标题

4. 创建指北针

单击“插入”选项卡“从库中载入”选项组中的“载入族”按钮，如图 8-4-14 所示，打开“载入族”对话框，选择“注释”→“符号”→“建筑”路径下的族文件“指北针 2”，单击“打开”按钮（或直接双击族文件“指北针 2”），如图 8-4-15 所示，将该族载入项目中。

图 8-4-14　“载入族”按钮

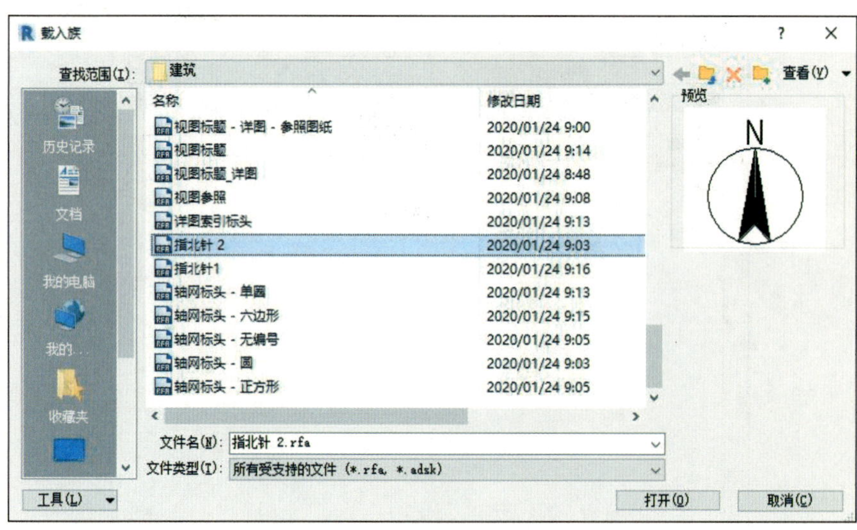

图 8-4-15　载入族文件“指北针 2”

单击“注释”选项卡“符号”选项组中的“符号”按钮，如图 8-4-16 所示，单击“属性”面板中的“M_中心线”下拉按钮，在弹出的下拉列表中选择“指北针 2”→“填充”选项（或选择“项目浏览器”中的“族”→“注释符号”→“指北针 2”→“填充”选项，右击，在弹出的快捷菜单中选择“创建实例”选项，如图 8-4-17 所示），此时鼠标指针加载“指北针 2”的图形符号预览，将鼠标指针移至图纸视图右上角的空白位置处，单击放置“指北针”符号，如图 8-4-18 所示。

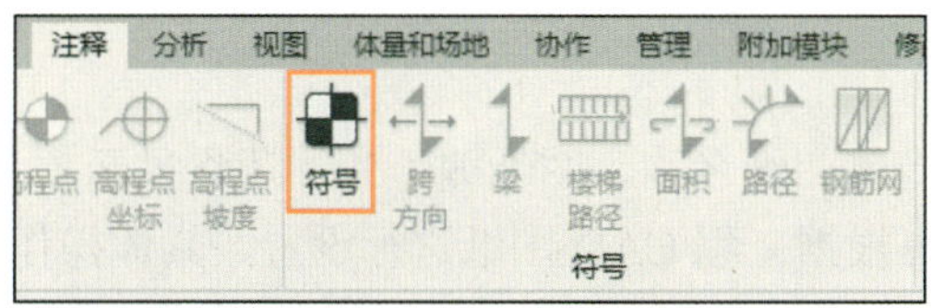

图 8-4-16　“符号”按钮

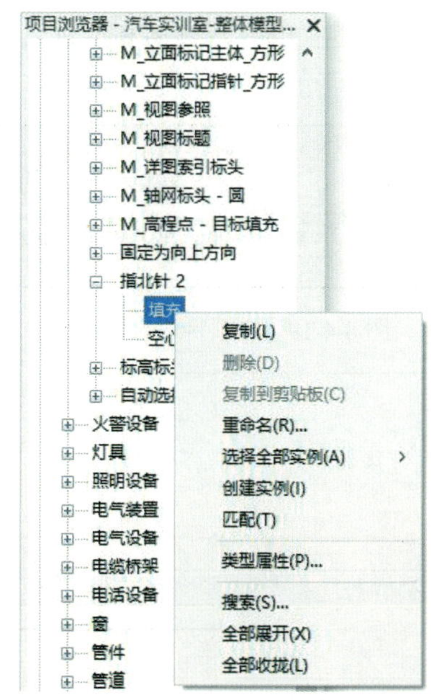

图 8-4-17　选择“创建实例”选项

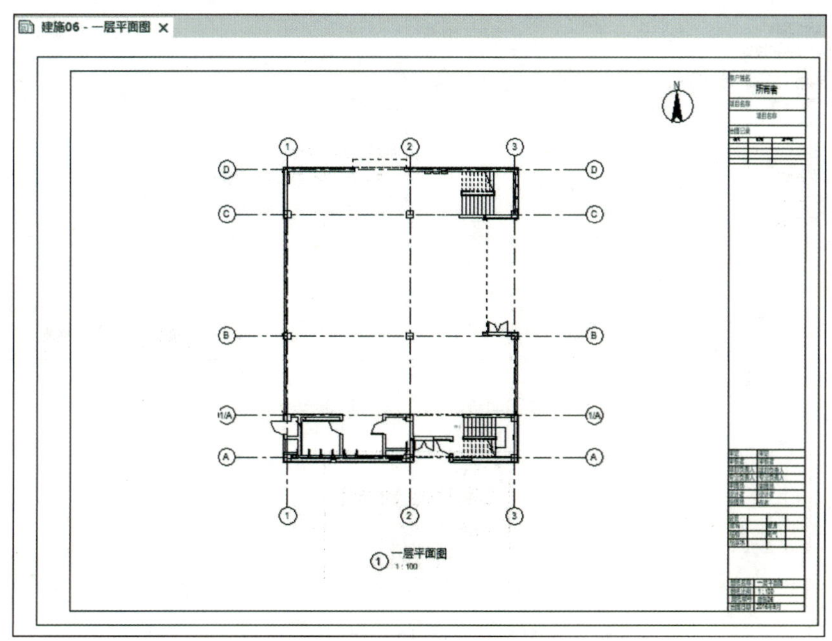

图 8-4-18　放置指北针后的图纸

5. 修改项目信息

在标题栏中除显示当前图纸名称、图纸编号外，还将显示项目的相关信息，如客户名称和项目名称等内容，可根据工程 CAD 图纸进行设置，具体操作方法如下。

单击“管理”选项卡“设置”选项组中的“项目信息”按钮，如图 8-4-19 所示，打开“项目信息”对话框。相关项目信息参数可参照图纸“建施 02：建筑施工图设计总说明”，如图 8-4-20 所示。设置完成后，标题栏的客户姓名和项目名称等项目信息也会同步修改，如图 8-4-21 所示。

图 8-4-19　“项目信息”按钮

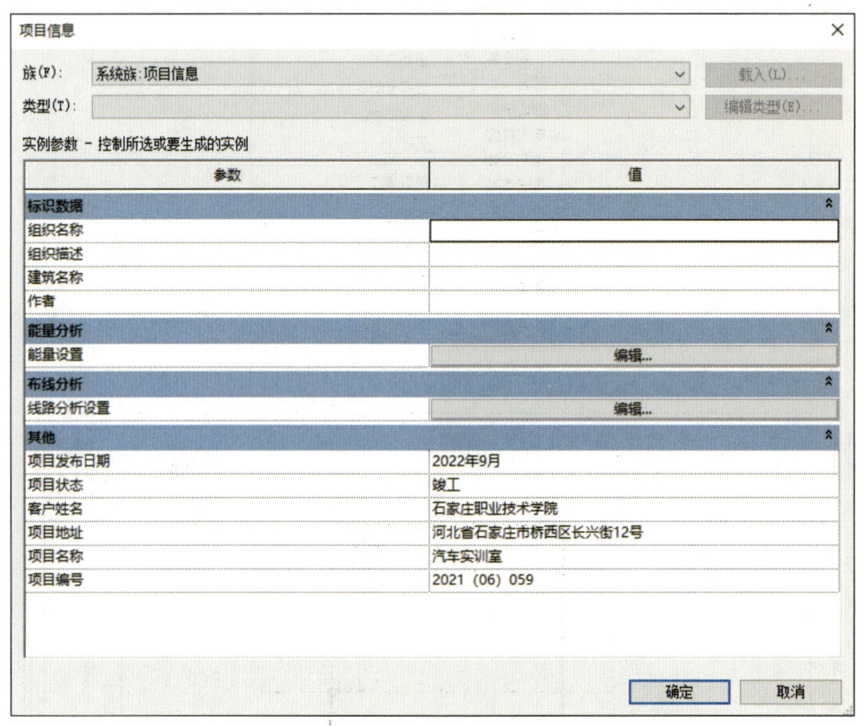

图 8-4-20　项目信息参数

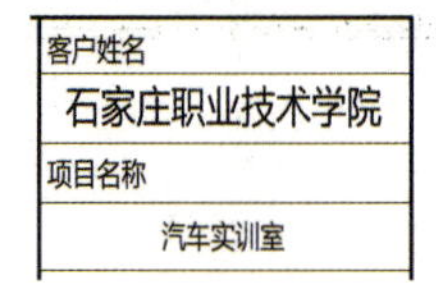

图 8-4-21　标题栏的项目信息

8.4.2　打印图纸

图纸布置完成后，可以通过打印机完成图纸视图的打印，Revit 软件中的图纸打印输出格式一般选择 PDF 文件格式。PDF 文件非常便于图档的共享与传输，在实际工程中使用频率很高。目前 Revit 没有直接输出 PDF 文件的工具，如果需要创建 PDF 文档，则可提前安装外部 PDF 打印机，常用的 PDF 打印机有 PDF Factory、Adobe PDF Printer、Foxit PhantomPDF Printer、Microsoft Print to PDF 等。在上述外部打印机中，Foxit PhantomPDF Printer 是一款专业的 PDF 电子文档套件，具有运行快捷、简单易用、功能齐全等优点。下面以 Foxit PhantomPDF Printer 为例，详细介绍一层平面图的打印方法。

选择“文件”→“打印”选项，打开“打印”对话框，将“打印机名称”设置为“Foxit PhantomPDF Printer”，然后单击“属性”按钮，打开“Foxit PhantomPDF Printer 属性”对话框。选择“布局”选项卡，方向选择“横向”，页面大小选择“A2”，如图 8-4-22 所示，设置完成后，单击“确定”按钮，返回“打印”对话框。单击“浏览”按钮，打开“浏览文件夹”对话框，选择保存路径后，在“文件名”文本框中输入“一层平面图”，文件类型默认为“PDF 文件（*.pdf）”，如图 8-4-23 所示，完成后单击“保存”按钮，返回“打印”对话框。在“打印范围”选项组中，可以设置要打印的视图或图纸，如果希望一次性打印多个视图和图纸，则可以选中“所选视图/图纸”单选按钮，此时“选择”按钮变为可用状态。单击“选择”按钮，打开“视图/图纸集”对话框，只选中“显示”选项组中的“图纸”复选框，由于前述任务只布置了“一层平面图”，所以该图纸集只有“一层平面图”，在列表框中选中“图纸：建施 06-一层平面图”复选框，如图 8-4-24 所示，单击“确定”按钮，弹出“保存设置”提示框，提示“是否要保存这些设置供将来的 Revit 任务使用？”，单击“否”按钮，返回“打印”对话框，如图 8-4-25 所示。

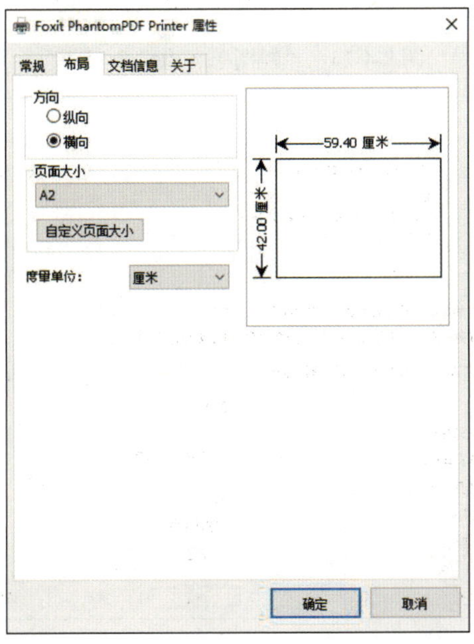

图 8-4-22　“Foxit PhantomPDF Printer 属性”对话框

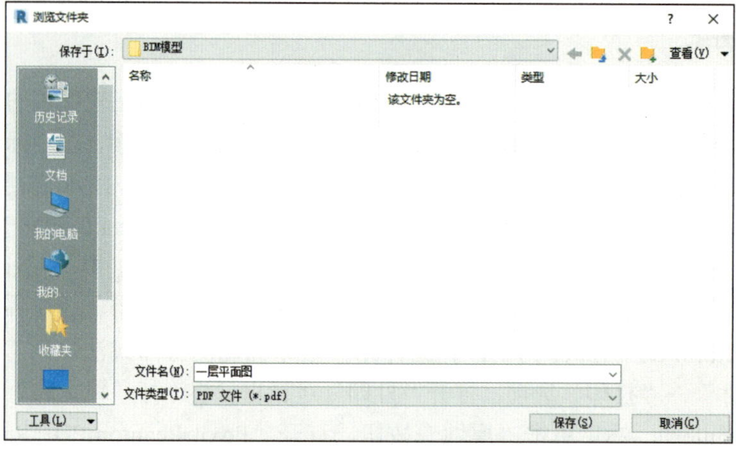

图 8-4-23 “浏览文件夹”对话框

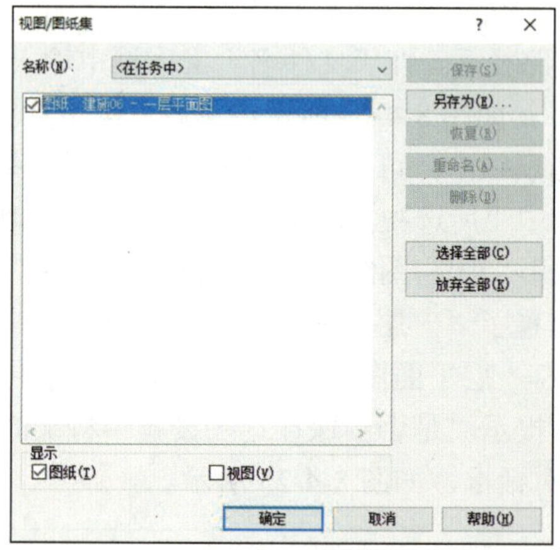

图 8-4-24 “视图/图纸集”对话框

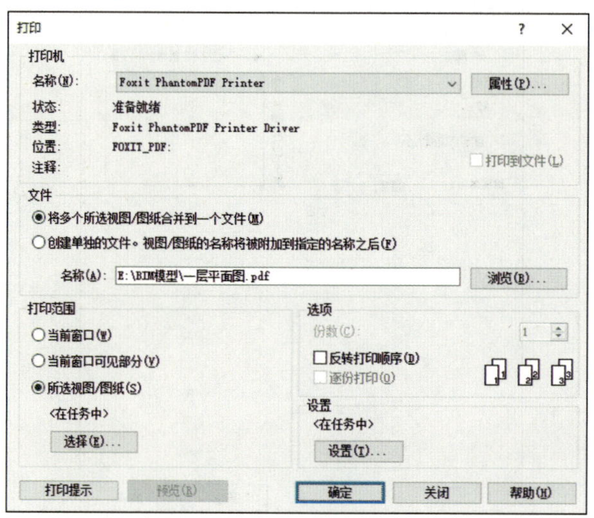

图 8-4-25 “打印”对话框

单击“打印”对话框中的“设置”按钮，打开“打印设置”对话框，设置本次打印采用的纸张尺寸为“A2”，方向为“横向”，页面位置选择“从角部偏移”中的“无页边距”，打印缩放比例设置为“100%大小”，在“选项”选项组中还可以进一步设置打印时是否隐藏、参照/工作平面、范围框等，设置完成后，可以单击“另存为”按钮，在打开的对话框中将打印设置保存为新配置选项，并命名为“A2 全部图纸打印”，方便下次打印时快速选用，设置完成后，单击“确定”按钮，返回“打印设置”对话框，如图 8-4-26 所示，再次单击“确定”按钮，返回“打印”对话框。单击“确定”按钮，打开打印成 PDF 文件对话框，选择保存路径后，在“文件名”文本框中输入“一层平面图”，保存类型默认为“PDF 文件”，如图 8-4-27 所示，然后单击“保存”按钮，将所选视图发送至打印机，并按打印设置的样式打印出图。Revit 软件会自动读取标题栏的边界范围，同时自动对齐打印纸张边界。

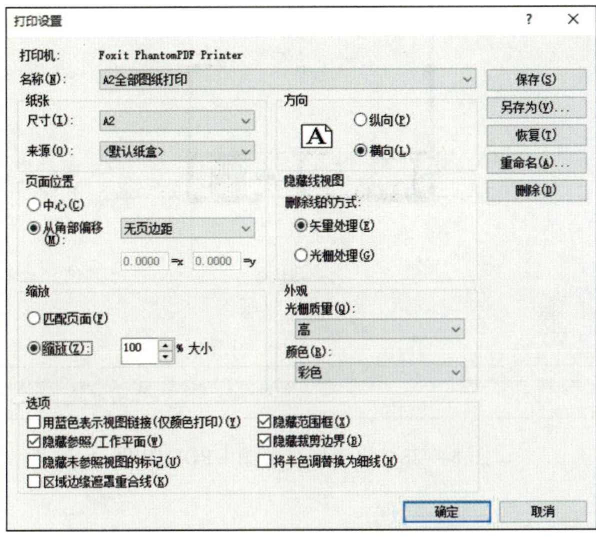

图 8-4-26 “打印设置”对话框

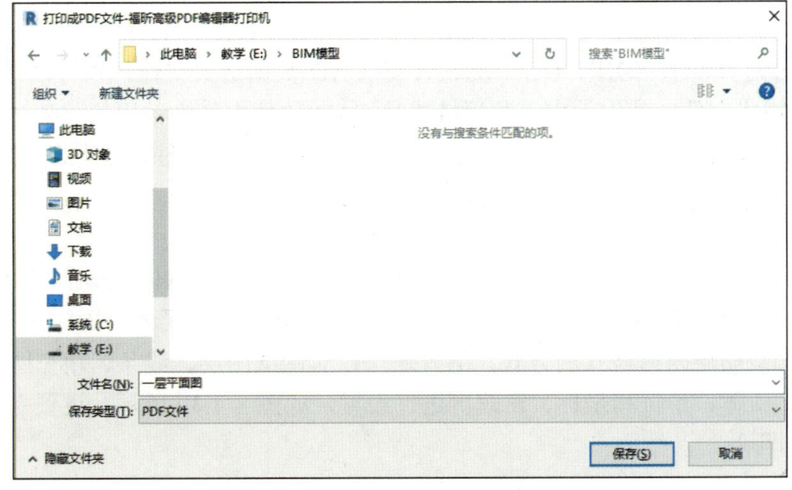

图 8-4-27 打印成 PDF 文件对话框

在保存路径下，使用 PDF 阅读器将“一层平面图.pdf”打开，如图 8-4-28 所示。

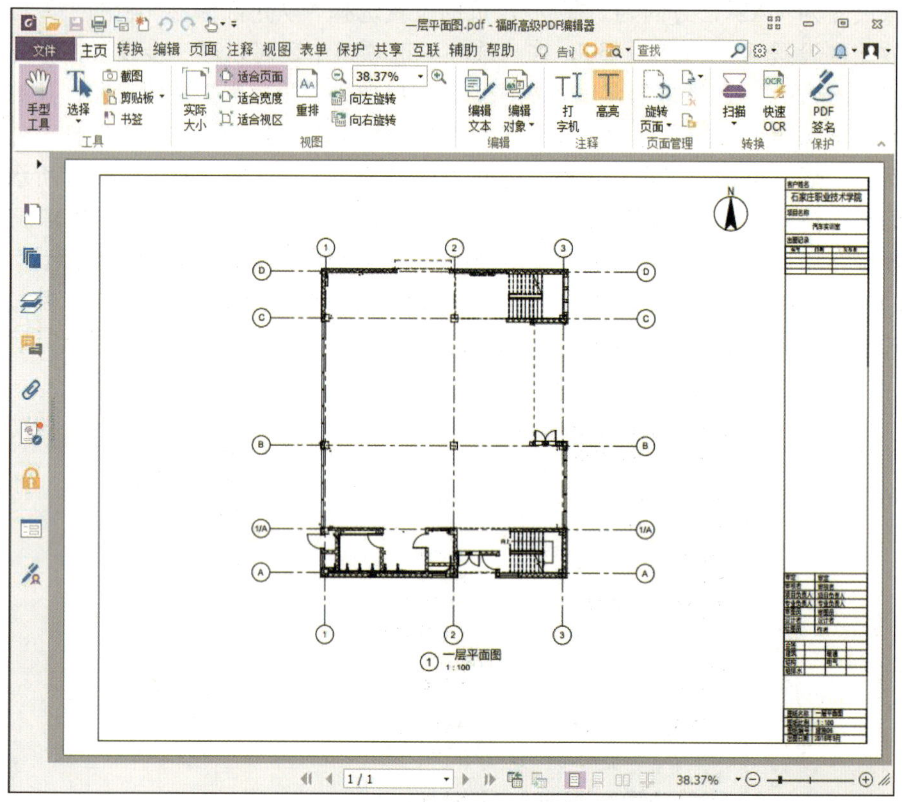

图 8-4-28　“一层平面图”PDF 图纸

8.4.3　导出图纸

一个完整的建筑工程项目必须要求专业设计人员共同合作完成，因此使用 Revit 软件的用户必须能够为这些设计人员提供 CAD 格式的图纸和数据，Revit 软件既可以将项目图纸或视图导出为 DWG、DXF、DGN 及 SAT 等 CAD 数据格式文件，也可以导出为 2D 或 3D 的 DWF 格式文件，其中 DWG 数据格式是 CAD 软件中最为常用的一种文件格式。下面以一层平面图为例，详细介绍 Revit 软件导出 DWG 数据格式图纸文件的操作方法。

1. 修改 DWG/DXF 导出设置

选择“文件”→“导出”→“选项”→“导出设置 DWG/DXF”选项，如图 8-4-29 所示，打开“修改 DWG/DXF 导出设置”对话框。Revit 软件提供了 4 种国际图层映射标准，以及从外部加载图层映射格式的方式，另外还可以对图纸图层、线条、填充图案、文字和字体、颜色、实体、单位和坐标、常规等进行设置，如图 8-4-30 所示，设置完成后，单击“确定”按钮即可。

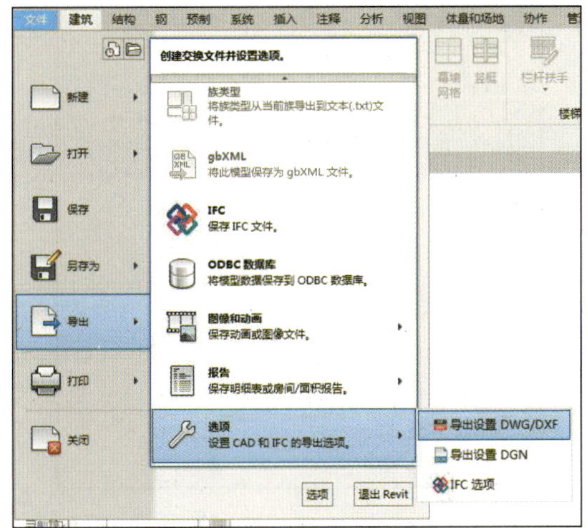

图 8-4-29　选择“导出设置 DWG/DXF”选项

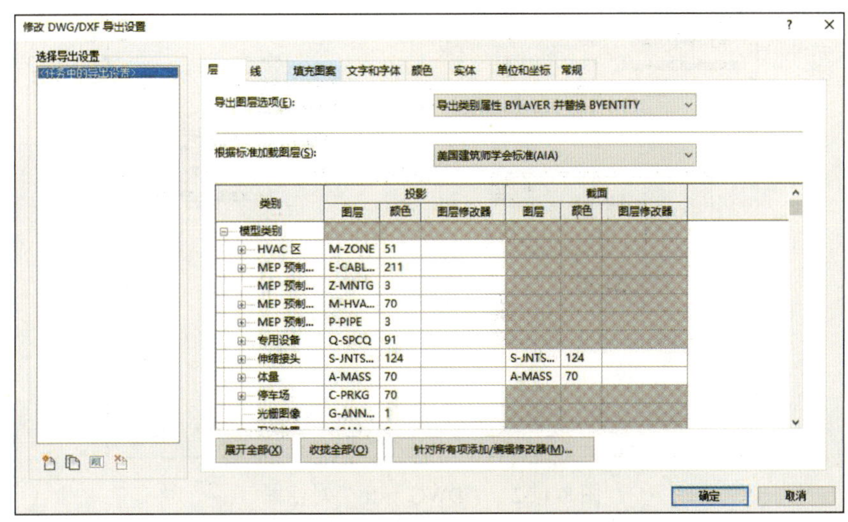

图 8-4-30　“修改 DWG/DXF 导出设置”对话框

2. 导出 DWG 图纸

选择“文件”→“导出”→“CAD 格式”→“DWG”选项，如图 8-4-31 所示，打开“DWG 导出”对话框，在“导出”下拉列表中选择“<任务中的视图/图纸集>”选项，在“按列表显示”下拉列表中选择“模型中的图纸”选项，即可显示当前项目中的所有图纸，在列表框中选中“图纸：建施 06-一层平面图”复选框。双击图纸标题名称，可以在左侧预览视图中的图纸内容，如图 8-4-32 所示，完成后单击“下一步”按钮，打开“导出 CAD 格式-保存到目标文件夹”对话框，选择保存路径后，在“文件名/前缀”文本框中输入“一层平面图”，文件类型所选的图纸版本不得高于 PC 端的 CAD 软件版本，本次导出选择“AutoCAD 2007 DWG 文件”，“命名”选择“自动-长（指定前缀）”选项，在导出图纸时，如果采用外部参照，则可选中对话框中的“将图纸上的视图和链接作为外部参照导出”复选框，此处设置为不选中，如图 8-4-33 所示，设置完成后，单击“确定”按钮即可。

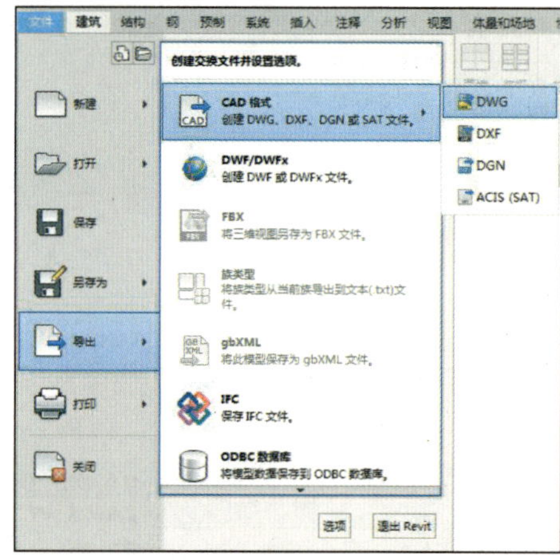

图 8-4-31　选择“DWG”选项

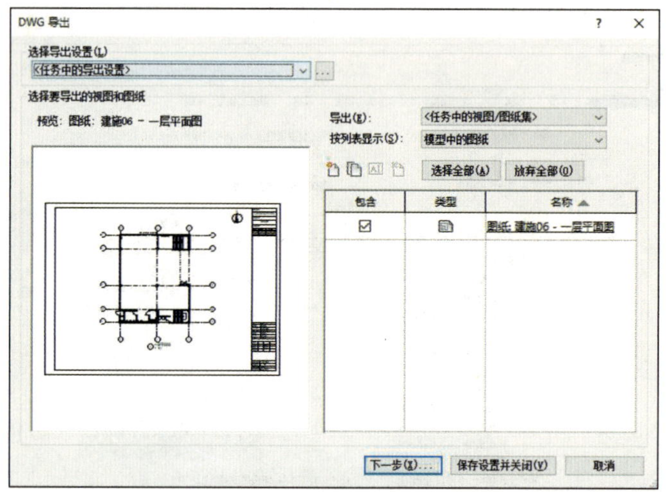

图 8-4-32　“DWG 导出”对话框

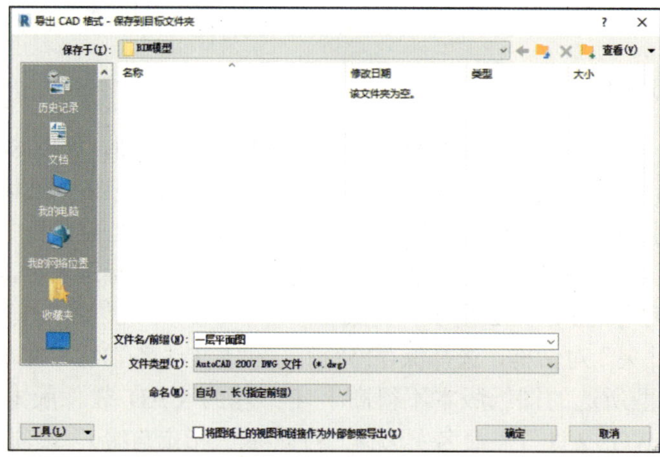

图 8-4-33　“导出 CAD 格式-保存到目标文件夹”对话框

在保存路径下，使用 CAD 快速看图将该图纸打开，切换至 layout1 视图，如图 8-4-34 所示。

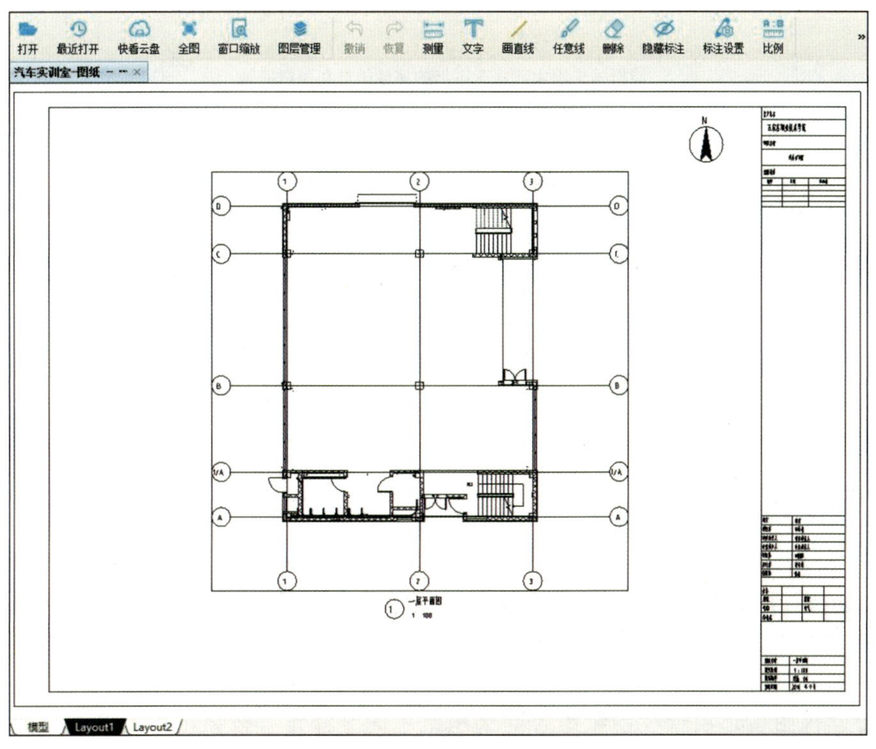

图 8-4-34　layout1 视图

Revit 软件除了可以导出 DWG 格式文件，还可以将视图和模型导出为 2D 或 3D 的 DWF 格式文件。DWF 的全称为 Drawing Web Format，是由 Autodesk 开发的一种开放、安全的文件格式，具有高度压缩性、占用空间小、传递便捷快速、系统兼容性强等优点，可以将丰富的设计数据高效地分发给需要查看、评审或打印的工作人员，其操作方法与 DWG 格式文件的导出类似，这里不再赘述。

温馨提示

1）载入的标题栏有可能存在过多的图纸信息，可根据工程实际需要，双击标题栏族自行修改。

2）打印 PDF 图纸时，不同的打印机可能对应不同的属性，应注意合理选择。

3）导出 DWG 格式图纸时，应尽量选择低版本，保证文件的兼容性。

任务考评

任务考核评价以学生自评为主，根据表 8-4-1 中的考核评价内容对学习成果进行客观评价。

表 8-4-1　任务考评表

序号	考核点	考核内容	分值	得分
1	布置图纸	能添加图纸视图	10	
		能根据工程实际修改图纸的属性信息和视口标题	15	
		能创建指北针	15	
		能根据工程实际修改项目信息	10	
2	打印图纸	能修改打印设置	15	
		能打印 PDF 格式的图纸	10	
3	导出图纸	能修改图纸的导出设置	15	
		能导出 DWG 格式的图纸	10	
合计			100	

总结反思：

签字：

任务拓展　图纸修订

在工程项目的建设过程中，设计图纸经常发生工程变更，这就要求对项目图纸进行修订，Revit 软件通过发布修订记录和追踪修订信息，可实现项目图纸的更新和传递。下面以一层平面图为例，具体介绍图纸修订的操作方法。

（1）输入修订信息

单击“视图”选项卡“图纸组合”选项组中的“修订”按钮，如图 8-4-35 所示，打开“图纸发布/修订”对话框。对话框中默认存在一条修订信息，当有多处修改时，可以通过单击“添加”按钮，添加新的修订信息，此处不添加，即保留一条修订信息。根据工程实际，输入相关信息，如图 8-4-36 所示，输入完成后，单击“确定”按钮。

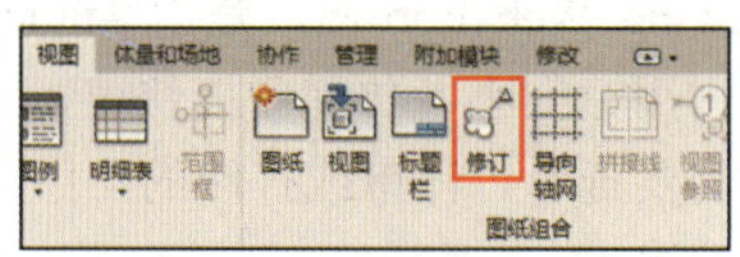

图 8-4-35　“修订”按钮

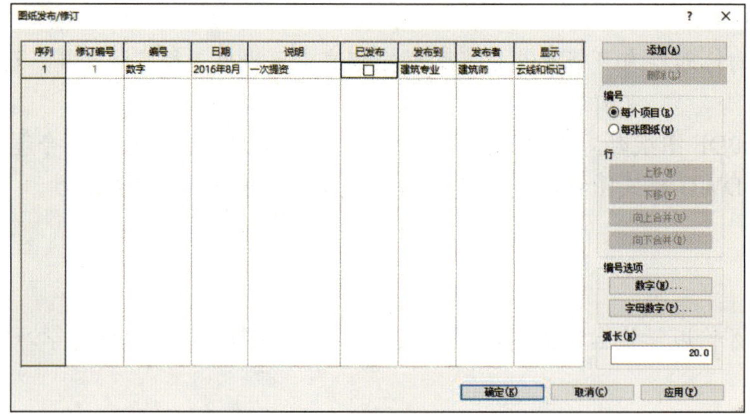

图 8-4-36　“图纸发布/修订”对话框

（2）创建云线批注

打开“建施 06-一层平面图”，单击“注释”选项卡“详图”选项组中的“云线批注”按钮，如图 8-4-37 所示，切换至“修改|创建云线批注草图”选项卡，单击“绘制”选项组中的“矩形”按钮（或“线”按钮），如图 8-4-38 所示，确认云线批注“属性”面板中的“标识数据”中修订栏的值为“序列 1-一次提资”，在产生问题或发生设计变更的图形周围绘制云线批注，如图 8-4-39 所示，绘制完成后，单击“模式”选项组中的“完成编辑模式”按钮✔。此时，在标题栏的图纸属性的标识数据和出图记录位置会自动添加图纸的修订信息，如图 8-4-40 所示。按照上述操作，可以将项目中存在的所有问题添加云线批注并指定修订信息。

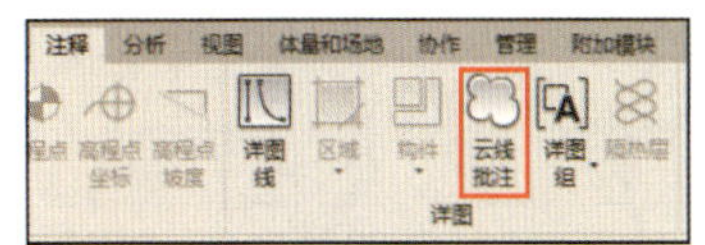

图 8-4-37　“云线批注”按钮

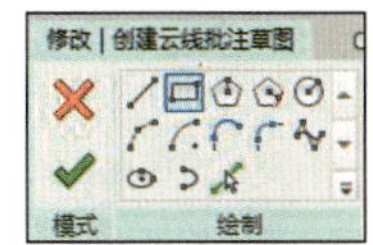

图 8-4-38　“绘制”选项组

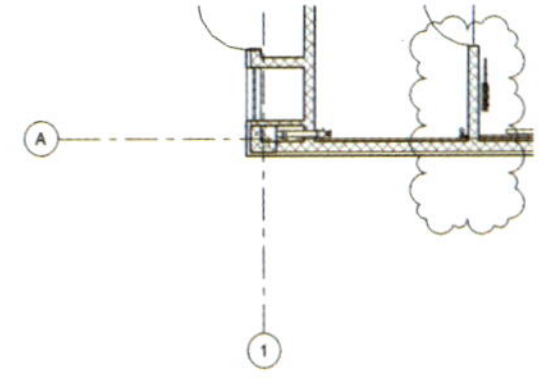

图 8-4-39　绘制云线批注

图 8-4-40　出图记录

（3）发布修订信息

单击“视图”选项卡“图纸组合”选项组中的“修订”按钮，打开“图纸发布/修订”对话框，选中“已发布”下方的复选框，此时，第一条修订信息被锁定，无法修改，如图 8-4-41 所示。如果后期需要重新修订，则需要提前取消选中该复选框。完成后，单击“确定”按钮即可。

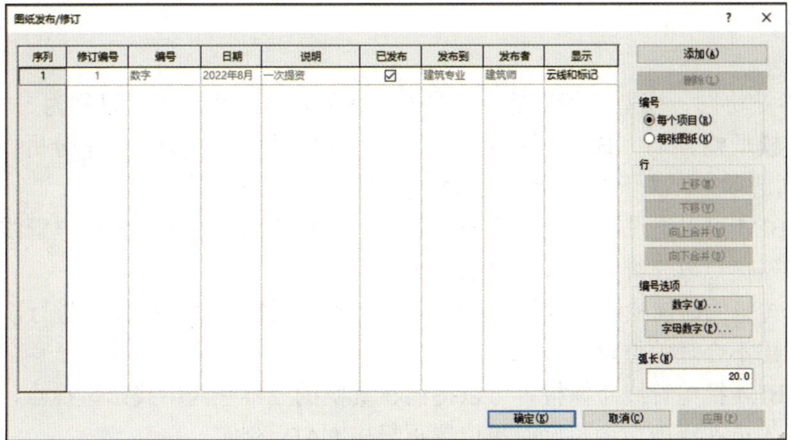

图 8-4-41　发布图纸修订

项 目 考 评

项目考核评价以学生自评和小组评价为主，教师根据表 8-x-1 中的考核评价要素对学习成果进行综合评价。

表 8-x-1　项目考评表

班级：　　　　　第（　）小组　　姓名：　　　　　时间：

评价模块	评价内容	分值	自我评价	小组评价
理论知识	1）掌握碰撞检查的操作方法	10		
	2）掌握漫游路径的调整方法	10		
	3）掌握明细表属性的设置方法	10		
	4）掌握图纸的布置方法	5		
操作技能	1）能进行 BIM 的碰撞检查，查看碰撞点和导出报告	15		
	2）能创建漫游动画并进行导出	15		
	3）能根据工程需要，创建明细表或关键字明细表	15		
	4）能根据工程需要进行图纸的打印或导出	10		
职业素养	1）具有团结协作、密切融合的职业精神	10		
	2）具有设计理念、开放思维和全局统筹意识			

综合评价：

签字：

直 击 工 考

一、选择题

1. 多专业协同、模型检测，是一个多专业协同检查过程，也可以称为（　　）。
   A. 模型整合　　B. 碰撞检查　　C. 深化设计　　D. 成本分析
2. 下列选项中，关于机电管线碰撞检查的说法不正确的是（　　）。
   A. BIM 可以通过将各专业模型组装成一个整体 BIM，从而使机电管线与建筑物的碰撞点以三维方式直观显示出来
   B. 传统的碰撞检查需要把不同专业的 CAD 图纸叠在一张图上进行观察，从而找出不合理的位置
   C. BIM 机电管线碰撞检查可以提前在真实的三维空间中找出碰撞点，并由各专业人员在模型中调整好碰撞位置再导出 CAD 图纸
   D. 传统碰撞检测不需要在施工过程中边施工边进行修改

3．下列关于漫游的导出，说法不正确的是（　　）。

A．漫游导出的视频格式只有 AVI

B．导出漫游前，可以对漫游帧范围进行设置

C．导出漫游时，可以设置以图片格式导出

D．导出漫游时，可以添加任意的时间点

4．【2019 年 1+X“建筑信息模型（BIM）职业技能等级证书”考试真题】下列不属于结构专业常用明细表的是（　　）。

A．构件尺寸明细表　　B．门窗表

C．结构层高表　　D．材料明细表

5．下列选项中，关于 PDF 图纸打印设置的说法不正确的是（　　）。

A．打印方向包括纵向和横向　　B．无法设置打印缩放比例

C．可以对视图进行光栅处理　　D．打印颜色可以设置为黑白线条

二、实训题

根据已创建完成的 RVT 模型，完成以下操作。

1．进行建筑物内部场景漫游，并导出视频。要求：关键帧不少于 8 帧，视觉样式为真实，包含时间和日期戳，导出格式为 AVI。

2．创建窗明细表。

3．打印一张 PDF 剖面图。要求：包含楼梯，标题栏选用“A2 公制”，比例为 1∶100，无页边距，隐藏范围框和裁剪边界，其他设置不做要求。

参 考 文 献

陈瑜，2019．“1+X”建筑信息模型（BIM）职业技能等级证书学生手册（初级）[M]．北京：高等教育出版社．

成丽媛，2020．建筑工程 BIM 技术应用教程[M]．北京：北京大学出版社．

范国辉，骆刚，李杰，2017．Revit 建模零基础快速入门简易教程[M]．北京：机械工业出版社．

贺成龙，乔梦甜，2021．BIM 技术原理与应用[M]．北京：机械工业出版社．

李丽，张先勇，2021．基于 BIM 的建筑机电建模教程[M]．北京：机械工业出版社．

刘占省，赵雪峰，2018．BIM 基本理论[M]．北京：机械工业出版社．

栾英艳，何蕊，2020．计算机绘图与 BIM 基础[M]．北京：机械工业出版社．

潘俊武，王琳，2018．BIM 技术导论（土建类专业适用）[M]．北京：中国建筑工业出版社．

隋艳娥，袁志仁，2019．结构设计 BIM 应用与实践[M]．北京：化学工业出版社．

王冉然，彭雯博，2019．BIM 技术基础：Revit 实训指导[M]．北京：清华大学出版社．

王鑫，2019．建筑信息模型（BIM）建模技术[M]．北京：中国建筑工业出版社．

谢嘉波，傅丽芳，2018．BIM 协同与应用实训[M]．北京：机械工业出版社．

张立茂，吴贤国，2017．BIM 技术与应用[M]．北京：中国建筑工业出版社．

张泳，2020．BIM 技术原理及应用[M]．北京：北京大学出版社．

赵雪锋，刘占省，2017．BIM 导论[M]．武汉：武汉大学出版社．

赵占伟，许驰，和昊晖，2017．族和样板文件快速入门简易教程[M]．北京：机械工业出版社．

中国建筑科学研究院，2016．跟高手学 BIM：Revit 建模与工程应用[M]．北京：中国建筑工业出版社．

中华人民共和国住房和城乡建设部，2017．建筑信息模型应用统一标准：GB/T 51212—2016[S]．北京：中国建筑工业出版社．

中华人民共和国住房和城乡建设部，2017．建筑信息模型施工应用标准：GB/T 51235—2017[S]．北京：中国建筑工业出版社．

中华人民共和国住房和城乡建设部，2017．建筑信息模型分类和编码标准：GB/T 51269—2017[S]．北京：中国建筑工业出版社．

中华人民共和国住房和城乡建设部，2018．建筑信息模型设计交付标准：GB/T 51301—2018[S]．北京：中国建筑工业出版社．

中华人民共和国住房和城乡建设部，2021．建筑信息模型存储标准：GB/T 51447—2021[S]．北京：中国建筑工业出版社．

周基，张泓，2017．BIM 技术应用：Revit 建模与工程应用[M]．武汉：武汉大学出版社．

祖庆芝，2022．“1+X”建筑信息模型（BIM）职业技能等级考试：初级实操试题解析[M]．北京：清华大学出版社．